中国机械工程学科教程配套系列教材
教育部高等学校机械类专业教学指导委员会规划教材

单片机原理及应用教程

（第2版）

张元良 吕艳 周志民 主编

清华大学出版社
北京

内容简介

本书系统地介绍了 MCS-51 系列单片机的结构、指令系统、程序设计、中断系统、定时器/计数器、串行口、系统扩展及实用 I/O 接口技术等基本原理及初步应用；还介绍了基于单片机的嵌入式系统开发流程；重点介绍了几种常用单片机开发应用软件(Keil、Altium Designer、Proteus)，以利于读者边学习边实践；而且，对目前常用的几种单片机进行了简单介绍。

本书含有丰富的实例详解及习题，特别适合作为大中专院校单片机原理及应用课程的教材，还可作为单片机爱好者的自学用书，也可作为单片机应用开发技术人员、智能仪表开发技术人员及研究生的设计参考用书。

图书在版编目(CIP)数据

单片机原理及应用教程/张元良，吕艳，周志民主编. —2 版. —北京：清华大学出版社，2016
(2021.10 重印)
(中国机械工程学科教程配套系列教材. 教育部高等学校机械类专业教学指导委员会规划教材)
ISBN 978-7-302-45477-9

Ⅰ. ①单… Ⅱ. ①张… ②吕… ③周… Ⅲ. ①单片微型计算机—高等学校—教材
Ⅳ. ①TP368.1

中国版本图书馆 CIP 数据核字(2016)第 275318 号

责任编辑：许 龙
封面设计：常雪影
责任校对：赵丽敏
责任印制：宋 林

出版发行：清华大学出版社
网 址：http://www.tup.com.cn，http://www.wqbook.com
地 址：北京清华大学学研大厦 A 座 **邮 编**：100084
社 总 机：010-62770175 **邮 购**：010-62786544
投稿与读者服务：010-62776969，c-service@tup.tsinghua.edu.cn
质量反馈：010-62772015，zhiliang@tup.tsinghua.edu.cn
印 装 者：北京鑫海金澳胶印有限公司
经 销：全国新华书店
开 本：185mm×260mm **印 张**：21 **字 数**：509 千字
版 次：2011 年 2 月第 1 版 2016 年 12 月第 2 版 **印 次**：2021 年 10 月第 5 次印刷
定 价：59.80 元

产品编号：069490-03

中国机械工程学科教程配套系列教材
教育部高等学校机械类专业教学指导委员会规划教材

编 委 会

丛书序言

PREFACE

我曾提出过高等工程教育边界再设计的想法，这个想法源于社会的反应。常听到工业界人士提出这样的话题：大学能否为他们进行人才的订单式培养。这种要求看似简单、直白，却反映了当前学校人才培养工作的一种尴尬：大学培养的人才还不是很适应企业的需求，或者说毕业生的知识结构还难以很快适应企业的工作。

当今世界，科技发展日新月异，业界需求千变万化。为了适应工业界和人才市场的这种需求，也即是适应科技发展的需求，工程教学应该适时地进行某些调整或变化。一个专业的知识体系、一门课程的教学内容都需要不断变化，此乃客观规律。我所主张的边界再设计即是这种调整或变化的体现。边界再设计的内涵之一即是课程体系及课程内容边界的再设计。

技术的快速进步，使得企业的工作内容有了很大变化。如从20世纪90年代以来，信息技术相继成为很多企业进一步发展的瓶颈，因此不少企业纷纷把信息化作为一项具有战略意义的工作。但是业界人士很快发现，在毕业生中很难找到这样的专门人才。计算机专业的学生并不熟悉企业信息化的内容、流程等，管理专业的学生不熟悉信息技术，工程专业的学生可能既不熟悉管理，也不熟悉信息技术。我们不难发现，制造业信息化其实就处在某些专业的边缘地带。那么对那些专业而言，其课程体系的边界是否要变？某些课程内容的边界是否有可能变？目前不少课程的内容不仅未跟上科学研究的发展，也未跟上技术的实际应用。极端情况甚至存在有些地方个别课程还在讲授已多年弃之不用的技术。若课程内容滞后于新技术的实际应用好多年，则是高等工程教育的落后甚至是悲哀。

课程体系的边界在哪里？某一门课程内容的边界又在哪里？这些实际上是业界或人才市场对高等工程教育提出的我们必须面对的问题。因此可以说，真正驱动工程教育边界再设计的是业界或人才市场，当然更重要的是大学如何主动响应业界的驱动。

当然，教育理想和社会需求是有矛盾的，对通才和专才的需求是有矛盾的。高等学校既不能丧失教育理想、丧失自己应有的价值观，又不能无视社会需求。明智的学校或教师都应该而且能够通过合适的边界再设计找到适合自己的平衡点。

我认为，长期以来，我们的高等教育其实是“以教师为中心”的。几乎所有的教育活动都是由教师设计或制定的。然而，更好的教育应该是“以学生为中心”的,即充分挖掘、启发学生的潜能。尽管教材的编写完全是由教师完成的,但是真正好的教材需要教师在编写时常怀“以学生为中心”的教育理念。如此,方得以产生真正的“精品教材”。

教育部高等学校机械类专业教学指导委员会、中国机械工程学会与清华大学出版社合作编写、出版了《中国机械工程学科教程》,规划机械专业乃至相关课程的内容。但是“教程”绝不应该成为教师们编写教材的束缚。从适应科技和教育发展的需求而言,这项工作应该不是一时的,而是长期的,不是静止的,而是动态的。《中国机械工程学科教程》只是提供一个平台。我很高兴地看到,已经有多位教授努力地进行了探索,推出了新的、有创新思维的教材。希望有志于此的人们更多地利用这个平台,持续、有效地展开专业的、课程的边界再设计,使得我们的教学内容总能跟上技术的发展,使得我们培养的人才更能为社会所认可,为业界所欢迎。

是以为序。

2009年7月

前言

FOREWORD

本书第1版出版以来，受到了广大读者的好评。通过第1版的教学实践，第2版做了如下修订：①配套有高质量的PPT课件、习题答案、应用实例的源程序，读者可通过扫描书上印的二维码从网上下载；②增加一节C51语言内容介绍，引导读者用C语言编程；③增加计算机中数的表示方法介绍；④增加一章常用单片机简介及应用举例，使读者了解单片机的最新发展，引导读者在实际应用中采用最适合的、性价比最高的单片机；⑤在单片机开发流程一章中，增加Keil C51软件应用简介；⑥在应用实例中加入由作者课题组最新承担的实际工程应用课题实例。

全书共15章。第1章概述了单片机的有关基础知识，介绍了计算机数的表示方法。第2章介绍了MCS-51系列单片机的内部结构、时序及单片机的最小系统。第3章介绍了MCS-51系列单片机的指令系统，每一类型指令系统介绍结束后都有实例解析，帮助学生加深对51系列单片机程序指令的理解；同时介绍了单片机C语言结构与编程方法。第4章通过实例介绍了单片机汇编语言程序设计的流程和方法。第5～7章分别介绍了单片机中断系统、定时器/计数器及串行口的结构与工作原理，在介绍中断系统、定时器/计数器以及串行口的章节后，都有非常简单、实用、完整的实例解析。详细解析电路原理图的设计、程序的编写以及仿真软件的应用。学生可以实际操作一遍，就相当于完成了一个完整的工程实际设计的仿真调试，从而了解单片机实际开发流程。第8章通过实例介绍了单片机系统扩展及实用接口技术。第9章系统地介绍了单片机开发流程，并简单明了地介绍了Keil、Proteus、Altium Designer等单片机系统常用设计和调试软件工具的使用和调试方法。第10章向读者推荐了几个常用单片机系列，并通过非常简单的实例解释其应用方法。第11～15章介绍了5个完整的工程实例。

本书前几章的实例是非常简单的LED或数码管驱动电路和程序，后几章的实例是为学有余力的学生准备的。学生们可以用仿真软件Keil检查自己的作业，也可以对书中介绍的实例进行仿真调试。Protues软件可以对书中介绍的实例或学生自己的小设计进行软、硬件综合仿真。书中的实例多选用AT89C51或AT89S51，这两种单片机都是MCS-51系列兼容机，引脚和指令系统完全兼容，因内部有Flash存储器而得到广泛应用。

本书内容丰富，深入浅出，适合作为单片机原理及应用课程的教材，也可以帮助自学者解决在设计和应用单片机时所遇到的实际问题。

本书主要由张元良(大连理工大学)、吕艳(大连工业大学)、周志民(大连测控技术研究所)、李涛(大连理工大学)、刘淑杰(大连理工大学)、刘伟嵬(大连理工大学)等编写,参加编写工作的还有刘全利、李乾坤、沈毅鸿、王若飞、勾万强、王金龙、张浩、郭俊飞、何希平、关泽明、张敏、赵清晨、姜辉、李瑞品等,在此表示感谢!

限于作者的水平和经验,书中难免存在错误和不足之处,欢迎广大读者给予指正。

作　者

2016年6月

目　录

CONTENTS

第 1 章

微型计算机基础知识

本章主要介绍微型计算机，特别是单片机的概念和组成，同时也对计算机中数据的表示方式进行系统的介绍，为读者以后的学习奠定一定的基础。在本章中，读者主要了解微型计算机与单片机的概念和组成，熟悉进位计数制、数值信息与非数值信息的表示方法，掌握不同进制之间的转换规则。

1.1 微型计算机的组成

一个完整的微型计算机系统包括两大部分，即硬件系统和软件系统。硬件是指构成计算机的物理设备，即由机械、电子器件构成的具有输入、存储、计算、控制和输出功能的实体部件。软件指的是为了管理、维护计算机以及为完成用户的某种特定任务而编写的各种程序的总和。

1946 年美籍匈牙利科学家冯·诺依曼提出存储程序原理，把程序本身当作数据来对待，程序和数据用同样的方式存储，并确定了存储程序计算机的五大组成部分和基本工作方法。这一组成结构与工作方法对计算机的发展有着不可磨灭的影响，一直沿用至今。将指令和数据同时存放在存储器中，是冯·诺依曼体系结构的主要特点。该体系结构的计算机应由控制器、运算器、存储器、输入设备、输出设备 5 部分组成。

冯·诺依曼体系结构系统框图如图 1-1 所示。

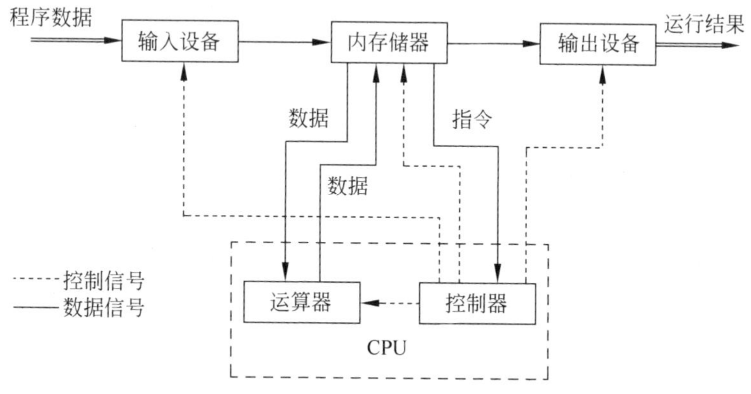

图 1-1 冯·诺依曼体系结构系统框图

1. 运算器

运算器又称算术逻辑单元(arithmetic logic unit,ALU),是计算机对数据进行加工处理的部件,它的主要功能是对二进制数码进行加、减、乘、除等算术运算和与、或、非等基本逻辑运算,实现逻辑判断。此外,它还能暂时存放运算的中间数据和结果。运算器在控制器的控制下实现其功能,运算结果由控制器指挥送到内存储器中。

2. 控制器

控制器主要由指令寄存器、译码器、程序计数器和操作控制器等组成。控制器是计算机中执行控制指令的部件,它的作用是使计算机各部件能够协调工作,并且保证整个处理过程有条不紊地进行。它的基本功能就是从内存中读取指令和执行指令,即控制器按程序计数器指出的指令地址从内存中取出该指令进行译码,然后根据该指令格式和功能向有关部件发出控制命令,并执行该指令。另外,控制器在工作过程中,还要接收各部件反馈回来的信息。

通常,计算机内部会把运算器与控制器集成在一块芯片上,称为中央处理器(central processing unit,CPU)。微型计算机的 CPU 称为微处理器(microprocessor)。表征微型计算机运算速度的指标是 CPU 的主频,即 CPU 的时钟频率。一般来说,主频越高,微型计算机运算速度越快。

3. 存储器

存储器具有记忆功能,用来保存信息,如数据、指令和运算结果等。存储器由内存储器(主存储器)、外存储器(辅助存储器)与高速缓冲存储器组成。

(1) 内存储器

内存储器简称主存或内存,它直接与 CPU 相连接,存储容量较小,但速度快,用来存放当前运行程序的指令、原始数据、中间数据与结果,并直接与 CPU 交换信息。计算机在执行程序时,CPU 会自动而连续地从内存储器中取出要执行的指令,并执行指令规定的操作。就是说,计算机每完成一条指令,至少有一次为了取指令而访问内存储器的操作。

在微型计算机中,通常用半导体存储器作为内存储器。内存储器由许多存储单元组成,每个单元能存放一个二进制数,或一条由二进制编码表示的指令。为了便于对存储器进行访问,存储器的存储容量以字节为基本单位,每个字节都有自己的编号,称为地址,如要访问存储器中的某个信息,就必须知道它的地址,然后再按地址存入或取出信息。

内存按功能可分为两种:只读存储器(read only memory,ROM)和随机存取存储器(random access memory,RAM)。ROM 中存储的信息只能被读取,不能被写入,断电后信息不会丢失,一般用来存放专用或固定的程序和数据,如系统引导程序等。RAM 中的数据可读可写,用于存放将要被 CPU 执行的用户程序、数据以及部分系统程序,断电后存储的内容丢失。

(2) 外存储器

外存储器简称外存,又称辅助存储器,它是内存的扩充,通常是磁性介质或光盘,像硬盘、软盘、U 盘、磁带、CD 等,能长期存储信息,且不需要保持供电,读写速度与内存储器相比慢很多。

外存的存储容量大,价格低,但存储速度较慢,一般用来存放大量暂时不用的程序、数据和中间结果,需要时,可成批地与内存储器进行信息交换。外存只能与内存交换信息,不能被计算机系统的其他部件直接访问。

(3) 高速缓冲存储器

高速缓冲存储器(cache)是存在于主存储器与 CPU 中央处理器之间的一级存储器,由静态存储芯片(SRAM)组成,容量比较小,但读写速度远高于内存的读写速度、接近于 CPU 的读写速度。它的出现是为了解决内存读写速度与 CPU 处理速度的不匹配所导致的系统运行速度慢的问题。

CPU 访问指令和数据时,先访问高速缓存,如果目标内容已在高速缓存中(这种情况称为命中),CPU 将直接从高速缓存中读取数据,否则 CPU 将从主存中读取,同时将读取的内容存于高速缓存中。高速缓存可看成是主存中面向 CPU 的一组高速暂存存储器,这种技术使微机的性能大幅度提高。

某些机器中设计了二级,甚至三级缓存,每级缓存比前一级缓存速度慢且容量大。CPU 可以在全速运行的状态下读取存放在一级高速缓存中的指令或数据。如果在一级缓存中没有找到所需要的指令或数据,处理器会查看容量更大的二级缓存。二级缓存既可以被集成到 CPU 芯片内部,也可以作为外部缓存。

4. 输入/输出设备

输入/输出设备简称 I/O(input/output)设备,也称作外设。外设的种类很多,有机械式、电子式、机电式、光电式等,一般来说,与 CPU 相比,外设的工作速度较低。外设处理的信息有数字量、模拟量、开关量等,而计算机只能处理数字量。另外,外设与计算机工作的逻辑时序也可能不一致。由于上述原因,计算机与外设之间的连接及信息的交换不能直接进行,而需要设计一个 I/O 接口作为计算机与外设之间的桥梁。

用户通过输入设备将程序和数据输入计算机,输出设备将计算机处理的结果(如数字、字母、符号和图形)显示或打印出来。计算机常用的输入设备有键盘、鼠标、扫描仪、A/D 转换器等,程序、数据及现场信息要通过输入设备输入给计算机。微机常用的输出设备有显示器、打印机、绘图仪、D/A 转换器等,计算机的处理结果要通过输出设备输出,以便用户使用。

5. 总线

计算机的各硬件资源通过接口与总线连接而组成系统。总线是计算机中各功能部件间传送信息的公共通道,是微型计算机的重要组成部分。所有硬件设备之间的通信都需要经过总线,主机的各个部件通过总线相连接,外部设备通过相应的接口电路再与总线相连接,从而形成了计算机硬件系统。微型计算机是以总线结构来连接各个功能部件的。

根据所传送信息内容与作用的不同,总线可分为地址总线、数据总线与控制总线 3 类,分别用来传输地址、数据和控制信号,这 3 种总线统称为系统总线。

(1) 地址总线

地址总线(address bus)用于传送地址,由于寻址操作只能由 CPU 向存储器或 I/O 端口进行,所以地址总线是单向总线。CPU 需要对存储器或 I/O 端口进行访问时,首先需要在地址总线上传送出要访问存储单元或I/O端口的地址信息，选中要访问的存储单元或I/O端口，以便进行之后的数据传输。

地址总线的位数决定了CPU可直接寻址的内存空间大小。例如，8086系列微处理器的地址总线为20位，可寻址空间为$2^{20}=1M$。

(2) 数据总线

数据总线(data bus)用于从存储器取指令或读写数据。数据总线是双向三态形式的总线，既可以通过数据总线把CPU的数据传送到存储器或I/O接口等部件，也可以将其他部件的数据传送到CPU。

数据总线的位数是微型计算机的一个重要指标，通常与微处理器的字长相一致。例如8086系列微处理器字长16位，其数据总线宽度也是16位。需要指出的是，数据总线中传输的“数据”是广义的，它可以是真正的数据，也可以是指令代码、状态信息或者控制信息。常见的数据总线种类有ISA、EISA、VESA、PCI等。

在一些系统中，数据总线和地址总线是分时复用的，即总线根据控制信号的不同，在某些时候作为数据总线而在其他情况下用作地址总线。例如，在MCS-51系列单片机中，地址总线和数据总线就是分时复用的。

(3) 控制总线

控制总线(control bus)用于传送各种控制或状态信息。这些控制信息中，有些需要从微处理器送往存储器和I/O接口电路，如读/写信号、片选信号、中断响应信号等；有些需要从其他部件反馈给CPU，如中断申请信号、复位信号、总线请求信号、设备就绪信号等。因此，控制总线一般是双向的，其具体传送方向由具体控制信号决定。

1.2 计算机中数据的表示方法

1.2.1 进位计数制

进位计数制是利用固定的数字符号和统一的规则来计数的科学方法。在计算机中，任何信息必须转换成二进制形式数据后才能由计算机进行处理、存储和传输。在计算机中常用的数制有二进制、十进制与十六进制。

为了区分不同进制的数，我们在书写时用$(\ )_{数制}$表示不同进制的数。例如，用$(\ )_{10}$表示十进制数，用$(\ )_2$表示二进制数。在计算机中，为了区分不同的数制，通常在数字的后面加上数制的英文首字母以表示该数的进制。如二进制(binary)的首字母b、十进制(decimal)的首字母d以及十六进制(hexadecimal)的首字母h。

在进位计数制中有数位、基数和位权三个要素。数位是指数码在一个数中所处的位置。基数是指在某种进位计数制中，每个数位上所能使用的数码的个数。对于多位的数，处在某一位上的1所表示的数值的大小，称为该位的位权。例如，二进制第2位的位权为2^1，第3位的位权为2^2。

二进制是计算机中最基本的一种数制。二进制数据是用0和1两个数码来表示的数，进位规则为逢二进一。而逻辑电路的两个状态恰好可以用1和0表示。二进制计数适合逻辑运算，可以简化运算规则，提高运算速度，同时也易于与十进制、十六进制进行转换。

十进制是我们日常生活中最常用的数制，也是我们在编写程序代码时习惯使用的数制。十进制是由十个数码 0～9 来表示的数，其基数为 10，逢十进一。

虽然在计算机中使用二进制可以更直观地解决问题，但二进制数的缺点是数据位数太多。例如，占用 2 字节的整型变量(0～65 535)使用二进制表示时将会有 16 位数据。为了缩短数据的表达长度，我们使用十六进制对计算机中的数进行表达，这样不仅缩短了二进制数，同时也保留了二进制数的表达特点。

1.2.2　数制间的相互转换

计算机不能直接处理非二进制数的数据，必须先把数据转化成二进制数才能被计算机所接受。计算机直接计算出的结果也为二进制数，需要转换成十进制数才便于用户阅读。这就要求我们在不同进制数之间进行转换。

1. 十进制数与二进制数之间的转换

把一个十进制整数转换为二进制整数，只需把被转换的十进制整数反复地除以 2，直到商为 0，所得的余数的逆序就是这个数的二进制表示，这种方法也叫除 2 取余法。

例 1-1　将$(218)_{10}$转换成二进制整数。

将$(218)_{10}$转换成二进制整数的过程如图 1-2 所示。

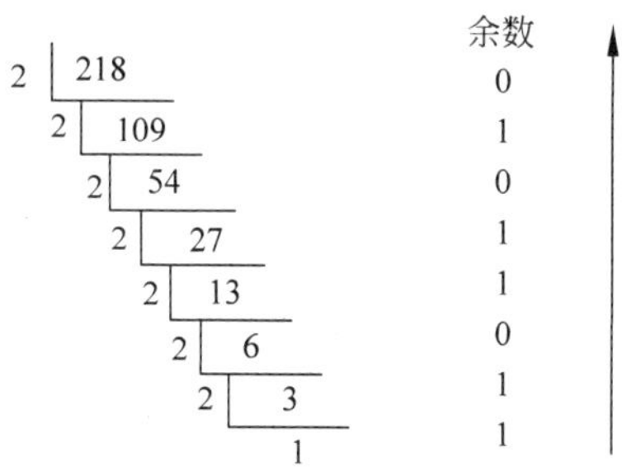

图 1-2　十进制整数转换为二进制整数的过程

即$(218)_{10}=(1101\ 1010)_2$。

把一个十进制小数转换为二进制小数，其整数部分的转换规则与整数的转换相同，而对其小数部分需要连续乘 2，直到满足精度要求为止，最后，把每次所进位的整数，按从上往下的顺序写出，这种方法简称乘 2 取整法。

例 1-2　将十进制小数$(0.7782)_{10}$转换为四位二进制小数。

$0.7782\times2=1.5564$

$0.5564\times2=1.1128$

$0.1128\times2=0.2256$

$0.2256\times2=0.4502$

即$(0.7782)_{10}=(0.1100)_2$。

把一个二进制数转换为十进制数只需将二进制数按权展开即可。

例 1-3　将二进制数$(1101.0010)_2$转换为十进制数。

$$(1101.0010)_2 = 1\times2^3+1\times2^2+0\times2^1+1\times2^0+0\times2^{-1}+0\times2^{-2}+1\times2^{-3}+0\times2^{-4} = (13.125)_{10}$$

2. 二进制数与十六进制数之间的转换

由于二进制数和十六进制数之间存在对应关系，即每 4 位二进制数对应 1 位十六进制数，因此二者之间的转换非常便捷。

二进制数转换为十六进制数的方法是，将二进制数从小数点开始，整数部分从右向左 4 位一组，小数部分从左向右 4 位一组，不足四位用 0 补足，每组对应一位十六进制数即可得到十六进制数。

同理，十六进制数转换成二进制数只需以小数点为界，向左或向右每一位十六进制数用相应的四位二进制数取代，然后将其连在一起即可。

例 1-4　将以下十六进制数转换为二进制数。

$(3100)_{16}=(0011\ 0001\ 0000\ 0000)_2$

$(1AFF.F1)_{16}=(0001\ 1010\ 1111\ 1111.1111\ 0001)_2$

例 1-5　将以下二进制数转换为十六进制。

$(1011\ 0011)_2=(B3)_{16}$

$(1100\ 0011.1111\ 0010)_2=(C3.F2)_{16}$

1.2.3　二进制数的运算

1. 二进制数的算术运算

二进制数的算术运算与十进制的算术运算一样，包括了加、减、乘、除四则运算，计算方法也大致相同，区别在于：十进制加法是“逢十进一”，而二进制加法为“逢二进一”；十进制减法是“借一得十”，二进制减法则是“借一得二”。二进制数乘、除法过程也可仿照十进制数的乘、除法进行。

2. 二进制数的逻辑运算

逻辑运算也称为布尔运算，包括与、或、非 3 种基本逻辑运算以及这 3 种运算组合而成的或非、与非、同或、异或逻辑。

(1) 逻辑与(AND)运算也称逻辑乘，运算符为·或∧。其逻辑为：只有输入都为高电平时，输出才是高电平。与逻辑表达式为 $F=A\wedge B$。运算规律如下：

$0\wedge0=0$

$0\wedge1=0$

$1\wedge1=1$

(2) 逻辑或(OR)运算也称逻辑加，运算符为+或∨。其逻辑为：只要输入中有一个或一个以上为高电平，输出便为高电平。或逻辑表达式为 $F=A\vee B$。运算规律如下：

$0\vee0=0$

$0 \vee 1=1$

$1 \vee 1=1$

(3) 逻辑非(NOT)运算的逻辑关系是：输出与输入的电平相反。非逻辑表达式为 $F=\overline{A}$。运算规律如下：

$\overline{0}=1$

$\overline{1}=0$

(4) 逻辑异或(XOR)是常用的复合逻辑，由或运算和非运算组合而成，即：当两个输入电平相同时，输出为低电平；当两个输入电平不同时，输出为高电平。异或的逻辑表达式为 $A \oplus B=\overline{A}B+A\overline{B}$。运算规律如下：

$0 \oplus 1=1$

$1 \oplus 1=0$

$0 \oplus 0=0$

1.2.4 数值数据的表示

数值可分为有符号数(整数)和浮点数两大类，有符号数又可分为正数和负数。由于计算机内只能进行二进制运算，有符号数与浮点数需要在计算时以二进制的形式表示。

1. 有符号数的表示

由于计算机只能识别 0 和 1，因此，我们通常在表示一个二进制无符号数时，将其最高位用作符号位来表示这个数的正负，并规定符号位为 0 时表示正，为 1 时表示负。在无符号数中，所有二进制位全部用来表示数的大小。而有符号数的最高位为符号位，其余位为数值位，表示数的大小。

这种把一个数及其符号位在机器中用一组二进制数来表示的形式，称为机器数。机器数所表示的值为该数的真值。常用的机器数有原码、补码、反码 3 种。

如果用一个字节来表示无符号数，其取值范围是 0～255；表示一个有符号数，其取值范围是－128～127。

(1) 原码

正数的符号位用 0 表示，负数的符号位用 1 表示，数值部分用真值的绝对值来表示的二进制机器数称为原码。例如，18 的原码为 0001 0010，－20 的原码为 1110 1100。

原码表示直观，与真值转换很方便，但是不便于进行加减运算。

(2) 反码

正数的反码与原码相同，负数的反码为原码除符号位外按位求反。例如，18 的反码与原码相同，为 0001 0010，－20 的反码为 1001 0011。反码一般是作为求补码的中间过程。

(3) 补码

正数的补码与其原码和反码相同，负数的补码为其反码加 1。例如，18 的补码为 0001 0010，－20 的补码为 1001 0100。

在计算机中最常用的运算为加减运算，能否快速地进行加减运算决定了计算机的运行效率。计算机在进行加减运算时，如果遇到了数据已是能表示的最大值，但仍需加 1 的情况，最高位将产生进位。如果该数据是一个字节型数据，进位的值 $2^8=256$ 将被丢失，这种运算称为按模运算。其中，模指的是一个系统的量程，在计算机中指的是变量能表达的最大的数。例如，要将指针式钟表的时针从 11 点拨向 6 点，可以正拨 7 格或者反拨 5 格。按模运算可以使正数加负数转化成正数加正数，并得到正确的结果。

负数的补码即是该数的原码加上模，即对原码除符号位按位取反后再加 1。补码的加减运算即是其原码的按模运算。引入补码后，计算机进行加减运算的效率可以大大提高。

例 1-6 写出字节型数据 $(5f)_{16}$、$(-100)_{10}$ 的原码、反码与补码。

$(5f)_{16}=(0101\ 1111)_2$，原码：0101 1111，反码：0101 1111，补码：0101 1111

$(-100)_{10}=(1001\ 1100)_2$，原码：1001 1100，反码：1110 0011 补码：1110 0100

2. 浮点数的表示

实数一般用浮点数表示，因为它的小数点位置不固定，所以称为浮点数。它是包括了整数部分与小数部分的数。在数学计算中，通过科学记数法，我们可以将一个数表示为 $a\times10^n$ 的形式。在计算机中浮点数的存储方式也是如此。当我们要存储或运算某个较大或较小且位数较多的浮点数时，用科学记数法可以节省许多存储空间。

在计算机中存放的浮点数由指数（阶码）和尾数两部分组成，其存储形式如下：

阶符	阶码	数符	尾数

其中，尾数表示数值的有效数字，小数点约定在尾数之前；阶码用来指示尾数中的小数点应当向左或向右移动的位数；阶符和数符分别是阶码与尾数的符号位。例如，101.01 可表示为 $2^3\times0.10101$，它计算机中的存储形式为：

0	11	0	10101

3. BCD 码（二-十进制编码）

BCD(binary code decimal)码是用若干个二进制数表示一个十进制数的编码，BCD 码有多种编码方法，常用的有 8421 码。8421 码是将十进制数码 0～9 中的每个数分别用 4 位二进制编码表示，从左至右每一位对应的数是 8、4、2、1，这种编码方法比较直观、简要。对于多位数，只需将它的每一位数字按对应关系用 8421 码直接列出即可。

BCD 码与二进制之间不可直接转换，而是要先将 BCD 码表示的数按四位一组转换成十进制数，再将十进制数转换成二进制数。

表 1-1 是十进制数 0～9 的 8421 BCD 编码表。

表 1-1 十进制数 0～9 的 8421 BCD 编码表

十进制数	8421 BCD 码	十进制数	8421 BCD 码
0	0000	5	0101
1	0001	6	0110
2	0010	7	0111
3	0011	8	1000
4	0100	9	1001

例 1-7　将以下十进制数转换为 BCD 码。

$(2016)_{10}=(0010\ 0000\ 0001\ 0110)_{BCD}$

$(1988.34)_{10}=(0001\ 1001\ 1000\ 1000.0011\ 0100)_{BCD}$

例 1-8　将以下 BCD 码数转换为二进制数。

$(1001\ 0110\ 0011)_{BCD}=(963)_{10}=(11\ 1100\ 0011)_2$

$(0101\ 0101.0101)_{BCD}=(55.5)_{10}=(11\ 0111.1)_2$

1.2.5　非数值数据的表示

1. ASCII 码

计算机并不能直接处理非数值的文字与符号，而是要先将其进行数字化处理，即用二进制编码来表示文字和符号。

目前计算机中普遍采用的字符编码是 ASCII(american standard code for information interchange)码，即美国信息交换标准代码。7 位版本的 ASCII 码有 128 个字符，使用 7 个二进制位($2^7=128$)表示，其中控制字符 34 个，阿拉伯数字 10 个，大小写英文字母 52 个，各种标点符号和运算符号 32 个。在计算机中实际用 8 位表示一个字符，最高位为 0。常用的 ASCII 码见表 1-2。附录 A 列出了全部 128 个符号的 ASCII 码。

表 1-2　常用的 ASCII 码

ASCII 码	字符	ASCII 码	字符	ASCII 码	字符
30H	0	41H	A	61H	a
31H	1	42H	B	62H	b
⋮	⋮	⋮	⋮	⋮	⋮
38H	8	59H	Y	69H	y
39H	9	5AH	Z	6AH	z

2. 汉字码

汉字也是字符，与西文字符比较，汉字数量大、字形复杂、同音字多，这就给汉字在计算机内部的存储、传输、交换、输入、输出等带来了一系列的问题。为了能直接使用西文标准键盘输入汉字，必须为汉字设计相应的编码，以适应计算机处理汉字的需要。常用的汉字码有国标码、机内码与字形码。

(1) 国标码

1980 年我国颁布了国家标准《信息交换用汉字编码字符集　基本集》(GB 2312—1980)，是国家规定的用于汉字信息处理使用的代码依据，这种编码称为国标码。在国标码的字符集中共收录了 6763 个常用汉字和 682 个非汉字字符(图形、符号)，其中一级汉字 3755 个，以汉语拼音为序排列，二级汉字 3008 个，以偏旁部首进行排列。

但考虑到汉字编码与其他国际通用编码，如 ASCII 码的兼容，国标采用了加以修正的两字节汉字编码方案：只用两个字节的低 7 位，即最高位为 0；每个字节中都不能出现 ASCII 码中的 34 个控制功能码，即每个字节只能有 94 个编码。

国家标准 GB 2312—1980 规定，所有的国标汉字与符号组成一个 94×94 的矩阵，在此方阵中，每一行称为一个“区”（区号为 01～94），每一列称为一个“位”（位号为 01～94），该方阵实际组成了一个 94 个区，每个区内有 94 个位的汉字字符集，每一个汉字或符号在码表中都有一个唯一的位置编码，叫做该字符的区位码。

使用区位码方法输入汉字时，必须先在表中查找汉字并找出对应的代码，才能输入。区位码输入汉字的优点是无重码，而且输入码与内部编码的转换方便。

（2）机内码

汉字的机内码是计算机系统内部对汉字进行存储、处理、传输统一使用的代码，又称为汉字内码。同国标码一样，汉字的机内码也需要两个字节来存放。

国标码是汉字信息交换的标准编码，但国标码的各字节的最高位均为 0，直接存储将会与 ASCII 码产生冲突。于是，汉字的机内码采用变形国标码，其变换方法为：将国标码的每个字节最高位由 0 改 1，其余 7 位不变。

（3）字形码

每一个汉字的字形都必须预先存放在计算机内，GB 2312—1980 的所有字符的形状描述信息集合在一起，称为字形信息库，简称字库。字库通常分为点阵字库和矢量字库。

在计算机中常用的汉字显示方式是点阵式，即用点阵表示的汉字字形代码。根据汉字输出精度的要求，可以有不同密度点阵，如 16×16 点阵、32×32 点阵等。汉字字形点阵中每个点的信息用一位二进制码来表示，1 表示对应位置处是黑点，0 表示对应位置处是空白。字形点阵的信息量很大，所占存储空间也很大，例如 16×16 点阵每个汉字就要占 32 个字节，因此字形点阵只能用来构成“字库”，而不能用来存储。字库中存储了每个汉字的字形点阵代码，不同的字体对应着不同的字库。在输出汉字时，计算机要先到字库中去找到它的字形描述信息，然后再把字形送去输出。

1.3 单片机概述

1.3.1 单片机的基本结构

单片机（microcontroller）就是把中央处理器、存储器、输入/输出端口等基本部件微型化并集成到一块芯片上的微型计算机，只要再配置几个小器件，如电阻、电容、石英晶体、连接器等，即成为完整的微型计算机系统。

图 1-3 所示为 MCS-51 系列单片机的基本组成示意图。从图中可以看出，单片机虽然只是一个芯片，但一般计算机的基本部件它都有，因此单片机实际上就是一个简单的微型计算机。

随着单片机的发展，现在的单片机芯片中都着力扩展了各种控制功能。除集成了定时器/计数器外，有的单片机中，还集成了诸如 A/D、D/A 等功能部件；有的单片机芯片内部集成了 PWM（脉宽调制模块）、PCA（计数器捕获比较逻辑）、高速 I/O 口、WDT（看门狗定时器）等功能部件。单片机整个系统的体积小、成本低、可靠度高，是目前微型计算机控制系统的主流产品。

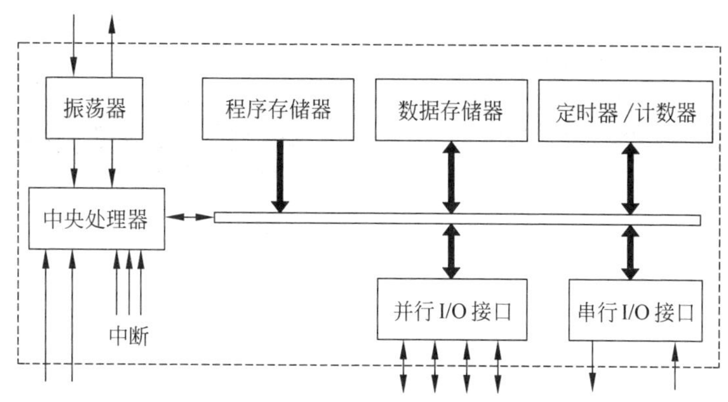

图 1-3　MCS-51 系列单片机组成示意图

虽然单片机已经具备一个微型计算机的基本结构和功能，但实质上它也仅仅是一个芯片，仅有单片机一个芯片还不能完成任何工作。在实际应用中，要让单片机去完成相应的功能，就必须将单片机与被控对象进行电气连接，根据需要外加各种扩展接口电路、外部设备和相应软件，构成一个单片机应用系统。单片机应用系统是一种嵌入式系统。

1.3.2　单片机的发展

1. 单片机的发展历史

单片机与微型计算机的发展是基本同步的，始于 20 世纪 70 年代。1971 年，Intel 公司推出了 4 位微处理器芯片 Intel 4004，这标志着微型计算机时代的开始。

1976 年 9 月，Intel 公司推出了 MCS-48 系列 8 位单片机(见图 1-4)，该系列产品的推出是单片机在工业控制领域的探索。但受限于集成电路技术，它寻址范围太小(只有 4K)、没有串行口，但功能已可满足一般工业控制的需要。

图 1-4　MCS-48 系列单片机 Intel 8048

20 世纪 70 年代末 80 年代初，随着大规模集成电路制造工艺的大幅进步，这一时期制造的单片机的性能也得到了大幅提升，一些高性能的 8 位单片机相继问世，如 Motorola 公司推出的 MC6800 系列(见图 1-5)、Zilog 公司推出的 Z80 系列等。1980 年，Intel 公司推出了 MCS-51 系列单片机(见图 1-6)，其频率提高到 12MHz，寻址空间达到 64K，片内 ROM 容量 4～8KB，片内带有串、并行 I/O 口及 A/D 转换器。这类单片机通常称为高性能 8 位单片机，该类单片机结构体系逐渐完善，性能也大大提高，控制能力更加突出。

图1-5　MC6800L单片机

图1-6　MCS-51系列单片机Intel P8051

20世纪80年代是8位单片机巩固发展、16位单片机推出的阶段。这一阶段的代表产品有Intel公司的MCS-96系列单片机，该系列单片机将一些用于测控系统的模数转换器、程序运行监视器、脉宽调制器等纳入片中，体现了单片机的微控制器特征。MCS-96系列单片机的主要特点是16位数据总线，计算和数据处理更快。

1990年至今，随着单片机在各个领域全面深入地发展和应用，出现了许多新的高性能的16位、32位通用型单片机，如Intel公司的80196、TI公司的MSP430系列、ST公司的STM32系列等。32位单片机在集成度、功能、速度、可靠性方面向更高水平发展，常用于信号处理、图像处理、通信等领域。

在低端应用方面，8位单片机是满足绝大多数对象控制要求的最佳选择，各大厂商在MCS-51系列单片机的基础上不断改进，针对不同需求对特定功能进行强化，推出了一系列增强型MCS-51单片机，如Atmel公司的AT89系列、宏晶科技的STC11/12/15系列等。现在虽然单片机的品种繁多，各具特色，但无论是从世界范围还是从全国范围来看，增强型51系列单片机均是应用最广泛、影响最深远的单片机系列。

2. 单片机的发展趋势

随着单片机功能的不断提升与需求的变化，单片机还将进一步向着微型单片化、低功耗、高性能、低价格和外围电路内装化等方面发展。

(1) 低功耗CMOS化

在复杂的应用环境下，单片机需要小的体积、低的工作电压与极低的功耗，因此各大单片机厂商已采用CMOS工艺。CMOS工艺生产的芯片具有高速度、高密度、低功耗的特点。

(2) 外围电路内装化

随着集成电路工艺的不断提高，厂家开始把A/D转换器、D/A转换器、看门狗定时器、DMA通道、LCD驱动模块、采样保持器等模块集成到芯片之中，可使单片机片内资源大大丰富，减少需要的外围电路，大大简化了设计。此外，根据用户的要求，厂家还可定制芯片。得到广泛应用与生产的增强型8位单片机即是这一趋势的体现。

(3) 更大容量的存储器

新型单片机片内ROM可达4～8KB，片内RAM可达1KB，通常不再需要外部扩展存储器；此外，使用EEPROM、Flash作为片内ROM，也可减小单片机体积、降低功耗。

(4) 串行接口的广泛应用

通过串行接口可以显著减少使用的引脚数量、降低单片机成本并简化电路。随着通用串行总线的不断发展与支持通用串行总线器件的增加，单片机应用系统向片上最大化、串行外围扩展的结构发展。

1.3.3 单片机的特点及应用

1. 单片机的特点

单片机的种类多、型号多，但它们普遍具有如下特点。

(1) 体积小、价格低

单片机的体积相对较小，可以很好地满足控制系统体积的要求；许多控制环节并不需要完成复杂的数学计算，因此单片机在生产工艺上进行了简化，降低了成本。

(2) 可靠性高

单片机将所有的电路都集成于一个芯片上，减少了因为线路连接导致系统失效的可能性；各模块间的连接紧凑，数据在内部传输时受干扰可能性小；不易受外部环境条件的影响，适用于比较恶劣的工作环境。

(3) 功耗低

相比于微型计算机，在工艺和设计上采取的单片化使单片机功耗降低，许多单片机已支持 3.3V 电压供电，某些系列单片机甚至支持低至 1.8V 的电源电压，如 MSP430 系列。

(4) 易于开发

单片机的指令系统简单，大部分单片机均提供了配套的基于 C 语言等多种程序语言的嵌入式工作平台及实用函数库，这使单片机的开发周期大大缩短、代码移植性提高，使之易于产品化。

(5) 扩展性好

当单片机内部的功能模块不足以满足应用需要时，可通过单片机提供的通用 I/O 接口与许多通用接口芯片进行外部扩展，大大增加了单片机应用系统的功能。

2. 单片机的应用

单片机的上述特点都很好地满足了工业控制应用的需求，广泛应用于仪器仪表、家用电器、医疗仪器、办公自动化、汽车电子的智能化管理及过程控制等领域，展示了强大的生命力和广阔的应用前景。

(1) 智能仪器仪表

单片机因其突出的控制能力广泛地应用于仪器仪表领域，如石油闪点测试仪(见图 1-7)、起重机力矩限制器(见图 1-8)等。由于单片机体积小、功耗低，结合特定的传感器和外围电路可以实现各种复杂环境中特定物理量的测量，如环境温度、湿度、电阻、电感等。在各类仪器仪表中引入单片机，可使仪器仪表智能化，提高测试的自动化程度和精度，简化仪器仪表的硬件结构，提高其性能价格比。

(2) 实时工业控制

单片机也可以用于各种实时工业控制系统，如航空航天、机器人等领域。通过单片机可以构成形式多样的控制系统、数据采集系统，例如工厂流水线的智能化管理、电梯智能化控制、电机转速控制、自动化生产线、各种报警系统等。

图 1-7　石油闪点测试仪

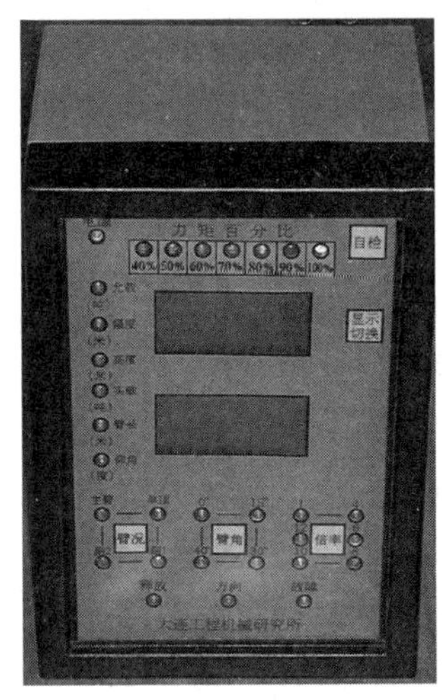

图 1-8　起重机力矩限制器

(3) 家用电器

包括电饭煲、洗衣机、电冰箱、空调、电视机、照相机等在内的家用电器基本上都采用了单片机控制，单片机可以轻松完成上述家用电器所需的控制任务，增加功能并提高性能。

(4) 医疗仪器

随着医疗仪器对智能化、自动化的要求不断提高，单片机在医疗仪器中的用途也越来越广泛。典型的单片机医疗仪器有磁疗仪(见图 1-9)、排痰机、温控毯、呼吸机、超声诊断设备、病床呼叫系统等。

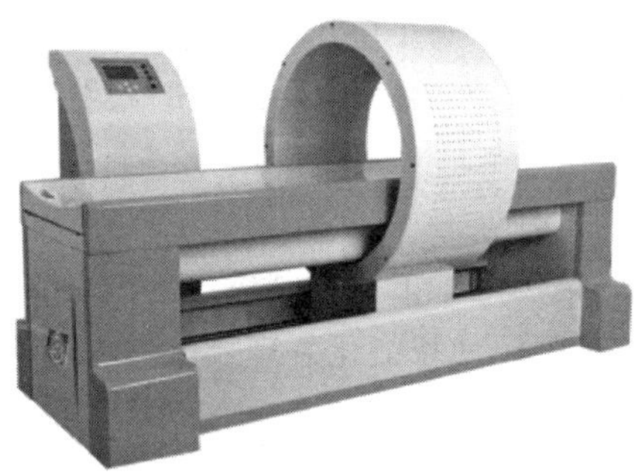

图 1-9　磁疗仪

(5) 办公自动化设备

单片机普遍具备兼容的智能通信接口，可以很方便地与计算机进行数据通信。基于单片机的打印机、传真机等设备与计算机组成办公网络后可以轻松实现办公自动化。此外，现在的通信设备很多已实现了单片机智能控制，如手机、楼宇内呼叫系统、无线电对讲机等。

(6) 汽车电子

单片机是许多汽车电子设备的控制核心，如发动机控制器、GPS 导航系统、防抱死系统(ABS)、制动系统等。

此外，单片机在农业、军事、网络通信、航空航天等领域都有着十分广泛的用途。

习题

一、选择题

1. 8086 与 8051 分别是(　　)位和(　　)位的 CPU 或 MCU。
   (A) 16　8　　(B) 8　8　　(C) 8　16　　(D) 16　16
2. ROM 与 RAM 相比,其突出特点是(　　)。
   (A) ROM 和 RAM 结构显著不同
   (B) ROM 储存器比 RAM 储存器的容量大
   (C) ROM 中储存的内容掉电后可以储存,但是 RAM 中的内容掉电会消失
   (D) ROM 的读取速度远大于 RAM 的速度
3. 我们日常生活中使用的 U 盘使用的是(　　)存储器。
   (A) EPROM　　(B) Flash　　(C) EEPROM　　(D) CD-ROM
4. 以下结构不属于微处理器的是(　　)。
   (A) 运算器　　(B) 控制器　　(C) 程序寄存器　　(D) 寄存器阵列
5. “半斤八两”采用的是(　　)进制。
   (A) 十　　(B) 二　　(C) 十六　　(D) 八

二、填空题

1. 按要求进行数制转换(无限小数取 8 位)。

(1) 60.85=(　　)B;　　(2) A0H=(　　)B;

(3) 101 1100B=(　　)H;　　(4) 90H=(　　)D;

(5) 110 0101B=(　　)D;　　(6) 117=(　　)H。

2. 将下列数与 BCD 码互相转换。

(1) 86=$(\quad)_{BCD}$;

(2) 101 0011B=$(\quad)_{BCD}$;

(3) $(101\ 0011)_{BCD}$=(　　)B。

三、计算题

1. 97H 和 0FH,先转换为二进制数然后求加法;
2. A6H 和 33H,先转换为二进制数然后求减法,其中 A6H 为被减数;
3. 33H 和 2DH,先转换为二进制数然后求乘法;
4. 3FH 和 0BH,先转换为二进制数然后求除法,其中 3FH 为被除数;
5. 33H 和 BBH,先转换为二进制数然后求逻辑乘;
6. CDH 和 80H,先转换为二进制数然后求逻辑异。

四、问答题

1. 十进制、二进制数和十六进制数各有什么特点?
2. 什么是微处理器? 什么是单片机? 两者各有什么特点?
3. 微型计算机和单片机分别应用于哪些领域?
4. 为什么微型计算机和单片机要采用二进制?
5. 为什么计算机语言中常使用十六进制数?

第 2 章

MCS-51 系列单片机的硬件结构

本章主要介绍 MCS-51 系列单片机的硬件结构及组成、工作原理、时钟和复位电路、最小硬件系统配置等。通过本章学习，应了解 MCS-51 系列单片机的硬件结构，熟悉和掌握 MCS-51 系列单片机的工作原理，为后续章节的学习打下基础。

2.1 单片机的内部结构

2.1.1 内部结构框图

MCS-51 系列单片机的内部结构框图如图 2-1 所示。MCS-51 系列单片机把微型计算机的基本部件，如中央处理器(CPU)、随机存储器(RAM)、程序存储器(ROM)、并行 I/O 接

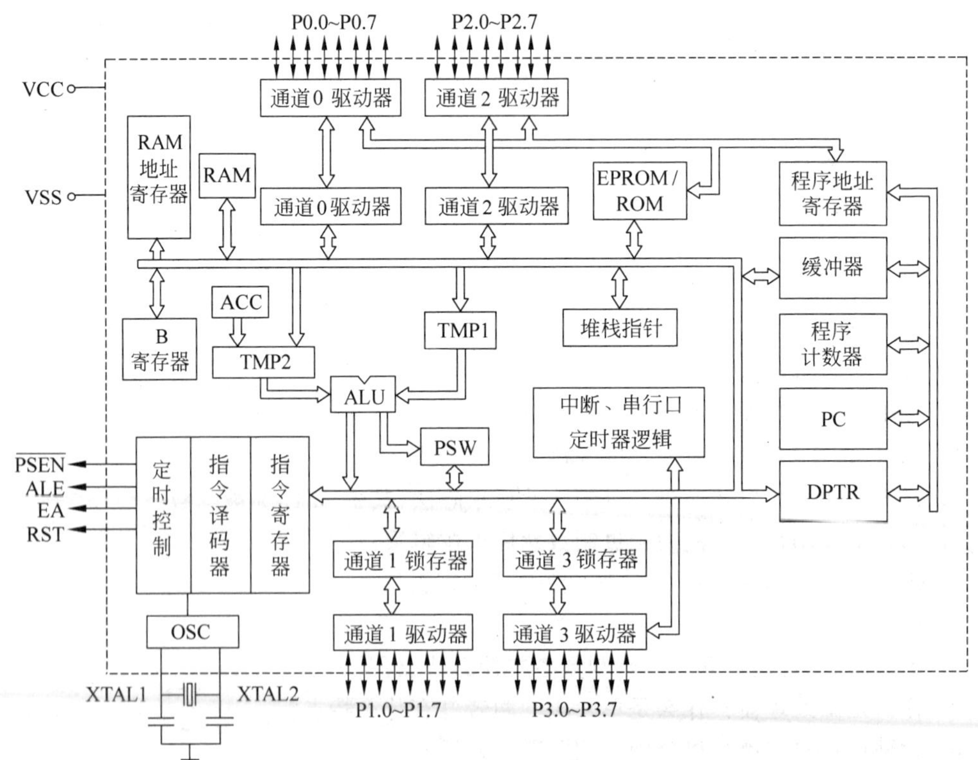

图 2-1 MCS-51 系列单片机内部结构框图

口、串行 I/O 接口、定时器/计数器、中断系统以及特殊功能寄存器(SFR)等集成在一块芯片上,并通过单一的内部总线连接起来。MCS-51 系列单片机按其功能部件可以分为 8 大部分。

1. 中央处理器(CPU)

MCS-51 系列单片机有一个 8 位的 CPU,由运算部件和控制部件构成,其中包括振荡电路和时钟电路,主要完成单片机的运算和控制功能。它是单片机的核心部件,决定了单片机的主要功能特性。MCS-51 系列单片机的 CPU 不仅可以处理字节数据,还可以进行位变量的处理。

(1) 运算部件

运算部件包括算术逻辑单元(ALU)、累加器(ACC)、B 寄存器、程序状态字寄存器(PSW)、缓存器 1(TMP1)和缓存器 2(TMP2)等部件。运算部件的功能是进行算术运算和逻辑运算,主要功能如下。

算术运算：+、-、*、/、加 1、减 1、比较、BCD 码-十进制调整。

逻辑运算：与、或、异或、求补、循环等。

位操作：置位(1)、复位(0)、取反、等于 1 转移等。

(2) 控制部件

控制器电路包括程序计数器(PC)、PC 加 1 寄存器、指令寄存器(IR)、指令译码器(ID)、数据指针(DPTR)、堆栈指针(SP)、缓冲器以及定时与控制电路等。控制部件完成指挥控制工作,协调单片机各部分正常工作。

2. 片内数据存储器(RAM)

8051 单片机片内带有 128B 的数据存储器 RAM。数据存储器用于存储单片机运行过程中的工作变量、中间结果和最终结果等。

3. 片内程序存储器(ROM/EPROM)

8051 单片机片内带有 4KB 程序存储器 ROM,其片外可寻址范围为 64KB。8031 单片机内部无 ROM。程序存储器既可以存放已编制的程序,也可以存放一些原始数据和表格。

4. 特殊功能寄存器(SFR)

8051 单片机片内带有 21 个特殊功能寄存器(SFR),用以控制和管理内部算术逻辑部件、并行 I/O 口、串行 I/O 口、定时器/计数器、中断系统等功能模块的工作。

5. 并行口

8051 单片机片内带有 4 个 8 位的并行 I/O 口：P0、P1、P2、P3。

6. 串行口

8051 单片机内有 1 个全双工的串行口,可以实现单片机和外设之间数据的逐位传送。

7. 定时/计数器

8051 单片机片内带有两个 16 位的定时器/计数器，可以设置为定时方式或计数方式。

8. 中断系统

8051 单片机具有 5 个中断源，可编程为 2 个优先级的中断系统。

2.1.2 引脚与功能

8051 单片机有 40 个引脚，如图 2-2 所示。封装形式为双列直插(DIP)，此外还有 44 个引脚的方形封装(有 4 个空引脚)。

引脚	名称	名称	引脚
1	P1.0	VCC	40
2	P1.1	P0.0	39
3	P1.2	P0.1	38
4	P1.3	P0.2	37
5	P1.4	P0.3	36
6	P1.5	P0.4	35
7	P1.6	P0.5	34
8	P1.7	P0.6	33
9	RST	P0.7	32
10	P3.0/RxD	$\overline{EA}$/VPP	31
11	P3.1/TxD	ALE/$\overline{PROG}$	30
12	P3.2/$\overline{INT0}$	$\overline{PSEN}$	29
13	P3.3/$\overline{INT1}$	P2.7	28
14	P3.4/T0	P2.6	27
15	P3.5/T1	P2.5	26
16	P3.6/$\overline{WR}$	P2.4	25
17	P3.7/$\overline{RD}$	P2.3	24
18	XTAL2	P2.2	23
19	XTAL1	P2.1	22
20	GND	P2.0	21

图 2-2 MCS-51 芯片引脚

MCS-51 系列单片机的 40 个引脚中有 2 个电源引脚、2 个时钟引脚、4 个控制引脚以及 32 个输入/输出(I/O)引脚。以下分 4 部分叙述各引脚功能。

1. 电源引脚 VCC 和 GND

(1) VCC(40 脚)：接+5V 电源。

(2) GND (20 脚)：接地。

2. 时钟引脚 XTAL1 和 XTAL2

(1) XTAL1(19 脚)：接外部晶体的一端。在单片机内部，它是一个反相放大器的输入端，这个放大器构成片内振荡器。当采用外部时钟时，对于 HMOS 单片机，该引脚接地；对于 CHMOS 单片机，该引脚作为外部振荡信号的输入端。

(2) XTAL2(18 脚)：接外部晶体的另一端。在单片机内部，接至片内振荡器的反相放大器的输出端。当采用外部时钟时，对于 HMOS 单片机，该引脚作为外部振荡信号的输入端；对于 CHMOS 单片机，该引脚悬空不接。

3. 控制引脚

此类引脚提供控制信号，有的引脚还具有复用功能。

(1) RST(9 脚)：复位信号输入端。高电平时完成复位操作，使单片机回到初始状态。

(2) ALE/$\overline{\text{PROG}}$(30 脚)：ALE 引脚输出地址锁存允许信号。当访问外部存储器时，ALE 以每个机器周期两次的信号输出，用于锁存出现在 P0 口的低 8 位地址。在不访问外部存储器时，ALE 端仍以上述不变的频率(振荡器频率的 1/6)周期性地出现正脉冲信号，可作为对外输出的时钟脉冲或用于定时。但要注意，在访问片外数据存储器期间，ALE 脉冲只会出现一次，此时作为时钟输出是不妥当的。对于片内含有 EPROM 的单片机，在对 EPROM 编程期间，$\overline{\text{PROG}}$引脚作为编程脉冲的输入端。

(3) $\overline{\text{PSEN}}$(29 脚)：片外程序存储器读选通信号输入端，低电平有效。从外部程序存储器读取指令或常数期间，每个机器周期内$\overline{\text{PSEN}}$信号两次有效，以通过数据总线读回指令或常数。在访问外部数据存储器期间，$\overline{\text{PSEN}}$信号将不会出现。

(4) $\overline{\text{EA}}$/VPP(31 脚)：$\overline{\text{EA}}$为访问外部程序存储器控制信号，低电平有效。当$\overline{\text{EA}}$端保持高电平时，单片机访问片内程序存储器。若超出该范围时，单片机会自动转去执行外部程序存储器的程序。当$\overline{\text{EA}}$端保持低电平时，无论片内有无程序存储器，均只访问外部程序存储器。对于片内含有 EPROM 的单片机，在 EPROM 编程期间，VPP 引脚用于 12V 编程电源。

4. 输入/输出(I/O)引脚 P0、P1、P2 及 P3 口

(1) P0 口(39 脚～32 脚)：P0.0～P0.7 统称 P0 口。当不接外部程序存储器或不扩展 I/O 接口时，它可以作为双向 8 位 I/O 接口。当接有外部程序存储器或扩展 I/O 接口时，P0 口为低 8 位地址/数据分时复用口，分时用作低 8 位地址总线和 8 位双向数据总线。

(2) P1 口(1 脚～8 脚)：P1.0～P1.7 统称 P1 口，作为准双向 I/O 接口使用。

(3) P2 口(21 脚～28 脚)：P2.0～P2.7 统称 P2 口，可作为准双向 I/O 接口使用。当接有外部程序存储器或扩展 I/O 接口且寻址范围超过 256B 时，P2 口用于高 8 位地址总线，送出高 8 位地址。

(4) P3 口(10 脚～17 脚)：P3.0～P3.7 统称 P3 口，是双功能口。它可以作为一般的准双向 I/O 接口，也可以将每根口线用于第二功能。

2.2　单片机的存储器结构

MCS-51 系列单片机的存储器可划分为两类。

(1) 程序存储器

一个微机系统之所以能够按照一定的次序进行工作，主要在于内部存在着程序，程序实际上是由用户程序形成的一串二进制码，该二进制码存放在程序存储器之中，8031 由于无内部 ROM，所以只能外扩 EPROM 来存放程序。

（2）数据存储器

数据存储器在物理上和逻辑上都分为两个地址空间，一个是片内256B的片内数据存储器，另一个是片外最大可扩充64KB的片外数据存储器。其中，片内数据存储器又由片内RAM和特殊功能寄存器组成。

2.2.1 程序存储器

程序存储器是用来存放程序及表格常数的，它是在单片机工作前由用户通过编程器烧入的，在单片机工作过程中不可更改。

单片机是通过控制器中的程序指针PC来访问程序存储器的。PC有16位，所以它可以直接寻址64KB，即可访问程序存储器的0000H～FFFFH地址。

当有外接程序存储器时，程序存储器的编址规律为：先片内，后片外，片内片外连续，一般不重叠。即单片机上电后，如$\overline{EA}$脚接高电平，则程序开始从内部程序存储器运行。当PC中内容超过内部程序存储器的范围，则自动跳到外部程序存储器接着运行。例如，在带有4KB片内Flash存储器的AT89C51中，如果把$\overline{EA}$引脚接到V_{CC}，当地址为0000H～0FFFH时，则访问内部Flash；当地址为1000H～FFFFH时，则访问外部程序存储器。如果$\overline{EA}$脚接低电平，CPU只访问外部EPROM/ROM并执行外部程序存储器中的指令，而不管是否有片内程序存储器。通过$\overline{EA}$脚的电平切换，可以指定访问片内、片外的任意程序存储单元。

程序存储器的某些单元已经被保留作为特定的程序入口地址（中断服务程序入口地址），这些单元具有特殊的功能。

特殊单元0000H～0025H被保留作为复位和5个中断源的中断服务程序的入口地址，如表2-1所示。其中特殊单元0000H～0002H为复位入口地址。由于系统复位后的PC内容为0000H，故系统从0000H单元开始取指令，执行程序，它是系统的启动地址，如果系统不从0000H单元开始，应在这三个单元中存放一条无条件转移指令，以便直接去执行指定的程序。

表2-1 MCS-51系列单片机中断、复位入口地址

中断源	入口地址	中断源	入口地址
复位	0000H	外部中断1（$\overline{INT1}$）	0013H
外部中断0（$\overline{INT0}$）	0003H	定时器/计数器1溢出（T1）	001BH
定时器/计数器0溢出（T0）	000BH	串行口接收/发送	0023H

在使用时，中断服务程序和主程序一般应放在0030H以后。而在这些中断入口处都应安放一条绝对跳转指令，使程序跳转到用户安排的中断服务程序的起始地址，或者从0000H启动地址跳转到用户设计的初始化程序入口处。中断服务程序由中断源启动调用。

2.2.2 数据存储器

MCS-51系列单片机的数据存储器用于存放运算中间结果、数据暂存和缓冲、标志位、待调试的程序等。如前所述，数据存储器在物理上和逻辑上都分为两个地址空间，一个为片内数据存储器空间，一个为片外数据存储器空间。MCS-51 系列单片机访问外部数据存储器是由 P2 口和 P0 口提供 16 位地址，所以可寻址范围是 64KB，即扩展外部数据存储器的最大容量是 64KB。

1. 片内数据存储器

MCS-51 系列单片机可供用户使用的片内数据存储器有 128B，地址为 00H～7FH，用于存放程序运行中的数据和结果等。片内 RAM 容量不大，但在编程中应用非常频繁，编程之前应进行合理分配。根据功能不同，片内 RAM 分为工作寄存器区、位寻址区和通用 RAM 区 3 部分。片内 RAM 的配置如表 2-2 所示。

表 2-2　片内 RAM 的配置

通用 RAM 区		7F	7E	7D	7C	7B	7A	79	78	
		77	76	75	74	73	72	71	70	
		6F	6E	6D	6C	6B	6A	69	68	
		67	66	65	64	63	62	61	60	
		5F	5E	5D	5C	5B	5A	59	58	
		57	56	55	54	53	52	51	50	
		4F	4E	4D	4C	4B	4A	49	48	
		47	46	45	44	43	42	41	40	
		3F	3E	3D	3C	3B	3A	39	38	
		37	36	35	34	33	32	31	30	
位寻址区	2F	7F	7E	7D	7C	7B	7A	79	78	位地址
	2E	77	76	75	74	73	72	71	70	
	2D	6F	6E	6D	6C	6B	6A	69	68	
	2C	67	66	65	64	63	62	61	60	
	2B	5F	5E	5D	5C	5B	5A	59	58	
	2A	57	56	55	54	53	52	51	50	
	29	4F	4E	4D	4C	4B	4A	49	48	
	28	47	46	45	44	43	42	41	40	
	27	3F	3E	3D	3C	3B	3A	39	38	
	26	37	36	35	34	33	32	31	30	
	25	2F	2E	2D	2C	2B	2A	29	28	
	24	27	26	25	24	23	22	21	20	
	23	1F	1E	1D	1C	1B	1A	19	18	
	22	17	16	15	14	13	12	11	10	
	21	0F	0E	0D	0C	0B	0A	9	8	
	20	07	06	05	04	03	02	01	00	
工作寄存器区		1F	1E	1D	1C	1B	1A	19	18	3 组
		17	16	15	14	13	12	11	10	2 组
		0F	0E	0D	0C	0B	0A	09	08	1 组
		07	06	05	04	03	02	01	00	0 组

(1) 工作寄存器区

MCS-51 系列单片机没有设置专门的工作寄存器，而是将片内 RAM 中地址为 00H～1FH

的32个字节单元作为工作寄存器区，分为0组～3组共4个组，每组8个字节。单片机工作时，某一时刻只能使用其中的一个组，称为当前工作寄存器组，当前组的各字节单元用符号R0～R7表示。当前组由PSW寄存器中的RS1和RS0两位来选择。单片机复位后，RS1RS0＝00，所以复位后，系统自动使0组作为当前工作寄存器组。

例如，汇编语句"MOV A,R0"的功能是将R0寄存器的内容送入累加器A，如果0组为当前组，则R0就是00H单元；如果3组为当前组，则R0就是18H单元。选择不同的寄存器组，指令会将RAM不同的地址单元的内容送入累加器A。

编程时，根据需要确定用几个寄存器组，如程序很简单，可只用0组；如果程序复杂，可用多个组。不同的程序用不同的寄存器组，避免了大量的堆栈操作，程序也不会相互影响。程序中用不到的寄存器组可作为通用RAM使用。

(2) 位寻址区

地址为20H～2FH的16字节单元除了可字节寻址外，每个位还能独立位寻址，称为位寻址区，它是布尔处理器的数据存储器。位寻址区共有128个位，位地址为00H～7FH。

(3) 通用RAM区

地址为30H～7FH的80字节没有定义专门的用途，可用来存储各种参数、运算结果或作为数据缓冲区，称为通用RAM区。

2. 片外数据存储器

由于MCS-51系列单片机内部数据存储器只有128B，往往不够用，这就需要扩展外部数据存储器，外部数据存储器最多可扩至64KB。

2.2.3 特殊功能寄存器

MCS-51系列单片机将CPU、中断系统、定时器/计数器、串行口及并行I/O端口中的21个寄存器统称为特殊功能寄存器(special function registers，SFR)，作为片内数据存储器的一部分，离散分布在80H～FFH地址范围内。其余未定义的地址单元作为单片机升级的保留单元，用户不能使用，读这些单元将得到随机数，写这些单元不能得到预期结果。

特殊功能寄存器的定义见表2-3，特殊功能寄存器的地址见表2-4。

表2-3 特殊功能寄存器表

符　号	名　称	地　址
*ACC	累加器	0E0H
*B	B寄存器	0F0H
*PSW	程序状态字	0D0H
SP	堆栈指针	81H
DPTR(DPH、DPL)	数据指针(高字节、低字节)	82H、83H
*P0	P0口	80H
*P1	P1口	90H
*P2	P2口	0A0H
*P3	P3口	0B0H
*IP	中断优先级控制寄存器	0B8H

续表

符　　号	名　　称	地　　址
* IE	中断允许控制寄存器	0A8H
TMOD	定时器/计数器方式控制	89H
* TCON	定时器/计数器控制寄存器	88H
TH0	定时器/计数器 0 的高字节	8CH
TL0	定时器/计数器 0 的低字节	8AH
TH1	定时器/计数器 1 的高字节	8DH
TL1	定时器/计数器 1 的低字节	8BH
* SCON	串行控制	98H
SBUF	串行数据缓冲器	99H
PCON	电源控制寄存器	87H

注：* 为既可位寻址寄存器，也可以按字节寻址。

表 2-4　特殊功能寄存器地址表

符号地址	位地址								字节地址
B	F7	F6	F5	F4	F3	F2	F1	F0	F0H
ACC	E7	E6	E5	E4	E3	E2	E1	E0	E0H
PSW	D7	D6	D5	D4	D3	D2	D1	D0	D0H
	CY	AC	F0	RS1	RS0	OV	F1	P	
IP	BF	BE	BD	BC	BB	BA	B9	B8	B8H
	—	—	—	PS	PT1	PX1	PT0	PX0	
P3	B7	B6	B5	B4	B3	B2	B1	B0	B0H
	P3.7	P3.6	P3.5	P3.4	P3.3	P3.2	P3.1	P3.0	
IE	AF	AE	AD	AC	AB	AA	A9	A8	A8H
	EA	—	—	ES	ET1	EX1	ET0	EX0	
P2	A7	A6	A5	A4	A3	A2	A1	A0	A0H
	P2.7	P2.6	P2.5	P2.4	P2.3	P2.2	P2.1	P2.0	
SBUF									99H
SCON	9F	9E	9D	9C	9B	9A	99	98	98H
	SM0	SM1	SM2	REN	TB8	RB8	TI	RI	
P1	97	96	95	94	93	92	91	90	90H
	P1.7	P1.6	P1.5	P1.4	P1.3	P1.2	P1.1	P1.0	
TH1									8DH
TH0									8CH
TL1									8BH
TL0									8AH
TMOD	GATE	$C/\overline{T}$	M1	M0	GATE	$C/\overline{T}$	M1	M0	89H
TCON	8F	8E	8D	8C	8B	8A	89	88	88H
	TF1	TR1	TF0	TR0	IE1	IT1	IE0	IT0	
PCON	SMOD	—	—	—	GF1	GF0	PD	IDL	87H
DPH									83H
DPL									82H
SP									81H
P0	87	86	85	84	83	82	81	80	80H
	P0.7	P0.6	P0.5	P0.4	P0.3	P0.2	P0.1	P0.0	

下面简单介绍SFR块中的某些寄存器，其他没有介绍的寄存器将在有关章节中叙述。

(1) 累加器A

累加器A是一个最常用的专用寄存器，大部分单操作数指令的操作数取自累加器，很多双操作数指令中有一个操作数取自累加器，加、减、乘、除算术运算指令的运算结果都存放在累加器A或A、B寄存器中。

(2) B寄存器

在乘、除指令中，用到了B寄存器。乘除指令的两个操作数分别取自A和B，其结果存放在A和B寄存器中。除法指令中，被除数取自A，除数取自B，运算后商数存放于A，余数存放于B。

(3) 程序状态字寄存器PSW

PSW是一个8位寄存器，它包含了程序状态信息。PSW中的CY、AC、OV和P标志位用于存放程序运行中的状态信息，RS1和RS0用于选择当前工作寄存器区，F0是用户标志位。PSW寄存器的格式及各位含义如下：

	D7	D6	D5	D4	D3	D2	D1	D0
PSW	CY	AC	F0	RS1	RS0	OV	—	P

进位标志CY(PSW.7)：8位加法或减法运算时，若累加器A的最高位D7位有进位或借位时，CY=1；否则CY=0。位运算中，进位标志CY作为位运算的累加器使用，这时用符号C表示。

辅助进位标志AC(PSW.6)：8位加法或减法运算时，若累加器A的低半字节向高半字节有进位或借位时，AC=1；否则AC=0。AC标志主要用于BCD码运算时进行二、十进制数调整。

溢出标志OV(PSW.2)：8位有符号数加法或减法运算时，如果结果超出累加器A的存储范围－128～127，产生溢出，OV=1；否则OV=0。对于8位有符号数的加减运算，溢出的逻辑表达式为$OV=D7_C \oplus D6_C$，其中$D7_C$表示最高位D7位的进位或借位，$D6_C$表示次高位D6位的进位或借位。

奇偶标志P(PSW.0)：在每个机器周期中，累加器A中1的个数影响P标志位。若A中1的个数为奇数，P=1；若A中1的个数为偶数，P=0。因此，只要是改变累加器内容的指令，都影响奇偶标志P。奇偶标志主要用在串行通信中，发送数据时，将奇偶标志发送出去，作为接收方检验数据传输是否出错的校验位。

工作寄存器组选择位RS1(PSW.4)和RS0(PSW.3)：这两位的组合用于选定程序中使用的当前工作寄存器组。RS1和RS0的值与当前工作寄存器组的对应关系见表2-5。单片机复位后，RS1和RS0的复位值是00，使0组成为默认工作寄存器组。程序中可通过指令改变RS1和RS0的值，设置0～3组中的某一组作为当前组。

用户标志F0(PSW.5)：单片机没有指定该位功能，用户可以根据需要定义其功能，例如可将其作为程序运行的出错标志或设备的工作状态标志，使用时可用位操作指令将其置1或清0。

表 2-5　RS1 和 RS0 的值与当前工作寄存器组的对应关系

RS1	RS0	当前工作寄存器组	RAM 地址范围
0	0	0 组	00H～07H
0	1	1 组	08H～0FH
1	0	2 组	10H～17H
1	1	3 组	18H～1FH

(4) 堆栈指针 SP

堆栈指针 SP 是一个 8 位的专用寄存器。它指示出堆栈顶部在内部 RAM 块中的位置。系统复位后，SP 初始化为 07H，使得堆栈操作事实上由 08H 单元开始，考虑到 08H～1FH 单元分别属于工作寄存器区 1～3，若在程序设计中要用到这些区，则最好把 SP 值改置为 1FH 或更大的值。MCS-51 的堆栈是向上生成的。例如，SP＝60H，CPU 执行一条调用指令或相应中断后，PC 进栈，PCL 保护到 61H，PCH 保护到 62H，(SP)＝62H。

(5) 数据指针 DPTR

数据指针 DPTR 是一个 16 位的 SFR，其高位字节寄存器用 DPH 表示，低位字节寄存器用 DPL 表示。DPTR 既可以作为一个 16 位寄存器 DPTR 来用，也可以作为两个独立的 8 位寄存器 DPH 和 DPL 来用。

(6) 端口 P0～P3

特殊功能寄存器 P0～P3 分别为 I/O 端口 P0～P3 的锁存器。即每一个 8 位 I/O 口都为 RAM 的一个单元(8 位)。

在 MCS-51 中，I/O 口和 RAM 统一编址，使用起来较为方便，所有访问 RAM 单元的指令，都可以用来访问 I/O 口。

(7) 串行数据缓冲器 SBUF

串行数据缓冲器 SBUF 用于存放欲发送或已接收的数据，它在 SFR 块中只有一个字节地址，但物理上由两个独立的寄存器组成，一个是发送缓冲器，另一个是接收缓冲器。当要发送的数据传送到 SBUF 时，数据进入发送缓冲器；接收时，外部来的数据存入接收缓冲器。

(8) 定时器/计数器

MCS-51 系列单片机有两个 16 位定时器/计数器 T0 和 T1，它们各自由两个独立的 8 位寄存器组成，共 4 个独立的寄存器：TH0、TL0、TH1、TL1，可以对这 4 个寄存器寻址，但不能把 T0 或 T1 当作一个 16 位寄存器来对待。

2.3　单片机的并行 I/O 口

MCS-51 系列单片机具有 4 个 8 位双向并行 I/O 端口，共 32 线。每位均由自己的锁存器、输出驱动器和输入缓冲器组成。

2.3.1 I/O口的特点

4个并行I/O口都是双向的。P0口为漏极开路；P1、P2、P3口均具有内部上拉电路，它们被称为准双向口。

所有32条并行I/O线都能独立地用作输入或输出。

当并行I/O线作为输入时，该口的锁存器必须写入1，这是一个重要条件，否则可能无效。

2.3.2 I/O口的内部结构

I/O口的每一位结构如图2-3所示，每一位均由锁存器(即I/O口的SFR)、输出驱动器和输入缓冲器组成。图中的上拉电阻实际上是由场效应管构成的，并不是线性电阻。

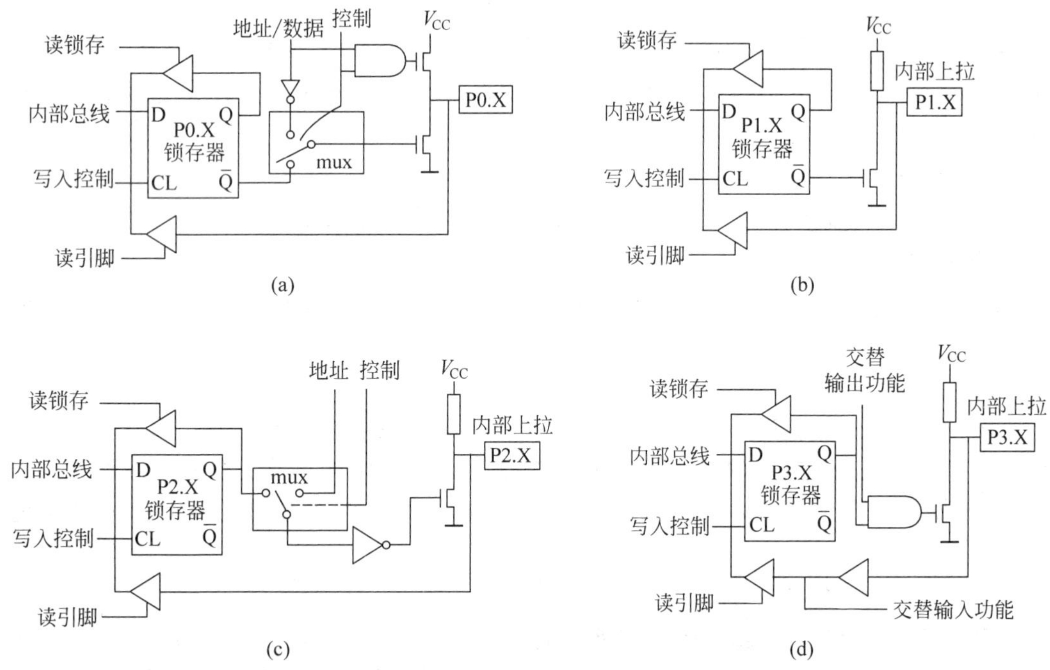

图2-3 P0～P3口的内部位结构

(a) P0口的位结构；(b) P1口的位结构；(c) P2口的位结构；(d) P3口的位结构

I/O口的每一位锁存器均由D触发器组成。在CPU的“写锁存器”信号驱动下，将内部总线上的数据写入锁存器中。锁存器的输出端Q反馈到内部总线上，以响应来自CPU的“读锁存器”信号，把锁存器内容读入内部总线上，送CPU处理。而在响应CPU的“读引脚”信号时，则将I/O端口引脚上的信息读至内部总线，送CPU处理。因此，某些I/O口指令可读取锁存器内容，而另外一些指令则是读取引脚上的信息，两者有区别，应加以注意。

P0口和P2口在对外部存储器进行读写时要进行地址/数据的切换，故在P0、P2口的结构中设有多路转换器，分别切换到地址/数据或内部地址总线上，如图2-3(a)、(c)所示。

多路转换器的切换由内部控制信号控制。

P3 口作为第一功能使用时，第二功能输出控制线应为高电平，如图 2-3(d)所示，这时，与非门的输出取决于锁存器状态。这时，P3 口的结构、操作与 P1 口相同。P3 口作为第二功能使用时，相应的锁存器必须为 1 状态，此时，与非门的输出状态由第二功能输出控制线的状态确定，反映了第二功能输出电平状态。

P1、P2、P3 口均有内部上拉电阻，如图 2-3(b)、(c)、(d)所示。当它们用作输入方式时，各口对应的锁存器必须先置 1，由此关断输出驱动器(场效应管)。这时 P1、P2、P3 口相应引脚内部的上拉电阻可将电平拉成高电平，然后进行输入操作；当输入为低电平时，它能拉低为低电平输入。

P0 口内部没有上拉电阻，这是它与其他 I/O 口不同之处。图 2-3(a)中，驱动器上方的场效应管仅用于外部存储器读写时，作为地址/数据总线用。其他情况下，场效应管被开路，因而 P0 口具有开漏输出。如果再给锁存器置入 1 状态，使输出的两个场效应管均关断，使引脚处于浮空，称为高阻状态。

由于 P1、P2、P3 口内部均有固定的上拉电阻，故皆为准双向口。"准双向"的含义是其引脚具有内部拉高电阻，这种结构允许其引脚用作输入，也可用作输出。在作为输入时，可用一般方法由任何一种 TTL 或 MOS 电路所驱动，而不需外加上拉电阻。应注意的是，这些上拉电阻是由场效应管提供的。由此可见，准双向口的特点是：当外部维持在低电平时，准双向口输入要能提供源电流；而外部低电平消失时，又会自动地使自己拉向高电平。

2.3.3　I/O 口的功能

MCS-51 属于总线型结构，这样在系统结构上增加了灵活性。通过总线，可使用户根据应用需要扩展不同功能的应用系统。

在扩展系统中，P0 口用于输出外部程序存储器或外部数据存储器的低 8 位地址，并分时复用外部程序存储器的读数据线或外部数据存储器的读写数据线。P0 口的地址为 80H，P0.0～P0.7 的位地址为 80H～87H。

P1 口作为一般输入/输出口。P1 口的口地址为 90H，P1.0～P1.7 的位地址为 90H～97H。

P2 口用于输出外部程序存储器或外部数据存储器的高 8 位地址。P2 口的地址为 A0H，P2.0～P2.7 的位地址为 A0H～A7H。

P3 口是双功能口，第一功能是一般输入/输出口，第二功能如表 2-6 所示。

表 2-6　P3 口的第二功能定义口

P3 口引脚	第二功能
P3.0	RxD(串行输入口)
P3.1	TxD(串行输出口)
P3.2	$\overline{\text{INT0}}$(外部中断 0)
P3.3	$\overline{\text{INT1}}$(外部中断 1)
P3.4	T0(定时器 0 外部中断)
P3.5	T1(定时器 1 外部中断)
P3.6	$\overline{\text{WR}}$(外部数据存储器写选通)
P3.7	$\overline{\text{RD}}$(外部数据存储器读选通)

P3 口的每一位都可独立地定义为第一功能 I/O 或第二功能 I/O。P3 口的第二功能涉及串行口、外部中断、定时器和特殊功能寄存器，它们的结构、功能等在后面章节中会作进一步介绍。P3 口的地址为 B0H，P3.0～P3.7 的位地址为 B0H～B7H。

2.3.4 I/O 口的负载能力

P1、P2、P3 口的输出缓冲器可驱动 4 个 LSTTL 电路。对于 HMOS 芯片单片机的 I/O 口，在正常情况下，可任意由 TTL 或 NMOS 电路驱动。HMOS 及 CHMOS 型单片机的 I/O 口由集电极开路或漏极开路的输出来驱动时，不必外加上拉电阻。

P0 口输出缓冲器能驱动 8 个 LSTTL 电路，驱动 MOS 电路须外接上拉电阻，但 P0 口用作地址/数据总线时，可直接驱动 MOS 的输入而不必外加上拉电阻。

2.4 单片机的时钟与时序

CPU 的时序是指各控制信号在时间上的相互联系与先后次序。单片机本身就如同一个复杂的同步时序电路，为了确保同步工作方式的实现，电路应在统一的时钟信号控制下按时序进行工作。事实上，控制器按照指令的功能发出一系列的时间上有一定次序的信号，控制和启动一部分逻辑电路，完成某种操作。在什么时刻发出什么控制信号，去启动何种部件动作，都有严格的规定，一点也不能乱。CPU 芯片设计一旦完成，时序就固定了，因而时序问题是 CPU 的核心问题之一。

2.4.1 时钟电路

根据硬件电路的不同，单片机的时钟连接方式可分为内部时钟方式和外部时钟方式两种。选用内部时钟方式时，8051 单片机有两个引脚（XTAL1、XTAL2）用于外接石英晶体和微调电容构成振荡器，如图 2-4 所示。电容量的选择范围一般为（30±10）pF。振荡频率的选择范围为 1.2～12MHz。

在使用外部时钟时，8051 的 XTAL2 用来输入外时钟信号，而 XTAL1 则接地，如图 2-5 所示。

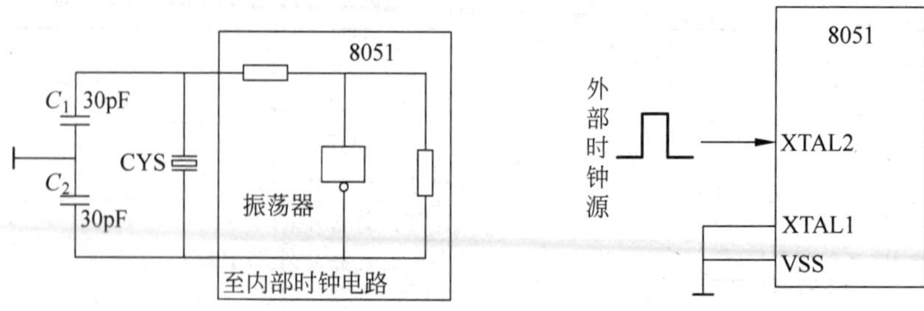

图 2-4　外接石英晶体电路　　　图 2-5　外接时钟源电路

2.4.2　CPU 时序

CPU 时序是指 CPU 在执行各类指令时所需的控制信号在时间上的先后次序。

1. 时序单位

(1) 振荡周期：指为单片机提供定时信号的振荡源的周期或外部输入时钟的周期。

(2) 时钟周期：时钟周期又称作状态周期或状态时间 S，它是振荡周期的两倍，它分为 P1 节拍和 P2 节拍，通常在 P1 节拍完成算术逻辑操作，在 P2 节拍完成内部寄存器之间的传送操作。

(3) 机器周期：一个机器周期由 6 个状态周期组成。如果把一条指令的执行过程分作几个基本操作，则将完成一个基本操作所需的时间称作机器周期。单片机的单周期指令执行时间就为一个机器周期。

(4) 指令周期：指 CPU 执行一条指令所需要的时间。一个指令周期通常含有 1～4 个机器周期。

它们之间的相互关系如图 2-6 所示。

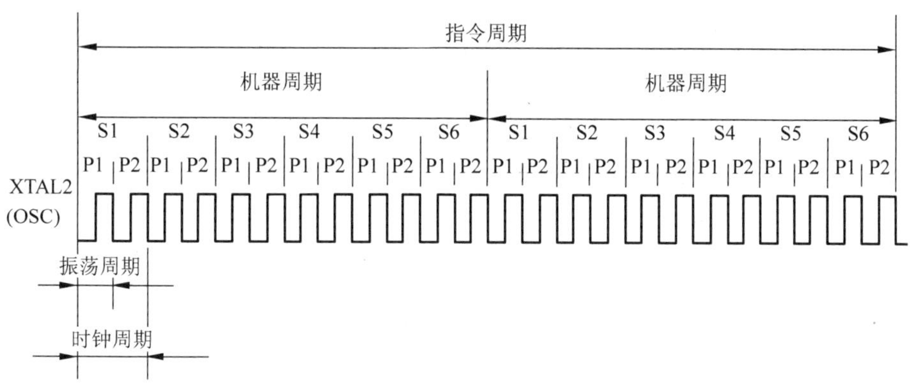

图 2-6　MCS-51 系列单片机各种周期间的相互关系

2. 指令执行时序

在 MCS-51 指令系统中，有单字节指令、双字节指令和三字节指令。每条指令的执行时间要占一个或几个机器周期。单字节指令和双字节指令都可能是单周期和双周期，而三字节指令都是双周期，只有乘法指令占 4 个周期。

每一条指令的执行都可以包括取指和执行两个阶段。取指阶段中，单片机把程序计数器 PC 中的地址送到程序存储器，并从中取出需要执行指令的操作码和操作数。指令执行阶段，单片机对指令操作码进行译码，以产生一系列控制信号完成指令的执行。

图 2-7 列举了几种典型指令的取指和执行时序。对于绝大部分指令，在整个指令执行过程中，ALE 是周期性的信号。在每个机器周期中，ALE 信号出现两次，第一次在 S1P2 和 S2P1 期间，第二次在 S4P2 和 S5P1 期间。ALE 信号的有效宽度为一个 S 状态。每出现一次 ALE 信号，CPU 就进行一次取指操作。

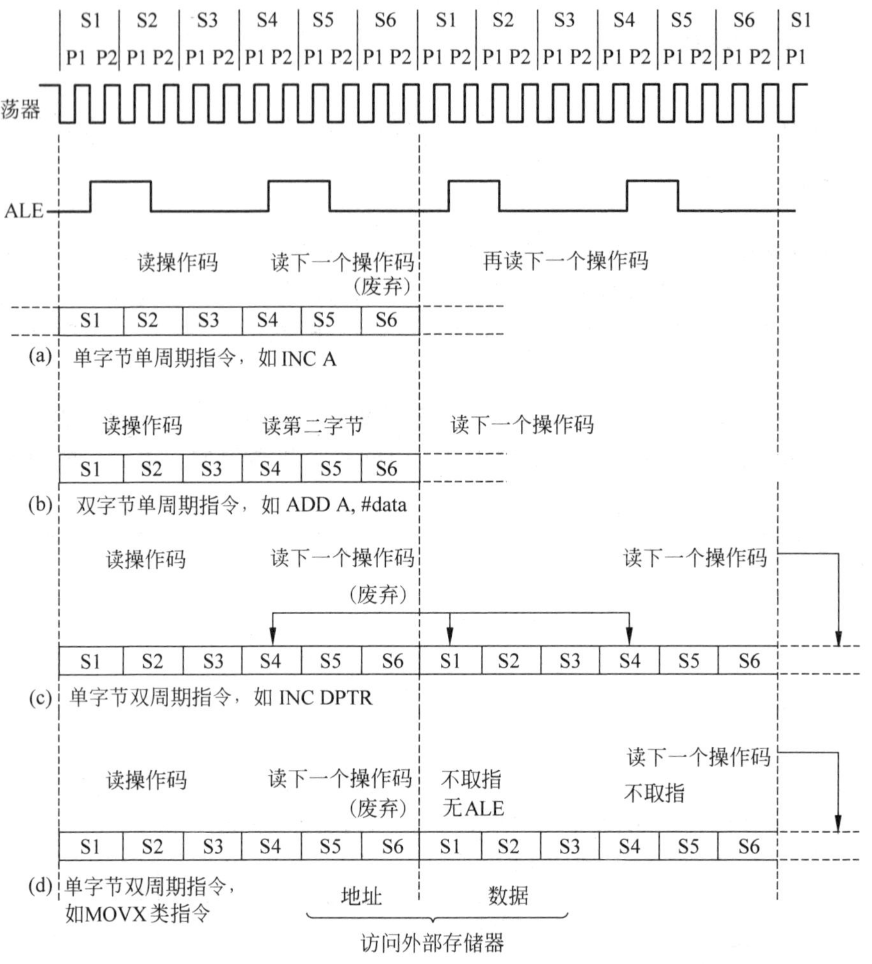

图 2-7　MCS-51 指令执行时序

2.5　单片机的复位

单片机在开机时或在工作中，因干扰而使程序失控或工作中程序处于某种死循环状态等情况下，都需要进行复位操作。复位的作用是使中央处理器（CPU）以及其他功能部件都恢复到一个确定的初始化状态，并从这个状态开始工作。

1. 复位状态

MCS-51 系列单片机复位后，程序计数器 PC 和特殊功能寄存器复位的状态如表 2-7 所示。复位不影响片内 RAM 存放的内容。

复位后，PC=0000H，指向程序存储器 0000H 地址单元，使 CPU 从首地址 0000H 单元开始重新执行程序。所以单片机系统在运行出错或进入死循环时，可按复位键重新启动。

表 2-7　寄存器复位状态

寄存器	复位状态	寄存器	复位状态
PC	0000H	TCON	00H
ACC	00H	TL0	00H
PSW	00H	TH0	00H
SP	07H	TL1	00H
DPTR	0000H	TH1	00H
P0～P3	FFH	SCON	00H
IP	XX000000B	SBUF	不定
IE	0X000000B	PCON	0XXX0000B
TMOD	00H		

2. 复位电路

RST是复位信号的输入端，复位信号是高电平有效，其有效时间应持续24个振荡脉冲周期(即两个机器周期)以上。若使用频率为12MHz的晶体，则复位信号持续时间应超过2μs才能完成复位操作。若时钟频率为6MHz，每个机器周期为2μs，则需要持续4μs以上时间的高电平。

复位操作有上电自动复位和按键手动复位两种方式，如图2-8和图2-9所示。

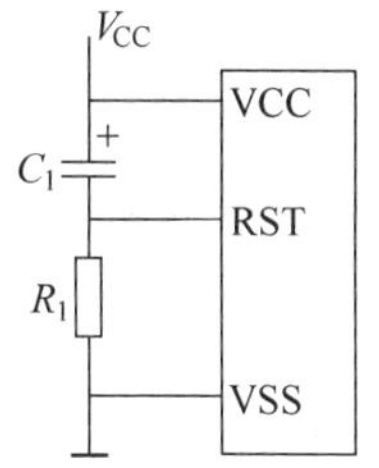

图 2-8　上电复位电路图

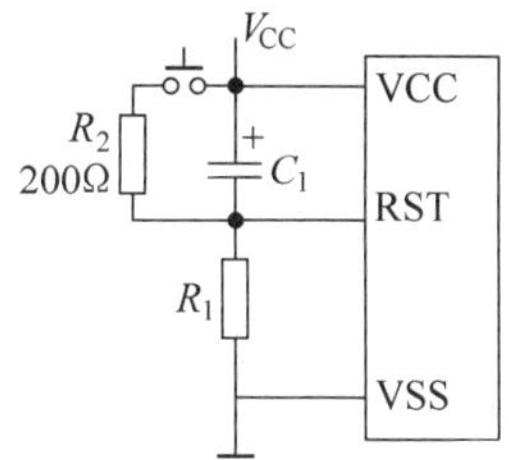

图 2-9　按键手动复位电路图

上电自动复位是通过外部复位电路的电容充电来实现的。这样就可以实现自动上电复位，即接通电源就完成了系统的复位、初始化。

按键手动复位是通过使复位端经电阻与V_{CC}电源接通而实现的，它兼具上电复位功能。

对于12MHz晶振而言，电路中的电阻(R_1=8.2kΩ)、电容参数(C_1=10μF)能保证复位信号高电平的持续时间大于两个机器周期；R_2=200Ω。

2.6　单片机最小系统

单片机能够运行的最基本配置称为单片机最小系统。51系列单片机及其兼容机中，很多单片机内部都集成了计算机的基本部分，只要在外围接上复位及晶振电路就可构成最小应用系统。

它主要包括3个部分：电源电路、晶振电路和复位电路，如图2-10所示，各部分说明如下。

(1) 电源电路

MCS-51 单片机是 5V 供电。使用时要将 40 脚接 V_{CC}(也就是+5V),20 脚接地。

(2) 晶振电路

MCS-51 系列单片机内部已具备振荡电路,只要在 18 脚、19 脚上连接简单的石英振荡晶体即可,典型的晶振频率可以选取 11.0592MHz,它可以准确地得到 9600 波特率和 19 200 波特率,通常用于有串口通信的场合。另一个典型的晶振频率为 12MHz,它可以产生精确的微秒级延时,方便定时操作,本例采用的就是 12MHz 的晶振。

(3) 复位电路

MCS-51 系列单片机的复位引脚是第 9 脚,当此引脚连接高电平超过两个机器周期,即可产生复位的动作。为了保证应用系统可靠地复位,在设计复位电路时,通常使 RST 引脚保持 10ms 以上的高电平。复位电路有上电复位和手动复位两种,本例采用上电复位的形式。

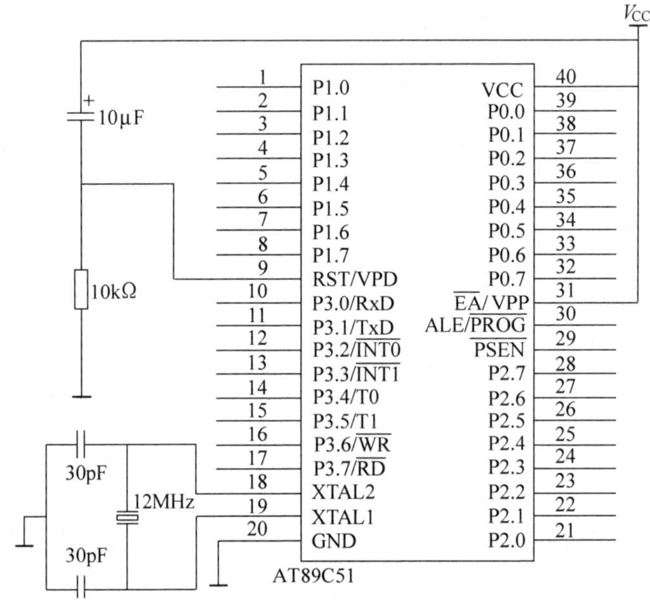

图 2-10　单片机最小系统电路

习题

一、填空题

1. 若 MCS-51 单片机仅使用片外程序存储器,其引脚 $\overline{EA}$ 必须接________电平。

2. MCS-51 单片机的片内数据储存器共有________B,按功能不同,可分为________个部分,分别叫做________寄存器区、________区和________区。

3. MCS-51 单片机的工作寄存器区共有________B,分为________组,每组________个字节。单片机工作时某一时刻使用的寄存器组叫做________组。

4. MCS-51 单片机中位寻址区的字节单元地址为________ H～________ H，这些单元除了可字节寻址外，其每个位还能独立位寻址，其位地址为________ H～________ H。

5. MCS-51 系统中，当信号$\overline{\text{PSEN}}$________电平有效，表示 CPU 要从________存储器读取信息。

6. AT89C51 单片机有________ KB Flash 存储器。

7. 从硬件上区分，使 MCS-51 单片机复位有________和________两种方法。

8. 复位后程序计数器 PC 值为________ H。

9. 如果 MCS-51 单片机的时钟频率为 6MHz，则一个机器周期是________ μs。

10. MCS-51 系统中，当$\overline{\text{PSEN}}$信号悬空时，表示 CPU 要从________存储器读取信息。

11. 用传送指令访问 MCS-51 的外部数据存储器，它的操作码助记符应为________。

12. 访问 MCS-51 片内 RAM 应该使用的传送指令的助记符是________。

13. 单片机的三总线有地址总线、数据总线和________总线。

14. MCS-51 在外扩 ROM、RAM 或 I/O 时，它的地址总线由单片机的________口和________组成。

二、选择题

1. 单片机程序存储器的寻址范围是由程序计数器 PC 的位数决定的，MCS-51 单片机的 PC 为 16 位，因此其寻址范围是(　　)。

(A) 0～4KB　　(B) 0～64KB　　(C) 0～8KB　　(D) 0～128KB

2. MCS-51 单片机的外部数据储存器最多可扩展为(　　)。

(A) 4KB　　(B) 64KB　　(C) 8KB　　(D) 128KB

3. MCS-51 单片机上电复位后，TL0 的内容应是(　　)。

(A) 00H　　(B) 07H　　(C) 60H　　(D) 70H

4. 程序计数器 PC 中存放的是(　　)。

(A) 下一条指令的地址　　(B) 当前正在执行的指令

(C) 当前正在执行指令的地址　　(D) 下一条要执行的指令

5. 以下有关 MCS-51 单片机 PC 和 DPTR 的说法中正确的是(　　)。

(A) DPTR 和 PC 均是可以访问的

(B) 它们都是 16 位的寄存器

(C) 它们都具有自动加 1 功能

(D) DPTR 和 PC 均可以分为两个 8 位的寄存器使用

6. 关于 MCS-51 单片机的堆栈操作，下列说法正确的是(　　)。

(A) 先修改栈指针，再出栈　　(B) 先入栈，再修改栈指针

(C) 先修改栈指针，再入栈　　(D) 同时修改栈指针和入栈

7. 当 ALE 信号有效时，单片机(　　)。

(A) 从 ROM 中读取数据　　(B) 从 P0 口送出地址低 8 位

(C) 从 P0 口送出地址高 8 位　　(D) 从 RAM 中读取数据

三、判断题

1. MCS-51 单片机的数据存储器只是用来存放数据的。　(　　)

2. MCS-51 系列单片机的 P1 口是多功能的 I/O 端口。　(　　)

3. 当MCS-51单片机上电复位时，指针DPTR＝0007H。（ ）

4. MCS-51单片机的片外RAM与外部设备可以统一编址。（ ）

5. MCS-51单片机DPTR存放的是当前正在执行的指令。（ ）

6. MCS-51单片机的片外RAM与外部设备统一编址时，不需要专门的输入/输出指令。（ ）

7. MCS-51单片机的特殊功能寄存器分布在80H～FFH地址范围内。（ ）

8. MCS-51单片机内部的位寻址区，既能进行位寻址，也能进行字节寻址。（ ）

9. MCS-51单片机最小系统中，如果P0口作为输入口使用，则其需要为每个I/O口分别接上拉电阻。（ ）

四、问答题

1. 简单解释什么是堆栈。

2. MCS-51单片机的存储器从物理结构上和逻辑上分别可划分为几个空间？

3. MCS-51单片机的数据存储器中有几个具有特殊功能的单元？简述一下分别作什么用。

4. 为什么MCS-51单片机的程序存储器和数据存储器共处同一地址空间而不会发生总线冲突？

5. MCS-51系列单片机内部包含哪些主要逻辑功能部件？各有什么主要功能？

6. MCS-51系列单片机的时钟周期、机器周期、指令周期是如何定义的？

7. 简述MCS-51系列单片机片内数据存储器的空间分配。访问外部数据存储器和程序存储器有什么本质区别。

8. PSW的作用是什么？常用的状态标志位有哪几位？其作用是什么？能否位寻址？

9. MCS-51系列单片机引脚中共有多少I/O线？其4个并行I/O口在使用时有哪些特点和分工？

10. 简单描述一下MCS-51系列单片机并行I/O口的分时复用。

11. MCS-51系列单片机的I/O线与地址总线和数据总线有什么关系？其中地址总线、数据总线与控制总线各是几位？

12. 什么是准双向口？准双向口作I/O输入时，要注意什么？

13. MCS-51系列单片机有几种复位方法？复位后单片机特殊功能寄存器的状态是什么？

14. 特殊功能寄存器中哪些寄存器可以位寻址？它们的字节地址是什么？

15. MCS-51系列单片机设有4个通用工作寄存器组，有什么特点？如何选用？如何实现工作寄存器现场保护？

16. 程序计数器PC有哪些特点？地址指针DPTR有哪些特点？与程序计数器PC有何异同？

17. MCS-51系列单片机中的$\overline{EA}$、ALE、$\overline{PSEN}$有什么用途？

第 3 章

MCS-51 系列单片机的指令系统

任何一个单片机都必须有软件和硬件配合才能达到预期的目的。软件主要是采用汇编语言或 C 语言进行编程，汇编语言对于理解单片机的结构有着非常重要的作用，所以对于汇编语言的学习一直是单片机应用系统学习的重点。本章主要通过详细的实例介绍单片机的寻址方式和指令系统。通过本章的学习，应掌握各种指令的应用，并且能够清楚地知道各指令的寻址方式。

3.1 指令系统简介

指令是指挥计算机工作的命令，是计算机软件的基本单元。单片机所有指令的集合称为指令系统，它是表征计算机性能的重要标志。MCS-51 系列单片机使用 42 种助记符，有 51 种基本操作。通过助记符以及指令中源操作数和目的操作数的不同组合构成了 MCS-51 系列单片机的 111 条指令。

3.1.1 指令格式

指令格式是指令的书面表达形式，汇编语言指令格式为：

[标号:] 操作码助记符 [目的操作数,] [源操作数] [;注释]

每部分构成一个字段，各字段之间用空格或规定的标点符号隔开，方括号内字段可有可无，方括号外字段必须要有。

例如：

```
LOOP: MOV A, #4FH; A←#4FH
```

各字段的意义如下。

(1) 标号：指令的符号地址。它代表一条指令的机器代码存储单元的首地址。当某条指令可能被调用或作为转移的目的地址时，通常要在该指令前冠以标号。被赋予标号的指令就可以被用作其他指令的操作数使用。

(2) 操作码：表示指令进行何种操作，用助记符形式表示。一般为英语单词的缩写(例如上例中的 MOV)。

(3) 操作数：指令操作的对象。操作数分为目的操作数(上例中累加器 A)和源操作数(例如上例中的#4FH)，二者顺序不可颠倒。操作数可以是数字，也可以是标号或寄存器名等，有些指令不需要指出操作数。

（4）注释：用来说明指令的功能，以便于对程序的阅读和理解。它本身并不参与程序操作（如上例中的"；A←＃4FH"）。

3.1.2 指令分类

MCS-51系列单片机共有111条指令，有3种不同的分类方法。

1. 按指令功能分类

按照指令功能分类如下：

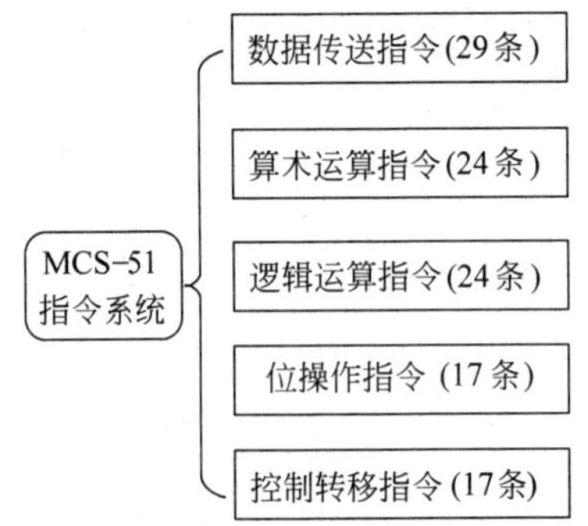

2. 按字节数分类

按照字节数分类如下。

（1）单字节指令：只有一个字节的操作码，实际上操作数隐含其中。如指令"INC A"。在MCS-51指令系统中共有49条。

（2）双字节指令：一个字节操作码，一个字节操作数。如指令"ADD A，＃32H"，操作码为24H，操作数为32H，目的操作数隐含在操作码中。在MCS-51指令系统中共有46条。

（3）三字节指令：一个字节操作码，两个字节操作数。如指令"MOV 5FH，4EH"，该指令执行把4EH地址单元的内容送到5FH地址单元中去。在MCS-51指令系统中共有16条。

图3-1给出了以上3种形式在内存中的数据安排。

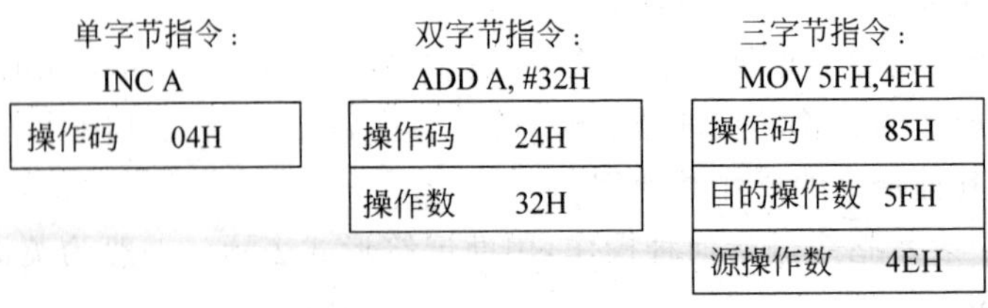

图3-1 指令格式

3. 按照指令执行的周期分类

按照指令执行的周期可分为 64 条单周期指令、45 条双周期指令、2 条四周期指令(乘法和除法)。以主频为 12MHz 的单片机系统为例,单周期指令执行时间为 1μs,双周期指令执行时间为 2μs,四周期指令执行时间为 4μs。

3.2　单片机寻址方式及实例解析

所谓寻址方式就是单片机指令中提供的操作数的形式,也就是寻找操作数或操作数所在地址的方式。在 51 系列单片机中,存放数据的存储器空间有 4 种:内部 RAM、特殊功能寄存器 SFR、外部 RAM 和程序存储器 ROM。其中,内部 RAM 和 SFR 统一编址,外部 RAM 和程序存储器是分开编址的。为了区别指令中操作数所处的地址空间,对于不同存储器的数据操作,采用不同的寻址方式。

3.2.1　直接寻址

在指令中直接给出操作数所在存储单元的地址(一个 8 位二进制数),称为直接寻址。用符号 direct 表示。

直接寻址方式中操作数的存储空间共有以下 3 种。

(1) 内部数据存储器的 128 个字节单元(00H～7FH)

例如:

```
MOV A, 50H      ;A←(50H)
```

该指令的功能是把内部 RAM 中 50H 单元中的内容送入累加器 A。

(2) 位地址空间

例如:

```
MOV C, 01H      ;CY←(01H)
```

该指令的功能是把直接位 01H 内容送给进位位 CY。

(3) 特殊功能寄存器

特殊功能寄存器只能用直接寻址方式访问。

例如:

```
MOV IE, #76H  ;IE←76H
```

该指令的功能是把立即数 76H 送给中断允许寄存器 IE。

3.2.2　立即寻址

指令中直接给出操作数的寻址方式称为立即寻址。

在 51 系列单片机指令系统中,立即数用前面加"#"号的 8 位数(如#20H)或 16 位数

（如＃3054H）表示。

例如：

```
MOV  A,  #30H     ;A←30H
MOV  A,  30H      ;A←(30H)
```

第一条指令的功能是把立即数30H送给累加器A。而第二条指令是直接寻址，其功能是把30H单元的内容送给累加器A。

3.2.3 寄存器寻址

以通用寄存器的内容为操作数的寻址方式称为寄存器寻址。

通用寄存器包括A、B、DPTR、R0～R7。其中B寄存器仅在乘法、除法指令中为寄存器寻址，在其他指令中为直接寻址。A寄存器可以寄存器寻址，又可以直接寻址（此时写作ACC）。直接寻址和寄存器寻址的差别在于，直接寻址是操作数所在的字节地址（占一个字节），寄存器寻址是寄存器编码出现在指令码中。寄存器寻址速度比直接寻址要快。除上面所指的几个寄存器外，其他特殊功能寄存器一律为直接寻址。

例如：

```
MOV A,R0   ;A←(R0)
```

该指令的功能是把通用寄存器R0中的内容送给累加器A。

3.2.4 寄存器间接寻址

以寄存器中的内容为地址，该地址的内容为操作数的寻址方式称为寄存器间接寻址。能够进行寄存器间接寻址的寄存器有R0、R1、DPTR，用前面加@表示，如@R0、@R1、@DPTR。

寄存器间接寻址的存储空间包括内部数据存储器和外部数据存储器。由于内部数据存储器共有128B，因此用一个字节的R0和R1可间接寻址整个空间。而外部数据存储器最大可达64KB，仅R0或R1无法寻址整个空间，为此需要由P2端口提供外部RAM高8位地址，由R0或R1提供低8位地址，由此共同寻址64KB范围。也可用16位的DPTR寄存器间接寻址64KB存储空间。

在指令中，对内部RAM寻址用MOV作为助记符，对外部RAM寻址用MOVX作为操作助记符。

例如：

```
MOV   @R0,   A       ;((R0))←A
MOVX  A,     @R1     ;A←((R1))
MOVX  @DPTR, A       ;((DPTR))←A
```

第一条指令的功能是将累加器A中的内容送给以R0内容为地址的内部RAM单元中，第二条指令的功能是将以R1内容为地址的外部RAM单元中的内容送给累加器A，第三条指令的功能是将累加器A中的内容送给以DPTR内容为地址的外部RAM单元中。

3.2.5　变址寻址

由寄存器 DPTR 或 PC 中的内容加上累加器 A 内容之和形成操作数地址的寻址方式称为变址寻址。变址寻址只能对程序存储器中的数据进行寻址操作。由于程序存储器是只读存储器，因此变址寻址只有读操作而无写操作。在指令符号上采用 MOVC 的形式。

变址寻址方式有两类。

(1) 以程序计数器当前值为基址。

例如：

```
MOVC A, @A + PC        ;(PC) + 1→(PC),((PC) + (A))→A
```

该指令的功能是先将 PC 指向下一条指令地址，然后再与累加器内容相加，形成变址寻址的单元地址，将此单元地址的内容送到累加器 A 中。

(2) 以数据指针 DPTR 为基址，以数据指针内容和累加器内容相加形成变址寻址的单元地址，将此单元地址的内容送到累加器 A 中。

例如：

```
MOVC A, @A + DPTR      ;A←((A) + (DPTR))
```

3.2.6　相对寻址

以程序计数器 PC 的当前值为基址，加上相对寻址指令的字节长度，再加上指令中给定的偏移量 rel 的值(rel 是一个 8 位带符号数，用二进制补码表示)，形成相对寻址的地址。

例如：

```
JNZ 60H
```

假定指令存放的首地址是 2010H(PC 当前值)，则指令操作码 70H 存放在 2010H 单元，偏移量 60H 存放在 2011H 单元。指令执行时，首先 PC 值修正为 2012H(PC 当前值加 2)。又假定累加器 A 中的值不为零，满足转移条件，则程序将转移到 2012H＋60H＝2072H 处执行。

相对寻址只适用于对程序存储器的访问，转移指令多采用这种寻址方式。

3.2.7　位寻址

MCS-51 系列单片机设有独立的位处理器，又称布尔处理器。对位地址中的内容进行位操作的寻址方式称为位寻址。

由于单片机中只有内部 RAM 和特殊功能寄存器的部分单元有位地址，因此位寻址只能对有位地址的这两个空间进行寻址操作。位寻址是一种直接寻址方式，由指令给出直接位地址。与直接寻址不同的是，位寻址只给出位地址，而不是字节地址。

例如：

```
MOVC,20H
```

该指令的功能是将位 20H 中的内容送给进位位 CY。

3.3 单片机指令系统及实例解析

在描述指令系统时，为了表达方便，经常会用到一些特殊符号，这些符号及其代表的含义如表 3-1 所示。

表 3-1 指令系统中常见符号及其含义

符号	含 义
Rn	当前工作寄存器 R0～R7，n=0～7
@Ri	用于间接寻址的当前寄存器，只能是 R0 或 R1，i=0 或 1
#data	8 位立即数，数据范围 00H～FFH
#data16	16 位立即数，数据范围 0000H～FFFFH
direct	8 位直接地址，既可以表示内部 RAM 低 128 单元地址，也可以是 SFR 的单元地址或符号，在指令中表示直接寻址方式
@DPTR	表示以 DPTR 为数据指针的间接寻址，对外部 64KB RAM/ROM 或 I/O 口寻址
bit	位地址
addr11	低 11 位目标地址
addr16	16 位目标地址
rel	8 位带符号地址偏移量(用补码表示)
$	指令的当前地址
/	加在位地址前面，表示对该位取反
(×)	某寄存器或某单元的内容
((×))	某间接寻址单元中的内容
←	表示数据传送的方向
↔	表示数据交换

3.3.1 数据传送指令

数据传送指令是指令系统中使用最频繁的指令，主要用于数据保存及数据交换等场合。按其操作方式又可分为数据传送、数据交换和栈操作。数据传送指令用到的助记符有 MOV、MOVX、MOVC、XCH、XCHD、PUSH、POP 等。

1. 内部数据传送指令 MOV

指令格式

(1) 以累加器 A 为目的操作数的数据传送指令

```
MOV  A, #data                ;A←data,立即数 data 传送至累加器 A
```

```
MOV   A, direct          ;A←(direct),直接地址中的内容传给 A
MOV   A, Rn              ;A←(Rn),n = 0～7,工作寄存器的内容传给 A
MOV   A, @Ri             ;A←((Ri)),R0 或 R1 所指地址中的内容传给 A
```

(2) 以直接地址 direct 为目的操作数的传送指令

```
MOV   direct, A          ;direct←(A),A 的内容传给直接地址
MOV   direct, Rn         ;direct←(Rn),工作寄存器内容传给直接地址
MOV   direct2, direct1   ;direct2←(direct1),直接地址内容传给直接地址
MOV   direct, #data      ;direct←data,立即数传给直接地址
MOV   direct, @Ri        ;direct←((Ri)),R0 或 R1 所指地址的内容传给直接地址
```

(3) 以寄存器 Rn 为目的操作数的传送指令

```
MOV   Rn, #data          ;Rn←data,立即数传给工作寄存器
MOV   Rn, direct         ;Rn←(direct),直接地址的内容传给工作寄存器
MOV   Rn, A              ;Rn←(A), 累加器 A 的内容传给工作寄存器
```

(4) 以@Ri 为目的操作数的传送指令

```
MOV   @Ri, #data         ;(Ri)←data,立即数传给 R0 或 R1 内容所指的地址单元
MOV   @Ri, direct        ;(Ri)←(direct),直接地址传给 Ri 内容所指地址单元
MOV   @Ri, A             ;(Ri)←(A),累加器 A 内容传给 Ri 内容所指地址单元
```

(5) 16 位数据传送指令

```
MOV   DPTR, #data16      ;DPH←data15~8,立即数高 8 位传给寄存器 DPH
                         ;DPL←data7~0,立即数低 8 位传给寄存器 DPL
```

指令功能

把源操作数指定的字节变量复制到目的操作数指定的单元或寄存器中,源字节不变。

指令说明

该指令的源操作数和目的操作数都在单片机内部,可以是片内 RAM 地址,也可以是特殊功能寄存器 SFR 的地址(立即数除外)。

实例解析

例 3-1　已知(R1)=3BH,(R0)=27H,(27H)=9DH,(A)=3BH。为以下顺序执行语句添加注释。

```
MOV   A, #50H            ;(A) = 50H,立即数 50H 传给 A
MOV   A, 27H             ;(A) = 9DH,直接地址 27H 的内容 9DH 传给 A
MOV   A, R1              ;(A) = 3BH,工作寄存器 R1 内容传给 A
MOV   A, @R0             ;(A) = 9DH,R0 所指地址 27H 的内容 9DH 传给 A
MOV   20H, A             ;(20H) = 9DH, A 的内容传给直接地址 20H
MOV   20H, R0            ;(20H) = 27H, R0 的内容传给直接地址 20H
MOV   20H, 27H           ;(20H) = 9DH,直接地址 27H 的内容传给地址 20H
MOV   20H, #0FFH         ;(20H) = 0FFH,立即数传给 20H
MOV   20H, @R0           ;(20H) = 9DH,R0 所指地址 27H 内容传给 20H
MOV   R1, #27H           ;(R1) = 27H,立即数传给 R1
MOV   R1, 27H            ;(R1) = 9DH,27H 内容传给 R1
MOV   R1, A              ;(R1) = 9DH, A 的内容传给 R1
MOV   @R0, #80H          ;(27H) = 80H,立即数传给 R0 所指地址 27H
```

```
MOV  @R0, A          ;(27H) = 9DH,A的内容传给R0所指地址27H
MOV  DPTR, #1234H    ;(DPH) = 12H, (DPL) = 34H
```

例 3-2 设内部RAM 20H单元内容为30H,30H单元内容为10H,P1口作为输入口,其输入的数据为78H。试判断下列程序的执行结果。

```
MOV  R0, #20H        ;(R0) = 20H,立即数送R0
MOV  A, @R0          ;(R0) = 20H,(20H) = 30H,故(A) = 30H
MOV  R1, A           ;(A) = 30H,故(R1) = 30H
MOV  B, @R1          ;(R1) = 30H,(30H) = 10H,故(B) = 10H
MOV  @R1, P1         ;(R1) = 30H,(P1) = 78H,故(30H) = 78H
MOV  P2, P1          ;(P1) = (P2) = 78H
```

执行结果：(R0) = 20H,(A) = (R1) = 30H,(B) = 10H,(P1) = (P2) = (30H) = 78H。

2. 外部数据存储器读写指令 MOVX

指令格式

```
MOVX A, @DPTR        ;A←((DPTR)),DPTR所指外部存储器地址单元内容传给A
MOVX @DPTR, A        ;(DPTR)←(A),A的内容传给DPTR所指外部地址单元
MOVX A, @Ri          ;A←((Ri)),Ri所指外部存储器地址单元内容传给A
MOVX @Ri, A          ;(Ri)←(A),A的内容传给Ri所指外部存储器地址单元
```

指令功能

访问片外RAM或扩展的I/O口。

实例解析

例 3-3 将片外RAM中1000H单元的内容送入片外RAM的56H单元,将片外RAM中78H单元的内容送入片外RAM的1010H单元。

```
MOV  R0, #56H        ;(R0) = 56H
MOV  DPTR, #1000H    ;(DPTR) = 1000H,指针DPTR指向片外1000H单元
MOVX A, @DPTR        ;(A) = (1000H),片外存储器 1000H单元内容传给A
MOVX @R0, A          ;(56H) = (A),片外1000H单元内容送入片外56H单元
MOV  R0, #78H        ;(R0) = 78H
MOV  DPTR, #1010H    ;(DPTR) = 1010H,指针DPTR指向片外1010H单元
MOVX A, @R0          ;(A) = (78H),片外78H单元内容传给A
MOVX @DPTR, A        ;(1010H) = (A),片外78H内容送入片外1010H单元
```

例 3-4 编写程序将外部RAM中2000H单元中的内容送入片内RAM的60H单元中。

```
MOV  DPTR,#2000H     ;(DPTR) = 2000H,设指针
MOVX A,@DPTR         ;(A) = (2000H),片外2000H单元内容传给A
MOV  60H,A           ;(60H) = (A) = (2000H),片外2000H单元内容送入片内60H单元
```

3. 程序存储器读指令 MOVC

指令格式

```
MOVC A, @A+DPTR      ;A←((A)+(DPTR))
```

```
MOVC A, @A+PC                ;A←((A)+(PC))
```

指令功能

把累加器 A 作为变址寄存器，将其中的内容与基址寄存器(DPTR、PC)的内容相加，得到程序存储器某单元的地址，再把该地址单元中的内容送累加器 A。指令执行后，不改变基址寄存器的内容。

指令说明

本指令主要用于查表，即完成从程序存储器读取数据的功能。但是基址寄存器 DPTR 和 PC 的适用范围不同。

(1) 当以 DPTR 作为基址寄存器时，查表时 DPTR 用于存放表格的起始地址。由于用户可以很方便地通过 16 位数据传送指令给 DPTR 赋值，因此该指令适用范围较广，表格常数可以设置在 64KB 程序存储器中的任何位置。

(2) 当以 PC 作为基址寄存器时，由于 A 为 8 位无符号数，这就使得该指令查表范围为以 PC 当前值开始后的 256 个地址范围。

实例解析

例 3-5　已知寄存器 R1 中有一个 0～9 范围内的数，用以上查表指令编出能查出该数平方值的程序。

(1) 以 DPTR 作为基址寄存器

```
        MOV     A, R1
        MOV     DPTR, #2000H
        MOVC    A, @A+DPTR          ;查表
        ⋮
        RET
2000H   DB      0,1,4,9,16,25,36,49,64,81
```

若(R1)=3，查表得 9 并存于 A 中；若(R1)=6，查表得 36 并存于 A 中。

(2) 以 PC 作为基址寄存器

```
        ORG   2000H
2000H   MOV   A, R1
2001H   ADD   A, #03H           ;加修正量
2003H   MOVC  A, @A+PC          ;查表
2004H   MOV   20H, A
2006H   RET
2007H   DB    0,1,4,9,16,25,36,49,64,81
```

若(R1)=4，查表得 16 并存于 A 中。

查表指令所在单元为 2003H，取指令后的 PC 当前值为 2004H。若 A 不加修正量调整，将出现查表错误。

修正量=表头首地址－PC 当前值=2007H－2004=03H。所以这里修正量为 03H("MOV 20H,A"指令占 2 个字节，RET 指令占 1 个字节)。由于 A 为 8 位无符号数，因此查表指令和被查表格通常在同一页内(页内地址 00H～FFH)。

例 3-6　编写程序，将外部 ROM 中的 1000H 单元的内容送到外部 RAM 的 10H 单元中。

```
MOV    DPTR,#1000H         ;(DPTR)=1000H,程序存储器地址
MOV    A,#00H              ;(A)=00H,变址寄存器A清0
MOVC   A,@A+DPTR           ;(A)=(1000H+00H),程序存储器1000H单元内容送A
MOV    R0,#10H             ;(R0)=10H,外部RAM地址
MOVX   @R0,A               ;((R0))=(10H)=(A)=(1000H),1000H内容送外部RAM 10H
```

4. 堆栈操作指令 PUSH、POP

堆栈是一个先进后出的区域。栈指针为SP，它指出栈顶的位置。

（1）进栈指令

指令格式

```
PUSH  direct          ;SP←(SP) +1,SP←(direct)
```

指令功能

把指令中直接地址中的内容送入当前栈指针加1的单元中去。

指令说明

① 栈指针的内容加1。

② 把直接地址单元中的内容送入栈指针所指的单元中。

实例解析

例 3-7 为下列进栈程序代码添加注释。

```
MOV   30H, #12H       ;(30H)=12H
MOV   SP, #50H        ;设栈顶,(SP)=50H
PUSH  30H             ;(SP)=51H,(51H)=(30H)=12H
```

例 3-8 设(SP)＝60H，数据指针DPTR内容为2000H，试分析执行下列程序后的结果。

```
PUSH  DPL             ;(SP)=(SP)+1=61H,(61H)=(DPL)=00H
PUSH  DPH             ;(SP)=(SP)+1=62H, (62H)=(DPH)=20H
```

执行结果：(SP)＝62H，(61H)＝00H，(62H)＝20H。

（2）出栈指令POP

指令格式

```
POP   direct          ;(direct)←((SP)),SP←(SP)-1
```

指令功能

把栈指针SP所指的内部RAM单元内容送入直接地址指出的字节单元中。

指令说明

① 把栈指针SP所指的内部RAM单元内容送入直接地址指出的字节单元中。

② 栈指针的内容减1。

实例解析

例 3-9 为下列出栈程序代码添加注释。

```
MOV   50H, #34H       ;(50H)=34H
```

```
MOV   SP, #50H          ;设栈顶,(SP) = 50H
POP   30H               ;(30H) = 34H,(SP) = 4FH
```

例 3-10 设(30H)=10H,(40H)=20H。试用堆栈作为缓冲器,编制程序将 30H 和 40H 单元的内容进行交换。

```
MOV   SP, #60H          ;令栈顶指针指向 60H 单元
PUSH  30H               ;(SP) = (SP) + 1 = 61H,(61H)←10H
PUSH  40H               ;(SP) = (SP) + 1 = 62H,(62H)←20H
POP   30H               ;(30H)←20H,(SP) = (SP) - 1 = 61H
POP   40H               ;(40H)←10H,(SP) = (SP) - 1 = 60H
```

5. 数据交换指令 XCH、XCHD、SWAP

(1) 整字节交换指令 XCH

指令格式

```
XCH   A, Rn             ;(A)↔(Rn),累加器 A 与工作寄存器内容互换
XCH   A, direct         ;(A)↔(direct),A 与直接地址单元内容互换
XCH   A, @Ri            ;(A)↔((Ri)),A 与 Ri 所指地址单元内容互换
```

指令功能

把累加器 A 的内容与内部 RAM 及 SFR 中的内容相互交换。

指令说明

影响 P 标志位。

实例解析

例 3-11 为下列整字节交换程序代码添加注释。

```
MOV   R0, #20H          ;(R0) = 20H
MOV   20H, #75H         ;(20H) = 75H
MOV   A, #3FH           ;(A) = 3FH
XCH   A, @R0            ;(A) = 75H,(20H) = 3FH
XCH   A, R0             ;(A) = 20H,(R0) = 75H
XCH   A, 20H            ;(A) = 3FH,(20H) = 20H
```

(2) 低半字节交换指令 XCHD

指令格式

```
XCHD  A, @Ri            ;(A)3~0 ←→ ((Ri))3~0
```

指令功能

累加器 A 的低 4 位与片内 RAM 某单元的低 4 位交换,高 4 位不变。

实例解析

例 3-12 为下列低半字节交换程序代码添加注释。

```
MOV   R0, #20H          ;(R0) = 20H
MOV   20H, #75H         ;(20H) = 75H
MOV   A, #3FH           ;(A) = 3FH
XCHD  A, @R0            ;(A) = 35H,(20H) = 7FH
```

(3) 累加器高低半字节交换指令 SWAP

指令格式

```
SWAP  A                    ;(A)3~0←→((A))7~4
```

指令功能

将累加器 A 中的高 4 位与低 4 位内容互换。

指令说明

不影响标志位。

实例解析

例 3-13 为下列字节交换程序代码添加注释。

```
MOV   A, #78H              ;(A) = 78H
SWAP  A                    ;(A) = 87H
```

例 3-14 设内部 RAM 40H、41H 单元中连续存放有 4 个压缩的 BCD 码数据，试编写程序将这 4 个 BCD 码倒序排列。

程序如下：

```
MOV   A,41H                ;(A)←(41H)
SWAP  A                    ;41H 单元中的 2 位 BCD 码相互交换
XCH   A,40H                ;交换后的 41H 内容与 40H 交换
SWAP  A                    ;原 40H 中的 2 位 BCD 码交换
MOV   41H,A                ;排序结束
```

3.3.2 算术指令

算术运算类指令包括加、减、乘、除四则运算以及加 1、减 1 和二-十进制调整操作。这类指令直接支持 8 位无符号数操作，借助于溢出标志位可对带符号数进行补码运算。算术运算类指令的执行结果对程序状态字 PSW 的具体影响见表 3-2。

表 3-2 算术运算类指令对标志位的影响

指令助记符	对标志位的影响		
	CY	OV	AC
ADD(加)	√	√	√
ADDC(带进位加)	√	√	√
SUBB(带借位减)	√	√	√
MUL(乘)	0	√	—
DIV(除)	0	√	—
DA(二-十进制调整)	√	—	√
INC	—	—	—
DEC	—	—	—

注："√"表示可置 1 或清 0,"0"表示总清 0,"—"表示无影响。

1. 加法指令 ADD、ADDC

(1) ADD

指令格式

```
ADD   A, #data            ;A←(A) + data
ADD   A, direct           ;A←(A) + (direct)
ADD   A, Rn               ;A←(A) + (Rn)
ADD   A, @Ri              ;A←(A) + ((Ri))
```

指令功能

把源字节变量与累加器 A 的内容相加,结果保存在累加器 A 中。

指令说明

使用中应注意以下问题:

① 参加运算的两个操作数是 8 位二进制数,操作结果也是 8 位二进制数,且运算对 PSW 中所有标志位都产生影响。

② 用户可以根据需要把参加运算的两个操作数看成无符号数(0～255),也可以把它们看作是带符号数。若看作带符号数,则通常采用补码形式(−128～127)。例如,若把二进制数 1001 1010B 看作无符号数,则该数的十进制值为 154;若把它看作带符号数,则它的十进制值为−102。

③ 无符号数运算时,要判断运算结果是否超出范围(0～255),可以看进位标志位 CY。若 CY=1 则表示运算结果大于 255,若 CY=0 则表示运算结果小于等于 255。带符号数运算时,要判断运算结果是否超出范围(−128～127),可以看溢出标志位 OV。OV=1 表示溢出,OV=0 则表示无溢出。OV=C7⊕C6,其中 C7 为最高位进位位,C6 为次高位进位位。

实例解析

例 3-15　无符号数相加。

设累加器中有无符号数 75H,执行指令:"ADD　A,#8FH",结果为 104H(260),大于 FFH(255),CY=1,产生溢出。

```
  01110101
 +10001111
 ---------
 100000100
```

(2) ADDC

指令格式

```
ADDC A, #data             ;A←(A) + data + (CY)
ADDC A, direct            ;A←(A) + (direct) + (CY)
ADDC A, Rn                ;A←(A) + (Rn) + (CY)
ADDC A, @Ri               ;A←(A) + ((Ri)) + (CY)
```

指令功能

将累加器 A 的内容加当前 CY 标志位内容,再加源操作数,将和存于累加器 A 中。

指令说明

该指令对标志位的影响,进位和溢出情况与 ADD 指令完全相同。

实例解析

例 3-16 设(A)＝D2H，(R0)＝ABH，(C)＝1，执行指令"ADDC A，R0"：

```
  11010010
  10101011
+ 00000001
----------
 101111110
```

结果为：(CY)＝1，(OV)＝1，(AC)＝0，(A)＝7EH。

本例操作结果的值，可根据操作数是无符号数还是有符号数进行判别。若操作数为无符号数，则结果为382；若为有符号数，则结果为－130。

2. 带借位减法指令 SUBB

指令格式

```
SUBB A, #data          ;A←(A) - data - (CY)
SUBB A, direct         ;A←(A) - (direct) - (CY)
SUBB A, Rn             ;A←(A) - (Rn) - (CY)
SUBB A, @Ri            ;A←(A) - ((Ri)) - (CY)
```

指令功能

从累加器A中减去指定的字节变量和进位标志（即减法的借位），结果存入累加器A中。

指令说明

够减时，C复位；不够减时，C置位。当位3产生借位时，AC置位，否则复位。当位6及位7只有一个产生借位时，OV标志位置位，否则复位。

实例解析

例 3-17 设(A)＝C9H，(R2)＝54H，(C)＝1，执行指令"SUBB A，R2"：

```
  11001001
  01010100
- 00000001
----------
 001110100
```

结果为：(A)＝74H，(C)＝0，(AC)＝0，(OV)＝1。

可以看出，C标志是把两个操作数当作无符号数运算时产生的；OV标志则是把两个操作数当作有符号数运算时产生的，OV置1说明有符号数运算时产生了溢出，本例中OV位为1，说明了一个负数减去一个正数得到了一个正数。

3. 加1、减1指令 INC、DEC

(1) 加1指令 INC

指令格式

```
INC   A                ;A←(A) + 1
INC   direct           ;direct←(direct) + 1
INC   Rn               ;Rn←(Rn) + 1
INC   @Ri              ;(Ri)←((Ri)) + 1
INC   DPTR             ;DPTR←(DPTR) + 1
```

指令功能

对操作数进行加 1 操作。

指令说明

“INC A”指令影响 PSW 的 P 标志位，其余 INC 指令不影响任何标志位。

实例解析

例 3-18　设(R0)=2EH，(2EH)=FFH，(2FH)=30H。执行下列指令：

```
INC   @R0                ;(2EH) = FFH + 1 = 00H
INC   R0                 ;(R0) = 2EH + 1 = 2FH
INC   @R0                ;(2FH) = 30H + 1 = 31H
```

(2) 减 1 指令 DEC

指令格式

```
DEC   direct             ;direct←(direct) - 1
DEC   Rn                 ;Rn←(Rn) - 1
DEC   @Ri                ;(Ri)←((Ri)) - 1
```

指令功能

对操作数进行减 1 操作。

指令说明

“DEC A”指令影响 PSW 的 P 标志位，其余 DEC 指令不影响任何标志位。

实例解析

例 3-19　设(R0)=3FH，(3EH)=00H，(3FH)=20H。执行下列指令：

```
DEC   @R0                ;(3FH) = (3FH) - 1 = 20H - 1 = 1FH
DEC   R0                 ;(R0) = (R0) - 1 = 3FH - 1 = 3EH
DEC   @R0                ;(3EH) = (3EH) - 1 = 00H - 1 = FFH
```

4. 乘法指令 MUL

指令格式

```
MUL   AB                 ;BA←(A) × (B)
```

指令功能

把累加器 A 和寄存器 B 中的两个 8 位无符号二进制数相乘，积的高 8 位存放在 B 寄存器中，积的低 8 位存放在累加器 A 中。

指令说明

运算结果将对 CY、OV、P 标志位产生如下影响：

(1) 进位标志位 CY 总是清 0。

(2) P 标志位仍为累加器 A 的奇偶校验位。

(3) 当积大于 255(B 中的内容不为 0)时，OV=1；否则 OV=0。

实例解析

例 3-20　对下列程序进行分析。

```
MOV  A, #30H
MOV  B, #0C0H
MUL  AB
```

结果为：(A)×(B)=2400H(9216)，(B)=24H，(A)=00H，(OV)=1，(C)=0。

5. 除法指令 DIV

指令格式

```
DIV  AB                          ;A(商)B(余数)←(A)/(B)
```

指令功能

把累加器 A 中的 8 位无符号整数除以寄存器 B 中的 8 位无符号整数，所得的商存在 A 中，余数存在 B 中。

指令说明

本指令对 CY 和 P 标志位的影响与乘法运算相同。当除数为 0 时，除法没有意义，OV=1；否则，OV=0。

实例解析

例 3-21 对下列程序进行分析。

```
MOV  A, #0ECH
MOV  B, #13H
DIV  AB
```

结果为：(A)=0CH(商 12)，(B)=08H(余数 8)，(OV)=0，(C)=0。

6. 十进制调整指令 DA

指令格式

```
DA   A                           ;BCD 码调整
```

指令功能

对累加器参与的加法运算的结果进行十进制调整。

两个压缩的 BCD(一个字节存放两位 BCD 码)数按二进制加法(ADD 或 ADDC)运算之后，对其结果(A 中的二进制数)必须经过二进制调整指令的调整，才能获得正确的压缩 BCD 码和数。

例如，两个压缩 BCD 码数相加：24H+55H=79H，结果还是 BCD 码。

```
  00100100
+ 01010101
----------
  01111001
```

但是，56H+67H=BDH，结果就不是 BCD 码。

```
  01010110
+ 01100111
----------
  10111101
```

可以看出，当两个 BCD 码对应位之和在 0～9 之间时，结果仍是 BCD 码；当和大于 9

时，结果就不是 BCD 码。

“DA A”指令在执行过程中自动选择修正值的规则是：

(1) 若($A_{3\sim0}$)>9 或(AC)=1，则执行($A_{3\sim0}$)+6→($A_{3\sim0}$)；

(2) 若($A_{7\sim4}$)>9 或(C)=1，则执行($A_{7\sim4}$)+6→($A_{7\sim4}$)。

指令说明

本指令使用时跟在 ADD 或 ADDC 指令之后，不能用 DA 指令对 BCD 码减法操作进行直接调整。本指令不影响溢出标志位 OV。

实例解析

例 3-22 对下列程序进行分析。

```
MOV  A, #30H
ADD  A, #99H
DA   A
```

执行情况如下：

```
  00110000   30  BCD码
+10011001   99  BCD码
  11001001
+01100000   60  调整值
 100101001   29  BCD码
```

例 3-23 计算 X×10+Y。X、Y 是两个 8 位无符号数，分别存放在 50H、51H 单元中。计算结果存入 52H、53H 单元中。

```
MOV  A, 50H          ;X→A
MOV  B, #10          ;B←10
MUL  AB              ;10×X
MOV  52H,B           ;积的高 8 位存入 52H 单元
MOV  53H,A           ;积的低 8 位存入 53H 单元
ADD  A,51H           ;Y+积的低 8 位
MOV  53H,A           ;保存结果的低 8 位
MOV  A, #00H         ;A 清 0
ADDC A,52H           ;积的高 8 位 + CY + 0
MOV  52H,A           ;保存结果高 8 位
```

例 3-24 设在内部 RAM 的 30H 单元中存放一个 8 位二进制数，试编程将该数转换成相应的 BCD 码并由高位到低位顺序存入内部 RAM 以 70H 为首址的 3 个连续单元中。

```
MOV  R0, #70H        ;设置存数指针 R0 初值
MOV  A, 30H          ;取被转换的二进制数
MOV  B, #100         ;设除数为 100
DIV  AB              ;除以 100,求得百位数
MOV  @R0,A           ;将百位数送指定单元
INC  R0              ;将指针指向下一个单元
MOV  A, #10          ;设除数为 10
XCH  A,B             ;将 A、B 中的数进行交换,(A) = 余数,(B) = 10
DIV  AB              ;除以 10,(A) = 十位数,(B) = 余数 = 个位数
MOV  @R0,A           ;将十位数送指定单元
```

```
INC   R0                    ;将指针指向下一个单元
XCH   A,B                   ;(A) = 个位数
MOV   @R0,A                 ;存个位数
```

3.3.3 逻辑指令

逻辑运算类指令包括与、或、异或、清除、求反、左右移位等逻辑操作，这类指令除了以累加器 A 为目的寄存器外，其余指令均不影响 PSW 中的标志位。

1. 逻辑与、或、异或指令：ANL、ORL、XRL

(1) 逻辑与指令 ANL

指令格式

```
ANL   A, #data              ;A←(A) ∧ data
ANL   A, direct             ;A←(A) ∧ (direct)
ANL   A, Rn                 ;A←(A) ∧ (Rn)
ANL   A, @Ri                ;A←(A) ∧ ((Ri))
ANL   direct, A             ;direct←(direct) ∧ (A)
ANL   direct, #data         ;(direct)←(direct) ∧ data
```

指令功能

源操作数和目的操作数按位进行与操作，结果存于目的操作数单元或寄存器。

指令说明

除前 4 条指令依据累加器 A 中 1 的个数影响奇偶标志位 P 的值外，其余所有指令不影响任何标志位。

实例解析

例 3-25 注释下列程序。

```
MOV   P1, #35H              ;(P1) = 35H(00110101B)
MOV   A, #0FH               ;(A) = 0FH(00001111B)
ANL   P1, A                 ;(P1) = 05H(00000101B)
```

(2) 逻辑或指令 ORL

指令格式

```
ORL   A, #data              ;A←(A) ∨ data
ORL   A, direct             ;A←(A) ∨ (direct)
ORL   A, Rn                 ;A←(A) ∨ (Rn)
ORL   A, @Ri                ;A←(A) ∨ ((Ri))
ORL   direct, A             ;(direct)←(direct) ∨ (A)
ORL   direct, #data         ;(direct)←(direct) ∨ data
```

指令功能

源操作数和目的操作数按位进行或操作，结果存于目的操作数单元或寄存器。

指令说明

除前 4 条指令依据累加器 A 中 1 的个数影响奇偶标志位 P 的值外，其余所有指令不影

响任何标志位。

实例解析

例 3-26 注释下列程序。

```
MOV  P1, #1EH          ;(P1) = 1EH (00011110B)
MOV  A, #0F0H          ;(A) = F0H (11110000B)
ORL  P1, A             ;(P1) = FEH(11111110B)
```

(3) 逻辑异或指令 XRL

指令格式

```
XRL  A, #data          ;A←(A)⊕ data
XRL  A, direct         ;A←(A)⊕(direct)
XRL  A, Rn             ;A←(A)⊕(Rn)
XRL  A, @Ri            ;A←(A)⊕((Ri))
XRL  direct, A         ;(direct)←(direct)⊕(A)
XRL  direct, #data     ;(direct)←(direct)⊕ data
```

指令功能

源操作数和目的操作数按位进行异或操作,结果存于目的操作数单元或寄存器。

指令说明

除前4条指令依据累加器A中1的个数影响奇偶标志位P的值外,其余所有指令不影响任何标志位。

实例解析

例 3-27 注释下列程序。

```
MOV  P1, #55H          ;(P1) = 55H (01010101B)
MOV  A, #0FFH          ;(A) =  FFH (11111111B)
XRL  P1, A             ;(P1) = 0AAH(10101010B)
```

2. 累加器移位指令 RL、RLC、RR、RRC

(1) 累加器循环左移指令 RL

指令格式

```
RL   A                 ;(A)n+1←(A)n,(A)0←(A)7
```

指令功能

A的内容向左循环移1位,最高位移向最低位。

指令说明

不影响标志位,具体过程如下:

实例解析

例 3-28 注释下列程序。

```
MOV  A,#0C5H           ;(A) = C5H(11000101B)
RL   A                 ;(A) = 8BH(10001011B)
```

(2) 累加器连同CY循环左移指令RLC

指令格式

```
RLC  A                    ;(A)n+1←(A)n,(A)0←(CY),(CY)←(A)7
```

指令功能

累加器A连同CY循环左移。

指令说明

只影响CY和P标志位，具体过程如下：

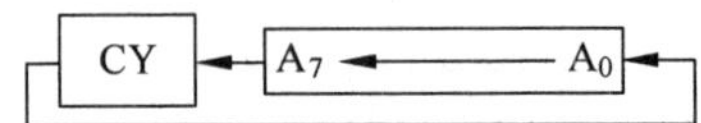

实例解析

例 3-29 注释下列程序。

```
CLR  C                    ;(C) = 0
MOV  A, #0C5H             ;(A) = C5H(11000101B)
RLC  A                    ;(A) = 8AH (10001010B)
```

例 3-30 (A)=45H(01000101B)，试编写程序求得A×2，结果存入60H单元。

方法一：

```
MOV  B,#2                 ;(B) = 2
MUL  AB                   ;A、B中的内容相乘,(B) = 0,(A) = 8AH
MOV  60H,A                ;结果存入60H单元
```

方法二：

```
CLR  C                    ;(C) = 0
RLC  A                    ;(A)中的数循环左移1位, (A) = 8AH
MOV  60H,A                ;保存结果
```

(3) 累加器循环右移指令RR

指令格式

```
RR   A                    ;(A)n+1→(A)n,(A)0→(A)7
```

指令功能

累加器A循环右移。

指令说明

不影响标志位，具体过程如下：

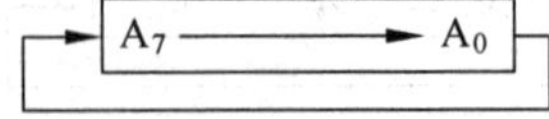

实例解析

例 3-31 注释下列程序。

```
MOV  A, #0C5H             ;(A) = C5H(11000101B)
RR   A                    ;(A) = E2H(11100010B)
```

(4) 累加器连同 CY 循环右移指令 RRC

指令格式

```
RRC   A                    ;(A)n+1→(A)n,(A)0→(CY),(CY)→(A)7
```

指令功能

累加器 A 连同 CY 循环右移。

指令说明

只影响 CY 和 P 标志位,具体过程如下:

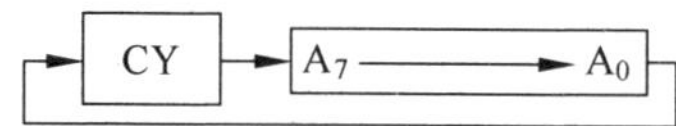

实例解析

例 3-32 注释下列程序。

```
CLR   C                    ;(C) = 0
MOV   A, #0C5H             ;(A) = C5H(11000101B)
RRC   A                    ;(A) = 62H (01100010B)
```

例 3-33 (A)=44H(01000100B),试编写程序求得 A/2,结果存入 60H 单元。

方法一:

```
MOV   B,#2                 ;(B) = 2
DIV   AB                   ;A、B 中的内容相除,(A) = 22H
MOV   60H,A                ;结果存入 60H 单元
```

方法二:

```
CLR   C                    ;(C) = 0
RRC   A                    ;(A)中的数循环右移 1 位,(A) = 22H
MOV   60H,A                ;保存结果
```

3. 清 0、取反指令 CLR、CPL

(1) 清 0 指令 CLR

指令格式

```
CLR   A
```

指令功能

对累加器 A 清 0。

指令说明

只影响 P 标志位。

实例解析

例 3-34 注释下列程序。

```
MOV   A, #45H              ;(A) = 45H(01000101B)
CLR   A                    ;(A) = 00H(00000000B)
```

(2) 取反指令 CPL

指令格式

```
CPL   A
```

指令功能

对累加器 A 的内容按位取反。

指令说明

不影响标志位。

实例解析

例 3-35 注释下列程序。

```
MOV   A, #5CH              ;(A) = 5CH (01011100B)
CPL   A                    ;(A) = A3H (10100011B)
```

3.3.4 转移指令

通过修改程序计数器 PC 的内容，就可以控制程序执行的走向。51 系列单片机指令系统提供的控制转移指令，就是修改 PC 的内容。

1. 无条件转移指令 LJMP、AJMP、SJMP、JMP

(1) 长转移指令 LJMP

指令格式

```
LJMP addr16                ;PC←a15~0
```

指令功能

把指令中 16 位目标地址装入 PC，使程序执行下条指令时无条件转移到 addr16 处执行。

指令说明

不影响任何标志位。由于 addr16 是一个 16 位二进制地址（地址范围为 0000H～FFFFH），因此长转移指令是一条可以在 64KB 范围内转移的指令。为了使程序设计方便易编，addr16 常采用标号地址（如 LOOP、LOOP1、MAIN、START、DONE、NEXT1 等）表示，程序在编译时这些标号被汇编为 16 位二进制地址。

实例解析

例 3-36 注释下列程序。

```
1000H  LJMP  1289H         ;执行当前指令后,(PC) = 1289H,程序跳转到 1289H 地址处开始执行
       …
1289H  LJMP  T1            ;执行当前指令后,(PC) = 1296H,程序跳转到 1296H 地址处开始执行
       …
1296H  T1:   MOV A , R1
       …
```

(2) 绝对转移指令 AJMP

指令格式

```
AJMP addr11                ;PC←(PC) + 2
                           ;PC10~0←a10~0
                           ;PC15~11 不变
```

指令功能

指令中提供 11 位地址，与 PC 当前值的高 5 位共同组成 16 位目标地址，程序执行下条指令时无条件转移到目标地址。

指令说明

绝对转移指令执行时分为两步：第一步是取指令操作，程序计数器 PC 中内容被加 1 两次；第二步是把 PC 加 2 后的高 5 位地址 $PC_{15\sim11}$ 和指令代码中低 11 位构成目标转移地址：

PC_{15}	PC_{14}	PC_{13}	PC_{12}	PC_{11}	a_{10}	a_9	a_8	a_7	a_6	a_5	a_4	a_3	a_2	a_1	a_0

其中，$a_{10\sim0}$ 的地址范围是 0～7FFH。因此，绝对转移指令可以在 2KB 范围内跳转。

(3) 相对转移指令 SJMP

指令格式

```
SJMP    rel                ;PC←(PC) + 2
                           ;PC←(PC) + rel
```

指令功能

先使程序计数器 PC 加 1 两次，然后把加 2 后的地址和 rel 相加作为目标转移地址。

指令说明

相对转移指令是一条双字节双周期指令。

实例解析

例 3-37　注释下列程序。

```
1000H  SJMP   89H          ;(PC) = 1000H + 2 + 89H = 108BH,程序跳转到 108BH 地址处开始执行
       ...
108BH  T1:    ...
```

(4) 间接转移指令 JMP

指令格式

```
JMP     @A + DPTR          ;PC←(A) + (DPTR)
```

指令功能

将累加器 A 中的 8 位无符号数与 16 位数据指针相加，其和装入程序计数器 PC，控制程序转向目标地址。这是一条很有用的分支选择转移指令，转移地址不是在编程时确定的，而是在程序运行时动态决定的，这是与前 3 条转移指令的主要区别。

指令说明

通常，DPTR 中基地址是一个确定的值，常常是一张转移指令表的起始地址，累加器 A 中的值为表的偏移量地址，机器通过变址寻址转移指令便可实现程序的分支转移。

实例解析

例 3-38 根据累加器的数值设计散转程序。

```
        ORG   1000H
STR:    MOV   DPTR, #TAB
CLR     C
        RLC   A              ;A = (A) × 2
        JMP   @A + DPTR
TAB:    AJMP  KL0
        AJMP  KL1
        AJMP  KL2
        …
```

当(A)＝00H 时，散转到 KL0；当(A)＝01H 时，散转到 KL1；当(A)＝02H 时，散转到 KL2。由于 AJMP 是双字节指令，所以 A 中的内容要先进行乘 2 调整。

2. 条件转移指令 JZ、JNZ、CJNE、DJNZ、JC、JNC、JB、JNB、JBC

(1) 累加器为 0 转移指令 JZ

指令格式

```
JZ  rel                  ;PC←(PC) + 2
                         ;若(A) = 0,则 PC←(PC) + rel
                         ;若(A)!= 0,则顺序执行下一条指令
```

指令功能

累加器 A 为 0 则转移。

实例解析

例 3-39 将外部 RAM 的一个数据块（首地址为 DATA1）传送到内部数据 RAM（首地址为 DATA2），遇到传送的数据为 0 时停止传送。

```
START:  MOV    R0, #DATA2        ;置内部 RAM 数据指针
        MOV    DPTR, #DATA1      ;置外部 RAM 数据指针
LOOP1:  MOVX   A, @DPTR          ;将外部 RAM 单元内容送 A
        JZ     LOOP2             ;判断传送数据是否为 0,为 0 则转移
        MOV    @R0, A            ;传送数据不为 0,则送数据至内部 RAM
        INC    R0                ;修改地址指针
        INC    DPTR              ;修改地址指针
        SJMP   LOOP1             ;继续传送
LOOP2:  RET                      ;结束传送,返回主程序
```

(2) 累加器不为 0 转移指令 JNZ

指令格式

```
JNZ     rel                      ;PC←(PC) + 2
                                 ;若(A)!= 0,则 PC←(PC) + rel
                                 ;若(A) = 0,则顺序执行下一条指令
```

指令功能

累加器 A 不为 0 则转移。

实例解析

例 3-40 将外部 RAM 的一个数据块(首地址为 DATA1)传送到内部数据 RAM(首地址为 DATA2),遇到传送的数据为 0 时停止传送。

```
START:  MOV     R0, #DATA2          ;置内部 RAM 数据指针
        MOV     DPTR, #DATA1        ;置外部 RAM 数据指针
LOOP1:  MOVX    A, @DPTR            ;将外部 RAM 单元内容送 A
        JNZ     LOOP2               ;判断传送数据是否为 0,不为 0 则转移
        RET                         ;结束传送,返回主程序
LOOP2:  MOV     @R0, A              ;传送数据不为 0,则送数据至内部 RAM
        INC     R0                  ;修改地址指针
        INC     DPTR                ;修改地址指针
        SJMP    LOOP1               ;继续传送
```

(3) 比较转移指令 CJNE

指令格式

```
CJNE  A, #data, rel          ;PC←(PC) + 3
                             ;若 data <(A),则 PC←(PC) + rel,且 CY = 0
                             ;若 data >(A),则 PC←(PC) + rel,且 CY = 1
                             ;若 data = (A),则顺序执行下条指令,且 CY = 0
CJNE  A, direct, rel         ;PC←(PC) + 3
                             ;若(direct)<(A),则 PC←(PC) + rel,且 CY = 0
                             ;若(direct)>(A),则 PC←(PC) + rel,且 CY = 1
                             ;若(direct) = (A),则顺序执行下条指令,且 CY = 0
CJNE  Rn, #data, rel         ;PC←(PC) + 3
                             ;若 data <(Rn),则 PC←(PC) + rel,且 CY = 0
                             ;若 data >(Rn),则 PC←(PC) + rel,且 CY = 1
                             ;若 data = (Rn),则顺序执行下条指令,且 CY = 0
CJNE  @Ri, #data, rel        ;PC←(PC) + 3
                             ;若 data<((Ri)),则 PC←(PC) + rel,且 CY = 0
                             ;若 data>((Ri)),则 PC←(PC) + rel,且 CY = 1
                             ;若 data = ((Ri)),则顺序执行下条指令,且 CY = 0
```

指令功能

对目的字节和源字节进行比较,若它们的值不相等则转移,相等则按顺序执行程序。若目的字节小于源字节,则 CY 置 1,否则 CY 清 0。

指令说明

本指令执行后不影响任何操作数。

实例解析

例 3-41 当 P1 口输入数据为 55H 时,程序继续执行下去,否则等待,直到 P1 口输入数据 55H。

```
       MOV     A, #55H
WAIT:  CJNE    A, P1, WAIT
       …
```

(4) 减1不为0转移指令 DJNZ

指令格式

```
DJNZ  Rn, rel               ;PC←(PC) + 2,Rn←(Rn) - 1
                            ;若(Rn)!= 0,则 PC←(PC) + rel
                            ;若(Rn) = 0,则顺序执行下条指令
DJNZ  direct, rel           ;PC←(PC) + 3,direct←(direct) - 1
                            ;若(direct)!= 0,则 PC←(PC) + rel
                            ;若(direct) = 0,则顺序执行下条指令
```

指令功能

本指令为减1后与0比较指令，每执行一次该指令，字节变量 byte 减 1，结果送回字节变量 byte，并判断字节变量 byte 是否为 0，不为 0 则转移，否则顺序执行。

实例解析

例 3-42 将 8031 内部 RAM 的 40H～4FH 单元置初值 A0H～AFH。

```
START:  MOV   R0, #40H          ;R0 赋值,指向数据单元
        MOV   R2, #10H          ;R2 赋值,为传送字节数
        MOV   A, #0A0H          ;A 赋值
LOOP:   MOV   @R0, A            ;开始传送
        INC   R0                ;修改地址指针
        INC   A                 ;修改传送数据
        DJNZ  R2, LOOP          ;如果未传送完,则继续循环传送
        RET                     ;否则,传送结束
```

(5) CY 不为 0 转移指令 JC

指令格式

```
JC   rel                    ;PC←(PC) + 2
                            ;若(CY) = 1,则 PC←(PC) + rel
                            ;若(CY) = 0,则顺序执行下条指令
```

指令功能

CY 为 1，则转移到(PC)+rel 处执行。

实例解析

例 3-43 比较内部 RAM 的 30H 和 40H 单元中的两个无符号数的大小，将大数存入 20H 单元，小数存入 21H 单元。若两个数相等则使内部 RAM 的 7FH 可寻址位置 1。

```
START:  MOV   A, 30H            ;A←(30H)
CLR     C                       ;(CY) = 0
        CJNE  A, 40H,LOOP1      ;(30H) = (40H)?,不等则转移
        SETB  7FH               ;相等,使 7FH 位置 1
        RET                     ;返回
LOOP1:  JC    LOOP2             ;若(30H)<(40H),则转移
        MOV   20H, A            ;当(30H)>(40H)时,大数存入 20H 单元
        MOV   21H, 40H          ;小数存入 21H 单元
        RET
LOOP2:  MOV   20H, 40H          ;较大数存入 20H 单元
        MOV   21H, A            ;较小数存入 21H 单元
        RET                     ;返回
```

例 3-44　判断下列程序执行之后累加器 A 的结果。已知(30H)=78H,(31H)=99H。

```
        CLR   C                      ;(CY) = 0
        MOV   A, 30H                 ;(30H)→A
        SUBB  A, 31H                 ;(30H) - (31H)
        JC    L1                     ;若 CY = 1,则转移到 L1
        RET                          ;否则,返回
L1:     MOV   A, #00                 ;为 A 赋值 0
        RET                          ;返回
```

执行结果:(A)=00H,(CY)=1。

(6) CY 为 0 转移指令 JNC

指令格式

```
JNC  rel                             ;PC←(PC) + 2
                                     ;若(CY) = 0,则 PC←(PC) + rel
                                     ;若(CY) = 1,则顺序执行下条指令
```

指令功能

CY 为 0 则转移到(PC)+rel 处执行。

实例解析

例 3-45　注释下列程序。比较内部 RAM 的 30H 和 40H 单元中的两个无符号数的大小,将大数存入 20H 单元,小数存入 21H 单元。若两个数相等则使内部 RAM 的 7FH 可寻址位置 1。

```
START:  MOV   A, 30H                 ;A←30H
        CLR   C
        CJNE  A, 40H,LOOP1           ;(30H) = (40H)?,不等则转移
        SETB  7FH                    ;相等,使 7FH 位置 1
        RET                          ;返回
LOOP1:  JNC   LOOP2                  ;若(30H)>(40H),则转移
        MOV   20H, 40H               ;较大数存入 20H 单元
        MOV   21H, A                 ;较小数存入 21H 单元
        RET
LOOP2:  MOV   20H, A                 ;当(30H)>(40H)时,大数存入 20H 单元
        MOV   21H, 40H               ;小数存入 21H 单元
        RET                          ;返回
```

(7) JB

指令格式

```
JB  bit, rel                         ;PC←(PC) + 3
                                     ;若(bit) = 1,则 PC←(PC) + rel
                                     ;若(bit) = 0,则顺序执行下条指令
```

指令功能

bit 为 1 则转移到(PC)+ rel 处执行。

实例解析

例 3-46　判断累加器 A 中数的正负。若为正数,则存入 20H 单元;若为负数,则存入

21H 单元；若为 0，则存入 22H 单元。

```
START:  JB    ACC.7, LOOP           ;若累加器符号位为 1,则转至 LOOP
        JZ    LOOP1                 ;若累加器中内容为 0,则转至 LOOP1
        MOV   20H, A                ;否则为正数,存入 20H 单元
        RET                         ;子程序返回
LOOP:   MOV   21H, A                ;若为负数,则存入 21H 单元
        RET                         ;子程序返回
LOOP1:  MOV   22H,A                 ;若为 0,则存入 22H 单元
        RET                         ;返回
```

例 3-47 判断执行下列程序之后，累加器 A 的结果。已知(A)＝65H，(21H)＝10H，(20H)＝16H。

```
        JB    Acc.0 , TEST          ;若 A 的最低位为 1,则转至 TEST
        MOV   A, 21H                ;否则,将 21H 单元的内容存入 A 中
        RET                         ;子程序返回
TEST:   MOV   A,20H                 ;将 20H 单元的内容存入 A 中
        RET                         ;子程序返回
```

执行结果：(A)＝16H。

(8) JNB

指令格式

```
JNB  bit, rel                       ;PC←(PC) + 3
                                    ;若(bit) = 0,则 PC←(PC) + rel
                                    ;若(bit) = 1,则顺序执行下条指令
```

指令功能

bit 为 0 则转移到(PC)＋ rel 处执行。

实例解析

例 3-48 判断累加器 A 中数的正负。若为正数，则存入 20H 单元；若为负数，则存入 21H 单元。

```
START:  JNB   ACC.7, LOOP           ;若累加器符号位为 0,则转至 LOOP
        MOV   21H, A                ;否则为负数,存入 21H 单元
        RET                         ;子程序返回
LOOP:   MOV   20H, A                ;若为正数,则存入 20H 单元
        RET                         ;子程序返回
```

(9) JBC

指令格式

```
JBC  bit, rel                       ;PC←(PC) + 3
                                    ;若(bit) = 1,则 bit←0,PC←(PC) + rel
                                    ;若(bit) = 0,则顺序执行下条指令
```

指令功能

bit 为 1 则转移到(PC)＋rel 处执行，且位 bit 清 0。

实例解析

例 3-49 判断累加器 A 中数的正负。若为正数,则存入 20H 单元;若为负数,则存入 21H 单元。

```
START:  JBC  ACC.7, LOOP          ;若累加器符号位为 1,则转至 LOOP
        MOV  20H, A               ;否则为正数,存入 20H 单元
        RET                       ;子程序返回
LOOP:   SETB ACC.7                ;恢复原数据符号位
        MOV  21H, A               ;若为负数,则存入 21H 单元
        RET                       ;子程序返回
```

3. 子程序调用和返回指令 LCALL、ACALL、RET、RETI

(1) 长调用指令 LCALL

指令格式

```
LCALL   addr16                    ;PC←(PC) + 3
                                  ;SP←(SP) + 1,(SP)←PCL
                                  ;SP←(SP) + 1,(SP)←PCH,PC←a15~0
```

指令功能

调用指定地址的程序。

指令说明

长调用指令为三字节指令,为实现子程序调用,该指令共完成两步操作:

第一步是断点保护,通过自动方式的堆栈操作来实现,即把加了 3 以后的 PC 值自动送入堆栈区保护起来,待子程序返回时再送入 PC。

第二步是构造目的地址,把指令中提供的 16 位子程序入口地址压入 PC,长调用指令的调用范围是 64KB。

实例解析

例 3-50 设堆栈指针初始化为 07H,PC 当前值为 2100H,子程序首地址为 3456H。试分析如下指令的执行过程。

```
LCALL 3456H
```

执行过程:获得返回地址 PC+3=2103H,把返回地址压入堆栈区 08H 和 09H 单元,PC 指向子程序首地址 3456H 处开始执行。

执行结果:(SP)=09H,(09H)=21H,(08H)=03H,(PC)=3456H。

例 3-51 根据 A 内容大于 60H、等于 60H、小于 60H 三种情况调用不同的函数。

```
        CJNE    A, # 60H, L1      ;(A)≠60H,转移到 L1
        LCALL   m1                ;(A) = 60H,则执行子程序 m1
        RET
L1:     JC      L2                ;(A)< 60H,转移到 L2
        LCALL   m2                ;(A)> 60H,则执行子程序 m2
        RET
L2:     LCALL   m3                ;(A)< 60H,则执行子程序 m3
        RET
```

(2) 绝对调用指令 ACALL

指令格式

```
ACALL   addr11                    ;PC←(PC) + 2
                                  ;SP←(SP) + 1,(SP)←PCL
                                  ;SP←(SP) + 1,(SP)←PCH
                                  ;PC10~0←a10~0
                                  ;PC15~11不变
```

指令功能

调用指定地址的程序。

指令说明

提供11位目标地址，限在2KB地址范围内调用。目标地址的形成方法与绝对转移指令AJMP相同。

实例解析

例 3-52 已知(SP)=60H，试分析执行下列指令后的结果。

```
1000H:    ACALL    100H
```

结果：(SP)=62H，(61H)=02H，(62H)=10H，(PC)=1100H。

(3) 子程序返回指令 RET

指令格式

```
RET                               ;PCH←((SP)),SP←(SP) - 1
                                  ;PCL←((SP)),SP←(SP) - 1
```

指令功能

子程序调用后执行该指令可返回到上级主程序。

实例解析

例 3-53 设当前正在执行子程序，且堆栈指针内容为0BH，内部RAM中的(0AH)=23H，(0BH)=01H，在调用程序过程中执行指令RET。

结果为：(SP)=09H，(PC)=0123H(返回主程序地址)。

(4) 中断服务子程序返回指令 RETI

指令格式

```
RETI                              ;PCH←((SP)),SP←(SP) - 1
                                  ;PCL←((SP)),SP←(SP) - 1
                                  ;清除中断状态触发器
```

指令功能

在中断服务子程序中执行该指令可返回到产生中断的主程序。

实例解析

例 3-54 设当前正在执行中断程序，且堆栈指针内容为0BH，内部RAM中的(0AH)=23H，(0BH)=01H，在调用程序过程中执行指令RETI。

结果为：(SP)=09H，(PC)=0123H(返回主程序地址)。

4. 空操作指令 NOP

指令格式

```
NOP                                        ;PC←(PC)+1
```

指令功能

控制 CPU 不做任何操作，只产生一个机器周期延迟。

指令说明

不影响操作位。

实例解析

例 3-55　设计程序，从 P1.0 口输出持续时间为 3 个机器周期的低电平脉冲。

```
CLR   P1.0                                 ;将 P1.0 清 0
NOP                                        ;空操作，一个机器周期的延迟
NOP
NOP
SETB  P1.0                                 ;将 P1.0 置 1
```

3.3.5　位操作指令

位操作指令的操作数是字节中的某一位，每位取值只能是 0 或 1，又称为布尔变量操作指令。

51 系列单片机的硬件结构中，有一个位处理器（布尔处理器），CY 位称为位累加器，CY 在指令中可简写为 C。位存储器是单片机片内 RAM 字节地址 20H～2FH 单元中连续的 128 个位（位地址 00H～7FH）和特殊功能寄存器字节地址能被 8 整除的那部分 SFR，这些 SFR 都具有可寻址的位地址。其中，累加器 A、寄存器 B 和单片机片内 RAM 中 128 个位都可作为软件标志或存储位变量；而其他特殊功能寄存器中的位则有特定的用途，不可以随便使用。

这些位操作对象在指令中可以按以下方式指定：

（1）直接位地址方式，如 3BH、E0H。

（2）字节地址加后缀位序方式，如 21H.0、20H.7。

（3）以位符号方式，如 C(CY)、AC、RS0。

（4）以寄存器名加后缀位序方式，如 PSW.0、ACC.2、P1.7，注意 ACC.2 不能写成 A.2。

（5）以宏代换方式，如 SUB0 bit RS0。其中 bit 为伪指令，用来把标志位 RS0 更名为 SUB0。

1. 位传送指令 MOV

指令格式

```
MOV  C, bit                                ;C←(bit)
MOV  bit, C                                ;bit←(C)
```

指令功能

把源操作数指定位变量的值传送到目的操作数指定的位单元中。其中的一个操作数必须为进位标志C，另一个可以是任何直接寻址位。

指令说明

不影响其他任何寄存器和标志位。

实例解析

例3-56 注释下列程序。

```
MOV  20H, C                         ;(20H) = (CY)
MOV  C, 30H.3                       ;(CY) = (30H.3)
MOV  P1.1, C                        ;(P1.1) = (CY)
```

2. 位变量修改指令CLR、SETB、CPL

(1) 位清0指令CLR

指令格式

```
CLR  bit                            ;bit←0
CLR  C                              ;C←0
```

指令功能

把指定的位清0，可以对进位标志或任何直接寻址位进行操作。

指令说明

不影响其他标志位。

实例解析

例3-57 注释下列程序。

```
CLR  P1.0                           ;(P1.0) = 0
CLR  C                              ;(CY) = 0
```

(2) 位置位指令SETB

指令格式

```
SETB bit                            ;bit←1
SETB C                              ;C←1
```

指令功能

把指定的位bit置1，可以对进位标志或任何直接寻址位进行操作。

指令说明

不影响其他标志位。

实例解析

例3-58 注释下列程序。

```
SETB P1.0                           ;(P1.0) = 1
SETB C                              ;(CY) = 1
```

(3) 位取反指令 CPL

指令格式

```
CPL  bit                    ;C←bit̄
CPL  C                      ;C←C̄
```

指令功能

把指定的位 bit 取反,它能对进位标志或任何直接寻址位进行操作。

指令说明

不影响其他标志位。

实例解析

例 3-59 注释下列程序。

```
SETB C                      ;(C) = 1
CPL  C                      ;(C) = 0
CLR  P1.0                   ;(P1.0) = 0
CPL  P1.0                   ;(P1.0) = 1
```

3. 位逻辑运算指令 ANL、ORL

(1) 位逻辑与指令 ANL

指令格式

```
ANL  C,bit                  ;C←(C) ∧ (bit)
ANL  C,/bit                 ;C←(C) ∧ (bit̄)
```

指令功能

用于把位 C 与源位进行与操作,运算结果存入 C 中。

指令说明

只影响进位标志 C,对其他标志位无影响。

实例解析

例 3-60 注释下列程序。

```
SETB P1.0                   ;(P1.0) = 1
CLR  P1.1                   ;(P1.1) = 0
SETB C                      ;(C) = 1
ANL  C, P1.0                ;(C) = 1
ANL  C, P1.1                ;(C) = 0
```

(2) 位逻辑或指令 ORL

指令格式

```
ORL  C,bit                  ;C←(C) ∨ (bit)
ORL  C,/bit                 ;C←(C) ∨ (bit̄)
```

指令功能

用于把位 C 与源位进行或操作,运算结果存入 C 中。

指令说明

只影响进位标志C，对其他标志位无影响。

实例解析

例3-61 注释下列程序。

```
SETB P1.0                ;(P1.0) = 1
CLR  P1.1                ;(P1.1) = 0
CLR  C                   ;(C) = 0
ORL  C, P1.0             ;(C) = 1
ORL  C, P1.1             ;(C) = 1
```

3.3.6 伪指令

用汇编语言编写的程序称为汇编语言源程序。把汇编语言源程序“翻译”为机器语言的过程称为汇编。在汇编过程中需要一些CPU不能执行的指令，以便在汇编时执行一些特殊的操作，这样的指令称为伪指令。这些指令不产生指令代码，而是在汇编时指定程序的起始地址、数据存放的单元等。

1. 汇编起始指令ORG

指令格式

```
[标号]: ORG  16位地址或标号
```

指令功能

一般用于规定汇编程序段或数据块的起始地址。

指令说明

由ORG定义的地址空间必须从小到大，且不允许重叠。

实例解析

例3-62 注释下列程序。

```
      ORG  0030H
MAIN: MOV  R0, #00H
      …
```

ORG伪指令规定了MAIN标号地址为0030H，则第一条指令及其后续指令汇编后的机器码从地址0030H开始存放。

2. 汇编结束指令END

指令格式

```
[标号]: END
```

指令功能

指示汇编程序结束汇编的位置。

指令说明

END 后面的语句将不被汇编成机器码。

实例解析

例 3-63 注释下列程序。

```
MAIN:  MOV  R0, #00H
       RET
       END
       MOV  R0, #01H
       …
       RET
```

END 后面的程序将不被汇编成机器码，即程序执行后，(R0)＝00H。

3. 标号赋值指令 EQU

指令格式

```
字符名  EQU  数据或汇编符号
```

指令功能

把右边的“数据或汇编符号”赋值给左边的“字符名”。

指令说明

“字符名”必须先赋值再使用，因此 EQU 通常放在源程序的开头部分。

实例解析

例 3-64 注释下列程序。

```
SG      EQU R0              ;SG = R0
DE      EQU 40H             ;DE = 40H
PI      EQU 31416           ;PI = 31416(7AB8H)
MOV     A, SG               ;A←(R0)
MOV     R7, DE              ;R7←(40H)
MOV     R3, #PI(LOW)        ;R3←B8H, 低 8 位
MOV     R2, #PI(HIGH)       ;R2←7AH, 高 8 位
```

4. 数据(地址)赋值指令 DATA

指令格式

```
字符名  DATA  表达式         ;赋值 8 位数据或地址
字符名  DATA  表达式         ;赋值 16 位数据或地址
```

指令功能

把右边的“表达式”赋值给左边的“字符名”。

指令说明

指令功能与 EQU 相似，但可以先使用后定义。表达式可以是一个数据或地址，也可以是包含被定义的“字符名”在内的表达式；但不能是汇编符号，如 R0～R7 等。

实例解析

例 3-65 注释下列程序。

```
MAIN   DATA 20H
MOV    A, MAIN                      ;(A) = (20H)
MOV    A, #MAIN                     ;(A) = 20H
```

EQU 常用来定义数值，如：

```
PI        EQU     31416
YW        EQU     10000
YQ        EQU     1000
Limit     EQU     250
```

DATA 常用来定义数据地址，如：

```
samp1     DATA    30H
samp2     DATA    31H
show1     DATA    32H
show2     DATA    33H
```

5. 位地址赋值指令 BIT

指令格式

字符名　BIT　位地址

指令功能

为符号形式的位地址赋值。

指令说明

把右边的“位地址”赋值给左边的“字符名”。

实例解析

例 3-66 注释下列程序。

```
K1        BIT     20H
K2        BIT     TF0
MOV       C, K1
          ANL     C, K2
          …
```

BIT 伪指令将位地址 20H 赋给 K1，将位地址 TF0 赋给 K2，通过位传送指令将 K1 赋值给进位标志 C，即 C=(20H)，然后将 K2 与 C 进行与运算，即将位 20H 与位 TF0 的值进行与运算，结果保存到进位标志 C 中。

6. 定义字节指令 DB

指令格式

[标号]: DB　项或项表

指令功能

在程序存储器中定义一个或多个字节。

指令说明

把右边“项或项表”中的数据依次存入以左边标号地址起始的程序存储器中。

实例解析

例 3-67　注释下列程序。

```
    ORG   0080H                        ;程序从 0080H 开始存放
TAB:DB    26H,213,01001101B,'B','7',-1
    END
```

上述程序被汇编后，程序存储器从 0080H 开始的单元数据见表 3-3。

表 3-3　0080H 开始的单元数据

程序存储器地址	程序存储器中的数据	说　　明
0080H	0010 0110	26H 为十六进制数
0081H	1101 0101	213 为十进制数
0082H	0100 1101	二进制数
0083H	0100 0010	'B'表示字母 B 的 ASCII 码值
0084H	0011 0111	'7'表示数字 7 的 ASCII 码值
0085H	1111 1111	−1 的补码

7. 定义字指令 DW

指令格式

[标号]: DW　项或项表

指令功能

在程序存储器中定义一个或多个字。一个字相当于两个字节。

指令说明

DW 与 DB 的功能相似，区别在于 DB 定义一个字节，而 DW 定义两个字节。执行汇编程序后，机器自动按高字节在前、低字节在后的格式排列。

实例解析

例 3-68　注释下列程序。

```
      ORG   0030H
ABC:  DW    1234H,09H,-4
      END
```

上述程序被汇编后，程序存储器从 0030H 开始的单元数据见表 3-4。

表 3-4　0030H 开始的单元数据

程序存储器地址	程序存储器中的数据	说　　明
0030H	0001 0010	高字节 12H 在前
0031H	0011 0100	低字节 34H 在后
0032H	0000 0000	09H 的高字节为 00H 在前
0033H	0000 1001	低字节 09H 在后
0034H	1111 1111	−4 补码的高字节为 FFH
0035H	1111 1100	−4 补码的低字节为 FCH

8. 定义存储空间指令 DS

指令格式

```
[标号]: DS  表达式
```

指令功能

指示从标号地址开始留出一定量的存储空间。

指令说明

为其他指令预留一定空间。

实例解析

例 3-69 注释下列程序。

```
      ORG  0030H
L1:   DS   200
      DB   0EFH
      END
```

从 L1 开始留出 200 个地址单元，EFH 存放在 L1＋200 开始的单元中。

9. 外部数据地址赋值指令 XDATA

指令格式

```
字符名  XDATA  数或表达式
```

指令功能

与 DATA 指令相似，区别是 XDATA 赋值外部数据地址。

3.4 MCS-51 单片机 C51 语言

3.4.1 C51 语言概述

1. C 语言

用汇编语言编写程序，对于硬件操作非常方便，程序代码较短，但编写效率低。汇编语言的程序设计周期长，其可读性和可移植性差，从而后期调试和维护较难。为了提高应用程序的设计，改善程序的可读性和可移植性，一般会采用高级语言进行设计。C 语言是目前使用广泛的单片机应用系统编程语言。C 语言作为通用的程序设计语言，十分流行，具有丰富的数据类型和运算符，方便的位操作能力，代码效率很高。它兼顾了汇编语言的功能，又具备高级语言的特点，因而适用于不同类型应用的程序设计。C 语言支持程序设计中广泛采用的结构化程序设计，一般的高级语言，例如 Java 等，难以实现汇编语言对于硬件系统进行直接操作，如内存地址操作和移位操作等，而 C 语言既具有高级语言简单方便的特点，又可以直接对硬件进行操作。此外，C 语言具有丰富的库函数以支持不同的功能。C 语言的这些特点保证了它运算速度快，编译效率高。并且，采用 C 语言编写的程序可以很容易地在不同类型的硬件之间进行移植。采用 C 语言进行程序设计，可以大大缩减项目的开发周期，增加软件的可读性，因而更方便于后期的改进和扩充，可以完成性能全面的大规模系统。

由于 C 语言具备模块化程序设计的特点，因而可以为常用的接口芯片等编写通用的驱动函数，这些通用的驱动函数在进行项目设计时会提供极大便利，不需要再重新编写。C 语言的这个特点，使得不同开发者编写的驱动可以实现共享，在团队项目中可以明显地提高效率。C 语言良好的可读性，也使得编程者能够借鉴他人的开发经验，快速提高自己的软件开发水平。目前，大部分单片机的库函数就是经过对常用模块和算法的总结、归纳形成的。库函数可以给开发者提供极大的便利，通过单片机爱好者的使用和完善，可以将软件设计水平进行积累，逐步提高。

相比于汇编语言和其他高级语言，C 语言有自己独有的特点。

(1) 语言非常简洁、紧凑，使用起来更加方便灵活。

ANSI C 标准中只有 32 个关键字、9 种控制语句。C 语言使用起来更加直观，可以用很少的语句完成复杂的功能。

(2) 丰富的数据结构类型，表达能力强。

C 语言有整数、实数、字符、数组、指针、结构体、枚举类型等多种数据类型，可以实现复杂的数据结构的运算。

(3) 丰富的运算符，表达方式很灵活。

C 语言包括 34 种运算符，使得编程者能够使用多种方法获取表达式的值，自由度较大，在程序设计中可以提供更好的灵活性。

(4) 结构化的程序设计。

在 C 语言中，函数是程序设计的基本单位，相当于汇编语言中的子程序。加上它简洁方便的表达方式，C 语言非常适合结构化程序设计。目前 C 语言编译器都会提供标准的函数库，例如最常用的输入/输出处理，直接调用标准库中的函数即可实现。通过编程者自定义的函数，可实现自身需要的程序功能。C 语言程序就是由函数组成的，函数相当于程序中的模块，不同的模块实现不同功能，组合到一起来实现用户需求。因而 C 语言非常适合进行结构化程序设计。

(5) 可直接操作硬件。

C 语言能够直接访问物理地址，进行位级的操作，可以直接访问片内或片外存储器，能够实现其他高级语言难以完成的功能。这些操作使得 C 语言可以实现汇编语言的部分功能。

(6) 目标代码质量高。

由于汇编语言程序直接访问硬件层，其代码效率是最高的，因而目前汇编语言在计算机系统软件中仍然是重要的工具。C 语言虽然代码效率比汇编语言编写的程序要低，但其代码效率相比其他高级语言依然很高。

(7) 良好的可移植性。

若采用汇编语言进行程序设计，由于其依赖于单片机硬件，在选择不同的单片机实现相同的功能时所采用的汇编语言是不同的，这将导致程序后期的维护和扩展非常困难。目前芯片更新换代很快，为了适应新的市场需求，每年会有大量新的单片机问世。随着客户需求变得复杂化，学习新的单片机非常有必要。但对于汇编语言的学习需要一定的时间和基础，若每次单片机更新换代都需要学习新的汇编语言，将会大大增加学习成本，延长开发周期。C语言通过编译器即可得到可执行的代码，对于不同的单片机，不同的编译器环境，C语言大部分规则是相同的，因而用C语言进行设计的程序更便于移植。在不同的硬件环境下，只需要简单地修改，即可将程序进行移植。这样可以减少学习成本，缩短开发周期，使得开发者对单片机的选择更加游刃有余。

2. C51语言

对MCS-51系列单片机来说，用汇编语言和C语言进行开发有不同的特点。用汇编语言编写MCS-51单片机程序时，需要考虑单片机的存储结构，尤其是特殊功能寄存器和数据存储器的使用，按照实际地址处理数据。采用C语言编写MCS-51系列单片机应用程序时，不需要详细分配存储器的资源，只需注意数据类型和变量的定义。

用C语言编写的应用程序必须由单片机C语言编译器进行编译，转换为单片机可以执行的代码。针对MCS-51系列单片机的C语言编程，即为C51，其编译器称为C51编译器。目前支持MCS-51系列单片机的C语言编译器有很多，其中Keil C51是目前应用最广泛、最强大的51单片机开发应用平台之一。C51编译器针对MCS-51单片机硬件，相对于标准的C语言程序进行了扩展。

（1）库函数不同。标准C语言中定义的库函数是按照通用的微型计算机进行定义的。但C51中的库函数是根据MCS-51的硬件特点进行定义的。

（2）数据类型不同。相比标准C语言的规定，C51中扩展了几种针对MCS-51系列单片机特有的数据类型。

（3）变量的存储模式不同。在C51中，变量的存储模式与MCS-51系列单片机的存储空间特点紧密相关。

（4）函数使用不同。在C51中，有专门的中断函数用来实现中断。

相比汇编语言，用C51进行编程无须考虑数据类型、存储器的寻址等，编译器可管理内部寄存器和存储器的分配。采用C51编程兼容汇编语言，能够在编程中根据需要用汇编语言编写硬件相关的部分。这样可以充分发挥C51和汇编语言的特长，提高代码的效率和开发效率。

虽然使用C51编程可以大大简化编程的难度，提高编程的效率，但对于MCS-51单片机的硬件结构，仍需要掌握。对于单片机系统的应用开发，采用汇编语言和C51混合编程更加有效。

3.4.2 C51语言的程序结构、数据与存储类型

1. 标识符与关键字

在编写源程序时，需要对变量、函数等进行命名，这些名称即为标识符。标识符由字母、数字和下划线组成，第一个字符必须是字母或下划线。标识符示例如下。

合法标识符：timer2 get_value1 _status；

不合法标识符：2ok　get-value1。

C 语言对大小写字符敏感，所以在编写程序时要注意大小写字符的区分。例如，对于 abc 和 ABC 这两个标识符来说，C 语言会认为这是两个完全不同的标识符。C 语言程序中的标识符命名应做到简洁明了、含义清晰，这样便于程序的阅读和维护。很多程序员在编写程序时都会在标识符中只用小写字母，例如在比较最大值时，最好使用 max 来定义该标识符。在宏定义及其他硬件定义时，经常采用大写，例如在表示定时器 0 时，用 TIMER0 表示。

在 C 语言编程中，为了定义变量、表达语句功能和对一些文件进行预处理，还必须用到一些具有特殊意义的字符，这就是关键字。表 3-5 所示为标准 C 语言的 32 个关键字。

表 3-5　标准 C 语言的 32 个关键字

序号	关键字	用途	说　明
1	auto	存储种类声明	用以声明局部变量，缺省值为此
2	break	程序语句	退出最内层循环体
3	case	程序语句	switch 语句中的选择项
4	char	数据类型声明	单字节整型数或字符型数据
5	const	存储类型声明	在程序执行过程中不可修改的变量值
6	continue	程序语句	转向下一次循环
7	default	程序语句	switch 语句中的不满足是默认选择项
8	do	程序语句	构成 do...while...循环结构
9	double	数据类型声明	双精度浮点数
10	else	程序语句	构成 if...else...选择结构
11	enum	数据类型声明	枚举
12	extern	存储种类声明	在其他程序模块中声明了的全局变量
13	float	数据类型声明	单精度浮点数
14	for	程序语句	构成 for 循环结构
15	goto	程序语句	构成 goto 转移结构
16	if	程序语句	构成 if...else...选择结构
17	int	数据类型声明	基本整型数
18	long	数据类型声明	长整型数
19	register	存储种类声明	使用 CPU 内部寄存器的变量
20	return	程序语句	函数返回
21	short	数据类型声明	短整型数
22	signed	数据类型声明	有符号数，二进制数据的最高位为符号位
23	sizeof	运算符	计算表达式或数据类型的字节数
24	static	存储种类声明	静态变量
25	struct	数据类型声明	结构类型数据
26	switch	程序语句	构成 switch 选择结构
27	typedef	数据类型声明	重新进行数据类型定义
28	union	数据类型声明	联合类型数据
29	unsigned	数据类型声明	无符号数据
30	void	数据类型声明	无类型数据
31	volatile	数据类型声明	说明该变量在程序执行中可被隐含地改变
32	while	程序语句	构成 while 和 do...while...循环结构

C51编译器除了支持标准C语言的关键字之外，还扩展了符合单片机特点的关键字，如表3-6所示。

表3-6 符合单片机特点的关键字

序号	关键字	用途	说　明
1	_at_	地址定位	为变量进行存储器绝对空间地址定位
2	alien	函数特性声明	用以声明与PL/M51兼容的函数
3	bdata	存储器类型声明	可位寻址的8051内部数据存储器
4	bit	位标量声明	声明一个位标量或位类型的函数
5	code	存储器类型声明	8051程序存储器空间
6	compact	存储器模式	指定使用8051外部分页寻址数据存储器空间
7	data	存储器类型说明	直接寻址的8051内部数据存储器
8	idata	存储器类型声明	间接寻址的8051内部数据存储器
9	interrupt	中断函数声明	定义一个中断服务函数
10	large	存储器模式	指定使用8051外部数据存储器空间
11	pdata	存储器类型声明	分页寻址的8051内部数据存储器
12	_priority_	多任务优先声明	规定RTX51或RTX51 Tiny的任务优先级
13	reentrant	再入函数声明	定义一个再入函数
14	sbit	位变量声明	声明一个可位寻址变量
15	sfr	特殊功能寄存器声明	声明一个8位的特殊功能寄存器
16	sfr16	特殊功能寄存器声明	声明一个16位的特殊功能寄存器
17	small	存储器模式	指定使用8051内部数据存储器空间
18	_task_	任务声明	定义实时多任务函数
19	using	寄存器组定义	定义8051的工作寄存器组
20	xdata	存储器类型声明	8051外部数据存储器

2. 程序一般结构

与标准C语言一样，C51程序是函数的集合。每个C51程序是由任意个函数组成的，在这些函数中至少应该包含主函数main()，同时也可能包含其他的功能函数。功能函数一般是为了实现一定的功能而写，可以是编译器提供的库函数，也可以是编程者自己编写的函数。函数的排列顺序等不影响C51程序的功能，C51程序总是从main()函数开始，最后回到main()函数结束。在运行过程中，main()函数可以调用其他功能函数，功能函数也可以调用其他的功能函数，但不能调用main()函数。C51程序一般开始部分为预处理命令、函数说明、变量定义等。C51程序的结构一般如下：

```
#include<>                                  /*预处理命令*/
char fun1();                                /*函数声明*/
void fun2();
int a,b,c;                                  /*定义变量*/
int main()                                  /*主函数*/
{
//程序从这里开始执行
//主函数体
return 0;
```

```
}
char fun1(形式参数列表)                    /*自定义函数1*/
{
//函数体1
}
void fun2(形式参数列表)                    /*自定义函数2*/
{
//函数体2
}
```

下面根据以上结构从上到下进行说明。

(1) 预处理命令

预处理过程扫描源代码，对其进行初步的转换，产生新的源代码提供给编译器。预处理过程先于编译器对源代码进行处理。此处预处理命令主要用来包含文件。

预处理指令是以#号开头的代码行。#号必须是该行除了任何空白字符外的第一个字符。#后是指令关键字，在关键字和#号之间允许存在任意个数的空白字符。整行语句构成了一条预处理指令，该指令将在编译器进行编译之前对源代码作某些转换。表3-7所示为部分预处理指令。

表3-7　部分预处理指令

预处理命令	说　明
#空指令	无任何效果
#include	包含一个源代码文件
#define	定义宏
#undef	取消已定义的宏
#if	如果给定条件为真，则编译下面代码
#ifdef	如果宏已经定义，则编译下面代码
#ifndef	如果宏没有定义，则编译下面代码
#elif	如果前面的#if给定条件不为真，当前条件为真，则编译下面代码
#endif	结束一个#if...#else...条件编译块

(2) 定义变量

变量要先定义再引用。变量定义分为全局变量和局部变量，全局变量的定义在函数外部，在整个程序文件中都可以引用。局部变量的定义在函数内部，局部变量只能在函数内部使用。

(3) 函数

函数一般包括自定义函数和函数声明两部分。由于C语言是从上向下编译的，若被调用函数在主调函数的后面，就需要在前面进行声明，否则编译系统将无法识别。一个函数只能定义一次，但可以多次声明。函数的一般定义形式如下：

```
函数值类型 函数名 (形式参数列表)
{
函数体
}
```

①“函数值类型”，就是函数返回值的类型。若不需要返回任何值，那么这个时候它的

类型就是空类型 void。

② “函数名”，可以由任意的字母、数字和下划线组成，但数字不能作为开头。函数名不能与其他函数或者变量重名，也不能是关键字。比如 char 就是关键字，是我们程序中具备特殊功能的标志符，这种东西不可以命名函数。

③ “形式参数列表”，也叫做形参列表，这个是函数调用的时候，相互传递数据用的。有的函数，我们不需要传递参数给它，那么可以用 void 来替代，void 可以省略，但是括号是不能省略的。

④ 函数以花括号“{”开始，以花括号“}”结束，包含在花括号内的部分为函数体，包含了声明语句部分和执行语句部分。声明语句部分主要用于声明函数内部所使用的变量，执行语句部分主要是一些函数需要执行的语句，用来完成一定的功能。特别要注意的是，所有的声明语句部分必须放在执行语句之前，否则编译的时候会报错。

(4) 其他

C51 书写格式自由，较长的语句也可分多行写，一行也可以写多条语句。但为了阅读方便，一般每行写一条语句。每条语句后以分号“;”结尾。程序注释放在每行的“//”后，或者“/ * … * /”内。注释部分在编译器编译时会直接忽略，在写代码时进行标注更易于阅读。

C51 语言是一种结构化设计语言，程序由若干模块细成，每个模块包含若干基本结构，每个基本结构中可以有若干语句。C51 语言有 3 种基本结构：顺序结构、选择结构和循环结构。

(1) 顺序结构

顺序结构是最基本、最简单的结构，在这种结构中，程序由低地址到高地址依次执行。

(2) 选择结构

在选择结构中，程序先对一个条件进行判断。当条件成立时，即条件语句为“真”时，执行一个分支；当条件不成立时，即条件语句为“假”时，执行另一个分支。在 C51 中，实现选择结构的语句为 if/else 和 if/else if 语句。另外，在 C51 中，还支持多分支结构，多分支结构既可以通过 if 和 else if 语句嵌套实现，也可通过 switch/case 语句实现。

(3) 循环结构

在程序处理过程中，有时需要某一段程序重复执行多次，这时就需要循环结构来实现，循环结构就是能够使程序段重复执行的结构。循环结构又分为两种：当(while)型循环结构和直到(do-while)循环结构。在一个循环的循环体中允许再包含一个完整的循环结构，这种结构称为循环的嵌套。外面的循环称为外循环，里面的循环称为内循环，如果在内循环的循环体内再包含循环结构，就构成了多重循环。在 C51 中，允许三种循环结构相互嵌套。

例 3-70 用嵌套结构构造一个延时程序。

```
void delay (unsigned int x)
{
      unsigned char j;
      while (x -- )
{
            for( j = 0; j < 125; j++);
      }
}
```

这里，用内循环构造一个延时，调用时通过参数设置外循环的次数，这样就可以形成不同延时时间。

3. 数据类型

在标准的 C 语言程序中，数据类型分为基本数据类型、构造类型、指针类型和空类型。其中，基本数据类型有 char、int、short、long、float、double。对于 C51 来说，short 和 int 类型相同，float 和 double 类型相同。也就是说，C51 不支持双精度浮点运算。除此之外，C51 中还增加了特殊的基本数据类型，包括 bit、sbit、sfr、sfr16 等，如表 3-8 所示。

表 3-8　C51 中的基本数据类型

数据类型	长度	取值范围
unsigned char	单字节	0～255
char	单字节	－128～127
unsigned int	双字节	0～65 535
int	双字节	－32 768～32 767
unsigned long	4 字节	0～4 294 967 295
long	4 字节	－2 147 483 648～2 147 483 647
float	4 字节	±1.18e-38～±3.40e38
*	1～3 字节	对象的地址
bit	1 位	0 或 1
sfr	单字节	0～255
sfr16	双字节	0～65 536
sbit	1 位	0 或 1

(1) char(字符型)

char 分为 signed char 和 unsigned char，默认为 signed char 类型。char 类型的长度为一个字节，通常用来定义处理字符数据的变量或者常量。signed char 为有符号字符类型，用字节的最高位表示正负数，最高位即为符号位，0 为正数，1 为负数，采用补码表示。它能表示的范围是－128～127。unsigned char 为无符号字符类型，字节中所有的位都用来表示数值，它能表示的范围是 0～255。无符号字符类型可用来存放无符号数，也可以存放西文字符，西文字符对应的数值可以查阅 ASCII 码表。

(2) int(整型)

类似 char 型，int 也分为 signed int 和 unsigned int，默认为 signed int 类型。int 类型的长度为双字节，用来存放双字节的数据。signed int 为有符号整型，存放双字节带符号数，最高位为符号位，0 为整数，1 为负数，采用补码表示。它能表达的数值范围为－32 768～32 767。unsigned int 为无符号整型，用来存放双字节无符号数。它的数值范围为 0～65 535。

(3) long(长整型)

long 分为 singed long 和 unsigned long，默认为 signed long 类型。long 长整型长度为 4 个字节，用于存放一个四字节数据。signed long 表示的数值范围是－2 147 483 648～2 147 483 647，字节中最高位表示数据的符号，0 表示正数，1 表示负数。unsigned long 表示的数值范围是 0～4 294 967 295。

(4) float(浮点型)

float 浮点型在十进制中具有 7 位有效数字，格式符合 IEEE-754 标准的单精度浮点型数据,占用4个字节。其中包含指数和尾数两部分,最高位为符号位,1表示负数,0表示正数,其余8位为阶码,最后23位为尾数的有效数位。

(5) *(指针型)

指针是一个特殊的变量,它里面存储的数值被解释成为内存里的一个地址。指针变量占用一定的内存单元,不同的处理器长度不同。在C51中支持一般指针和存储器指针,这两种指针的区别在于它们的存储字节不同。

(6) bit(位类型)

bit位标量是C51编译器的一种扩充数据类型,在内存中只占一个二进制位,它的值为0或1。在编译器编译时,位地址可以变化。bit可以访问MCS-51单片机内部0x20~0x2F范围内的位对象。C51编译器的存储器类型中提供有一个bdata的存储器类型,这个是指可位寻址的数据存储器,位于单片机的可位寻址区中,可以将要求可位寻址的数据定义为bdata。

(7) sfr(特殊功能寄存器)

sfr是一种C51扩充数据类型,占用一个字节单元。利用sfr类型可以访问MCS-51单片机内的所有特殊寄存器。

(8) sfr16(16位特殊功能寄存器)

sfr16类似sfr,也是C51扩充的数据类型,为双字节特殊功能寄存器,占用两个字节单元。它用来定义MCS-51单片机内部RAM的16位特殊功能寄存器。

(9) sbit(可寻址位类型)

sbit也是C51的扩充数据类型,可以用它访问芯片内部RAM中的可寻址位或特殊功能寄存器中的可寻址位。可寻址位的定义方式有如下3种。

① sbit 位变量名=位地址

直接将位的绝对地址赋给变量,位地址必须为特殊功能寄存器的位地址0x80~0xFF之间。

② sbit 位变量名=特殊功能寄存器名^位位置

当可寻址位位于特殊功能寄存器中时,可先定义一个特殊功能寄存器名,再指定位变量所在的位置。

③ sbit 位变量名=字节地址^位位置

这种方法与方法②类似,只不过用常数表示特殊功能寄存器的地址。

4. 存储类型

变量在定义时,需要用一个标识符作为变量名,指出数据类型和存储类型。一般变量的定义格式如下:

```
[存储种类] 数据类型 [存储器类型] 变量名;
```

与标准C语言一样,C51有4种存储种类,分别为auto(自动)、extern(外部)、static(静态)、register(寄存器)。

(1) auto(默认)

使用auto定义的变量为自动变量,只有当定义它的函数或复合语句执行时,C51才会为该变量分配内存空间，在执行完毕后自动释放内存空间。在定义变量时默认为 auto 变量。

(2) extern

使用 extern 定义的变量为外部变量。在引用函数体外或其他程序文件中定义的变量，需要在变量声明前加 extern。外部变量在定义后分配相应的内存空间，在程序开始执行时即有效，直到程序结束才会释放。

(3) static

用 static 定义的变量为静态变量。static 声明的局部变量在函数调用结束后不释放存储空间，再次调用函数时该变量已经有值。在函数体内定义的静态变量只能在函数体内部引用，无法在函数体外部引用，这样能够保证变量在函数体外部受到保护。static 声明的全局变量使用范围为文件内部或模块内部，在定义的范围之外是不可引用的。

(4) register

用 register 定义的变量为寄存器变量。编译器将 register 变量储存在寄存器中，因而处理速度快。在 C51 中，编译器能够自动将程序中使用频率高的变量保存为寄存器变量。

在 C51 中访问不同的存储器时，是通过定义不同存储器类型的变量实现的。存储器类型用来指明变量所在单片机的存储位置区域情况。C51 可以识别的存储器类型如表 3-9 所示。

表 3-9 C51 存储器类型

存储位置	存储器类型	位数	范围	说明
直接寻址片内 RAM	data	8	0～255	直接寻址片内 RAM 的低 128B，访问速度快
位寻址片内 RAM	bdata	8	0～255	片内 RAM 的可位寻址区域 0x20～0x2F，可以字节与位混合
间接寻址片内 RAM	idata	8	0～255	间接寻址访问片内 RAM，访问范围为全部片内 RAM
分页寻址片外 RAM	pdata	8	0～255	间接访问片外 RAM 的低 256B
寻址片外 RAM	xdata	16	0～65 535	用 DPTR 间接访问片外 RAM，访问范围为全部 64KB 片外 RAM
寻址 ROM	code	16	0～65 535	访问程序存储器的 64KB 空间

(1) data

data 区为直接寻址的片内数据存储器低 128B，访问速度最快，所以一般把常用变量放在 data 区。但由于存储空间有限，实际可以存放的变量很少。

(2) bdata

bdata 是 data 区的可位寻址区域，在数据存储器中的地址范围是 20H～2FH。这个区域可以位寻址，通过位变量访问。

(3) idata

对于 51 系列的单片机，idata 与 data 区域相同，访问方式不同。idata 为寄存器间接寻址。对于 52 系列，idata 的存储区域比 data 多出高 128B。idata 可以间接寻址全部片内 RAM，但由于是间接寻址，访问速度低于直接寻址方式。

(4) pdata

pdata 区属于片外数据存储器。通过 pdata 定义的变量只能放在片外数据存储器的低 256B，通过寄存器 R0、R1 访问。

（5）xdata

xdata区也属于片外数据存储器。通过xdata定义的变量可以放在片外数据存储器64KB的空间，通过数据指针DPTR访问。

（6）code

用code定义的变量存储在程序存储器中，在程序存储器中常用来存储程序代码，因而写入之后无法改变，只能通过下载程序的过程中改变程序存储器的内容。用code定义的变量也在下载程序时写入，在程序运行时无法改变。因此，用code方式定义的变量一定要初始化。通常用code定义较长的表格数据，在程序中不需要改变，如汉字字模。

如果在定义变量时省略了存储器类型，编译器会按照使用的存储模式来定义默认存储类型。C51编译器有3种存储模式：SMALL模式、COMPACT模式和LARGE模式，不同的存储模式中，变量的默认存储类型不同。

（1）SMALL模式（默认）

在SMALL模式下，函数参数及局部变量默认存储类型为data，存放在可直接寻址的片内数据存储区。这种模式下访问效率较高。

（2）COMPACT模式

在COMPACT模式下，函数参数及局部变量默认存储类型为pdata，存放在分页片外数据存储区，通过寄存器R0和R1间接寻址。

（3）LARGE模式

这种模式下，函数参数及局部变量默认存储类型为xdata，直接存放在片外数据存储区，使用数据指针DPTR进行间接寻址。这种方式的访问效率较低。

若在编程时指定存储模式，需要通过预处理命令实现。如果没有指定，系统默认为SMALL模式。指定模式如下：

```
#pragma small                    //设定数据存储模式为SMALL模式
#pragma compact                  //设定数据存储模式为COMPACT模式
#pragma large                    //设定数据存储模式为LARGE模式
```

例3-71 变量存储模式。

```
#pragma small                    //变量存储模式为SMALL
char a;
int xdata b;                     //在片外RAM中定义了变量b
#pragma compact                  //变量存储模式为COMPACT
char c;
int xdata d;                     //在片外RAM中定义了变量d
int fun1(int x, int y) large     //函数存储模式为LARGE
{
    return(x + y);
}
Int fun2(int m, int n)           //函数存储模式默认为SMALL
{
    return(m + n);
}
```

3.4.3 C51 语言的头文件与库函数

一般在一个应用开发体系中，功能的真正逻辑实现是以硬件层为基础，在驱动程序、功能层程序以及用户的应用程序中完成的，通常需要较多的源程序文件。头文件的主要作用在于多个代码文件全局变量的重用、防止定义的冲突，对各个被调用函数给出一个描述，其本身不需要包含程序的逻辑实现代码，它只起描述性作用，用户程序只需要按照头文件中的接口声明来调用相关函数或变量，链接器会从库中寻找相应的实际定义代码。头文件是用户应用程序和函数库之间的桥梁和纽带。在整个程序中，头文件不是实现逻辑功能的部分，但它是 C 语言家族中不可缺少的组成部分。编译时，编译器通过头文件找到对应的函数库，进而把已引用函数的实际内容导出来代替原有函数，进而在硬件层面实现功能。

例如，51 系列单片机在编程时，一般第一行需要包含 reg51.h 或 reg52.h。在这两个头文件中，主要包含特殊功能寄存器的声明、位地址的声明等。

例 3-72 C51 中的头文件以.h 为后缀，假设名为 example.h 的头文件，一般结构如下：

```
#ifndef EXAMPLE_H                              //防止 example.h 被重复引用
#define EXAMPLE_H
#include<…>                                    //引用标准库的头文件
…
#include"…"                                    //引用非标准库的头文件
…
void Function1(…);                             //全局函数声明
…
inline();                                      //inline 函数的定义
…
struct Box                                     //结构体声明
{
…
};
#endif
```

在源程序文件中，加入“#include 〈example.h〉”，即包含了头文件中的内容。

C51 编译器具备丰富可直接调用的库函数，库函数的使用大大简化了程序代码的设计难度，使得编程者编写的程序结构更加清晰，提高了编程效率，易于后期的调试和维护。在 Keil C51 中提供了表 3-10 所示的标准库函数文件。

表 3-10 C51 提供的标准库函数文件

库 文 件	说 明
C51S.LIB	不包括浮点运算的小型库函数
C51FPS.LIB	包括浮点运算的小型库函数
C51C.LIB	不包括浮点运算的紧凑型库函数
C51FPC.LIB	包括浮点运算的紧凑型库函数
C51L.LIB	不包括浮点运算的大型库函数
C51FPL.LIB	包括浮点运算的大型库函数
80C51.LIB	应用于 NXP 8XC751 系列单片机的库函数

1. 本征库函数 intrins.h

本征库函数的函数原型声明在头文件 intrins.h 中，因而在使用时，必须包含 intrins.h，格式如下：

```
#include <intrins.h>
```

本征库函数在编译时直接将固定的代码插入当前行，不是通过 ACALL 和 LCALL 语句实现，因而可以大大提高函数访问的效率。本征库函数有 9 个，详细说明如表 3-11 所示。

表 3-11 本征库函数说明

函数原型	说明
unsigned char _crol_(unsigned char val,unsigned char n)	将字符型数据 val 循环左移 n 位，相当于 RL 指令
unsigned int _irol_(unsigned int val,unsigned char n)	将整型数据 val 循环左移 n 位，相当于 RL 指令
unsigned long _lrol_(unsigned long val,unsigned char n)	将长整型数据 val 循环左移 n 位，相当于 RL 指令
unsigned char _cror_(unsigned char val,unsigned char n)	将字符型数据 val 循环右移 n 位，相当于 RR 指令
unsigned int _iror_(unsigned int val,unsigned char n)	将整型数据 val 循环右移 n 位，相当于 RR 指令
unsigned long _lror_(unsigned long val,unsigned char n)	将长整型数据 val 循环右移 n 位，相当于 RR 指令
bit _testbit_(bit x)	测试该位变量并跳转同时清除
unsigned char _chkfloat_(float ual)	测试并返回浮点数状态
void _nop_(void)	产生一个 NOP 指令

2. 字符判断转换库函数 ctype.h

字符判断转换库函数的原型声明在头文件 ctype.h 中，使用时需要包含本头文件，格式如下：

```
#include <ctype.h>
```

字符判断转换库函数详细说明如表 3-12 所示。

表 3-12 字符判断转换库函数说明

函数原型	说明
bit isalpha(char c)	检查参数字符是否为英文字母，是则返回 1，否则返回 0
bit isalnum(char c)	检查参数字符是否为英文字母或数字字符，是则返回 1，否则返回 0
bit iscntrl (char c)	检查参数字符是否在 0x00～0x1f 之间或等于 0x7f，是则返回 1，否则返回 0
bit isdigit(char c)	检查参数字符是否为数字字符，是则返回 1，否则返回 0
bit isgraph (char c)	检查参数字符是否为可打印字符，可打印字符的 ASCII 值为 0x21～0x7e，是则返回 1，否则返回 0
bit isprint (char c)	除了与 isgraph 相同之外，还接收空格符(0x20)
bit ispunct (char c)	检查参数字符是否为标点、空格和格式字符，是则返回 1，否则返回 0
bit islower (char c)	检查参数字符是否为小写英文字母，是则返回 1，否则返回 0
bit isupper (char c)	检查参数字符是否为大写英文字母，是则返回 1，否则返回 0
bit isspace (char c)	检查参数字符是否为空格、制表符、回车、换行、垂直制表符和翻页之一，是返回 1，否则返回 0

续表

函数原型	说　明
bit isxdigit (char c)	检查参数字符是否为十六进制数字字符，是则返回 1，否则返回 0
char toint (char c)	将 ASCII 字符的 0～9、A～F 转换为十六进制数，返回值为 0～F
char tolower (char c)	将大写字母转换成小写字母，如果不是大写字母，则不作转换直接返回相应的内容
char toupper (char c)	将小写字母转换成大写字母，如果不是小写字母，则不作转换直接返回相应的内容

3. 输入/输出函数库 stdio. h

输入/输出库函数的原型声明在头文件 stdio. h 中，库中的其他函数依赖 getkey()和 putchar()函数。输入/输出函数是通过 MCS-51 的串行口工作的，如果希望支持其他 I/O 接口，只需修改这两个函数。

输入/输出函数库函数说明如表 3-13 所示。

表 3-13　输入/输出函数库函数说明

函数原型	说　明
char _getkey(void)	从串口读入一个字符，不显示
char getkey(void)	从串口读入一个字符，并通过串口输出对应的字符
char putchar(char c)	从串口输出一个字符
char * gets(char * string,int len)	从串口读入一个长度为 len 的字符串存入 string 指定的位置，输入以换行符结束，输入成功则返回传入的参数指针，失败则返回 NULL
char ungetchar(char c)	将输入的字符送到输入缓冲区并将其值返回给调用者，下次使用 gets 或 getchar 时可得到该字符，但不能返回多个字符
char ungetkey(char c)	将输入的字符送到输入缓冲区并将其值返回给调用者，下次使用_getkey 时可得到该字符，但不能返回多个字符
int printf(const char * fmtstr[,argument]...)	以一定的格式通过 MCS-51 的串口输出数值或字符串，返回实际输出的字符数
int sprintf(char * buffer, const char fmtstr [,argument])	sprintf 与 printf 的功能相似，但数据不是输出到串口，而是通过一个指针 buffer，送入可寻址的内存缓冲区，并以 ASCII 码形式存放
int puts (const char * string)	将字符串和换行符写入串行口，错误时返回 EOF，否则返回一个非负数
int scanf(const char * fmtstr[,argument]...)	以一定的格式通过 MCS-51 的串口读入数据或字符串，存入指定的存储单元，注意，每个参数都必须是指针类型。scanf 返回输入的项数，错误时返回 EOF
int sscanf(char * buffer,const char * fmtstr [,argument])	sscanf 与 scanf 功能相似，但字符串的输入不是通过串口，而是通过另一个以空结束的指针

4. 标准函数库 stdlib. h

标准函数库包括类型转换及内存分配函数，函数原型声明在头文件 stdlib. h 中。关于标准函数库的函数说明如表 3-14 所示。

表 3-14 标准函数库函数说明

函数原型	说明
float atof(void * string)	将字符串 string 转换成浮点数值并返回
long atol(void * string)	将字符串 string 转换成长整型数值并返回
int atoi(void * string)	将字符串 string 转换成整型数值并返回
void * calloc(unsigned int num,unsigned int len)	返回 n 个具有 len 长度的内存指针，如果无内存空间可用，则返回 NULL。所分配的内存区域用 0 进行初始化
void * malloc(unsigned int size)	返回一个具有 size 长度的内存指针，如果无内存空间可用，则返回 NULL。所分配的内存区域不进行初始化
void * realloc (void xdata * p,unsigned int size)	改变指针 p 所指向的内存单元的大小，原内存单元的内容被复制到新的存储单元中，如果该内存单元的区域较大，多出的部分不作初始化。realloc 函数返回指向新存储区的指针，如果无足够大的内存可用，则返回 NULL
void free(void xdata * p)	释放指针 p 所指向的存储器区域，如果返回值为 NULL，则该函数无效，p 必须为以前用 callon、malloc 或 realloc 函数分配的存储器区域
void init_mempool(void * data * p,unsigned int size)	对被 callon、malloc 或 realloc 函数分配的存储器区域进行初始化。指针 p 指向存储器区域的首地址，size 表示存储区域的大小

5. 字符串函数库 string. h

字符串处理函数的原型声明在 string. h 中，字符串函数一般通过指针传递参数。字符串包括两个以上的字符，字符串结尾以空字符表示。字符串函数库函数说明如表 3-15 所示。

表 3-15 字符串函数库函数说明

函数原型	说明
void * memccpy(void * dest,void * src,char val,int len)	复制字符串 src 中 len 个元素到字符串 dest 中。如果实际复制了 len 个字符则返回 NULL。复制过程在复制完字符 val 后停止，此时返回指向 dest 中下一个元素的指针
void * memmove (void * dest,void * src,int len)	memmove 的工作方式与 memcpy 相同，只是复制的区域可以交叠
void * memchr (void * buf,char c,int len)	顺序搜索字符串 buf 的头 len 个字符以找出字符 val，成功后返回 buf 中指向 val 的指针，失败时返回 NULL
char memcmp (void * buf1, void * buf2, int len)	逐个字符比较串 buf1 和串 buf2 的前 len 个字符，相等时返回 0；如 buf1>buf2，则返回一个正数；如 buf1<buf2，则返回一个负数
void * memcopy (void * dest,void * src,int len)	从 src 所指向的存储器单元复制 len 个字符到 dest 中，返回指向 dest 中最后一个字符的指针
void * memset (void * buf,char c,int len)	用 val 来填充指针 buf 中 len 个字符
char * strcat (char * dest,char * src)	将串 dest 复制到串 src 的尾部

续表

函数原型	说　明
char * strncat (char * dest,char * src,int len)	将串 dest 的 len 个字符复制到串 src 的尾部
char strcmp (char * string1,char * string2)	比较串 string1 和串 string2,相等则返回 0;string1>string2,则返回一个正数;string1<string2,则返回一个负数
char strncmp(char * string1,char * string2,int len)	比较串 string1 与串 string2 的前 len 个字符,返回值与 strcmp 相同
char * strcpy (char * dest,char * src)	将串 src,包括结束符,复制到串 dest 中,返回指向 dest 中第一个字符的指针
char strncpy (char * dest,char * src,int len)	strncpy 与 strcpy 相似,但它只复制 len 个字符。如果 src 的长度小于 len,则 dest 串以 0 补齐到长度 len
int strlen (char * src)	返回串 src 中的字符个数,包括结束符
char * strchr (const char * string,char c)	strchr 搜索 string 串中第一个出现的字符 c,如果找到则返回指向该字符的指针;否则返回 NULL。被搜索的字符可以是串结束符,此时返回值是指向串结束符的指针
int strpos (const char * string,char c)	strpos 的功能与 strchr 类似,但返回的是字符 c 在串中出现的位置值或－1,string 中首字符的位置值是 0
int strspn(char * string,char * set)	strspn 搜索 string 串中第一个不包括在 set 串中的字符,返回值是 string 中包括在 set 里的字符个数。如果 string 中所有的字符都包括在 set 里面,则返回 string 的长度(不包括结束符);如果 set 是空串则返回 0
int strcspn(char * string,char * set)	strcspn 与 strspn 相似,但它搜索的是 string 串中第一个包含在 set 里的字符
char * strpbrk (char * string,char * set)	strpbrk 与 strspn 相似,但返回指向搜索到的字符的指针,而不是个数;如果未搜索到,则返回 NULL
char * strrpbrk (char * string,char * set)	strrpbrk 与 strpbrk 相似,但它返回指向搜索到的字符的最后一个字符的指针

6. 数学函数 math. h

C51 库函数提供了有关数学计算的函数,关于数学函数的说明如表 3-16 所示。

表 3-16　C51 数学函数库函数说明

函数原型	说　明
int abs(int i) char cabs(char i) float fabs(float i) long labs(long i)	计算并返回 i 的绝对值。这 4 个函数除了变量和返回值类型不同之外,其他功能完全相同
float exp(float i) float log(float i) float log10(float i)	exp 返回以 e 为底的 i 的幂,log 返回 i 的自然对数(e=2.718 282),log10 返回以 10 为底的 i 的对数
float sqrt(float i)	返回 i 的正平方根
int rand( ) void srand(int i)	rand 返回一个 0～32 767 之间的伪随机数,srand 用来将随机数发生器初始化成一个已知的值,对 rand 的相继调用将产生相同序列的随机数

续表

函数原型	说　　明
float cos(float i) float sin(float i) float tan(float i)	cos返回i的余弦值，sin返回i的正弦值，tan返回i的正切值，所有函数的变量范围都是$-\pi/2\sim\pi/2$，变量的值必须在$-65\,535\sim65\,535$之间，否则产生一个NaN错误
float acos(float i) float asin(float i) float atan(float i) float atan2(float i,float j)	acos返回i的反余弦值，asin返回i的反正弦值，atan返回i的反正切值，所有函数的值域都是$-\pi/2\sim\pi/2$；atan2返回i/j的反正切值，其值域为$-\pi\sim\pi$
float cosh(float i) float sinh(float i) float tanh(float i)	cosh返回i的双曲余弦值，sinh返回i的双曲正弦值，tanh返回i的双曲正切值

3.4.4 C51语言中绝对地址的访问

在编译器进行编译时，变量在存储器中的地址是不确定的，如果需要对确定的存储单元进行操作，就需要通过绝对地址访问方式。C51语言中绝对地址的访问形式有三种：预定义宏、指针、关键字“_at_”。

1. 采用预定义宏指定变量的绝对地址

C51编译器的运行库中提供了宏定义对MCS-51系列单片机进行绝对地址访问。这些预定义包含在absacc.h文件中，使用前需要把该头文件包含进来，形式如下：

```
#include <absacc.h>
```

在文件absacc.h中有如下8个宏定义，函数原型如下：

```
#define CBYTE((unsigned char volatile *)0x50000L)
#define DBYTE((unsigned char volatile *)0x40000L)
#define PBYTE((unsigned char volatile *)0x30000L)
#define XBYTE((unsigned char volatile *)0x20000L)
#define CBYTE((unsigned int volatile *)0x50000L)
#define DBYTE((unsigned int volatile *)0x40000L)
#define PBYTE((unsigned int volatile *)0x30000L)
#define XBYTE((unsigned int volatile *)0x20000L)
```

利用宏定义进行访问的形式如下：

```
宏名[地址]
```

宏名及其寻址长度、寻址区如表3-17所示。

表3-17　宏名及其寻址长度、寻址区

宏　名	寻址长度	寻　址　区
CBYTE	字节	code
DBYTE	字节	data
PBYTE	字节	pdata

续表

宏　　名	寻址长度	寻　址　区
XBYTE	字节	xdata
CWORD	字	code
DWORD	字	data
PWORD	字	pdata
XWORD	字	xdata

例 3-73　通过预定义宏进行绝对地址访问。

```
#include <absacc.h>                    //包含绝对地址头文件
#include <reg52.h>                     //包含寄存器头文件
void main(void)
{
    unsigned char c_var;
    unsigned int i_var;
    XBYTE[0X12] = c_var;               //向 XDATA 存储器地址 0x0012 写入数据
    i_var = XWORD[0X100];              //从 XDATA 存储器地址 0x0200 读取数据
    …
    while(1);
}
```

注意：上例中的第二条赋值语句是将字节地址 0x200 和 0x201 的内容读出。

2. 通过指针进行访问

利用指针，可以对指定的存储器单元进行访问。这种方法要先定义基于存储器的指针变量，然后对其赋值存储器的绝对地址。

例 3-74　通过指针进行绝对地址访问。

```
void fun(void)
{
    unsigned char pdata * pdp;         //定义一个指向 pdata 存储空间的指针 * pdp
    unsigned int xdata * xdp;          //定义一个指向 xdata 存储空间的指针 * xdp;
    pdp = 0x30;                        // * pdp 赋值，指向 pdata 存储空间的 30H
    xdp = 0x1000;                      // * xdp 赋值，指向 xdata 存储空间的 1000H
     * pdp = 0xF0;                     //将数据 0xF0 送到片外 RAM 30H 单元
     * xdp = 0x8888;                   //将数据 0x8888 送到片外 RAM 1000H 单元
}
```

3. 采用扩展关键字“_at_”

在定义变量时，使用“_at_”关键字能够对指定的存储器空间进行访问，格式如下：

```
[存储器类型] 数据类型 变量名 _at_ 地址常数
```

存储器类型为 data、bdata、pdata、xdata 等，如果忽略，则按照存储模式确定变量的存储器空间。数据类型为 C51 支持的数据类型。地址常数必须位于有效的存储器空间内。

例 3-75　通过“_at_”进行绝对地址访问。

```
data unsigned char x _at_ 0x40;        //在 data 区定义字节变量 x，地址为 40H
```

```
xdata unsigned char y _at_ 0x2000;      //在 xdata 区定义字节变量 y,地址为 2000H
void main(void)
{
    x = 0xff;
    y = 0x8888;
    …
    while(1);
}
```

用扩展关键字“_at_”定义的变量为绝对变量,该变量必须为全局变量,不能在函数内部采用“_at_”关键字定义变量。由于对绝对变量的操作就是对指定存储器单元的直接操作,所以不能对绝对变量进行初始化。

3.4.5　C51 语言编程方法

C51 的编程方法与 C 语言基本一致,需要注意的是程序与硬件电路的关联。本小节通过简单的实例,对 C51 的程序设计方法进行说明。

发光二极管,俗称 LED 小灯,它的种类很多,参数也不尽相同,普通的贴片发光二极管的正向导通电压为 1.8～2.2V,工作电流一般为 1～20mA。其中,当电流在 1～5mA 之间变化时,随着通过 LED 的电流越来越大,我们的肉眼会明显感觉到这个小灯越来越亮,而当电流在 5～20mA 之间变化时,发光二极管的亮度变化不是太明显。当电流超过 20mA 时,LED 就会有烧坏的危险,电流越大,烧坏得也就越快。所以我们在使用过程中应该特别注意它在电流参数上的设计要求。

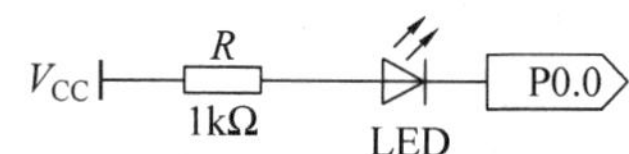

图 3-2　发光二极管电路图

如图 3-2 所示的电路中,LED 为发光二极管,R 为电阻。发光二极管存在正负极,正极接入电阻 R 的一端,电阻另一端输入 5V 电源。二极管上的电压差大约为 2V,所以在电阻 R 上的分压大约为 3V。根据二极管工作电流可以计算出 R 的电阻值应为 150Ω～3kΩ。这里可以选择 R 的值为 1kΩ,工作电流大约为 3mA。电阻 R 在这里实现了限制电流大小的功能,因而称做限流电阻。二极管的负极连接单片机的引脚 P0.0。当单片机引脚 P0.0 的电压为高电平(5V)时,由于二极管两端没有压差,因而二极管不发光;当单片机引脚 P0.0 的电压为低电平(0V)时,由于二极管两端产生压差,二极管发光。通过控制引脚 P0.0 的电平即可实现二极管的亮和灭。

例 3-76　点亮发光二极管。

```
#include <reg52.h>                //包含特殊功能寄存器定义的头文件
sbit LED = P0 ^ 0;                //位地址声明
void main()                       //任何一个 C 程序都必须有且仅有一个 main 函数
{                                 //{}是成对存在的,在这里表示函数的起始和结束
    LED = 0;                      //分号表示一条语句结束
    while(1);
}
```

例 3-77　发光二极管闪烁。

```
#include <reg52.h>                //包含特殊功能寄存器定义的头文件
```

```
sbit LED = P0 ^ 0;                        //位地址声明
void main()                               //任何一个 C 程序都必须有且仅有一个 main 函数
{                                         //{}是成对存在的,在这里表示函数的起始和结束
    unsigned int i = 0;                   //定义循环变量 i,用于软件延时
    while(1)
    {
        LED = 0;                          //点亮小灯
        for (i = 0; i < 30000; i++);      //延时一段时间
        LED = 1;                          //熄灭小灯
        for (i = 0; i < 30000; i++);      //延时一段时间
    }
}
```

接下来,对多个发光二极管采用不同的语句进行控制,其电路如图 3-3 所示。

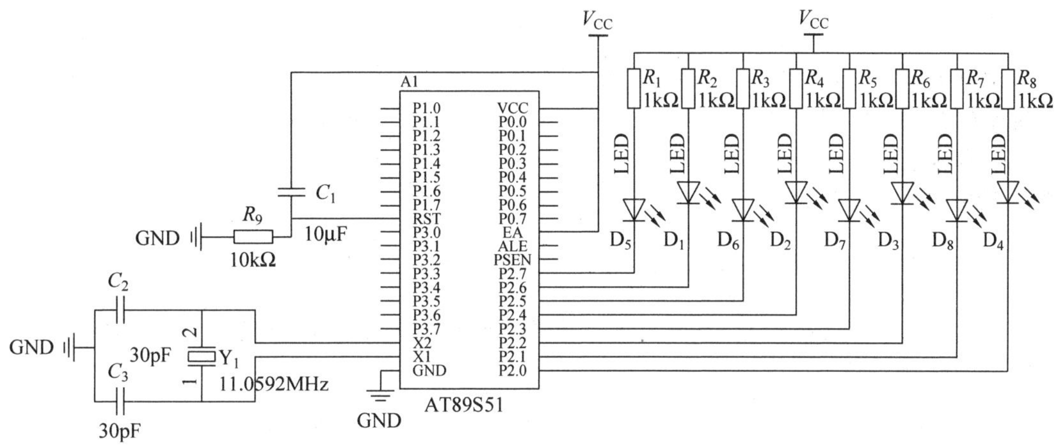

图 3-3　采用不同的语句控制发光二极管电路

电路图中的 8 个发光二极管连接在单片机的 P2 口,因而通过控制 P2 口的输出电平高低,即可控制发光二极管的亮灭。如果想让 LED 灯依次亮灭,依次给 P2 口赋值: 0xFE、0xFD、0xFB、0xF7、0xEF、0xDF、0xBF、0x7F。为了减小代码长度,便于书写,这里采用位运算。

& 为按位与运算,除此之外在指针运算中还用来取地址,这里只讨论与运算。例如,"a=0x03;a=a&0x02;"执行完毕之后,a 的值为 0x02。

| 为按位或运算,与 & 运算类似。例如,"a=0x01;a=a|0x02;"执行完毕后 a 的值为 0x03。

^ 为按位异或运算,例如,"a = 0b0101; b = 0b1011; c = a ^ b;"执行完毕后 c 的值为 0b1110。

≪为左移运算,移位进行的是二进制移位,例如,"a=0x02≪1;"执行完毕之后 a 的值为 0x04。

≫为右移运算,与左移运算类似。例如,"a=0x02≫1;"执行完毕后 a 的值为 0x01。

~为按位取反。例如,"a =~ (0x02);"执行完毕后,由于 0x02 的二进制形式是 0b00000010,按位取反后是 0b11111101。所以 a 的值为 0xFD。

例 3-78 从右向左数，第3个和第5个LED灯闪烁，不改变其他小灯的状态。

```
#include <reg52.h>                   //包含特殊功能寄存器定义的头文件
void main()                          //任何一个C程序都必须有且仅有一个main函数
{                                    //{}是成对存在的，在这里表示函数的起始和结束
    P2 = 0xFE;                       //只点亮第1个小灯
    unsigned int i = 0;              //定义循环变量 i，用于软件延时
    while(1)
    {
        P2 = P2&0b11101011;          //点亮第3个和第5个小灯
        for (i = 0; i < 30000; i++); //延时一段时间
        P2|= 0b00010100;             //熄灭第3个和第5个小灯
        for (i = 0; i < 30000; i++); //延时一段时间
    }
}
```

上例中，“P2=P2&0b11101011;”可以用来将P2口的第3、5引脚置低，不影响其他引脚电平的变化。同理，“P2|=0b00010100;”可以将P2口的第3、5引脚的电平置高，不影响其他引脚电平的变化。

例 3-79 流水灯程序。

```
#include <reg52.h>                   //包含特殊功能寄存器定义的头文件
void main()                          //任何一个C程序都必须有且仅有一个main函数
{                                    //{}是成对存在的，在这里表示函数的起始和结束
    unsigned int i = 0;              //定义循环变量 i，用于软件延时
    unsigned char cnt = 0;           //定义计数变量 cnt，用于移位控制
    while(1)                         //主循环，程序无限循环执行该循环体语句
    {
        P2 = ~(0x01 << cnt);         //P2 等于1左移cnt位，控制8个LED
        for (i = 0; i < 20000; i++); //软件延时
        cnt++;                       //移位计数变量自加1
        if (cnt >= 8)                //移位计数超过7后，再重新从0开始
        {
            cnt = 0;
        }
    }
}
```

习题

一、选择题

1. 要访问MCS-51单片机的特殊功能寄存器应使用的寻址方式是（　　）。

(A) 寄存器间接寻址　　(B) 变址寻址

(C) 直接寻址　　(D) 相对寻址

2. 指令“SJMP　rel”中，设rel=60H，并假设该指令存放在2114H和2115H单元中。当该条指令执行后，程序将跳转到（　　）。

(A) 0061H (B) 2176H (C) 0062H (D) 2175H

3. MCS-51系列单片机中，访问片内数据存储器时使用(　　)类指令，访问程序存储器时使用(　　)类指令，访问片外数据存储器时使用(　　)类指令。

(A) MOV (B) MOVX (C) MOVC (D) MOVZ

4. 下列指令操作码中不能判断两个字节数据是否相等的是(　　)。

(A) SUBB (B) ORL (C) XRL (D) CJNE

5. 以下选项中正确的立即数是(　　)。

(A) ＃ABH (B) ＃2345H (C) 2345H (D) ABH

6. 假定设置堆栈指针SP的值为37H，在进行子程序调用时把断点地址进栈保护后，SP的值为(　　)。

(A) 36H (B) 37H (C) 38H (D) 39H

7. C51语言与微机用C语言相比，其(　　)不尽相同。

(A) 库函数、数据类型、变量的存储空间、中断函数

(B) 库函数、数据类型、变量的存储模式、函数使用

(C) 通配符、数据类型、变量的存储空间、函数使用

(D) 通配符、数据类型、变量的存储模式、中断函数

8. 关于C51语言，下列说法中正确的是(　　)。

(A) 2-ok是一个合法的标记符

(B) 每一个C51语言程序必然要包含“＃include 〈reg51.h〉”

(C) 我们可以自行编写一个C51语言的库文件，以方便进行程序移植

(D) C语言不可以访问绝对寄存器地址

二、判断题

1. 使用“SWAP　A”指令可以实现累加器A中的最高位与最低位交换。(　　)

2. 执行“ANL A,＃0FH”指令后，累加器A的高4位=0001H。(　　)

3. “ORL A,＃0F0H”是将A的高4位置1，而低4位不变。(　　)

4. “MOV PSW,＃10H”是将MCS-51的工作寄存器置为第2组。(　　)

5. 在直接寻址方式中，只能使用8位二进制数作为直接地址，因此其寻址对象只限于外部RAM。(　　)

6. 在寄存器间接寻址方式中，其“间接”体现在指令中寄存器的内容不是操作数，而是操作数的地址。(　　)

7. 在变址寻址方式中，以A作变址寄存器。(　　)

8. C语言中的bit指令与汇编中的BIT指令的作用相同。(　　)

三、问答题

1. MCS-51系列单片机的指令系统有何特点?

2. MCS-51单片机有哪几种寻址方式? 各寻址方式所对应的寄存器或存储器空间如何?

3. 访问特殊功能寄存器SFR可以采用哪些寻址方式?

4. 访问内部RAM单元可以采用哪些寻址方式?

5. 访问外部RAM单元可以采用哪些寻址方式?

6. 访问外部程序存储器可以采用哪些寻址方式?

7. 简述转移指令“AJMP addr11”“SJMP rel”“LJMP addr16”及“JMP @A+DPTR”的应用场合。

四、程序分析题

1. 已知(A)=83H,(R0)=17H,(17H)=34H。执行下列程序段后：

```
ANL  A,#17H
ORL  17H,A
XRL  A,@R0
CPL  A
```

问：(A)=？ (R0)=？ (17H)=？

2. 已知(10H)=5AH,(2EH)=1FH,(40H)=2EH,(60H)=3DH。执行下列程序段后：

```
MOV  20H, 60H
MOV  R1, 20H
MOV  A, 40H
XCH  A, R1
XCH  A, 60H
XCH  A , @R1
MOV  R0, #10H
XCHD A, @R0
```

问：(A)=？(10H)=？(2EH)=？(40H)=？(60H)=？

3. 执行下列程序段：

```
MOV  A, #00H
MOV  R7, #0FFH
MOV  PSW,#80H
ADDC A,R7
```

问：(CY)=？(AC)=？(P)=？(A)=？(R7)=？

4. 设(SP)=32H,内部 RAM 的 31H、32H 单元中的内容分别为 23H、01H。试分析下列指令的执行结果。

```
POP  DPH
POP  DPL
```

其执行结果为(DPTR)=？

5. 设堆栈指针 SP 中的内容为 60H,内部 RAM 中的 30H 和 31H 单元的内容分别为 24H 和 10H。执行下列程序段后,61H、62H、30H、31H、DPTR 及 SP 中的内容有何变化?

```
PUSH 30H
PUSH 31H
POP  DPL
POP  DPH
MOV  30H,#00H
MOV  31H,#0FFH
```

6. 设(A)=01010101B,(R5)=10101010B。试写出分别单独执行下列指令后的结果。

```
ANL  A , R5
```

```
ORL  A , R5
XRL  A , R5
```

五、编程题

1. 已知被减数存放在片内 RAM 的 51H、50H 单元中，减数存放在 61H、60H 单元中（高字节在前），相减得到的差放回被减数的单元中（设被减数大于减数）。试编写程序。

2. 在片外 RAM 2000H 单元开始建立 0～99（BCD 码）的 100 个数，试编写程序。

3. 以 50H 为起始地址的片内存储区中，存放有 16 个单字节无符号二进制数。试编写一程序，求其平均值并传送至片外 0750H 单元中。

4. 试用位操作指令实现下列逻辑操作，要求不得改变未涉及位的内容：

(1) 使 ACC.0 置位；

(2) 清除累加器高 4 位；

(3) 清除 ACC.3、ACC.4、ACC.5、ACC.6。

5. * 若单片机的主频为 12MHz，试用循环转移指令编写延时 20ms 的延时子程序，并说明这种软件延时方式的优缺点。

注：编程题中如果有标记为 * 的题目（如本章中的第五大题第 5 小题）表示此题能用并适合用 C 语言实现，如果在教学过程中有进行 C51 语言的相关教学，则可以进行相应训练。以下所有章节皆为如此，将不再赘述。

第4章

汇编语言程序设计

本章主要介绍MCS-51系列单片机汇编语言程序设计的一般步骤和设计方法,列举一些具有代表性的汇编语言程序实例,加深读者对单片机指令系统的理解,提高程序设计能力。

4.1 汇编语言源程序汇编

用汇编语言编写的源程序称为汇编语言源程序。汇编通常由专门的汇编程序来进行,通过编译后自动得到对应于汇编源程序的机器语言目标程序,这个过程叫做机器汇编。另外还可用人工汇编。

1. 汇编程序的汇编过程

汇编过程是将汇编语言源程序翻译成目标程序的过程。汇编程序要经过两次扫描。第一次扫描是进行语法检查并建立该源程序使用的全部符号名字表。在这个表中,每个符号名字后面跟着一个对应的值。第一次扫描中如有错误,则在扫描完后,显示出错误信息,然后返回编辑状态。这时可对源程序进行修改。如没有错误可进行第二次扫描,最后生成目标程序的机器码并得到对应于符号地址(即标号地址)的实际地址值。第二次扫描还产生相应的列表文件,此文件中有与每条源程序相对应的机器码、地址和编辑行号以及标号地址的实际地址等,可供程序调试时使用。

2. 人工汇编

由程序员根据MCS-51的指令集将汇编语言源程序的指令逐条人工翻译成机器码的过程叫人工汇编。人工汇编同样采用两次汇编方法。第一次汇编,首先查出各条指令的机器码,并根据初始地址和各条指令所占的字节数,确定每条指令所在的地址单元。第二次汇编,求出标号地址所代表的实际地址及相对应地址偏移量的具体补码值。

例如,对下列程序进行人工汇编。

```
        ORG     1000H
START:  MOV     R7,#200
DLY1:   NOP
        NOP
        NOP
        DJNZ    R7,DLY1
        RET
```

第一次汇编查指令集，确定每条指令的机器码和字节数。通过 ORG 伪指令可依次确定各指令的首地址。结果如下：

```
地址      指令码                                ORG   1000H
1000H     7F   C8                   START:   MOV   R7,#200
1002H     00                        DLY1:    NOP
1003H     00                                 NOP
1004H     00                                 NOP
1005H     DF   地址偏移量 rel                DJNZ  R7,DLY1
1007H     22                                 RET
```

第二次汇编计算出转移指令中的地址偏移量 rel。

当“DJNZ　R7,DLY1”指令中的条件成立时，程序将发生转移，从执行这条指令后的当前地址转移到 DLY1 标号地址处。因此，地址偏移量 rel=1002H－1007H=－05H，补码表示的偏移量为 0FBH。将计算结果填入第一次汇编时待定的偏移量值处。

人工汇编很麻烦，而且容易出错，一般不采用。

4.2　程序设计的基本步骤

程序设计的基本步骤一般如下：

(1) 分析题意，明确要求；

(2) 建立思路，确定算法；

(3) 编制框图，绘出流程；

(4) 编写程序，上机调试。

显然，算法和流程是至关重要的。程序结构有简单顺序、分支、循环和子程序等几种基本形式。

画流程图是指用各种图形、符号、指向线等来说明程序设计的过程。国际通用的图形和符号说明如下：

椭圆框：起止框，在程序的开始和结束时使用。

矩形框：处理框，表示要进行的各种操作。

菱形框：判断框，表示条件判断，以决定程序的流向。

指向线：流程线，表示程序执行的流向。

圆圈：连接符，表示不同页之间的流程连接。

各种几何图形符号如图 4-1 所示。

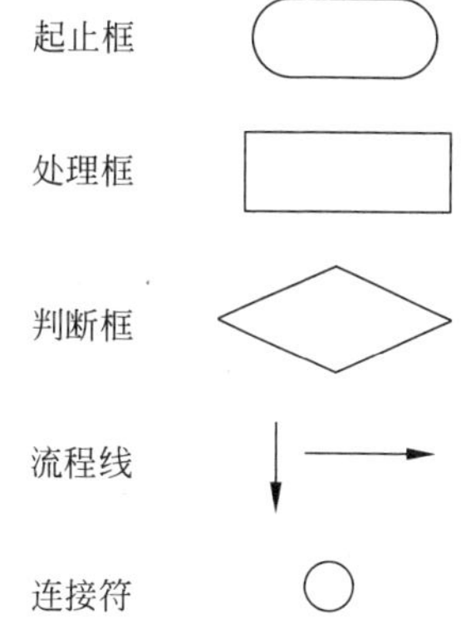

图 4-1　流程图几何图形符号

4.3　顺序程序的设计

顺序结构是程序结构中最简单的一种。用程序流程图表示时，是一个处理框紧接着一个处理框。

例 4-1　16位二进制数除以2。

已知：两字节无符号数存放在单片机片内 RAM 28H、29H 单元，28H 单元里存放的是高字节，除以2的商还放在原单元，不保留小数。

分析：可以利用右移的方法实现除以2、4、8等。如果要保留小数，右移要从左边的字节开始。

程序如下：

```
MOV   R0,#28H                      ;设地址指针
MOV   A, @R0                       ;取第一个字节数
CLR   C                            ;清除进位标志
RRC   A                            ;累加器循环右移
MOV   @R0,A                        ;保存高字节
INC   R0                           ;指针指向低字节
MOV   A,@R0                        ;取低字节
RRC   A                            ;累加器循环右移
MOV   @R0,A                        ;保存低字节
RET                                ;除2结束,返回
```

4.4　分支程序设计

计算机具有逻辑判断能力，它能根据条件进行判断，并根据判断结果选择相应程序入口。这种判断功能是计算机实现分支程序设计的基础。

在进行编程时常常会遇到根据不同的条件要求进行相应的处理的情形，此时就应采用分支结构。分支结构如图 4-2 所示。通常用条件转移指令形成简单分支结构。如判断结果是否为0（用指令 JZ、JNZ），是否有进位或是借位（用指令 JC、JNC），指定位是否为1或0（用指令 JB、JNB）等都可以作为程序分支的依据。

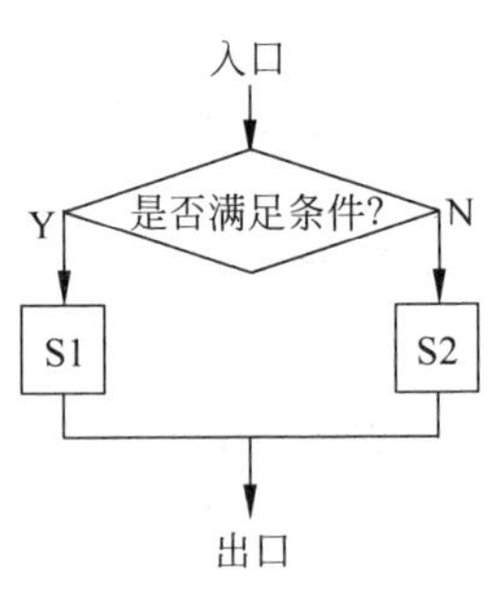

图 4-2　分支结构

4.4.1　单分支程序

单分支结构程序使用转移指令实现，即根据条件对程序的执行进行判断，满足条件则转移执行，否则顺序执行。

在 MCS-51 指令系统中条件转移指令有：

(1) 判断累加器 A 是否为0转移指令 JZ、JNZ；

(2) 判位转移指令 JB、JNB、JBC、JC、JNC；

(3) 比较转移指令 CJNE；

(4) 减1不为0转移指令 DJNZ。

例 4-2　在单片机内部 RAM 70H～79H 单元中的10个无符号数中找到最大数，并将它存放在最后单元。

程序如下：

```
        ORG     0000H
        LJMP    LOOP
        ORG     0050H
LOOP:   MOV     R0,#70H
        MOV     B, #09H
LOOP1:  MOV     A,@R0
        MOV     20H,A
        INC     R0                          ;下一个数地址
        MOV     21H,@R0
        CJNE    A,21H,LOOP2                 ;比较指令
LOOP2:  JC      LOOP3
        MOV     A,@R0
        MOV     @R0,20H
        DEC     R0
        MOV     @R0,A
        INC     R0
LOOP3:  DJNZ    B,LOOP1
        SJMP    $
        END
```

程序流程图如图 4-3 所示。

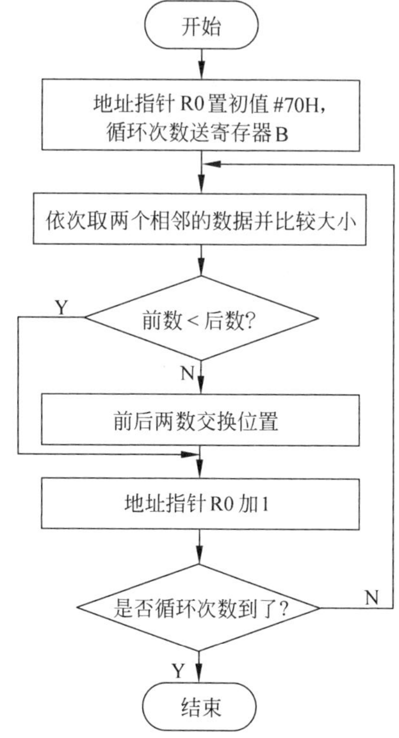

图 4-3　例 4-2 程序流程图

4.4.2　多分支程序

1. 嵌套分支结构

例 4-3　设变量 X 存放于 30H 单元，函数值 Y 存放于 31H 单元。试按照式

$$Y\begin{cases}1, & X>0\\ 0, & X=0\\ -1, & X<0\end{cases}$$

的要求给 Y 赋值。

分析： X 是有符号数，判断符号位是 0 还是 1 可利用 JB 或 JNB 指令。判断 X 是否等于 0 则直接可以使用累加器 A 的判 0 指令。

程序如下：

```
        MOV     A,30H               ;取 X
        JZ      OVER                ;X 为 0,则转移至 OVER
        JNB     ACC.7,LAB1          ;如果 X 最高位不为 1,则转移至 LAB1
        MOV     A,#0FFH             ;X 最高位为 1,-1 赋值给 A
        SJMP    OVER
LAB1:   MOVA,   #1                  ;1 赋值给 A
OVER:   MOV     31H,A               ;Y 存入 31H
        RET                         ;程序返回
```

程序流程图如图 4-4 所示。

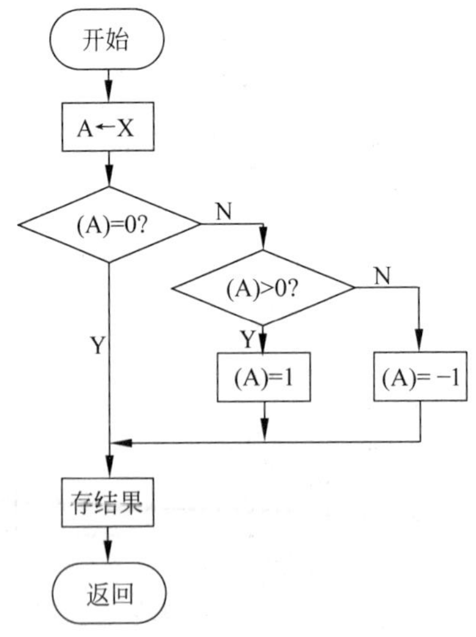

图 4-4　例 4-3 程序流程图

2. 多重分支结构

利用 MCS-51 系列单片机的散转指令“JMP　@A+DPTR”，可方便地实现多重分支控制，因此，又称为散转程序。假定多路分支的最大序号为 n，则分支的结构如图 4-5 所示。

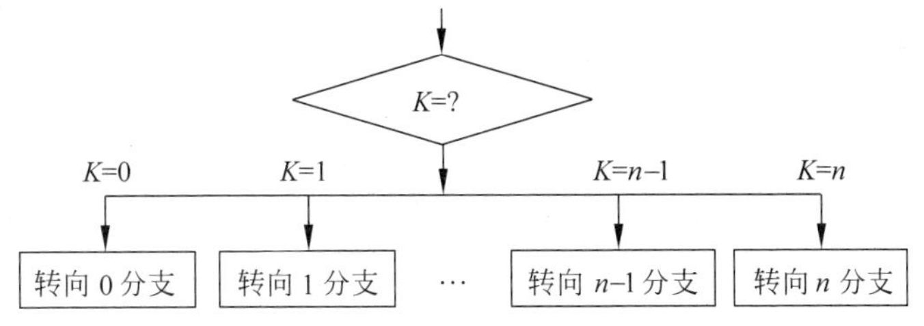

图 4-5 多重分支结构

例 4-4 根据条件 0,1,2,…,n,分别转向处理程序 PRG0,PRG1,…,PRGn,条件 K 设在 R2 中。

程序如下：

```
START:  MOV    DPRT, #TABLE        ;散转表格首址送入 DPTR
        MOV    A,R2                ;变量送 A
        ADD    A,R2                ;变量×2,因为 AJMP 指令占 2 个字节
        JNC    NEXT                ;如果没有进位,转移至 NEXT
        INC    DPH                 ;有进位,则 DPH 加 1
NEXT:   JMP    @A + DPTR           ;散转指令
TABLE:  AJMP   PRG0
        …      …
        AJMP   PRGn
PRG0:   …
        …      …
PRGn:   …
```

4.5 循环程序设计

如图 4-6 所示,循环程序包括以下 4 个部分：

(1) 置循环初值；

(2) 循环体；

(3) 循环控制变量修改；

(4) 循环终止控制。

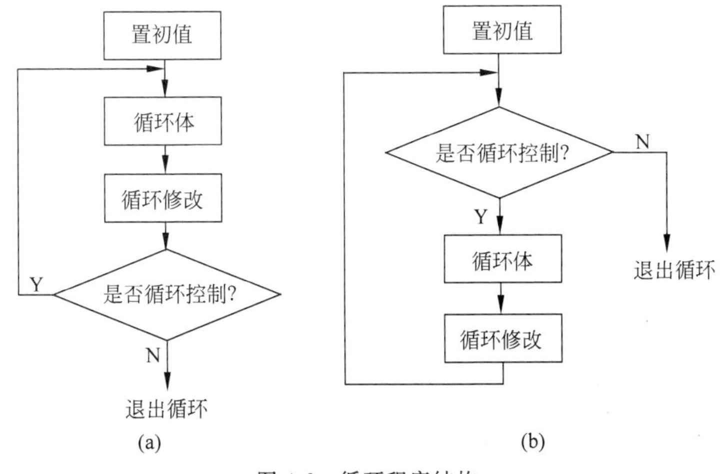

图 4-6 循环程序结构

4.5.1 单循环

终止循环控制采用计数的方法，即用一个寄存器作为循环次数计数器，每次循环后计数加1或减1，达到终止值后退出循环。

例4-5 计算50个8位二进制数（单字节）之和。

要求：50个数存放在30H开头的内部RAM中，和放在R6、R7中。

分析：采用DJNZ循环体的程序流程如图4-7所示，在参考程序中，R0为数据地址指针，R2为减法循环计数器。

在使用DJNZ控制时，循环计数器初值不能为0。当为0时，第一次进入循环执行到DJNZ时，减1使R2变为FFH，循环次数成了256，显然不合题意。

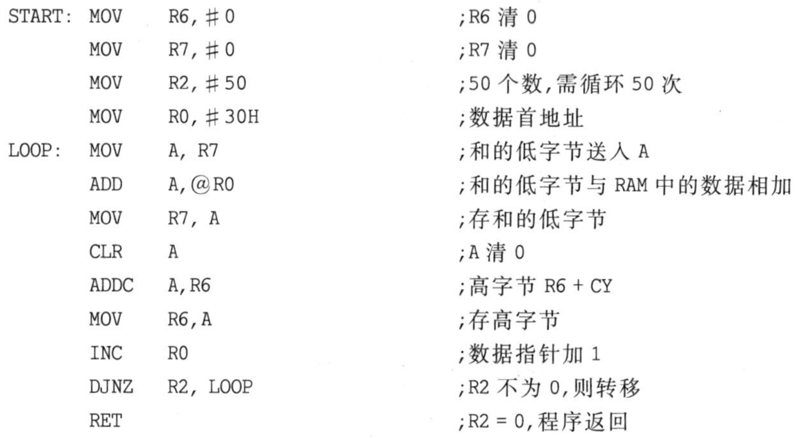

```
START: MOV    R6, #0              ;R6 清 0
       MOV    R7, #0              ;R7 清 0
       MOV    R2, #50             ;50 个数,需循环 50 次
       MOV    R0, #30H            ;数据首地址
LOOP:  MOV    A, R7               ;和的低字节送入 A
       ADD    A,@R0               ;和的低字节与 RAM 中的数据相加
       MOV    R7, A               ;存和的低字节
       CLR    A                   ;A 清 0
       ADDC   A,R6                ;高字节 R6 + CY
       MOV    R6,A                ;存高字节
       INC    R0                  ;数据指针加 1
       DJNZ   R2, LOOP            ;R2 不为 0,则转移
       RET                        ;R2 = 0,程序返回
```

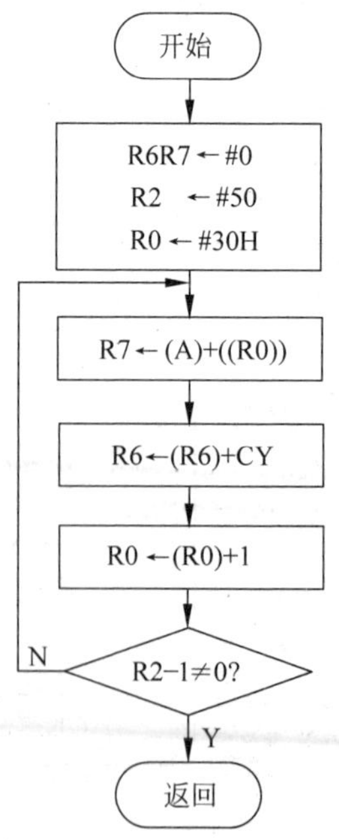

图4-7 例4-5程序流程图

4.5.2　多重循环

如果在一个循环程序中嵌套了其他的循环程序，称为多重循环程序。多重循环程序在用软件实现延时时显得特别有用。

例 4-6　设计 1s 延时子程序，假设 f_{osc}=12MHz。

分析：软件延时与指令的执行时间关系密切，在使用 12MHz 晶振时，一个机器周期的时间为 1μs，执行一条 DJNZ 指令的时间为 2μs，我们可以采用三重循环的方法写出延时 1s 的子程序。

程序如下：

```
DELAY: MOV    R7,#10                   ;循环 10 次
DL3:   MOV    R6,#200                  ;循环 200 次
DL2:   MOV    R5,#250                  ;循环 250 次
DL1:   DJNZ   R5,DL1                   ;250×2×1 = 500μs = 0.5ms
       DJNZ   R6,DL2                   ;0.5ms×200 = 100ms = 0.1s
       DJNZ   R7,DL3                   ;0.1s×10 = 1s
       RET
```

以上程序实际执行时间近似 1s。要想提高延时精度，可以仔细分配循环次数。

程序流程图如图 4-8 所示。

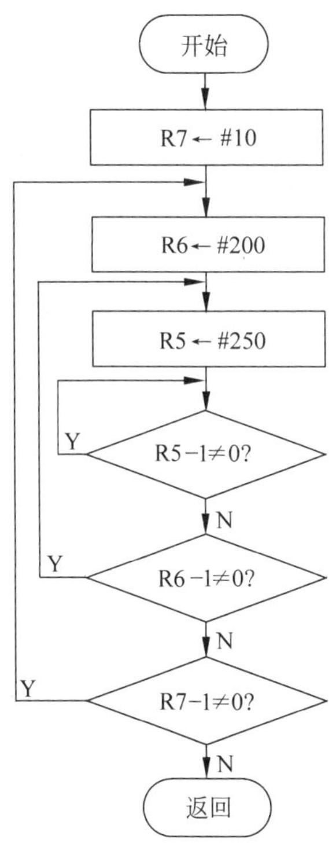

图 4-8　例 4-6 程序流程图

4.5.3 按条件转移控制的循环

例 4-7 把内部 RAM 中从 ST1 地址开始存放的数据传送到以 ST2 地址开始的存储区中，数据块长度未知，但已知数据块的最后一个字节内容为 00H，而其他字节均不为 0。并设源地址与目的地址空间不重复。

分析：我们可以利用判断每次传送的内容是否为 0 这一条件来控制循环。也可用 CJNE 来与 0 比较，判断是否相等来设计。

```
START: MOV    R0, #ST1
       MOV    R1, #ST2
LOOP:  MOV    A,@R0
       JZ     ENT
       MOV    @R1,A
       INC    R0
       INC    R1
       SJMP   LOOP
ENT:   RET
```

判断累加器 A 是否为 0 转移控制的循环流程图如图 4-9 所示。

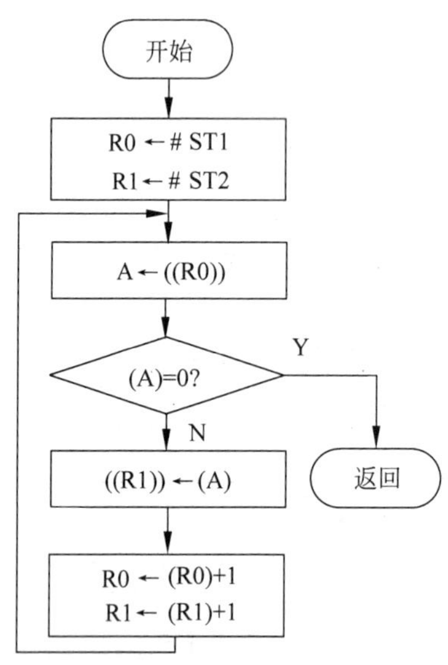

图 4-9 例 4-7 程序流程图

4.6 查表程序设计

查表程序是一种常用程序，它广泛应用于 LED 显示器控制、打印机打印，以及数据补偿、计算、转换等功能程序中，具有程序简单、执行速度快等优点。

用于查表的指令有两条：

```
MOVC  A,@A+PC
MOVC  A,@A+DPTR
```

当使用DPTR作为基址寄存器时查表比较简单，查表的步骤分3步：

(1) 基址(表格首地址)送DPTR数据指针；

(2) 变址值(在表中的位置是第几项)送累加器A；

(3) 执行查表指令“MOVC　A,@A+DPTR”，进行读数，查表结果送回累加器A。

当使用PC作为基址寄存器时，由于PC本身是一个程序计数器，与指令的存放地址有关，查表时其操作有所不同，查表的步骤也分3步：

(1) 变址值(在表中的位置是第几项)送累加器A；

(2) 偏移量(查表指令的下一条指令的首地址到表格首地址之间的字节数)＋A→A；

(3) 执行查表指令“MOVC　A,@A+PC”。

查表编程的特点：程序简单，执行速度快；在表中要列出所有可能的值，占用存储器较多，用空间换取时间。

解决方法：$y=f(x)$，根据变量x在表中找到相应的y值。表的形成也可用折线来分段，其中间值可通过插值方法计算。

例4-8　2位十六进制数与ASCII码的转换程序。设数值在R2中，结果低位存在R2中，高位存在R3中。

分析：对于2位十六进制数必须进行2次查表，因此，取数后通过屏蔽的方法来实现高低位分开。

(1) 利用DPTR作基址的参考程序如下：

```
HEXASC: MOV    DPTR, #TABLE
        MOV    A,R2
        ANL    A, #0FH
        MOVC   A,@A+DPTR              ;查表
        XCH    R2,A
        ANL    A, #0F0H
        SWAP   A
        MOVC   A,@A+DPTR              ;查表
        MOV    R3,A
        RET
TABLE:  DB     30H,31H,32H,33H,34H    ;ASCII表
        DB     35H,36H,37H,38H,39H
        DB     41H,42H,43H,44H,45H,46H
```

(2) 利用PC作基址的参考程序如下：

```
HEXASC: MOV    A,R2
        ANL    A , #0FH
        ADD    A, #9
        MOVC   A,@A+PC                ;查表
        XCH    R2,A
        ANL    A, #0F0H
        SWAP   A
```

```
        ADD     A,#2
        MOVC    A,@A+PC                ;查表
        MOV     R3,A
        RET
TABLE:  DB      30H,31H,32H,33H,34H    ;ASCII表
        DB      35H,36H,37H,38H,39H
        DB      41H,42H,43H,44H,45H,46H
```

例 4-9 利用查表指令，根据 R2 的分支序号找到对应的转向入口地址送 DPTR，清 ACC 后，执行散转指令“JMP @A+DPTR”，转向对应的分支处理，假定分支处理程序在 ROM 64KB 的范围内分布。

程序如下：

```
        ORG     1000H
START:  MOV     DPTR,#TAB
        MOV     A,R2
        ADD     A,R2
        JNC     ST1
        INC     DPH
ST1:    MOV     R3,A
        MOVC    A,@A+DPTR              ;查表
        XCH     A,R3
        INC     A
        MOVC    A,@A+DPTR
        MOV     DPL,A
        MOV     DPH,R3
        CLR     A
        JMP     @A+DPTR
TAB:    DW      PRG0
        DW      PRG1
        …       …
```

4.7 子程序设计和调用

1. 子程序概念

在一个较长的程序中，如有若干次重复出现的指令组，虽然可能其中有些操作数或操作地址不同，可以把程序中经常使用的、重复的指令组设计成可供其他程序使用的独立程序段，这样的程序段称为子程序。使用这种子程序的程序称为主程序。

要使用子程序需要解决 4 个问题：

(1) 主程序怎样调用子程序；

(2) 主程序怎样把必要的数据信息传送给子程序，子程序又如何回送信息给主程序；

(3) 子程序中保护和恢复主程序现场问题；

(4) 子程序执行完后如何正确返回主程序。

2. 子程序结构

(1) 必须具有标号首地址,即要给所编写的子程序起个名字;
(2) 必须要有入口参数和出口参数(条件);
(3) 用堆栈操作保护(压栈)和恢复(出栈)现场;
(4) 子程序的结尾必须是一条返回主程序指令 RET。

3. 子程序的调用和返回

(1) 子程序独立于主程序之外,可供同一程序多次调用,也可供不同程序分别调用。

(2) 子程序调用专用指令 LCALL 和 ACALL。该指令将其后面一条指令的地址压入栈顶,保护断点,SP+2,指向新栈顶,接着把要调用的子程序首地址送入 PC。

(3) 子程序返回。返回指令 RET 将主程序的断点从堆栈中送回 PC(出栈),以保证正确返回主程序继续执行。

例 4-10　编写程序计算 $c=a^2+b^2$,设 a、b、c 分别存放在片内 RAM 的 DAS、DBS、DCS 单元中,a 和 b 均为 0～9 的数。

分析:这个问题可以用调用子程序来实现,即通过两次调用查平方表子程序,再把结果相加。

程序如下:

```
START: MOV    A, DAS         ;取第一个操作数 a
       ACALL  SQR            ;调用查表子程序
       MOV    R1, A          ;暂存 a²
       MOV    A, DBS         ;取 b
       ACALL  SQR            ;调用查表子程序
       ADD    A, R1          ;a² + b²→c
       MOV    DCS,A          ;存放结果子程序
       RET
SQR:   INC    A              ;偏移量调整,加一个字节
       MOVC   A,A + PC
       RET
TAB:   DB     0,1,4,9,16
       DB     25,36,49,64,81
       END
```

4. 子程序嵌套

主程序与子程序的概念是相对的。

一个子程序可以多次被调用而不会被破坏,在子程序中也可以调用其他子程序,这就称为多重转子或子程序嵌套,如图 4-10 所示。

5. 子程序库

把一些常用的标准子程序驻留在 ROM 或外部存储器中,构成子程序库供用户调用。丰富的子程序会给用户带来极大的方便,这就相当于积木,用这些积木模块可以组合成各种

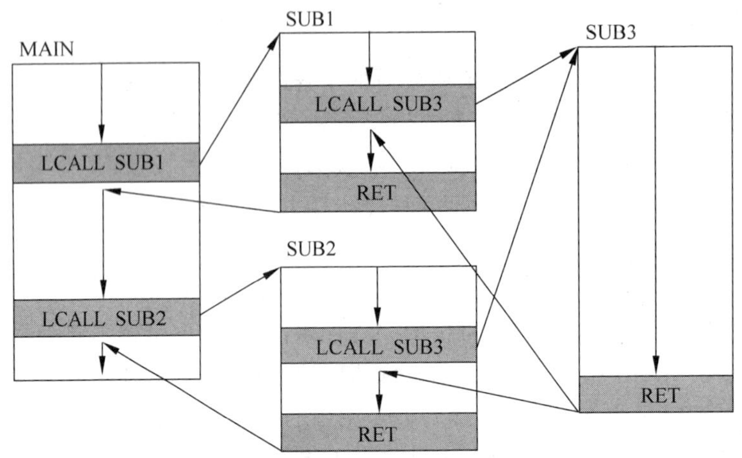

图 4-10　子程序嵌套流程图

不同的程序，完成各种不同的功能。子程序越多，使用就越方便，编程就越省时间。在使用这些子程序时，只要用一条调用指令就行了。

6. 子程序文件

子程序文件包括：

(1) 子程序名称和目的的简述；

(2) 子程序的入口条件和出口条件；

(3) 子程序占用寄存器和内存的情况；

(4) 子程序嵌套情况。

例 4-11　设有一长度为 30H 的字符串存放在 89C51 单片机内部 RAM 中，其首地址为 40H。要求将该字符串中每一个字符加偶校验位，试以调用子程序的方法来实现。

子程序清单如下：

```
        ORG     1000H
MACEPA: MOV     R0, #40H            ;设地址指针 R0 初值
        MOV     B, #30H             ;置循环计数器 B 初值
NEXTLP: MOV     A,@R0               ;取未加偶校验位的 ASCII 码
        ACALL   SUBEPA              ;调用子程序 SUBEPA
        MOV     @R0, A              ;已加偶校验位的 ASCII 码回送
        INC     R0                  ;修改指针,指向下一单元
        DJNZ    B,NEXTLP            ;计数并判断循环结束否?若未结束则继续
        SJMP    $
SUBEPA: ADD     A, #00H
        JNB     PSW.0,SPDONE
        ORL     A, #80H
SPDONE: RET
        END
```

4.8　应用控制流程设计

例 4-12　电机的简单启停控制，其框图如图 4-11(a)所示。

(1) **分析**：简单的电机启动停止控制，其控制的示意图及 I/O 分配如图 4-11(b)所示。

输入信号：启动按钮 SB1、停止按钮 SB2。

输出信号：继电器 KA。

假定：按下按钮 SB1，使得 P1.1=0，则 P1.3=1，即 KA=1，电机启动；按下按钮 SB2，使得 P1.2=0，则 P1.3=0，即 KA=0，电机停止。

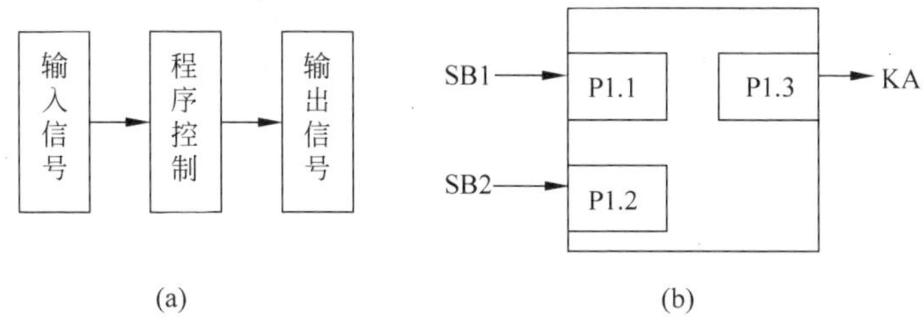

图 4-11　例 4-12 框图

(2) 按照上述控制思路，我们可以方便地画出流程图，如图 4-12 所示。

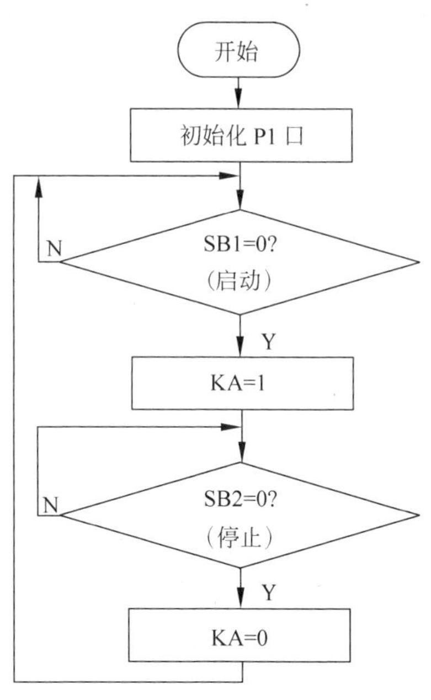

图 4-12　例 4-12 流程

```
        ORG     1000H
STR:    MOV     P1,#00000110B
WT1:    JB      P1.1, WT1                ;启动?
```

```
        SETB    P1.3                        ;电机启
WT2:    JB      P1.2, WT2                   ;停止?
        CLR     P1.3                        ;电机停
        SJMP    WT1
        END
```

习题

一、选择题

1. 以下指令中，最适合用于多重分支结构的是(　　)。

(A) SJMP rel　　(B) JZ

(C) JMP @A+DPTR　　(D) DJNZ

2. 下列说法中，不属于循环程序的组成部分的是(　　)。

(A) 置循环初值　　(B) 循环体

(C) 单循环　　(D) 循环控制变量修改

3. 循环程序按类型区分不包括(　　)。

(A) 单循环　　(B) 多重循环

(C) 按条件转移控制的循环　　(D) 无限循环

4. 以下关于子程序的说法中，正确的是(　　)。

(A) 子程序返回时不需要写 RET

(B) 子程序独立于主程序之外，可供同一程序多次调用

(C) 子程序不需要出口条件，只需要入口条件

(D) 子程序须是重复的经常使用的指令组

5. LED 显示通常使用(　　)结构可以方便编写。

(A) 查表程序　　(B) 循环程序　　(C) 中断程序　　(D) 主程序

6. 以下指令中，不能调用子程序的是(　　)。

(A) LCALL　　(B) ACALL　　(C) CALL　　(D) JMP

7. 下列说法中，不属于程序结构的是(　　)。

(A) 顺序程序　　(B) 分支程序　　(C) 循环程序　　(D) 子程序

二、填空题

1. 在进行编程时常常会遇到根据不同条件进行相应处理的情况，此时就应采用________，单分支结构程序使用________实现，多重分支结构使用________实现。

2. 单循环终止循环的方法是采用一个寄存器作为________，每次循环后________或________，直到达到终止值后退出循环。

3. 在打印机打印、数据补偿、计算、转换等功能程序中，广泛使用________。

4. 子程序的结尾必须是一条________。

5. 子程序调用专用指令________和________。

三、问答题

1. 简述汇编语言程序设计的一般步骤。

2. 循环程序由哪几部分构成？

3. 分别简述以 DPTR 为基址寄存器和以 PC 为基址寄存器编写查表程序的编写步骤。

4. 什么是子程序？汇编语言对子程序设计有什么要求？

四、编程题

1. 试编程实现将 R2R3 和 R6R7 两个双字节无符号数相加，结果送 R4R5。

2. 试编程将 R2R3 和 R6R7 两个双字节无符号数相减，结果送 R4R5。

3. 将 A 中所存放的 8 位二进制数转换为 BCD 码，存于片内 RAM 的 20H、21H 单元。编写程序实现要求的功能。

4. * 试编程将 A 中所存的一位十六进制数(高 4 位为 0)转换为 ASCII 码，结果依旧储存在 A 中。

5. 编写一程序段，其功能为：内部 RAM 的 30H(高)～32H(低)和 33H(高)～35H(低)两个三字节无符号数相加，结果存入 30H(高)～32H(低)单元，设三字节相加时无进位。

6. 编写一程序段，其功能为：内部 RAM 的 43H(高)～40H(低)和 33H(高)～30H(低)两个四字节无符号数相减，结果存入 43H(高)～40H(低)单元，设四字节相减时无进位。

7. 编写一程序段，将内部 RAM 中 30H～3FH 的内容传送到外部 RAM 的 8000H～800FH 中。

8. 编写程序，求出内部 RAM 20H 单元中的数据写成二进制形式时含 1 的个数，并将结果存入 21H 单元。

9. 已知内部 RAM 30H 单元开始存放 32 个数据，将其传送到外部 RAM 的 0000H 单元开始的存储区。请编程实现。

10. 已知 8 个无符号数之和存于 R3R4，求其平均值，结果仍存于 R3R4 中(R3 为高字节)。请编程实现。

11. 两个字符串分别存放在首地址为 42H 和 52H 的内部 RAM 中，字符串长度放在 41H 单元。请编程比较两个字符串。若相等，则把数字 00H 送 40H 单元；否则把 0FFH 送 40H 单元。

12. 设有两个无符号数 Z、Y 分别存放在内部存储器 42H、43H 单元中。试编写一个程序实现 2Z+Y，结果存入 44H、45H 两个单元中。

第5章 MCS-51系列单片机的中断系统

本章主要介绍中断的概念、中断的响应过程及中断的种类和优先级等，并通过实例介绍中断的应用。通过本章的学习要对中断有一个全面的了解，在以后的设计中能够正确合理地使用中断进行软硬件设计。

5.1 中断的概念

在CPU与外设交换信息时，若用查询方式，则CPU往往会浪费很多时间等待外设的响应，这就是快速的CPU与慢速的外设之间的矛盾。为了解决这个问题，引入了中断的概念。

在一个系统中，CPU与外设之间交换信息的方式主要有3种：无条件传送、查询传送和中断传送。具体说明如表5-1和表5-2所示。

表5-1 CPU与外设交换信息的方式

名　称	解　　释
无条件传送	CPU不需要了解外部设备的状态，只要在程序中写入访问外部设备的指令代码，就可以实现CPU与外部设备之间的数据传送
查询传送	CPU在进行数据传送之前，要检查外部设备是否已经准备好。如果外部设备没有准备好，则继续检查其状态，直至外部设备准备好，即确认外部设备已具备传送条件之后，才进行数据传送
中断传送	外部设备具有向CPU申请服务的能力。当输入/输出设备已将数据准备好，便可以向CPU发出中断请求，CPU可中断正在执行的程序转而和外部设备进行一次数据传输。当输入/输出操作完成以后，CPU再恢复执行原来的程序

表5-2 CPU与外设交换信息方式的特点

名　称	特　　点
无条件传送	控制相对简单，但是在数据传送时，由于不知道外部设备当前的状态，传送数据时容易产生错误
查询传送	CPU每传送一个数据，需花费很多时间来等待外部设备进行数据传送的准备，因此，信息传送的效率非常低。但这种方式传送数据比无条件传送数据的可靠性要高；接口电路也较简单，硬件开销小。在CPU不太忙且传送速度要求不高的情况下可以采用
中断传送	CPU不用不断地查询等待，而可以去处理其他程序。因此，采用中断传送方式时，CPU和外部设备是处在并行工作的状况下，这样可以大大提高CPU的使用效率

中断是指 CPU 在运行过程中，暂停现行程序的执行，而转去执行处理外界出现的某一事件的程序。待该处理程序执行完毕后，CPU 再回到原来被中断的地址，继续执行下去。为实现中断功能而设定的各种硬件和软件统称为中断系统。

中断技术一般可实现的功能如表 5-3 所示。

表 5-3　中断技术的主要应用

功　能	说　　明
实时处理	在实时控制系统中，外部设备请求 CPU 提供服务是随机发生的。有了中断系统，CPU 就可以立即响应并进行处理
并行处理	利用中断技术，CPU 可以与多台外部设备并行工作，CPU 可以分时与多台外部设备进行信息交换
故障处理	当系统出现故障时，CPU 可以及时转去执行故障处理程序，自行处理故障而不必停机

5.2　中　断　源

中断源是指引发中断的设备或事件。MCS-51 系列单片机中断系统共有 5 个中断源，可分为外部中断源和内部中断源，外部中断源包括外部中断 0（$\overline{\text{INT0}}$）和外部中断 1（$\overline{\text{INT1}}$），内部中断源包括定时器 T0 中断、定时器 T1 中断和串行口中断。MCS-51 系列单片机中断源具体功能如表 5-4 所示。

表 5-4　MCS-51 系列单片机中断源

名　　称	功　　能
外部中断 0（$\overline{\text{INT0}}$）	下降沿或低电平有效。通过 MCS-51 系列单片机 P3.2 引脚输入
定时器 T0 中断	定时器/计数器 0 溢出发出中断请求
外部中断 1（$\overline{\text{INT1}}$）	下降沿或低电平有效。通过 MCS-51 系列单片机 P3.3 引脚输入
定时器 T1 中断	定时器/计数器 1 溢出发出中断请求
串行口中断	当串行口完成一帧数据发送或接收时，请求中断

每一个中断源都对应一个中断请求标志位，它们设置在特殊功能寄存器 TCON 和 SCON 中。当这些中断源请求中断时，分别由 TCON 和 SCON 中的相应位来锁存。

5.3　中断控制寄存器

MCS-51 系列单片机对中断系统的控制主要包括 4 个特殊功能寄存器：定时器/计数器及外部中断控制寄存器 TCON、串行口控制寄存器 SCON、中断允许控制寄存器 IE、中断优先级控制寄存器 IP。

1. 定时器/计数器及外部中断控制寄存器 TCON

TCON 为定时器/计数器 T0 和 T1 的控制寄存器，同时也锁存 T0 和 T1 的溢出中断标志及外部中断0和外部中断1的中断标志等。与中断有关的位如表5-5和表5-6所示。

表5-5 TCON寄存器位定义

位地址	8FH	8EH	8DH	8CH	8BH	8AH	89H	88H
TCON	TF1	TR1	TF0	TR0	IE1	IT1	IE0	IT0

表5-6 TCON寄存器位功能

名称	功　能
TF1	定时器/计数器T1的溢出中断请求标志位。允许T1计数后，T1从初值开始进行加1计数，计数器最高位产生溢出时，由硬件将TF1置1，并向CPU发出中断请求；当CPU响应中断时，硬件自动将TF1清0
TF0	定时器/计数器T0的溢出中断请求标志位，其含义与TF1相似
IE1	外部中断1的中断请求标志位。当检测到外部中断引脚1上存在有效的中断请求信号时，由硬件将IE1置1；当CPU响应该中断请求时，由硬件将IE1清0
IT1	外部中断1的中断触发方式控制位。IT1为0时，外部中断1为电平触发方式，若外部中断1请求为低电平，则使IE1置1。IT1为1时，外部中断1为边沿触发方式，若CPU检测到外部中断1的引脚有由高到低的负跳变沿时，则使IE1置1
IE0	外部中断0的中断请求标志位，其含义与IE1相似
IT0	外部中断0的中断触发方式控制位，其含义与IT1相似
TR1	为1时启动定时器/计数器T1，为0时停止定时器/计数器T1
TR0	为1时启动定时器/计数器T0，为0时停止定时器/计数器T0

2. 串行口控制寄存器SCON

SCON为串行口控制寄存器，其低2位TI和RI锁存串行口的接收中断和发送中断。SCON的格式如表5-7和表5-8所示。

表5-7 SCON寄存器位定义

位地址	9FH	9EH	9DH	9CH	9BH	9AH	99H	98H
SCON	SM0	SM1	SM2	REN	TB8	RB8	TI	RI

表5-8 SCON寄存器位功能

名称	功　能
TI	串行口发送中断请求标志位。CPU将一个数据写入发送缓冲器SBUF时，就启动发送，每发送完一帧串行数据后，硬件置位TI。但CPU响应中断时，并不清除TI，必须在中断服务程序中由软件对TI清0
RI	串行口接收中断请求标志。在串行口允许接收时，每接收完一帧串行数据，硬件置位RI。同样，CPU响应中断时不会清除RI，必须用软件清0

3. 中断允许控制寄存器IE

MCS-51系列单片机对中断请求源的开放或屏蔽是由中断允许寄存器IE控制的。IE的格式如表5-9和表5-10所示。

表 5-9 IE 寄存器位定义

位地址	AFH			ACH	ABH	AAH	A9H	A8H
IE	EA	—	—	ES	ET1	EX1	ET0	EX0

表 5-10 IE 寄存器位功能

名称	功 能
EA	中断允许控制位。EA=0,屏蔽所有中断请求;EA=1,CPU 开放中断。对各中断源的请求中断是否允许,还要取决于各中断源的中断允许控制位的状态
ES	串行口中断允许位。ES=0,禁止串行口中断;ES=1,允许串行口中断
ET1	定时器/计数器 T1 的溢出中断允许位。ET1=0,禁止 T1 中断;ET1=1,允许 T1 中断
EX1	外部中断 1 中断允许位。EX1=0,禁止外部中断 1 中断;EX1=1,允许外部中断 1 中断
ET0	定时器/计数器 T0 的溢出中断允许位。ET0=0,禁止 T0 中断;ET0=1,允许 T0 中断
EX0	外部中断 0 中断允许位。EX0=0,禁止外部中断 0 中断;EX0=1,允许外部中断 0 中断

中断允许寄存器 IE 对中断的开放和关闭实现两级控制。所谓两级控制就是有一个总的开关中断控制位 EA(IE.7)。当 EA=0 时,关闭所有的中断申请,即任何中断申请都不接受;当 EA=1 时,CPU 开放中断,但 5 个中断源还要由 IE 的低 5 位的各对应控制位的状态进行中断允许控制。

4. 中断优先级控制寄存器 IP

MCS-51 系列单片机有两个中断优先级。对于每一个中断请求源可编程为高优先级中断或者低优先级中断。IP 中的低 5 位为各中断源优先级的控制位,可用软件来设定。MCS-51 系列单片机片内中断优先级控制寄存器 IP 格式如表 5-11 和表 5-12 所示。

表 5-11 IP 寄存器位定义

位地址				BCH	BBH	BAH	B9H	B8H
IP	—	—	—	PS	PT1	PX1	PT0	PX0

表 5-12 IP 寄存器位定义

名称	功 能	名称	功 能
PS	串行口中断优先级控制位	PT0	定时器/计数器 T0 中断优先级控制位
PT1	定时器/计数器 T1 中断优先级控制位	PX0	外部中断 0 中断优先级控制位
PX1	外部中断 1 中断优先级控制位		

若某一控制位为 1,则相应的中断源就规定为高级中断;反之,若某一控制位为 0,则相应的中断源就规定为低级中断。

5. 中断系统的初始化

中断系统初始化的步骤如下:

(1) 若为外部中断,则应确定是低电平还是下降沿触发方式;

(2) 当需要使用中断嵌套时,则设定所用中断源的中断优先级;

(3) 开相应中断源的中断及总中断。

例 5-1　写出$\overline{\text{INT0}}$为低电平触发的中断系统初始化程序。

方法一：采用位操作指令。

```
CLR     IT0             ;设INT0为电平触发方式
SETB    PX0             ;设INT0为高优先级
SETB    EX0             ;开INT0中断
SETB    EA              ;开总中断
```

方法二：采用字节操作指令。

```
ANL     TCON,#0FEH      ;设INT0为电平触发方式
MOV     IP,#01H         ;设INT0为高优先级
MOV     IE,#81H         ;开INT0中断,开总中断
```

5.4　中断的优先级

MCS-51 系列单片机有 5 个中断源，当两个及两个以上中断源同时向 CPU 申请中断时，CPU 必须确定首先响应哪个，即不同的中断源有不同的优先级。在 MCS-51 系列单片机中每一个中断源由程序控制为允许中断或禁止中断。当 CPU 执行关中断指令（或系统复位）后，将屏蔽所有的中断请求；当 CPU 执行开中断指令后才有可能接收中断请求。每一个中断请求源可编程控制为最高优先级中断或低优先级中断，能实现两级中断嵌套。

MCS-51 系列单片机中断系统的两个优先级遵循以下两条原则：

（1）低优先级中断源可被高优先级中断源所中断，而高优先级中断源不能被任何中断源所中断；

（2）一种中断源（高优先级或低优先级）一旦得到响应，与它同级的中断源不能再中断它。

当同时收到几个同一优先级的中断请求时，响应哪一个中断源则取决于内部硬件查询顺序。中断优先级顺序排列如表 5-13 所示。

表 5-13　中断优先级顺序

<table>
<tr><th>中　断　源</th><th>中断入口地址</th><th>同级内的中断优先级</th></tr>
<tr><td>外部中断 0($\overline{\text{INT0}}$)</td><td>0003H</td><td rowspan="5">高
↓
低</td></tr>
<tr><td>定时器/计数器 T0</td><td>000BH</td></tr>
<tr><td>外部中断 1($\overline{\text{INT1}}$)</td><td>0013H</td></tr>
<tr><td>定时器/计数器 T1</td><td>001BH</td></tr>
<tr><td>串行口中断</td><td>0023H</td></tr>
</table>

中断处理结束返回主程序后，至少要执行一条指令，才能响应新的中断请求。

5.5　中断的响应

MCS-51 系列单片机工作时，在每个机器周期中硬件都会自动查询各个中断标志，如果某位是 1，则说明有中断请求。如果不存在阻止条件，则在下一个机器周期按照优先级从高

到低的顺序进行中断处理，中断系统将控制程序转入相应的中断服务程序。

1. CPU 阻止中断响应的三种情况

(1) CPU 正在处理同级别或更高级别的中断请求；

(2) 当前的机器周期不是所执行指令的最后一个机器周期；

(3) 当前正执行的指令是返回指令(RETI)或访问 IE、IP 寄存器进行读写的指令，则 CPU 至少要再执行一条指令才会响应中断。

如果中断标志被置位，但是由于上述三种情况之一而未被响应，而在上述阻止条件撤销时，中断标志位已不再存在，则被拖延的中断就不会再被响应，CPU 将丢弃中断查询结果。

2. 中断处理过程

如果中断响应条件满足，CPU 就响应中断。中断响应过程分为 6 个步骤，如表 5-14 所示。

表 5-14 中断处理过程

名称	解释
(1) 保护断点	断点就是 CPU 响应中断时程序计数器 PC 的内容，它指示被中断程序的下一条指令的地址：断点地址。CPU 自动把断点地址压入堆栈，以备中断处理完毕后，自动从堆栈取出断点地址送入 PC，然后返回主程序断点处，继续执行被中断的程序
(2) 给出中断入口地址	给出中断入口地址。程序计数器 PC 自动装入中断入口地址，执行相应的中断服务程序
(3) 保护现场	为了使中断处理不影响主程序的运行，需要把断点处有关寄存器的内容和标志位的状态压入堆栈区进行保护。现场保护要在中断服务程序开始处通过编程实现
(4) 中断服务	执行相应的中断服务程序，进行必要的处理
(5) 恢复现场	在中断服务结束之后、返回主程序之前，把保存在堆栈区的现场数据从堆栈区弹出，送回原来的位置。恢复现场也需要通过编程实现
(6) 中断返回	执行中断返回指令 RETI，它将堆栈内保存的断点地址弹给 PC，程序则恢复到中断前的位置

3. 中断请求的撤销

在响应中断请求以前，中断源发出的中断请求是由 CPU 锁存在 TCON 和 SCON 的相应中断标志位中。当中断请求得到响应时，必须把它的相应中断标志位复位为 0 状态；否则，单片机就会因为中断标志位未能及时撤销而重复响应同一中断请求，造成错误的产生。

(1) 定时器/计数器溢出中断请求的撤销

TF0 和 TF1 是定时器/计数器溢出中断标志位，它们因定时器/计数器溢出而置位，中断得到响应后自动复位为 0 状态。因此，定时器/计数器溢出的中断请求标志是自动撤销的，用户不用考虑。

(2) 外部中断请求的撤销

外部中断请求有电平触发和下降沿触发两种方式，不同的触发方式有不同的撤销中断方法。

在电平触发方式下，外部中断标志 IE0 或 IE1 是靠 CPU 检测$\overline{\text{INT0}}$或$\overline{\text{INT1}}$引脚上的低电平而置位的。尽管 CPU 响应中断时相应的中断标志 IE0 或 IE1 能自动复位成 0 状态，但是若外部中断源不能及时撤销引脚上的低电平，就会再次使已经变成 0 的中断标志 IE0 或 IE1 置位，引起重复中断而造成错误。所以，电平触发方式的外部中断请求必须使$\overline{\text{INT0}}$或$\overline{\text{INT1}}$引脚上的低电平随着其中断被响应而变成高电平。

在下降沿触发方式下的外部中断 0 或 1，CPU 在响应中断后有硬件自动清除其中断标志位 IE0 或 IE1，用户不必考虑。

(3) 串行口中断请求的撤销

TI 和 RI 是串行口中断的标志，中断响应后不能自动将它们撤除，因为 MCS-51 系列单片机进入串行口中断服务程序后常需要对它们进行检测，以确定串行口发生了接收中断还是发送中断。为防止 CPU 再次响应这类中断，用户在中断服务程序的适当位置通过如下指令将它们撤除：

```
CLR     TI                      ;撤除发送中断请求
CLR     RI                      ;撤除接收中断请求
```

4. 中断的嵌套

MCS-51 有两个中断优先级，当 CPU 正在执行中断服务程序，又有新的中断源发出中断申请时，CPU 要进行分析判断，决定是否响应新的中断。若是同级中断源申请中断，CPU 将不予处理；若是更高级中断源申请中断，CPU 将转去响应新的中断请求，待高级中断服务程序执行完毕，CPU 再转回低级中断服务程序。这就是中断嵌套。中断嵌套在实时处理系统中应用很广泛。

5.6 由中断模块程序认知中断处理过程

本节的主要目的是让初学者对中断处理过程有一个整体的认识，读者可以根据每一条语句以及后面的注释体会中断的流程。

5.6.1 外部中断模块代码

```
            ORG     0000H               ;系统复位地址
            LJMP    MAIN                ;跳转到主程序
            ORG     0003H               ;INT0 中断入口地址
            LJMP    INT_INT0            ;跳转到外部中断 0 服务程序
            ORG     0013H               ;INT1(中断入口地址)
            LJMP    INT_INT1            ;跳转到外部中断 1 服务程序

            ORG     0030H               ;主程序首地址
MAIN:       …                           ;用户程序
```

```
        SETB    IT0                 ;设置外部中断 0 为下降沿触发
        CLR     IT1                 ;设置外部中断 1 为低电平触发
        SETB    EX0                 ;启动外部中断 0
        SETB    EX1                 ;启动外部中断 1
        SETB    EA                  ;总中断开
        …                           ;用户程序
;外部中断 0 子程序
INT_INT0: CLR   EX0                 ;关闭外部中断 0
        …                           ;中断处理程序
        SETB    EX0                 ;启动外部中断 0
        RETI                        ;中断返回
;外部中断 1 子程序
INT_INT1: CLR   EX1                 ;关闭外部中断 1
        …                           ;中断处理程序
        SETB    EX1                 ;启动外部中断 1
        RETI                        ;中断返回
        END                         ;程序结束
```

5.6.2 定时器中断模块代码

```
        ORG     0000H               ;系统复位地址
        LJMP    MAIN                ;跳转到主程序
        ORG     000BH               ;定时器 T0 中断入口地址
        LJMP    TIMER0              ;跳转到定时器 T0 中断服务程序
        ORG     001BH               ;定时器 T1 中断入口地址
        LJMP    TIMER1              ;跳转到定时器 T1 中断服务程序

        ORG     0030H               ;主程序首地址
MAIN:   …                           ;用户程序
        MOV     TMOD, #21H          ;定时器 0,方式 1;定时器 1,方式 2
        MOV     TH0, #3CH           ;50ms 的定时器初值(系统接 12MHz 晶振)
        MOV     TL0, #0B0H
        MOV     TH1, #22            ;计数器初值
        MOV     TL1, #22
        SETB    TR0                 ;开定时器 T0
        SETB    TR1                 ;开定时器 T1
        SETB    ET0                 ;定时器 T0 中断允许
        SETB    ET1                 ;定时器 T1 中断允许
        SETB    EA                  ;总中断开
        …                           ;用户程序
;定时器中断 0 子程序
TIMER0: CLR     TR0                 ;关定时器 T0
        CLR     ET0                 ;定时器 T0 中断禁止
        …                           ;用户程序
        MOV     TH0, #3CH           ;重置时间常数
        MOV     TL0, #0B0H
        SETB    TR0                 ;开定时器 T0
        SETB    ET0                 ;定时器 T0 中断允许
        RETI                        ;中断返回
```

```
;定时器中断1子程序
TIMER1:   CLR    TR1                  ;关定时器 T1
          CLR    ET1                  ;定时器 T1 中断禁止
          …                           ;用户程序
          SETB   TR1                  ;开定时器 T1
          SETB   ET1                  ;定时器 T1 中断允许
          RETI                        ;中断返回
          END                         ;程序结束
```

5.7 通过实例掌握外部中断

利用 AT89C51 单片机控制 LED 的状态，电路如图 5-1 所示，$\overline{\text{INT0}}$外接按键 K_1。初始状态下，LED 闪亮周期为 1s，占空比 50%。若 K_1 按下则触发中断，LED 常亮；若 K_1 弹起，则 LED 恢复初始状态。利用软件延时，给出汇编语言完整源代码。

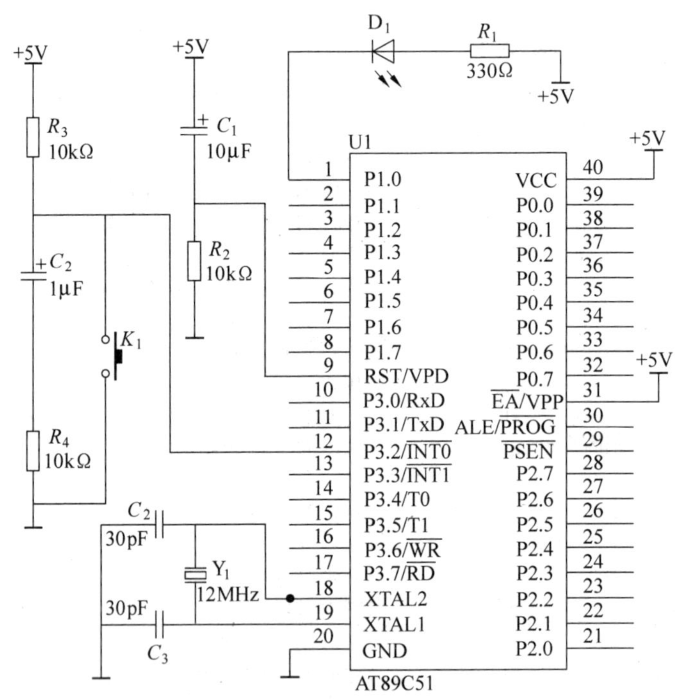

图 5-1 键控 LED 电路原理图

程序源代码如下：

```
LED       EQU    P1.0                 ;P1.0 定义为 LED

          ORG    0000H                ;系统复位地址
          LJMP   MAIN                 ;跳转到主程序
          ORG    0003H                ;INT0(外部中断 0)
          LJMP   INT_INT0             ;跳转到外部中断 0 服务程序
          ORG    0030H                ;主程序首地址
```

```
/********** 主程序 *********/
MAIN:     MOV    SP, #60H          ;设堆栈指针,主程序开始
          CLR    IT0               ;设置外部中断 0 低电平触发
          SETB   EX0               ;启动外部中断
          SETB   EA                ;总中断开
          CLR    LED               ;点亮 LED
X1:       MOV    R7, #10           ;延时参数设定
L3:       MOV    R6, #100          ;延时参数设定
L2:       MOV    R5, #250          ;延时参数设定
L1:       DJNZ   R5,L1             ;2μs × 250 = 500μs = 0.5ms
          DJNZ   R6,L2             ;0.5ms × 100 = 50ms
          DJNZ   R7,L3             ;50ms × 10 = 500ms = 0.5s
          CPL    LED               ;LED 取反
          LJMP   X1                ;跳转至 X1
/***** 外部中断 0 子程序 ****/
INT_INT0: CLR    EX0               ;关外部中断 0
          CLR    LED               ;点亮 LED
          SETB   EX0               ;开外部中断 0
          RETI                     ;中断返回

          END                      ;程序结束
```

习题

一、选择题

1. 下列哪一个不属于 MCS-51 系列单片机外部中断服务初始化的步骤(　　)。

(A) 确定触发方式,低电平触发还是下降沿触发

(B) 设定相应中断源的中断优先级

(C) 开启相应中断源的中断及总中断

(D) 使用 RETI 进行中断返回指令

2. 若要使 MCS-51 系列单片机只响应定时器 T0 中断,它的中断允许控制寄存器 IE 的内容可以是(　　)。

(A) 98H　　(B) 82H　　(C) 42H　　(D) 22H

3. MCS-51 系列单片机响应某个中断时,下面哪一个条件不是必需的(　　)。

(A) 当前指令执行完毕

(B) 此中断是允许的

(C) 没有同级或高级中断服务正在执行

(D) 必须有 RETI 指令

4. MCS-51 系列单片机的中断允许控制器 IE 内容为 98H,CPU 将响应的中断请求是(　　)。

(A) $\overline{\text{INT0}}$、$\overline{\text{INT1}}$　　(B) T0、T1　　(C) T1、串行接口　　(D) $\overline{\text{INT0}}$、T0

5. 当中断允许控制器 IE＝86H 时,MCS-51 系列单片机将响应的中断有(　　)。

(A) 1 个　　(B) 2 个　　(C) 3 个　　(D) 0 个

6. MCS-51 系列单片机的中断优先级控制寄存器 IP＝02H，优先级最高的是（　　）。

(A) T0　　(B) T1　　(C) 串行接口　　(D) $\overline{\text{INT0}}$

7. MCS-51 系列单片机在使用中断方式与外界交换信息时，保护现场的工作应该是（　　）。

(A) 由 CPU 自动完成　　(B) 在中断响应过程中完成

(C) 在中断服务程序中完成　　(D) 在主程序中完成

二、填空题

1. MCS-51 系列单片机中断有________个优先级，MCS-51 系列单片机的优先级由软件设置特殊功能寄存器加以选择。

2. MCS-51 系列单片机中，T1 中断服务程序入口地址为________。

3. MCS-51 系列单片机中，中断最多嵌套________级。

4. MCS-51 系列单片机中，外部中断$\overline{\text{INT0}}$的中断触发方式控制位是________。

5. MCS-51 系列单片机中，任何访问________和________寄存器的指令执行过后，CPU 不能马上响应中断。

三、问答题

1. 什么是中断源？MCS-51 系列单片机有几个中断源？分别是什么？

2. 在 MCS-51 系列单片机中，同时收到几个同一优先级的中断请求时，各中断源的优先级顺序是怎样的？

3. 一个正在执行的中断服务程序在什么情况下可以被另外一个中断请求所中断？

4. 在 MCS-51 系列单片机中，如果只开放外部中断$\overline{\text{INT0}}$，则中断允许寄存器 IE 的控制字应该是多少？

5. 在 MCS-51 系列单片机中，中断的处理过程包括哪几个阶段？

6. 在 MCS-51 系列单片机中，外部中断源的触发方式有哪几种？分别是如何实现中断请求的？

7. 在 MCS-51 系列单片机中，各个中断源的入口地址分别是什么？这些地址能否用软件改变？

8. 中断程序与子程序相比有哪些区别？

四、编程题

1. 编写 MCS-51 系列单片机的中断初始化程序。要求：允许$\overline{\text{INT0}}$、$\overline{\text{INT1}}$、串行口中断，使$\overline{\text{INT0}}$为高优先级中断，$\overline{\text{INT1}}$、串行口为低优先级中断。

2. 编写 MCS-51 系列单片机的主程序（与中断有关的部分）和中断服务程序。要求：定时器/计数器 T0 溢出中断发出请求时，CPU 将片内存储区 DATA1 单元开始的 20 个单字节数据依次与 DATA2 单元为起始地址的 20 个单字节数据进行交换。

第 6 章

MCS-51 系列单片机的定时器/计数器

在工业测控系统中，许多场合都要用到计数或定时功能。例如，对外部脉冲进行计数、精确定时、作串行口的波特率发生器等。MCS-51 系列单片机内部有两个可编程的定时器/计数器，以满足这方面的要求。本章主要介绍 51 系列单片机定时器/计数器（T0 和 T1）的结构和使用方法。通过本章的学习，了解定时器/计数器的结构和工作方式，熟悉相关特殊功能寄存器的配置，同时通过模块代码和例程掌握定时器/计数器相关的编程思路。

6.1 定时器/计数器的结构

MCS-51 系列单片机定时器/计数器（T0 和 T1）的结构如图 6-1 所示，它由两个加法计数器、方式寄存器 TMOD、控制寄存器 TCON 等组成。CPU 通过内部总线与定时器/计数器交换信息。定时器/计数器 0 由 TH0（地址为 8CH）和 TL0（地址为 8AH）组成，定时器/计数器 1 由 TH1（地址为 8DH）和 TL1（地址为 8BH）组成。TH0（TH1）表示高 8 位，TL0（TL1）表示低 8 位。这 4 个 8 位计数器均属于特殊功能寄存器。TMOD 寄存器用来确定启动方式，选择定时或计数功能以及工作方式。TCON 是控制寄存器，用来控制 T0 和 T1 的启动、停止，锁存溢出标志、外部中断请求标志，并设置外部中断触发方式（涉及外部中断部分，详见 5.3 节）。

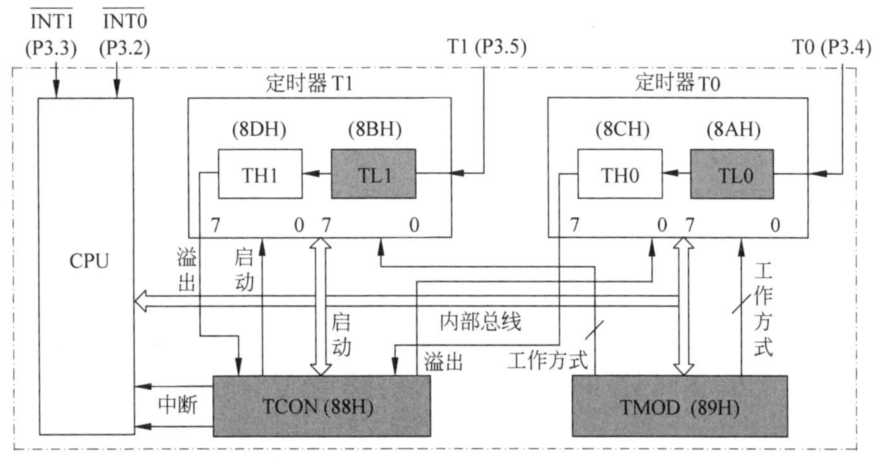

图 6-1　定时器/计数器 T0、T1 的结构框图

6.1.1 计数功能

MCS-51系列单片机有T0/P3.4和T1/P3.5两个引脚，分别为计数器的计数脉冲输入端。外部输入的计数脉冲在负跳变有效，计数器加1。计数方式下，单片机CPU在每个机器周期的S5P2状态对外部脉冲采样。如果前一个机器周期采样为高电平，后一个机器周期采样为低电平，那么下一个机器周期的S3P1状态进行计数。可见采样计数脉冲是在两个机器周期内进行的，计数脉冲频率不能高于晶振的1/24。例如，如果选用12MHz晶振，则最高计数频率为0.5MHz。虽然对外部输入信号的占空比无特殊要求，但为了确保某给定电平在变化前至少被采样一次，外部计数脉冲的高电平与低电平保持时间均需在一个机器周期以上。当计数器计满后，再来一个计数脉冲，计数器全部回0，这就是溢出。

6.1.2 定时功能

定时工作方式是对单片机内部的机器周期计数。16位的定时器/计数器实质上就是一个加1计数器。当定时器/计数器设定为定时工作方式时，计数器的加1信号由振荡器的12分频信号产生，即每来一个机器周期，计数器加1，直至计满溢出为止。显然，定时器的定时时间与系统的振荡频率有关。因为一个机器周期等于12个振荡周期，所以计数频率$f_{count}=1/12f_{osc}$。如果晶振为12MHz，则计数周期为

$$T=\frac{1}{(12\times10^6)\text{Hz}\times(1/12)}=1\mu\text{s}$$

在机器周期一定的情况下，定时时间与定时器预先装入的初值有关。初值越大，定时时间越短；初值越小，定时时间越长。最长的定时时间为65 536(2^{16})个机器周期(初值为0)。例如，晶振为12MHz，最长定时为65.536ms；晶振为6MHz，最长定时为131.072ms。

当CPU用软件给定时器设置了某种工作方式之后，定时器就会按设定的工作方式独立运行，不再占用CPU的操作时间，除非定时器计满溢出，才可能中断CPU当前操作。CPU也可以重新设置定时器工作方式，以改变定时器的操作。由此可见，定时器是单片机中效率高而且工作灵活的部件。

定时器/计数器是一种可编程部件，所以在定时器/计数器开始工作之前，CPU必须将一些命令(称为控制字)写入定时器/计数器。将控制字写入定时器/计数器的过程叫定时器/计数器初始化。在初始化过程中，要将工作方式控制字写入方式寄存器，工作状态字(或相关位)写入控制寄存器，赋定时/计数初值。

6.2 定时器/计数器的相关寄存器

定时器/计数器T0和T1有两个控制寄存器：TMOD和TCON，总体的功能介绍见6.1节，这里不再赘述。定时器的中断由中断允许寄存器IE、中断优先级寄存器IP中的相应位进行控制。定时器T0的中断入口地址为000BH，T1的中断入口地址为001BH。

6.2.1　定时器/计数器的方式寄存器 TMOD

定时器/计数器方式控制寄存器 TMOD 是一个特殊功能寄存器，不能位寻址，只能用字节传送指令来设置定时器。复位时，TMOD 所有位均为 0。

TMOD 的格式如表 6-1 所示。

表 6-1　定时器/计数器的方式寄存器 TMOD

位地址	8FH	8EH	8DH	8CH	8BH	8AH	89H	88H
TMOD	GATE	$C/\overline{T}$	M1	M0	GATE	$C/\overline{T}$	M1	M0

表 6-1 中，TMOD 的高 4 位用于 T1，低 4 位用于 T0，4 种符号的含义如下。

GATE：门控制位。

GATE 和软件控制位 TR0（或 TR1）、外部引脚信号 INT0（或 INT1）的状态，共同控制定时器/计数器的打开或关闭。

GATE＝0，以运行控制位 TR0（或 TR1）来启动或禁止定时器/计数器，而不管外部引脚信号 INT0（或 INT1）的电平是高还是低。

GATE＝1，只有外部引脚信号 INT0（或 INT1）的电平是高电平并且由软件使 TR0（或 TR1）置 1 时，才能启动定时器工作。

$C/\overline{T}$：定时器/计数器选择位。

$C/\overline{T}=1$，为计数器方式；$C/\overline{T}=0$，为定时器方式。

M1、M0：工作方式选择位。

如表 6-2 所示，定时器/计数器的 4 种工作方式由 M1、M0 设定。

表 6-2　定时器/计数器的工作方式

M1	M0	工作方式	方 式 说 明
0	0	0	13 位定时器/计数器
0	1	1	16 位定时器/计数器
1	0	2	8 位自动重置定时器/计数器
1	1	3	两个 8 位定时器/计数器（只有 T0 有）

例 6-1　设定定时器 1 为定时方式，要求软件启动定时器 1，按方式 2 工作。定时器 0 为计数方式，要求由软件启动定时器 0，按方式 1 工作。请编制定时器/计数器初始化程序。

分析：由表 6-1 可知，$C/\overline{T}$ 位（D6）是定时器/计数器 1 的定时或计数功能选择位。当 $C/\overline{T}=0$ 时定时器/计数器 1 设定为定时工作方式。所以要使定时器/计数器 1 工作在定时器方式就必需使 D6 位为 0。由表 6-2 可以看出，要使定时器/计数器 1 工作在方式 2，M1（D5 位）、M0（D4 位）的值必须是 1、0。

同样由表 6-1 和表 6-2 可知，定时器/计数器 0 的工作方式选择位是 $C/\overline{T}$ （D2 位）。当 $C/\overline{T}=1$ 时，定时器/计数器 0 设定为计数方式。将 M1（D1 位）、M0（D0 位）分别赋值为 0 和 1，则设定定时器/计数器 0 为工作方式 1。

另外定时器 1 和计数器 0 都要求由软件启动，则门控位 GATE 应为 0。

因此，初始化程序为：

```
MOV  TMOD,#25H                ;即 00100101B
```

6.2.2 定时器/计数器的控制寄存器 TCON

控制寄存器 TCON 的作用是控制定时器的启、停，标志定时器溢出和中断情况。TCON 是一个特殊功能寄存器，由于可位寻址，十分便于进行位操作。TCON 的格式如表 6-3 所示。其中，TF1、TR1、TF0 和 TR0 位用于定时器/计数器，IE1、IT1、IE0 和 IT0 位用于中断系统。

表 6-3　TCON 寄存器位定义

位地址	8FH	8EH	8DH	8CH	8BH	8AH	89H	88H
TCON	TF1	TR1	TF0	TR0	IE1	IT1	IE0	IT0

各位定义如下：

TF1：定时器 1 溢出标志位。

当定时器 1 计满溢出时，由硬件使 TF1 置 1，并且申请中断。进入中断服务程序后，由硬件自动清 0，在查询方式下用软件清 0。

TR1：定时器 1 运行控制位。

由软件清 0 关闭定时器 1。当 GATE＝1，且 INT1 为高电平时，TR1 置 1，启动定时器 1；当 GATE＝0 时，TR1 置 1，启动定时器 1。

TF0：定时器 0 溢出标志。

其功能及操作情况同 TF1。

TR0：定时器 0 运行控制位。

其功能及操作情况同 TR1。

IE1：外部中断 1 请求标志。

IT1：外部中断 1 触发方式选择位。

IE0：外部中断 0 请求标志。

IT0：外部中断 0 触发方式选择位。

由于 TCON 是可以位寻址的，因而如果只需要清 0 溢出标志或启动定时器工作，可以用位操作命令，例如：

```
CLR     TF0                    ;清除定时器 0 的溢出标志
SETB    TR0                    ;启动定时器 0
```

6.2.3 中断允许寄存器 IE

IE 寄存器在第 5 章已经介绍过，其中与定时器/计数器有关的控制位重复说明如下。

ET0：定时器/计数器 0 中断允许控制位。

ET0＝0，禁止定时器/计数器 0 中断；

ET0=1,允许定时器/计数器 0 中断。

ET1：定时器/计数器 1 中断允许控制位。

ET1=0,禁止定时器/计数器 1 中断；

ET1=1,允许定时器/计数器 1 中断。

6.2.4　中断优先级寄存器 IP

IP 寄存器在第 5 章已经介绍过,其中与定时器/计数器有关的控制位重复说明如下。

PT0：定时器/计数器 0 优先级设定位。

PT0=0,定时器/计数器 0 为低优先级；

PT0=1,定时器/计数器 0 为高优先级。

PT1：定时器/计数器 1 优先级设定位。

PT1=0,定时器/计数器 1 为低优先级；

PT1=1,定时器/计数器 1 为高优先级。

6.3　定时器/计数器的工作方式

1. 方式 0

当 TMOD 中的 M1 M0 为 0 0 时,定时器/计数器被设定为方式 0。

定时器 0 和定时器 1 均可以工作在方式 0。当定时器/计数器设定为工作方式 0 时,由 TL0(或 TL1)的低 5 位和 TH0(或 TH1)的 8 位构成 13 位计数器(TL0 的高 3 位无效)。下面以定时器/计数器 1 为例,叙述方式 0 的工作原理。定时器/计数器 1 工作方式 0 时的结构示意如图 6-2 所示。

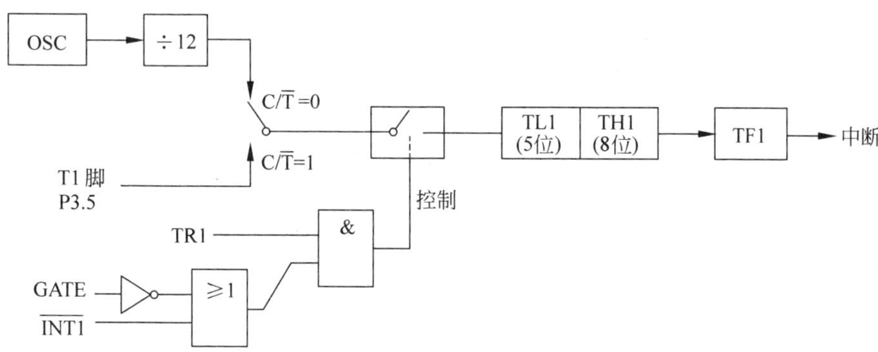

图 6-2　T1 工作方式 0 结构示意图

C/$\overline{T}$ 用来设定定时方式或计数方式。当 C/$\overline{T}$=0 时,定时器/计数器设为定时器,定时信号为振荡周期 12 分频后的脉冲；当 C/$\overline{T}$=1 时,定时器/计数器 1 设为计数器,计数信号来自引脚 T1 的外部信号。

定时器/计数器 1 的启动或禁止由 TR1、GATE 及引脚信号 INT1 控制。当 GATE=0

时，只要 TR1＝1 就可启动定时或计数，使定时器 1 开始工作；当 GATE＝1 时，只有 TR1＝1 且 $\overline{\text{INT1}}$＝1，才能启动定时器工作。GATE、TR1、C/$\overline{\text{T}}$ 的状态选择由定时器的控制寄存器 TMOD 和 TCON 中相应位状态确定，$\overline{\text{INT1}}$则是外部信号控制。

在一般的应用中，通常使 GATE＝0，从而只由 TR1（或 TR0）的状态控制 T1（或 T0）的启动或禁止。

定时器/计数器 1 启动后，寄存器 TL1 从预先设置的初值（时间常数）开始不断增 1。TL1 溢出时，向 TH1 进位。当 TL1 和 TH1 都溢出之后，置位 T1 的定时器溢出标志 TF1，同时，向 CPU 请求中断。

在方式 0 时，当为计数工作方式时，计数值的范围是 1～8192（2^{13}）。

当为定时工作方式时，定时时间的计算公式为

$$定时时间=(2^{13}-计数初值)\times 晶振周期\times 12$$

或

$$定时时间=(2^{13}-计数初值)\times 机器周期$$

例 6-2 用 AT89C51 单片机控制输出脉冲。设晶振频率 f_{osc}＝6MHz，用定时器 1 以方式 0 产生周期为 600μs 的等宽度方波脉冲，并由 P1.7 输出，以查询方式完成。

（1）计算计数初值

欲产生周期为 600μs 的等宽度方波脉冲，只需要在 P1.7 端以 300μs 为周期交替输出高低电平即可，因此定时时间应为 300μs。设待计数初值为 N，则

$$(2^{13}-N)\times 2\times 10^{-6}=300\times 10^{-6}$$

$$N=8042\text{D}=1\text{F6AH}$$

写成二进制码形式如下：

D15	D14	D13	D12	D11	D10	D9	D8	D7	D6	D5	D4	D3	D2	D1	D0
0	0	0	1	1	1	1	1	0	1	1	0	1	0	1	0

将低 5 位（D4～D0）写入 TL1 中的形式为

000D4D3D2D1D0＝0000 1010B＝0AH

将高 8 位写入 TH1 的形式为

D12D11D10D9D8D7D6D5＝1111 1011B＝FBH

实际上，TL1 的高 3 位可以是任意值，本例中取 000B。

（2）TMOD 初始化

若定时器/计数器 1 设定为方式 0，则 M1 M0 为 0 0。为实现定时功能应使 C/$\overline{\text{T}}$＝0。为实现定时器启动控制应使 GATE＝0，因此设定工作方式寄存器（TMOD）＝00H。

（3）启动和停止定时器

由 TR1 启动和停止定时器。

TR1＝1，启动定时器 1；TR1＝0，停止定时器 1。

（4）编制程序

程序如下：

```
ORG     0000H
LJMP    START2
```

```
        ORG     0030H
START2: MOV     TCON, #00H          ;清 TCON
        MOV     TMOD, #00H          ;定时器工作方式 0
        MO      TH1, #0FBH          ;计数初值设定高字节
        MOV     TL1, #0AH           ;计数初值设定低字节
        MOV     IE, #00H            ;关中断
        SETB    TR1                 ;启动定时器 1
LOOPA:  JBC     TF1, LOOPB          ;查询是否溢出。若溢出(即 TF1 = 1)则复位 TF1 并转移
        SJMP    LOOPA               ;若没有溢出,则继续查询
LOOPB:  CLR     TR1                 ;暂时停止计数
        MOV     TH1, #0FBH          ;重装计数初值
        MOV     TL1, #0AH
        CPL     P1.7                ;P1.7 脚状态取反
        SETB    TR1                 ;启动定时器 1
        SJMP    LOOPA               ;查询下一次溢出
        END                         ;程序结束
```

2. 方式 1

当 TMOD 中的 M1 M0 为 0 1 时,定时器/计数器被设定为工作方式 1。

方式 1 与方式 0 几乎一样,只是方式 1 是 16 位计数方式,计数器由 TH0(或 TH1)全部 8 位和 TL0(或 TL1)全部 8 位构成,从而比工作方式 0 有更宽的定时/计数范围。

当作为计数工作方式时,计数值的范围是 1～65 536(2^{16})。

当作为定时工作方式时,定时时间计算公式为

$$定时时间=(2^{16}-计数初值)\times 晶振周期\times 12$$

或

$$定时时间=(2^{16}-计数初值)\times 机器周期$$

方式 1 比方式 0 更常用。

例 6-3　用定时器 T0 产生 50Hz 的方波。由 P1.0 输出此方波(设时钟频率为 12MHz)。

(1) 计算计数初值

50Hz 的方波周期为 20ms,可以用定时器产生 10ms 的定时,每隔 10ms 改变一次 P1.0 的电平,即可得到 50Hz 的方波。此时,应使定时器 T0 工作在方式 1。计数初值 X:

$$(2^{16}-X)\times 1\mu s = 10\,000\mu s = 10ms$$

$$X = 55\,536 = D8F0H$$

则 TH0=0D8H,TL0=0F0H。

(2) TMOD 初始化

方式 1 时,M1 M0=0 1,定时方式 $C/\overline{T}=0$,GATE=0。定时器/计数器 1 不用,有关位设为 0,因此设定工作方式寄存器(TMOD)=01H。

(3) 启动和停止定时器

由 TR0 启动和停止定时器

TR0=1,启动定时器 0;TR0=0,停止定时器 0。

(4) 编制程序

定时 10ms 可采用查询方式或中断方式分别实现,具体程序代码如下。

查询方式：

```
        ORG     0000H
        LJMP    MAIN            ;跳转到主程序
        ORG     0100H           ;主程序
MAIN:   MOV     TMOD, #01H      ;设定 T0 的工作方式
        MOV     TH0, #0D8H      ;给定时器 T0 送初值
        MOV     TL0, #0F0H
        SETB    TR0             ;启动 T0 工作
LOOP:   JNB     TF0, LOOP       ;查询是否溢出。若溢出(即 TF0 = 1),跳出本循环
        CLR     TF0             ;清除定时器 0 的溢出标志
        CPL     P1.0            ;每 10ms 改变 P1.0 输出状态
        MOV     TH0, #0D8H      ;重装载 TH0 和 TL0
        MOV     TL0, #0F0H
        LJMP    LOOP            ;查询下一次溢出
        END                     ;程序结束
```

中断方式：

```
        ORG     0000H
        LJMP    MAIN            ;跳转到主程序
        ORG     000BH           ;T0 中断向量入口地址
        LJMP    T0INT           ;跳转到 T0 中断服务子程序
        ORG     0100H           ;主程序
MAIN:   MOV     SP, #60H        ;设栈顶
        MOV     TMOD, #01H      ;T0 定时方式 1
        MOV     TH0, #0D8H      ;给定时器 T0 送初值
        MOV     TL0, #0F0H
        MOV     IE, #82H        ;允许 T0 中断,开放总中断
        SETB    TR0             ;启动 T0 计数
        SJMP    $               ;等待
;T0 中断服务子程序
        ORG     1000H           ;中断服务程序地址
T0INT:  CPL     P1.0            ;P1.0 取反
        MOV     TH0, #0D8H      ;重装时间常数
        MOV     TL0, #0F0H
        RETI                    ;中断返回
        END                     ;程序结束
```

3. 方式 2

当 TMOD 中的 M1 M0 为 1 0 时，定时器/计数器被设定为工作方式 2。

方式 2 为 8 位自动重装时间常数的工作方式。由 TL0(或 TL1)构成 8 位计数器，TH0(或 TH1)仅用来存放时间常数。启动定时器前，TL0(或 TL1)和 TH0(或 TH1)装入相同的时间常数，当 TL0(TL1)溢出时，除定时器溢出标志 TF0(TF1)置位，向 CPU 请求中断外，TH0(TH1)中的时间常数还会自动地装入 TL0(TL1)，并重新开始定时或计数。由于这种工作方式不需要指令重装时间常数，因而操作方便。在允许的条件下，应尽量使用这种工作方式。当然，这种方式的定时/计数范围要小于方式 0 和方式 1。下面以定时器/计数器 1 为例说明方式 2 的工作原理。定时器 1 工作方式 2 的结构见图 6-3。

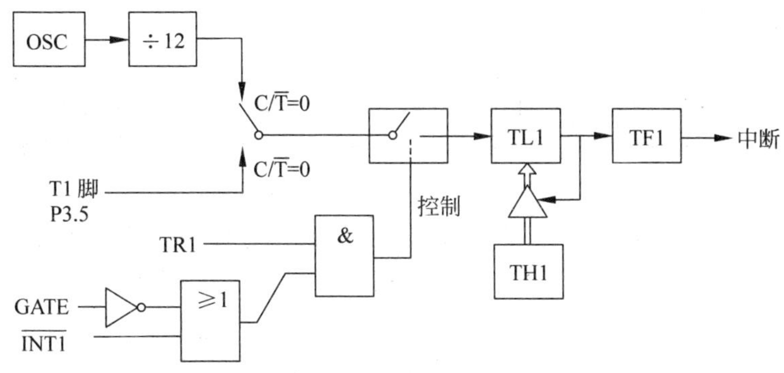

图 6-3 T1 工作方式 2 结构图

当寄存器 TL1 计数溢出后，由预置寄存器 TH1 以硬件方法自动给计数器 TL1 重置时间常数。初始化时，8 位计数初值同时装入 TL1 和 TH1 中。当 TL1 计数溢出时，置位 TF1，同时把保存在预置寄存器 TH1 中的计数初值自动加载 TL1，然后 TL1 重新计数。如此循环往复。这不仅省去了用户程序中的重装指令，而且也有利于提高定时精度。但这种工作方式下是 8 位计数结构，计数值有限，最大计数值为 256。

这种自动重置时间常数的工作方式非常适用于循环定时或循环计数应用，例如用于产生固定脉宽的脉冲，此外还可以作串行数据通信的波特率发送器使用。

例 6-4 已知 AT89C51 的晶振频率为 $f_{osc}=6\text{MHz}$，使用定时器/计数器 0，以方式 2 产生 200μs 的定时，即在 P1.0 输出周期为 400μs 的连续方波，以中断方式完成。

(1) 计数初值

$$(2^8 - N) \times 2 \times 10^{-6} = 200 \times 10^{-6}$$
$$N = 156\text{D} = 9\text{CH}$$

(2) TMOD 初始化

方式 2 时，M1 M0=1 0，定时方式 $C/\overline{T}=0$，GATE=0。定时器/计数器 1 不用，有关位设为 0，可得 TMOD=02H。

(3) 编制程序

程序如下：

```
        ORG     0000H
        LJMP    START
        ORG     000BH
        LJMP    LOOPA
        ORG     0030H
START:  MOV     TCON, #00H          ;清 TCON
        MOV     TMOD, #02H          ;定时器工作方式 2
        MOV     TH0, #9CH           ;计数初值设定
        MOV     TL0, #9CH
        SETB    EA                  ;允许总中断
        SETB    ET0                 ;允许定时器 0 中断
        SETB    TR0                 ;启动定时器 0
HERE2:  SJMP    HERE2               ;等待中断
LOOPA:  CPL     P1.0                ;输出取反
        RETI
        END
```

4. 方式3

当 TMOD 中的 M1 M0＝1 1 时，定时器/计数器被设定为工作方式 3。

工作方式 3 只适用于定时器 0。如果使定时器 0 为工作方式 3，则定时器 1 将处于关闭状态。

在工作方式 3 下，定时器/计数器 T0 被分为两部分：TL0 和 TH0，其中 TL0 可作为定时器/计数器使用，占用 T0 的全部控制位：GATE、C/$\overline{T}$、TR0 和 TF0。而 TH0 固定只能作定时器使用，对机器周期进行计数。这时它占用定时器/计数器 T1 的 TR1、TF1 位和 T1 的中断资源，因此这时定时器/计数器 T1 不能使用启动控制位和溢出标志位。方式 3 的结构如图 6-4 所示。

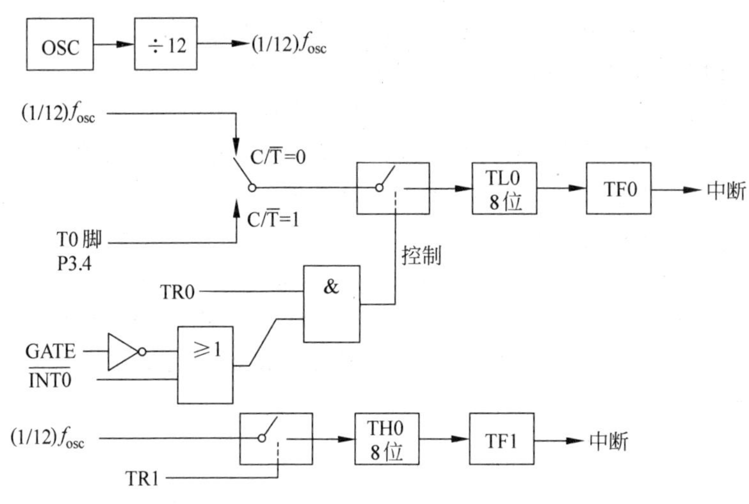

图 6-4　T0 方式 3 结构图

通常情况下，T0 不运行于工作方式 3，只有在 T1 处于工作方式 2，并不要求中断的条件下才可能使用。这时，定时器/计数器 T1 作为串行口的波特率发生器。只要赋初值，设置好工作方式，它便自动启动，溢出信号直接送到串行口。如果要停止工作，只需要送入一个把定时器/计数器 T1 设置为方式 3 的方式控制字即可。由于定时器/计数器 T1 没有方式 3，如果强行把它设置为方式 3，就相当于使其停止工作。

在方式 3 下，计数器的最大计数值、初值的计算与方式 2 完全相同。

6.4　定时器/计数器的知识扩展

6.4.1　定时器的溢出同步问题

定时器溢出时，自动产生中断请求。但中断响应是有延迟的，这种延迟并非固定不变，而是取决于其他中断服务是否正在进行，或取决于正在执行的是什么样的指令。若定时器溢出中断是唯一的中断源，则延迟时间取决于后一个因素，可能在 3～8 个机器周期内变化，在这种情况下，相邻的两次定时中断响应的时间间隔的变化不大，在大多数场合可以忽略。但一些对定时器精度要求十分苛刻的场合，则对此误差应进行补偿。本小节介绍的补偿方法，可以使相邻两次中断响应的间隔误差不超过1个机器周期。

这种方法的原理是：在定时溢出中断得到响应时，停止定时器计数，读出计数值，根据这个计算出下一次中断时，需要多长时间，据此来重装和启动定时器。假设定时时间为1ms，则通常定时器装入值为FC18H(计数值为1000，假定系统用12MHz晶振)。下面给出的程序在计算每个周期的精度重装值时，还考虑了由停止计数(CLR TR1)到重新启动计数(SETB TR1)之间相隔了7个机器周期。"#LOW(－1000＋7)"和"#HIGH(－1000＋7)"是汇编语言中汇编符号，分别表示"－1000＋7＝0FC1FH"这个立即数的低位字节(1FH)和高位字节(FCH)。

```
        …
CLR     EA                              ;禁止所有中断
CLR     TR1                             ;停止定时器1
MOV     A,#LOW(-1000+7)                 ;期望数的低位字节
ADD     A,TL1                           ;进行修正
MOV     TL1,A                           ;重装低位字节
MOV     A,#HIGH(-1000+7)                ;对高位字节作类似处理
ADC     A,TH1
SETB    TR1                             ;再次启动定时器1
        …
```

6.4.2 运行中读取定时器/计数器

在读取运行中的定时器/计数器时，需要特别加以注意，否则读取的计数值可能出错。原因是不可能在同一时刻同时读取TH0(或TH1)和TL0(或TL1)的内容。比如，先读TL0，后读TH0，由于定时器在不断运行，读TH0前，若恰好产生TL0溢出向TH0进位的情况，则读取的TL0值就完全不对了。同样，先读取TH0再读取TL0也可能出错。

一种可以解决读错问题的方法是：先读TH0，后读TL0，再读TH0，若两次读取的TH0相同，则可确定读得的内容是正确的；若两次读取的TH0有变化，则再重复上述过程，这次再读取的数据应该是正确的了。下面是相关的程序代码，读得的TL0和TH0放置在R0和R1内。

```
RDTIME: MOV     A, TH0              ;读TH0
        MOV     R0, TL0             ;读TL0
        CJNE    A, TH0,RDTIME       ;比较两次读得的TH0值,必要时再重复一次
        MOV     R1, A
        RET
```

6.4.3 由定时器/计数器模块程序认知定时器/计数器处理过程

由于定时器/计数器的功能是由软件编程确定的，所以一般在使用定时器/计数器前都要对其进行初始化，使其按设定的功能工作。初始化主要包括确定工作方式、赋值时间常

数、设置相应中断、启动定时或计数等。

初始化前首先要计算时间常数。

因为在不同工作方式下计数器位数不同，因而最大计数值也不同。现假设最大计数值为 M，那么各方式下的最大值 M 如下。

方式0：$M=2^{13}=8192$；

方式1：$M=2^{16}=65\,536$；

方式2：$M=2^{8}=256$；

方式3：定时器0分成两个8位计数器，所以两个 M 均为256。

如果要求的定时时间常数超出了16位寄存器的计数范围，则可采用定时器计数与软件计数相结合的方法实现。

例6-5 利用定时器实现P1.1输出周期2s占空比50%的方波，晶振 $f_{osc}=12\text{MHz}$。试编制程序。

由周期2s、占空比50%可知，我们需要编写一个1s的定时程序，定时时间到则控制P1.1的端口电平取反。但是方式1下最大定时范围是65 536个机器周期，本系统采用12MHz的外部晶振，因而机器周期为 $T=12/f_{osc}=12/(12\text{MHz})=1\mu\text{s}$，则最大定时时间为65.536ms。我们可以用T0定时50ms，则20个50ms的定时周期就是1s。

计数初值 X 为

$$(2^{16}-X)\times 1\mu\text{s}=50\,000\mu\text{s}=50\text{ms}$$

$$X=15\,536=3\text{CB0H}$$

则TH0=3CH，TL0=0B0H。

下面给出定时器模块和计数器模块的程序模板。

假设使用定时器T0工作在方式1，定时50ms，分别采用中断方式和查询方式编写的具体程序代码如下。

(1) 中断方式

```
        ORG     0000H
        LJMP    MAIN                ;跳转到主程序
        ORG     000BH               ;T0 中断入口地址
        LJMP    INTT0               ;跳转到 T0 中断服务子程序
        ORG     0100H               ;主程序
MAIN:   MOV     TMOD, #01H          ;设置 T0 为定时器方式 1
        MOV     TH0, #3CH           ;赋初值,定时 50ms
        MOV     TL0, #0B0H
        MOV     R0, #00H            ;计数器清 0
        SETB    EA                  ;开启总中断
        SETB    ET0                 ;使能 T0 中断
        SETB    TR0                 ;T0 开始计时
LOOP:   CJNE    R0, #20, LOOP       ;计数不到 20 次,继续等待
        MOV     R0, #00             ;计数 20 次后,清 0
        CPL     P1.1                ;P1.1 取反
        LJMP    LOOP                ;继续等待
;T0 中断服务子程序
INTT0:  CLR     TR0                 ;T0 停止计时
        MOV     TH0, #3CH           ;重装初值,定时 50ms
        MOV     TL0, #0B0H
```

```
        SETB    TR0                 ;T0 开始计时
        INC     R0                  ;计数器 R0 加 1
        RETI                        ;返回主函数
        END                         ;结束
```

(2) 查询方式

```
        ORG     0000H
        LJMP    MAIN                ;跳转到主程序
        ORG     0100H               ;主程序
MAIN:   MOV     TMOD,#01H           ;设置 T0 为定时器方式 1
        MOV     TH0,#3CH            ;赋初值,定时 50ms
        MOV     TL0,#0B0H
        SETB    TR0                 ;T0 开始计时
        MOV     R0,#00              ;计数器清 0
LOOP:   JBC     TF0,NEXT            ;如果 T0 计时溢出,先复位 TF0,跳转到 NEXT
        SJMP    LOOP                ;如果没溢出,继续查询
NEXT:   CLR     TR0                 ;T0 停止计时
        MOV     TH0,#3CH            ;赋初值,定时 50ms
        MOV     TL0,#0B0H
        SETB    TR0                 ;T0 开始计时
        INC     R0                  ;计数器 R0 加 1
        CJNE    R0,#20,LOOP         ;计数不到 20 次,继续等待
        MOV     R0,#00              ;计数 20 次后,清 0
        CPL     P1.1                ;P1.1 取反
        LJMP    LOOP                ;继续等待
        END                         ;结束
```

例 6-6　假设使用定时器 T0 工作在方式 1 进行计数 50 000 次,试分别采用中断方式和查询方式编写程序。

(1) 中断方式

```
        ORG     0000H
        LJMP    MAIN                ;跳转到主程序
        ORG     000BH               ;T0 中断入口地址
        LJMP    INTT0               ;跳转到 T0 中断服务程序
        ORG     0100H               ;主程序
MAIN:   MOV     TMOD, #05H          ;设置 T0 为计数器方式 1
        MOV     TH0, #3CH           ;赋初值,计数 50 000 次
        MOV     TL0,#0B0H
        SETB    EA                  ;开启总中断
        SETB    ET0                 ;使能 T0 中断
        SETB    TR0                 ;T0 开始计数
        SJMP    $                   ;死循环,等待中断
;T0 中断服务程序
INTT0:  CLR     TR0                 ;T0 停止计数
        MOV     TH0, #3CH           ;赋初值,计数 50 000 次
        MOV     TL0,#0B0H
        SETB    TR0                 ;T0 开始计数
/**********************
添加用户应用代码
***********************/
        RETI                        ;返回主函数
        END                         ;结束
```

(2) 查询方式

```
          ORG     0000H
          LJMP    MAIN                  ;跳转到主程序
          ORG     0100H                 ;主程序
MAIN:     MOV     TMOD, #05H            ;设置 T0 为计数器方式 1
          MOV     TH0, #3CH             ;赋初值,计数 50 000 次
          MOV     TL0, #0B0H
          SETB    TR0                   ;T0 开始计数
LOOP:     JBC     TF0,NEXT              ;如果 T0 计数溢出,先复位 TF0,跳转到 NEXT
          SJMP    LOOP                  ;如果没溢出,继续查询
NEXT:     CLR     TR0                   ;T0 停止计数
          MOV     TH0, #3CH             ;赋初值,计数 50 000 次
          MOV     TL0, #0B0H
          SETB    TR0                   ;T0 开始计数
/**********************
添加用户应用代码
***********************/
          SJMP    LOOP                  ;返回 LOOP,继续查询
          END                           ;结束
```

6.5 通过实例掌握定时器(例程：定时器与 LED)

在单片机最小系统的基础上，将 P2.7 连接一个 LED，电路如图 6-5 所示。通过定时器控制 LED 每 1s 改变一下状态，占空比 50%。

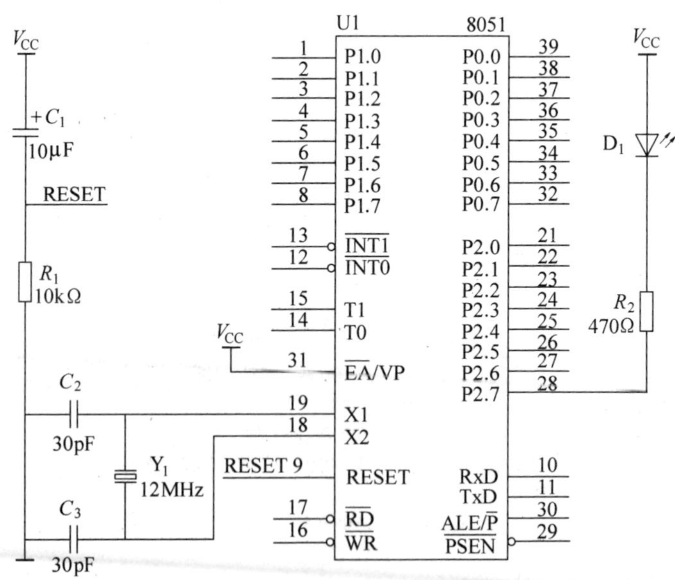

图 6-5 电路原理图

分析：先设置定时器定时 50ms，然后在每次定时到时 R2 计一次数，如果 R2 等于 20，说明定时了 20 个 50ms 的时间，共 1s。可以采用中断方式和查询方式实现，下面给出了具体的程序流程图和程序代码。

6.5.1　采用中断处理方式的程序

(1) 程序流程图

程序流程图如图 6-6 所示。

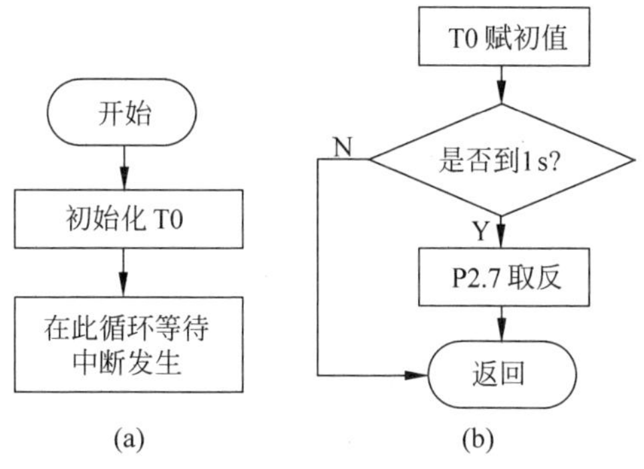

图 6-6　采用中断方式的程序流程图

(a) 主程序；(b) T0 中断服务程序

(2) 汇编程序

```
        ORG     0000H               ;开始
        LJMP    MAIN                ;跳转到主程序
        ORG     000BH               ;T0 中断入口地址
        LJMP    INTT0               ;跳转到 T0 中断服务程序
        ORG     0100H               ;主程序
MAIN:   MOV     TMOD, #01H          ;设置 T0 为定时器方式 1
        MOV     TH0, #3CH           ;赋初值,定时 50ms
        MOV     TL0, #0B0H
        SETB    EA                  ;开启总中断使能
        SETB    ET0                 ;使能 T0 中断
        SETB    TR0                 ;T0 开始计时
        MOV     R2 , #00H           ;循环计数变量清 0
        SJMP    $                   ;死循环,等待中断
;T0 中断服务程序
INTT0:  CLR     TR0                 ;T0 停止计时
        MOV     TH0, #3CH           ;赋初值,定时 50ms
        MOV     TL0, #0B0H
        SETB    TR0                 ;T0 开始计时
        INC     R2                  ;循环计数变量加 1
        CJNE    R2, #14H,NC         ;如果 R2 不等于 20,跳转到 NC
        CPL     P2.7                ;到 1s,P2.7 输出电平取反
        MOV     R2, #00H            ;循环计数变量清 0
NC:     RETI                        ;返回主函数
        END                         ;结束
```

6.5.2 采用查询方式处理的程序

(1) 程序流程图

程序流程图如图6-7所示。

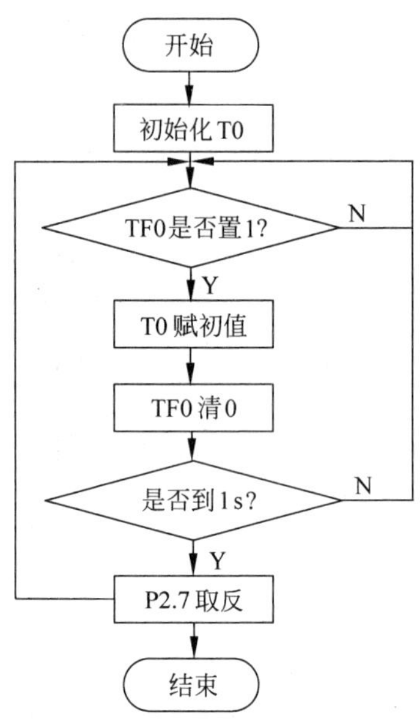

图6-7 采样查询方式的程序流程图

(2) 汇编程序

```
        ORG     0000H               ;开始
        LJMP    MAIN                ;跳转到主程序
        ORG     0100H               ;主函数
MAIN:   MOV     TMOD, #01H          ;设置T0为定时器方式1
        MOV     TH0, #3CH           ;赋初值,定时50ms
        MOV     TL0, #0B0H
        SETB    TR0                 ;T0开始计时
        MOV     R2 , #00H           ;循环计数变量清0
LOOP:   JBC     TF0,NEXT            ;如果T0计数溢出,先复位TF0,跳转到NEXT
        SJMP    LOOP                ;如果没溢出,继续查询
NEXT:   CLR     TR0                 ;T0停止计时
        MOV     TH0, #3CH           ;赋初值,定时50ms
        MOV     TL0, #0B0H
        SETB    TR0                 ;T0开始计时
        INC     R2                  ;循环计数变量加1
        CJNE    R2, #14H,LOOP       ;如果R2不等于20,跳转到LOOP
        CPL     P2.7                ;到1s,P2.7输出电平取反
        MOV     R2, #00H            ;循环计数变量清0
        SJMP    LOOP                ;返回LOOP,继续查询
        END                         ;结束
```

6.6　通过实例掌握计数器(例程：计数器与 LED)

在单片机最小系统中,将 P2.7 连接一个 LED,在 P3.4(计数器 0 外部输入引脚 T0)引脚输入一个脉冲计数信号 PULSE,电路如图 6-8 所示。当脉冲计数到 50 000 次,LED 改变亮灭状态。由于与上一个定时器的例子很相似,所以在此只给出中断方式的程序,查询方式的程序读者可以自行编写。

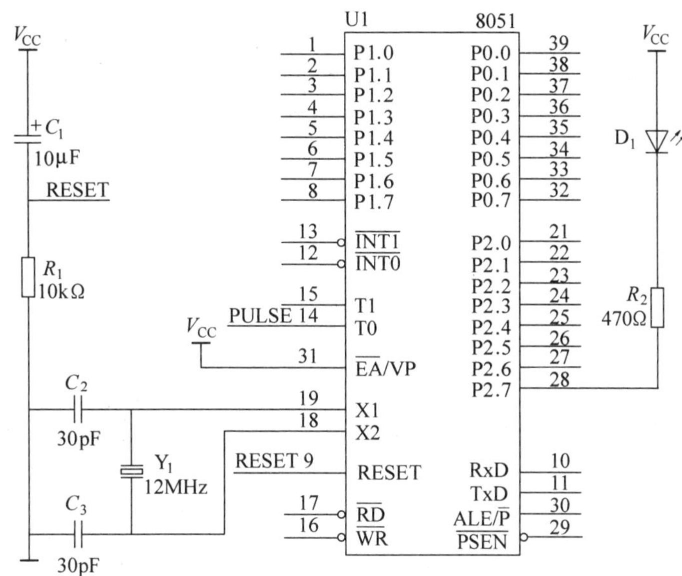

图 6-8　电路原理图

(1) 程序流程图

程序流程图如图 6-9 所示。

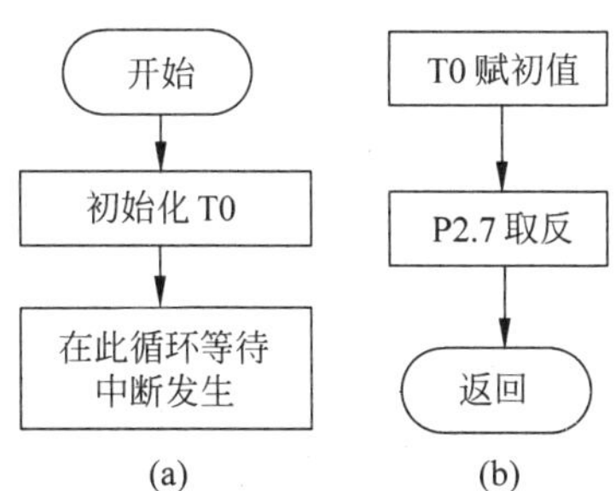

图 6-9　采用中断方式的程序流程图

(a) 主程序；(b) T0 中断服务程序

(2) 汇编程序

```
ORG     0000H                           ;开始
LJMP    MAIN                            ;跳转到主程序
```

```
        ORG     000BH               ;T0 中断入口地址
        LJMP    INTT0               ;跳转到 T0 中断服务程序
        ORG     0100H               ;主程序
MAIN:   MOV     TMOD, #05H          ;设置 T0 为计数器方式 1
        MOV     TH0, #3CH           ;赋初值,计数 50000 次
        MOV     TL0, #0B0H
        SETB    EA                  ;开启总中断使能
        SETB    ET0                 ;使能 T0 中断
        SETB    TR0                 ;T0 开始计数
        SJMP    $                   ;死循环,等待中断
;T0 中断服务程序
INTT0:  CLR     TR0                 ;T0 停止计数
        MOV     TH0, #3CH           ;赋初值,计数 50000 次
        MOV     TL0, #0B0H
        SETB    TR0                 ;T0 开始计数
        CPL     P2.7                ;到 1s,P2.7 输出电平取反
NC:     RETI                        ;返回主程序
        END                         ;结束
```

习题

一、选择题

1. 设单片机晶振频率为6MHz，定时器作计数器使用时，其最高的输入计数频率应为（　　）。

(A) 2MHz　　(B) 1MHz　　(C) 500kHz　　(D) 250kHz

2. TMOD中的GATE=0时，表示由（　　）信号控制定时器的启停。

(A) TR0或TR1　　(B) TR0　　(C) INT0或INT1　　(D) INT0

3. 使用定时器T0时，有几种工作方式（　　）。

(A) 1种　　(B) 2种　　(C) 3种　　(D) 4种

4. 定时器/计数器工作方式2是（　　）。

(A) 8位计数器结构　　(B) 两个8位计数器结构

(C) 13位计数结构　　(D) 16位计数结构

二、填空题

1. 定时器T1的中断入口地址是________。

2. 定时器T0的溢出标志位是________。

3. 若设置定时器T1中断允许，应该将________、________控制位置1。

4. 当T0运行在工作方式3时，使用T1设置串行通信的波特率时，应把定时器T1设定为工作方式________。

5. 在工作方式3下，欲使TH0停止运行，应执行一条把定时器/计数器T1设置为________方式的指令。

6. 当定时器T0工作在方式3时，要占用定时器________的中断资源。

三、问答题

1. MCS-51系列单片机内部有几个定时器/计数器？简述定时器/计数器的功能。

2. 简述 MCS-51 系列单片机定时器/计数器 4 种工作方式的特点，如何选择和设定？

3. 定时器/计数器用作定时方式时，其定时时间与哪些因素有关？用作计数方式时，对外界计数频率有何要求？

4. 为什么要对定时器/计数器初始化？试简述初始化的步骤。

5. 当定时器 T0 工作在方式 3 时，由于 TR1 位已经被 T0 占用，如何控制定时器 T1 的开启和关闭？

6. 简述与 MCS-51 系列单片机定时器/计数器相关的各寄存器的作用。

四、编程题

1. * 单片机晶振频率为 12MHz，利用 T0 工作方式 2 在 P1.1 引脚产生 100kHz 的方波，中断方式。试编写程序。

2. * 单片机 P1 口接有 8 个发光二极管，高电平使 LED 发光，用 T1 定时，使 8 个 LED 以 1s 间隔循环发光。设晶振频率为 6MHz，试编写程序。

3. * 在晶振主频为 12MHz 时，定时最长时间是多少？若要定 1min，最简洁的方法是什么？试编程完成。

4. * 利用定时器/计数器 T1 对生产线上的产品计数，生产完 100 件产品，由 P1.7 发出一高电平，脉冲信号控制包装设备包装。编程实现上述功能。

5. 利用 T0 测量送到 $\overline{\text{INT0}}$ 引脚正脉冲的宽度，并将测量计数值送片内 RAM 的 30H、31H 单元。设单片机的晶振频率为 6MHz，试编写程序。

第 7 章

MCS-51 系列单片机的串行口

本章主要介绍串行口的概念、结构和工作方式等。通过本章的学习，读者着重了解串行口的工作原理，熟悉串口控制寄存器的使用方法，并通过串口模块程序的学习了解串行口编程的思路。

MCS-51 串行口是一个可编程的全双工串行通信接口。它可用作异步通信方式(UART)，与串行传送信息的外部设备相连接，或用于通过标准异步通信协议进行全双工的8051 多机系统，也可以通过同步方式使用 TTL 或 CMOS 移位寄存器来扩充 I/O 口。

7.1　串行通信的概念

通信总线有两种：并行通信总线和串行通信总线。数据通信的并行方式和串行方式如图 7-1 所示。

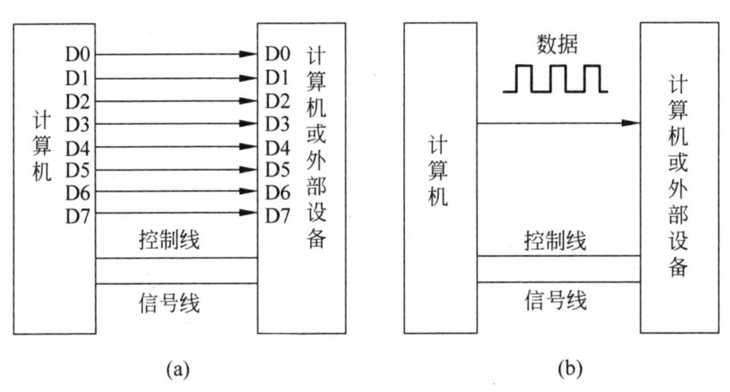

图 7-1　数据通信的并行方式和串行方式

(a) 并行通信；(b) 串行通信

1. 并行通信

并行通信总线是多位数据或者控制信息同时传送或者接收。并行总线能以简单的硬件来运行高速的数据传输和处理，速度快，实时性好。但是一个并行数据的二进制位数有多少，就要占据多少根传输线，这样导致需要较多的传输线，通信成本高，不适于小型化产品，只适用于近距离的传送。

2. 串行通信

串行通信总线是所传送的数据和控制信息按顺序一位一位地逐位传送或者接收。由于数据串行传送,每次只能传送一位数据,所以传输速度较慢,但是只需要 1～4 根传输线,在数据通信吞吐量不是很大的情况下则显得更加简易、方便和灵活,可以大大节省传输线成本。串行通信总线的信息传输速度比并行通信总线慢,但是产品成本是系统的一个重要指标,因此在长距离传输时多选用串行通信总线。距离越长,这个优点越突出。

(1) 分类

串行通信分为同步通信和异步通信,如图 7-2 所示。

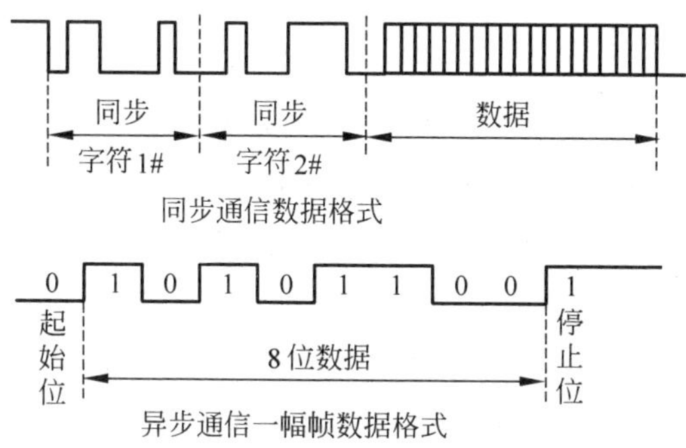

图 7-2　异步通信和同步通信的字符格式

同步通信。通信过程中,发送器和接收器共享同一个时钟。数据发送端在通信开始时,先发送一个同步字符来指示一帧数据的开始;接收端一旦检测到规定的同步字符,就连续地按顺序接收数据,并且由统一的时钟来实现发送端和接收端的同步。同步通信过程中,不需要发送数据字符开始和结束标志,并且在一帧数据内可以传送多个数据,传输速度快;但是对硬件要求较高,实用性稍差,容易出错。

异步通信。在通信过程中,发送器和接收器有各自的时钟,它们工作是非同步的。一帧数据先用一个起始位表示传输的开始,然后传输 5～8 位的数据位,还可以有奇偶校验位,最后是结束位。由于异步通信一帧数据格式固定,硬件结构比较简单,同时可以进行奇偶校验,出错率低;但是需要在一帧数据中增加起始位和结束位,传输速度较慢。

根据数据信息在传输线上的传送方向,串行通信又分为单工通信、半双工通信和全双工通信 3 种,如图 7-3 所示。

单工通信是指两个设备之间数据传输信号流始终沿一个方向流动。

半双工通信是指数据可以双向传送,但同一时刻只允许一个方向传送。该方式要求通信两端都有发送装置和接收装置,数据传输方向可以在通信前或通信过程中切换。半双工通信也需要两条传输线,一条传输数据代码,一条传输控制信号。该方式适用于终端之间的会话式通信。

全双工通信是指数据可以双向传送,而且可以同时传送,即能同时双向进行通信。全双工通信需要 4 条传输线,特别适用于计算机之间通信,因此计算机网络中目前基本上都是采用全双工通信方式。

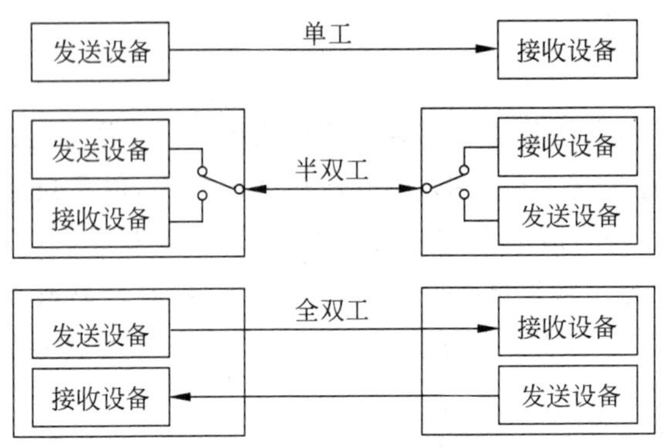

图 7-3　串行数据传输方向示意图

(2) 波特率

波特率是串行通信中的一个重要概念，它用于衡量串行通信速度的快慢。波特率是指串行通信中，单位时间传送的二进制位数，单位是 bps，如每秒传送 200 位二进制位，则波特率为 200bps。在异步通信中，传输速度往往又可用每秒传送多少个字节来表示(Bps)。它与波特率的关系为：

波特率(bps)＝一个字节的二进制形式的位数×字符/s(Bps)

例如，每秒传送 200 个字符，每个字符 1 位起始位、8 个数据位、1 个校验位和 1 个停止位。则波特率就是 2200bps。在异步串口通信中，波特率一般为 50～9600bps。

(3) 通用异步接收器/发送器原理

实现串行通信的必要过程是：必须把并行数据转变成串行数据，或者把串行数据转变成并行数据。数据的串并转换通常都是使用硬件 UART 即通用异步接收器/发送器来实现的。

UART 的硬件逻辑结构如图 7-4 所示，由 3 部分组成：接收部分、发送部分和控制部分，其中接收和发送都具有双缓冲结构。

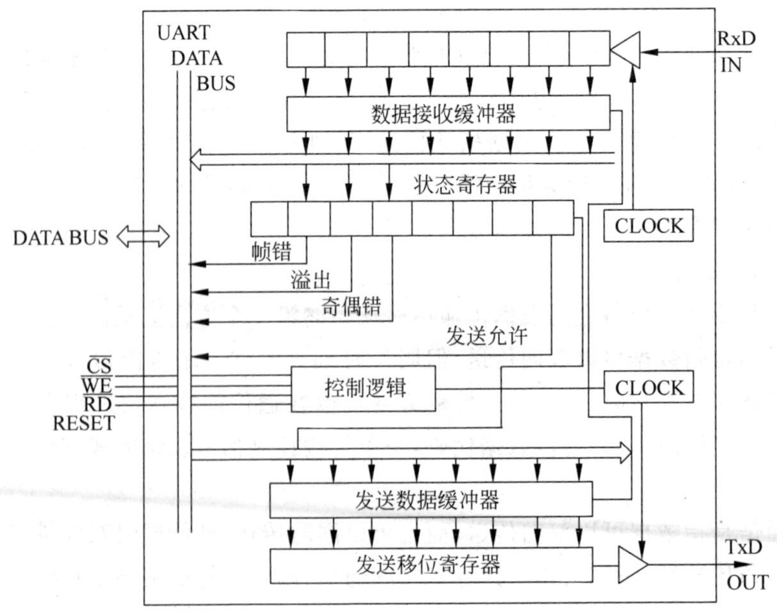

图 7-4　硬件 UART 逻辑框图

工作原理为：接收时，由 RxD 送来的串行数据先进入移位寄存器，变成并行数据后传送给接收缓冲器，在控制信号作用下，并行数据通过数据总线送给 CPU；发送时，由发送缓冲器接收 CPU 送来的并行数据，送至发送移位寄存器，加上起始位、校验位和停止位，由 TxD 线串行输出。

7.2　MCS-51 系列单片机串行口的结构

7.2.1　串行口的结构

MCS-51 系列单片机片内有一个串行 I/O 接口，通过引脚 RxD(P3.0)和 TxD(P3.1)可与外部设备进行全双工的串行异步通信。MCS-51 系列单片机串行口基本结构如图 7-5 所示。

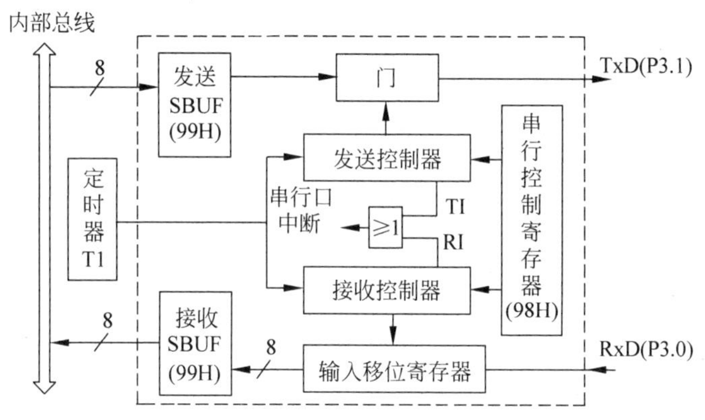

图 7-5　MCS-51 系列单片机串行口结构图

51 系列单片机的串行口有 4 种基本工作方式，通过编程设置，可以使其工作在任一方式，以满足不同应用场合的需要。其中，方式 0 主要用于外接移位寄存器，以扩展单片机的 I/O 电路；方式 1 多用于双机之间或与外设的通信；方式 2、3 除有方式 1 的功能外，还可用作多机通信，以构成分布式多微机系统。

8051 单片机串行口有两个控制寄存器，用来设置工作方式、发送或接收的状态、特征位、数据传送的波特率(每秒传送的位数)以及作为中断标志等。

单片机串行口有一个缓冲寄存器 SBUF，包括发送寄存器和接收寄存器。它们有相同的名字和地址空间，但不会出现冲突，因为它们两个一个只能被 CPU 读出数据，一个只能被 CPU 写入数据。在一定条件下，向 SBUF 写入数据就启动了发送过程，读 SBUF 就启动了接收过程。

串行通信的波特率可以由程序设定。在不同工作方式中，由时钟振荡频率的分频值或由定时器 T1 的定时溢出时间确定，使用十分方便灵活。

7.2.2 串行口控制寄存器

1. 串行口控制寄存器 SCON

串行口控制寄存器 SCON 决定串行口通信工作方式，控制数据的接收和发送，并标示串行口的工作状态等。SCON 寄存器各位定义如表 7-1 所示。

表 7-1 SCON 寄存器结构

SCON	D7	D6	D5	D4	D3	D2	D1	D0
	SM0	SM1	SM2	REN	TB8	RB8	TI	RI

SM0、SM1：串行口工作方式选择位，其定义如表 7-2 所示。

表 7-2 串行口工作方式设置

SM0SM1	工作方式	功能描述	波特率
00	方式 0	8 位移位寄存器	$f_{osc}/12$
01	方式 1	10 位 UART	可变
10	方式 2	11 位 UART	$f_{osc}/64$ 或 $f_{osc}/32$
11	方式 3	11 位 UART	可变

注：f_{osc}为晶振频率。

SM2：多机通信控制位。

方式 0 时，SM2 一定要等于 0。在方式 1 中，当 SM2＝1 时，则只有接收到有效停止位时，RI 才置 1。在方式 2 或方式 3 中，当 SM2＝1 且接收到的第 9 位数据 RB8＝0 时，RI 才置 1。

REN：接收允许控制位。

由软件置位以允许接收，又由软件清 0 来禁止接收。

TB8：要发送数据的第 9 位。

在方式 2 或方式 3 中，要发送的第 9 位数据，根据需要由软件置 1 或清 0。例如，可约定作为奇偶校验位，或在多机通信中作为区别地址帧或数据帧的标志位。

RB8：接收到的数据的第 9 位。

在方式 0 中不使用 RB8。在方式 1 中，若 SM2＝0，RB8 为接收到的停止位。在方式 2 或方式 3 中，RB8 为接收到的第 9 位数据。

TI：发送中断标志。

在方式 0 中，第 8 位发送结束时，由硬件置位。在其他方式的发送停止位前，由硬件置位。TI 置位既表示一帧信息发送结束，同时申请中断。可根据需要，用软件查询的方法获得数据已发送完毕的信息，或用中断的方式来发送下一个数据。TI 必须用软件清 0。

RI：接收中断标志位。

在方式 0，当接收完第 8 位数据后，由硬件置位。在其他方式中，在接收到停止位的中间时刻由硬件置位(例外情况见 SM2 的说明)。RI 置位表示一帧数据接收完毕,可用查询的方法获知或者用中断的方法获知。RI 也必须用软件清 0。

2. 电源管理寄存器 PCON

PCON 主要是为 CHMOS 型单片机的电源控制而设置的专用寄存器,单元地址是 87H,不能进行位寻址,只能按字节方式访问。PCON 中只有一位 SMOD 与串行口工作有关,其结构格式如表 7-3 所示。

表 7-3 PCON 寄存器结构

PCON	D7	D6	D5	D4	D3	D2	D1	D0
位符号	SMOD	—	—	—	GF1	GF0	PD	IDL

SMOD:串行口波特率倍增位。

串行口工作在方式 1、方式 2、方式 3 时,若 SMOD=1,则波特率提高一倍;若 SMOD=0,则波特率不提高一倍。单片机复位时,SMOD=0。

3. 中断允许寄存器 IE

ES:串行中断允许控制位。中断允许寄存器在第 5 章中已阐述,这里重述一下。

ES=1,允许串行中断;

ES=0,禁止串行中断。

4. 中断优先级控制寄存器 IP

IP:中断优先级控制寄存器。曾在第 5 章介绍过,现将与串行口有关的位重新说明如下。

PS=0,串行口中断为低优先级;

PS=1,串行口中断为高优先级。

7.2.3 串行口的工作方式

MCS-51 系列单片机的全双工串行口可编程为 4 种工作方式。

1. 方式 0

方式 0 为移位寄存器输入/输出方式,可外接移位寄存器以扩展 I/O 口,也可以外接同步输入/输出设备。

(1) 输出

串行数据从 RxD 引脚输出,TxD 引脚输出移位脉冲。CPU 将数据写入发送寄存器时,立即启动发送,将 8 位数据以 $f_{osc}/12$ 的固定波特率从 RxD 端依次输出,低位在前、高位在后。发送完一帧数据后,发送中断标志 TI 由硬件置位。

(2) 输入

当串行口以方式 0 接收时,先置位允许接收控制位 REN。此时,RxD 为串行数据输入端,TxD 仍为同步脉冲移位输出端。当 RI=0 和 REN=1 同时满足时,开始接收。当接收到第8位数据时，将数据移入接收寄存器，并由硬件置位RI。

2. 方式1

方式1为波特率可变的10位异步通信接口方式。发送或接收一帧信息，包括1个起始位0、8个数据位和1个停止位1。

(1) 输出

当CPU执行一条指令将数据写入发送缓冲器SBUF时，就启动发送。串行数据从TxD引脚输出，发送完一帧数据后，就由硬件置位TI。

(2) 输入

在REN=1时，串行口采样RxD引脚，当采样到1至0的跳变时，确认是开始位0，就开始接收一帧数据。只有当RI=0且停止位为1或者SM2=0时，停止位才进入RB8，8位数据才能进入接收寄存器，并由硬件置位中断标志RI；否则信息丢失。所以在方式1接收时，应先用软件清RI和SM2标志。

例7-1 采用中断方式设计一个数据发送程序。

设串行口工作于方式1，定时器工作于方式2，主频为6MHz，波特率为2400，数据长度15，数据块首址存放于直接地址20H中，设发送数据为ASCII码，发送时在数据最高位加上奇偶校验位。

由方式1、3波特率发生公式

$$方式1、3的波特率=\frac{2^{SMOD}}{32}\times\frac{f_{osc}}{12\times[256-(TH1)]}$$

当取SMOD=1，f_{osc}=6MHz，波特率为2400时，可计算得TH1的近似值为243(F3H)。程序流程图如图7-6所示。

汇编程序如下：

```
        ORG     0000H
        LJMP    START
        ORG     0023H
        LJMP    TXD1                    ;进入串行中断程序
        ORG     0030H                   ;主程序开始
START:  MOV     SP, #60H
        MOV     TMOD, #20H              ;定时器1工作方式2
        MOV     TH1, #0F3H              ;设时间常数,波特率为2400
        MOV     TL1, #0F3H
        SETB    TR1                     ;启动T1
        SETB    EA                      ;CPU开中断
        SETB    ES                      ;开串行口中断
        MOV     SCON, #40H              ;串行口工作于方式1
        MOV     PCON, #80H              ;置SMOD=1
        MOV     R0, #20H                ;数据指针
        MOV     R7, #15                 ;数据个数
        MOV     SBUF,R7                 ;首先发送数据长度个数
WAIT:   LJMP    WAIT                    ;等待
TXD1:   LCALL   TXSUB                   ;调数据发送子程序
        DJNZ    R7,LOOP                 ;判断是否发送完毕
        CLR     ES                      ;完毕则关闭中断,结束发送
LOOP:   RETI                            ;中断返回
```

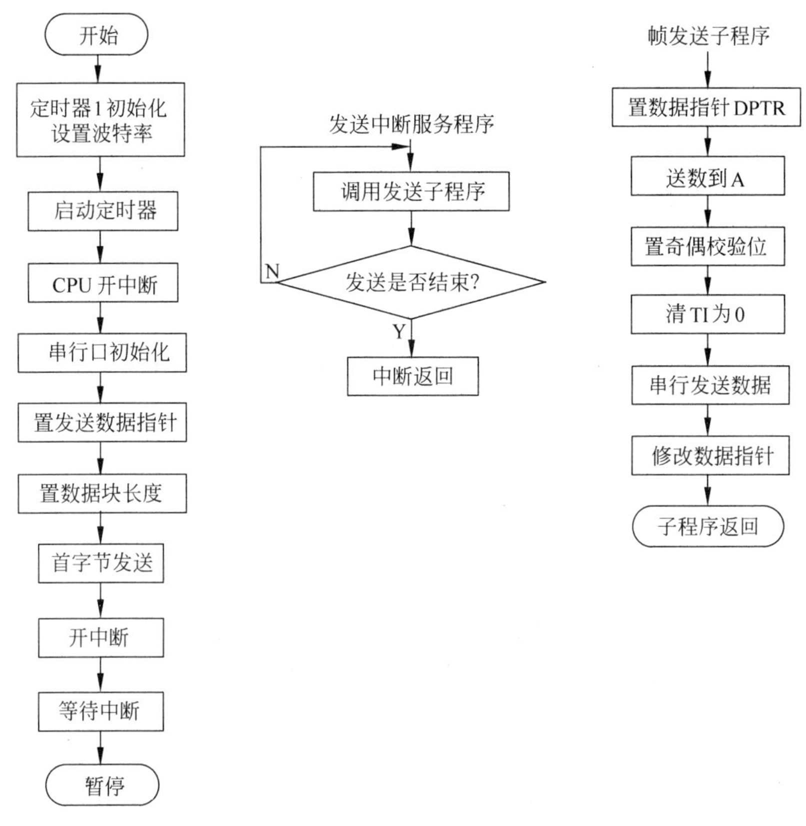

图 7-6 例 7-1 程序流程图

```
TXSUB:  MOVX    A,@R0               ;取数据
        MOV     C, PSW.0            ;置奇偶校验码
        MOV     ACC.7,C
        CLR     C
        MOV     SBUF,A              ;发送数据
        INC     R0                  ;调整地址,为取下一个数据作准备
        RET                         ;子程序返回
        END                         ;结束
```

3. 方式 2

方式 2 为固定波特率的 11 位 UART 方式,它比方式 1 增加了一位可程控位 1 或 0 的第 9 位数据。

(1) 输出

发送的串行数据由 TxD 端输出一帧信息为 11 位,附加的第 9 位来自 SCON 寄存器的 TB8 位,用软件置位或复位。它可作为多机通信中地址/数据信息的标志位,也可以作为数据的奇偶校验位。当 CPU 执行一条数据写入 SBUF 的指令时,就启动发送器发送。发送一帧信息后,置位中断标志 TI。

(2) 输入

在 REN=1 时,串行口采样 RxD 引脚,当采样到 1～0 的跳变时,确认是开始位 0,就开始接收一帧数据。在接收到附加的第9位数据后，当RI=0或者SM2=0时，第9位数据才进入RB8，8位数据才能进入接收寄存器，并由硬件置位中断标志RI；否则信息丢失，并且不置位RI。再过一位时间后，不管上述条件是否满足，接收电路即执行复位，并重新检测RxD上从1～0的跳变。

例7-2 采用查询方式编写数据块发送程序。设串行口工作于方式2，波特率为$f_{osc}/32$，数据块存放的首址为DATA0，字节数为20。程序流程图如图7-7所示。

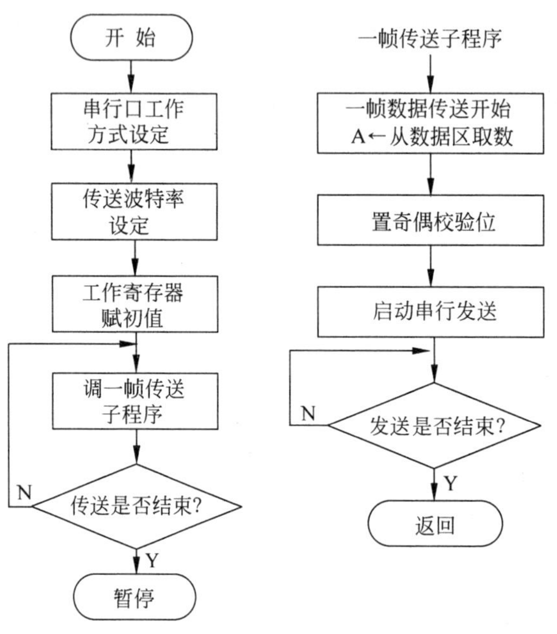

图7-7 例7-2程序流程图

汇编程序如下：

```
        ORG     0000H
        LJMP    START
        ORG     0100H
START:  MOV     SCON, #80H          ;设定串行口工作方式2
        MOV     PCON, #80H          ;设置传送波特率
        MOV     R0, #30H            ;指向数据区首地址
        MOV     R7, #20             ;设定传送字节数
TX:     LCALL   TXSUB               ;调一帧传送子程序
        INC     R0                  ;为一次取数作准备
        DJNZ    R7, TX              ;判断是否传送结束,未完继续
LOOP:   SJMP    LOOP
TXSUB:  MOVX    A,@R0               ;开始传送数据
        MOV     C,PSW.0             ;置奇偶校验位到TB8
        MOV     TB8,C
        MOV     SBUF,A              ;启动数据传送
TX1:    JBC     TI,TX2              ;查询是否传送完毕
        SJMP    TX1
TX2:    CLR     TI                  ;结束清TI,为下一次作准备
        RET                         ;子程序返回
        END                         ;结束
```

4. 方式3

方式3为波特率可变的11位UART方式。除波特率外,其余与方式2相同。

7.2.4 串行通信的波特率

在串行通信中,收发双方的数据传送率(波特率)要有一定的约定。在MCS-51系列单片机串行口的4种工作方式中,方式0和方式2的波特率是固定的;而方式1和方式3的波特率是可变的,由定时器T1的溢出率控制。

工作方式0时,移位脉冲由机器周期的第6个状态周期S6给出,每个机器周期产生一个移位脉冲,发送或接收一位数据。因此,波特率是固定的,为振荡频率的1/12,不受PCON寄存器中SMOD的影响。用公式表示为

$$工作方式0的波特率=f_{osc}/12$$

方式2的波特率由PCON中的选择位SMOD来决定。当SMOD=1时,波特率为$1/32f_{osc}$;当SMOD=0时,波特率为$1/64f_{osc}$。用公式表示为

$$工作方式2波特率=(2^{SMOD}/64)\times f_{osc}$$

方式1和方式3,定时器T1作为波特率发生器。用公式表示为

$$方式1和方式3的波特率=2^{SMOD}\times(T1的溢出率)/32$$

T1的溢出率为

$$T1溢出率=T1计数率/产生溢出所需的周期数$$

式中,T1计数率取决于它工作在定时器状态还是计数器状态。当工作于定时器状态时,T1计数率为$f_{osc}/12$;当工作于计数器状态时,T1计数率为外部输入频率,此频率应小于$f_{osc}/24$。产生溢出所需周期与定时器T1的工作方式、T1的预置时间常数x有关。

定时器T1工作于方式0:溢出所需周期数$=8192-x$;

定时器T1工作于方式1:溢出所需周期数$=65\,536-x$;

定时器T1工作于方式2:溢出所需周期数$=256-x$。

因为方式2为自动重装入初值的8位定时器/计数器模式,所以用它来作波特率发生器最恰当。

当时钟频率选用11.0592MHz时,易获得标准的波特率,所以很多单片机系统选用这个频率的晶振。

表7-4列出了定时器T1工作于方式2常用波特率及初值。

表7-4 常用波特率及初值

常用波特率	f_{osc}/MHz	SMOD	TH1初值
19 200	11.0592	1	FDH
9600	11.0592	0	FDH
4800	11.0592	0	FAH
2400	11.0592	0	F4h
1200	11.0592	0	E8h

7.3 串行口通信

在计算机冗余控制和分布测控系统中，主要采用串行通信方式进行数据传输。8051单片机自备串行口，为机间通信提供了极为便利的条件。

双机通信也称为点对点通信，用于双冗余控制单片机与单片机之间交换信息，也可用于单片机和通用微机间的信息交流。

在较大规模的测控系统中，一般采用多级系统构成分布式控制，主机主要进行管理。下位从机完成各种各样的检测控制，主机与从机间配备RS-232C、RS-422或RS-485等发送接收器进行远距离传输。

7.3.1 双机通信

如果采用单片机自身的TTL电平直接传输信息，其传输距离一般不超过1.5m。8051单片机一般采用RS-232C标准进行点对点的通信连接。图7-8是两个8051间的连接方法，信号采用RS-232C电平传输，电平转换芯片采用MAX232。

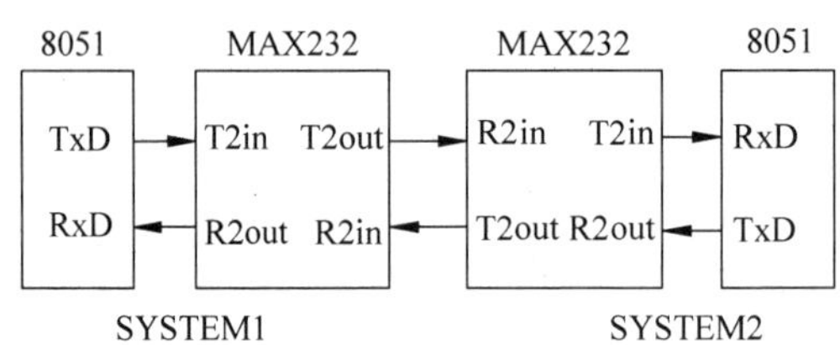

图7-8 8051间RS-232C电平信号的通信

当SYSTEM1和SYSTEM2配置成相同的工作方式和波特率时，这两个系统便可以互相通信。

7.3.2 多机通信

图7-9是单片机多机系统中常采用的总线型主从式多机系统。所谓主从式，即在数个单片机中，有一个是主机，其余的为从机，从机要服从主机的调度、支配。8051单片机的串行口工作方式2、方式3很适合这种主从式的通信结构。当然，在采用不同的通信标准通信时，还需进行相应的电平转换，也可以对传输信号进行光电隔离。在多机系统中，通常采用RS-422或RS-485串行标准总线进行数据传输。

根据8051串行口的多机通信能力，多机通信可以按照以下协议进行：

(1) 首先使所有从机的SM2位置1，处于只接收地址帧的状态。

(2) 主机先发送一帧地址信息。其中，前8位为地址；第9位为地址/数据信息的标志位，该位置1表示该帧为地址信息。

(3) 从机接收到地址帧后，各自将接收的地址与本从机的地址比较。对于地址相符的

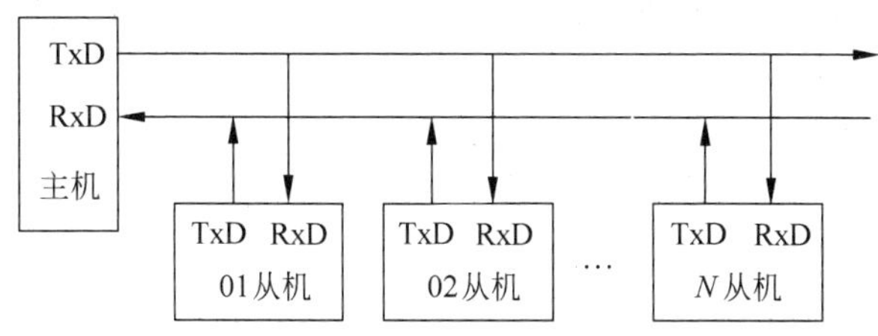

图 7-9　总线型主从式多机系统

那个从机，使 SM2 位清 0，以接收主机随后发来的所有信息；对于地址不符的从机，仍保持 SM2＝1，对主机随后发来的数据不予理睬，直至发送新的地址帧。

(4) 当从机发送数据结束后，发送一帧校验和，并置第 9 位(TB8)为 1，作为从机数据传送结束标志。

(5) 主机接收数据时先判断数据结束标志(RB8)。若 RB8＝1，则表示数据传送结束，并比较此帧校验和。若校验和正确，则回送正常信号 00H，此信号令该从机复位(即重新等待地址帧)；若校验和错误，则发送 0FFH，令该从机重发数据。若接收帧的 RB8＝0，则原数据到缓冲区，并准备接收下一帧信息。

(6) 若主机向从机发送数据，则从机在第(3)步中比较地址相符后，从机令 SM2＝0；同时把本站地址发回主机，作出应答之后才能收到主机发送来的数据。其他从机继续监听地址(SM2＝1)，无法收到数据。

(7) 主机收到从机的应答地址后，确认地址是否相符。如果地址不符，则发复位信号(数据帧中 TB8＝1)，清 TB8，开始发送数据。

(8) 从机收到复位命令后回到监听地址状态(SM2＝1)，否则开始接收数据和命令。

7.4　通过实例掌握串行口通信(例程：PC 控制数码管)

该实例是利用 AT89C51 单片机普通 I/O 模拟串行方式控制 3 位数码管，通过串行口接收 PC 发送来的显示数据，并显示(0～99.9 范围内任意一个数)，显示完毕后，发送应答信息给 PC。程序由汇编语言给出。通过实例，可以让读者进一步学习串行口的原理及其应用，学习 RS-232 总线及 MAX232 工作原理，掌握单片机与 PC 的通信方式。

7.4.1　硬件设计

1. RS-232 通信简介

单片机与上位机之间的通信，采用了 RS-232C 串行通信方式。因为如果是短距离的串行数据传输，则标准的 TTL 或 CMOS 足以应付；若要进行远距离的串行数据传输，使用标准的 TTL 或 COMS，会由于电平驱动能力不足导致通信质量很差。

美国电气工业协会 1969 年推荐的 RS-232C，全称是“使用二进制进行交换的数据转换设备和数据通信设备之间的接口”。目前 PC 上的 COM1 和 COM2 接口就是 RS-232C 接口。

RS-232C 接口是用于点对点通信方式的，其主要特点是：

(1) 数据传输速率不超过 20kbps；

(2) 传输距离最好少于 15m；

(3) 每个信号只有一根导线，两个传输方向共用一个信号地线；

(4) 接口使用不平衡的发送器和接收器；

(5) 只适用于点对点通信，无法用最少的信号线完成多点对多点的通信任务；

(6) 电气上，RS-232C 的逻辑电平与 TTL 电平不同，因此与 TTL 电路接口时必须经过电平转换电路。

为了保证二进制数据能够正确传输，控制过程能够准确完成，必须对通信总线所使用的信号电平进行规定统一。RS-232C 总线标准规定了数据和控制信号的电压范围。

在数据线 TxD 和 RxD 上：

逻辑 1：－3～－15V；

逻辑 0：＋3～＋15V。

在控制线和状态线 RTS、CTS、DSR、DTR 和 DCD 上：

信号有效：＋3～＋15V；

信号无效：－3～－15V。

以上规定说明了 RS-323C 标准对逻辑电平的定义。由于 RS-232C 总线是在 TTL 集成电路之前研制的，采用了负逻辑。对于数据码，逻辑 1 的电平低于－3V，逻辑 0 的电平高于＋3V；对于控制信号，信号有效的电平高于＋3V，信号无效的电平低于－3V。

由于单片机采用 TTL 电平，RS-232C 总线上传输的是差分信号，二者电平信号不兼容，需要采用电平转换器件进行电平转换。

随着电子技术的发展，出现了大量的单电源供电的电平转换芯片，其体积更小，连接简便，而且抗静电能力强。MAX232 芯片是 MAXIM 公司生产的、包含两路接收器和驱动器的 RS-232 电平转换芯片，适于各种 RS-232 通信接口。

MAX232 芯片的引脚配置和典型应用如图 7-10 所示。从图中可以看到，MAX232 的接口非常简单。C1＋、C2＋、C1－、C2－及 V＋、V－这些引脚是 MAX232 内部电源变换部分。电容都选用电解电容，电容值为 1μF/16V，可以提高抗干扰能力。在实际应用中，器件对电源噪声很敏感。因此，VCC 必须对地加去耦电容 0.1μF，连接时电容必须尽量靠近器件。

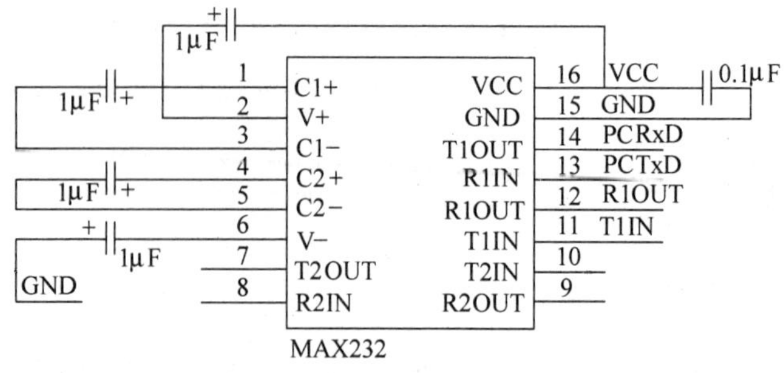

图 7-10 MAX232 接口电路

2. 硬件设计

PC 控制 3 位数码管显示的完整电路如图 7-11 所示。

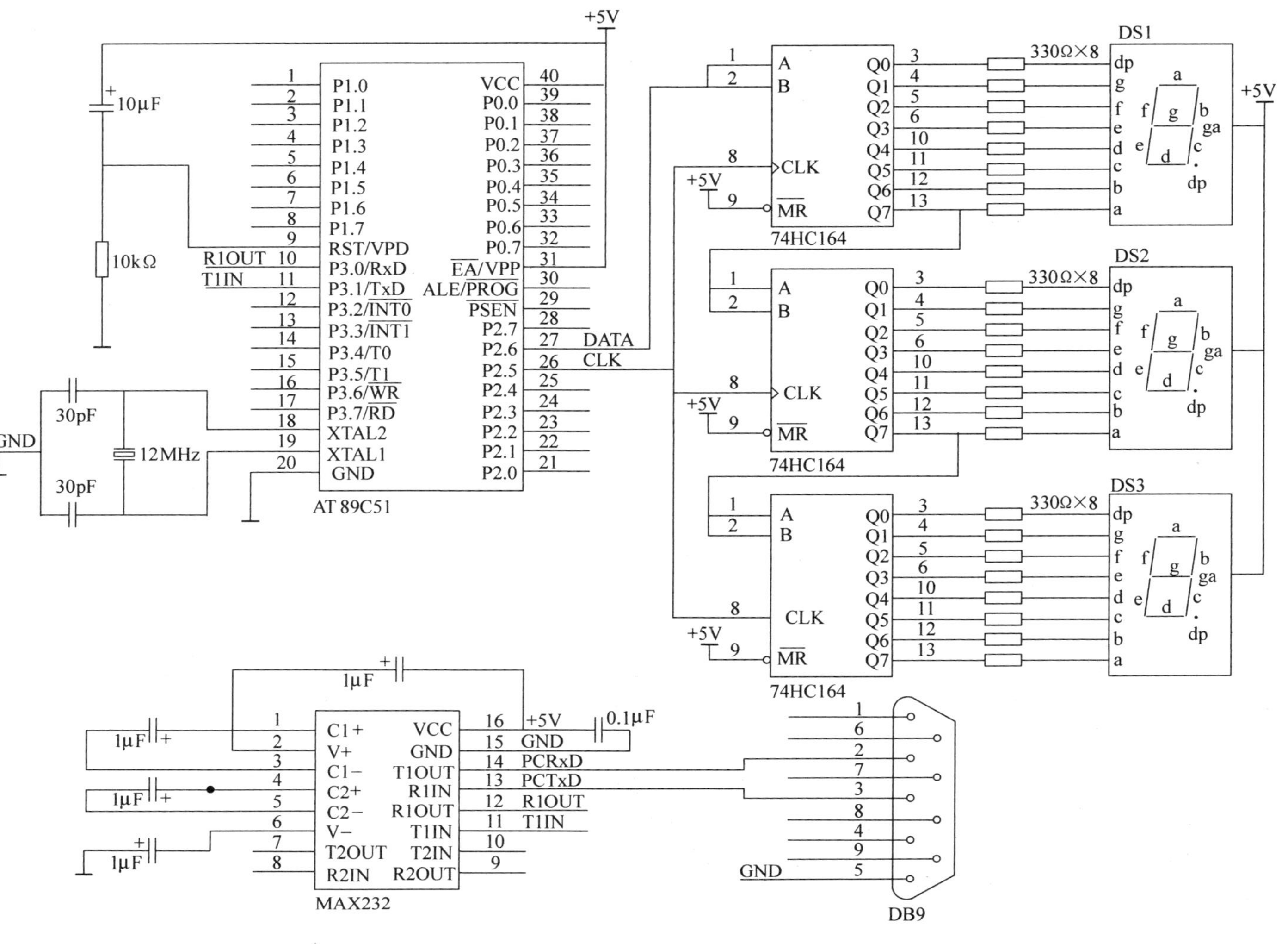

图 7-11 PC 控制 3 位数码管显示电路图

图7-11中，数码管DS3显示小数位，DS2显示个位，DS1显示十位。单片机与PC通信采用三线制连接方式，图中PC通信接口的PCTxD接标准9针串口DB9的3针脚，PCRxD接2针脚，GND接5针脚。

7.4.2 软件设计

本例的软件设计重点是单片机与PC之间的通信，单片机串口工作方式1，波特率为9600bps，无校验位。程序开始后，单片机会等待接收PC传来的3个数据，分别为要显示的十位、个位和小数位，先接收小数位，最后接收十位。接收完数据后会给PC发送一个应答信号66H。下面给出详细的程序介绍。

1. 程序流程图

程序流程图如图7-12所示。

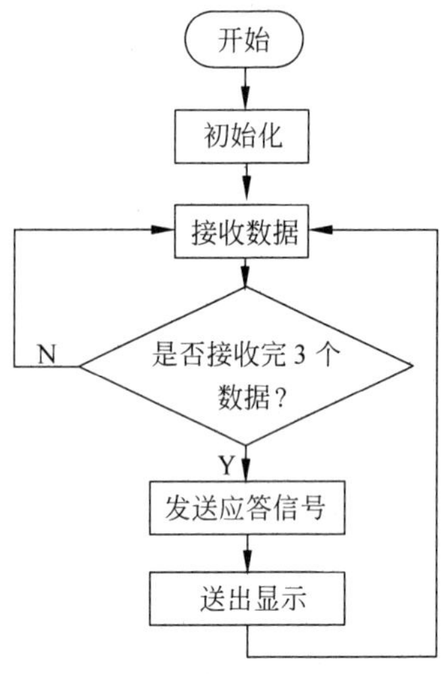

图7-12 程序流程图

2. 单片机汇编程序代码

```
;############################宏定义
          CLK       BIT     P2.5          ;74HC164 时钟与 CPU 的连接
          LED       BIT     P2.6          ;74HC164 数据与 CPU 的连接
          NUM       EQU     21H           ;数据缓冲区首地址,21H 存小数位、22H 存个位、23H 存十位
          ORG       0000H
          LJMP      MAIN
          ORG       0100H
MAIN:     MOV       SP,#60H               ;设栈顶为 60H
          MOV       TMOD,#20H             ;定时器 1,方式 2,用于波特率发生器
          ANL       PCON,#3FH             ;SMOD 位为 0
          MOV       TH1,#0FDH             ;波特率为 9600,初值为 FDH
          MOV       SCON,#01010000B       ;串行口工作方式 1,允许接收
CHUSHIHUA:MOV       A,#0                  ;初始化,显示 00.0
```

```
            MOV     R0,#3               ;把数据缓冲区清 0
            MOV     R1,#NUM             ;数据首地址
QINGLING:   MOV     @R1,A               ;0 送数据缓冲器
            INC     R1
            DJNZ    R0,QINGLING
            SETB    TR1                 ;开启定时器,为串口通信作准备
LOOP2:      LCALL   DISP                ;调用显示子程序
            MOV     R1,#NUM             ;数据缓冲区接收准备
            MOV     R0,#3               ;3 个数
WAIT1:      JNB     RI,WAIT1            ;等待接收
            CLR     RI                  ;接收完数据必须软件复位接收中断标志
            MOV     A,SBUF              ;读出数据
            MOV     @R1,A               ;存入缓冲区
            INC     R1                  ;准备接收下一位
            DJNZ    R0,WAIT1            ;接收 3 位
            MOV     A,#66H              ;应答信号 66H
            MOV     SBUF,A              ;发送
WAIT2:      JBC     TI,LOOP2            ;判断是否发送完
            SJMP    WAIT2
;############################# 显示子函数
DISP:       MOV     A,#0
            MOV     R1,#0               ;清 R1
            MOV     R0,#0               ;清 R0
            MOV     R1,#NUM             ;数据首地址
XIAN:       MOV     A,@R1               ;取第 1 个数据
            MOV     R0,#08H             ;循环次数(8 个二进制位)
            MOV     DPTR,#TAB0          ;显示代码表首地址
            MOVC    A,@A+DPTR           ;取代码
            LCALL   HC164Z              ;调显示子程序
            INC     R1
            MOV     A,@R1               ;取第 2 个数据
            MOV     R0,#08H
            MOV     DPTR,#TAB1
            MOVC    A,@A+DPTR
            LCALL   HC164Z
            INC     R1                  ;取第 3 个数据
            MOV     A,@R1
            MOV     R0,#08H
            MOV     DPTR,#TAB0
            MOVC    A,@A+DPTR
            LCALL   HC164Z
            RET
HC164Z:     CLR     C                   ;清 CY
            RRC     A                   ;A 右移一位
            MOV     LED,C               ;向数码管送出 1 个二进制位
            CLR     CLK
            SETB    CLK                 ;送同步时钟
            DJNZ    R0,HC164Z           ;未送完 8 个数据位,继续
            RET
TAB0:       DB      0C0H                ;0 数码管显示码表(不带小数点)
            DB      0F9H                ;1
            DB      0A4H                ;2
            DB      0B0H                ;3
            DB      99H                 ;4
```

```
        DB      92H          ;5
        DB      82H          ;6
        DB      0F8H         ;7
        DB      80H          ;8
        DB      90H          ;9
TAB1:   DB      40H          ;0 数码管显示码表(带小数点)
        DB      79H          ;1
        DB      24H          ;2
        DB      30H          ;3
        DB      19H          ;4
        DB      12H          ;5
        DB      02H          ;6
        DB      78H          ;7
        DB      00H          ;8
        DB      10H          ;9
        END
```

7.4.3 PC与单片机串行通信的实现

首先，下载一款串行口调试助手软件，这类软件很多，读者可根据自己的喜好选择。然后打开软件，如图7-13所示，设置端口号、波特率、校验位、数据位等信息，注意，此处的设置必须与PC的端口一致，否则不能实现正常通信。打开串口，清除发送区内容，改成自己想要发送的数据。本例是发送11，十进制格式；接收区设置成十六进制格式，因为本例的单片机程序在接收到PC信息后会应答一个“66H”的十六进制数据，单击发送按钮，会看到接收区收到数据“66”，表示通信成功。

图7-13 PC与单片机串口通信实验图

习题

一、选择题

1. 以下哪个选项不是串行口的结构组成(　　)。

(A) 缓冲寄存器 SBUF　　(B) 接收控制器

(C) 定时器/计数器方式寄存器　　(D) 发送控制器

2. 管理串行接口电源的寄存器是(　　)。

(A) TCON　　(B) PCON　　(C) SCON　　(D) TMOD

3. 在单片机的串行通信方式中,帧格式为 1 位起始位、8 位数据位、1 位停止位和 1 位可程控位且波特率可变的异步串行通信方式是(　　)。

(A) 方式 0　　(B) 方式 1　　(C) 方式 2　　(D) 方式 3

4. 串行通信的数据传送速率称为波特率,其单位是(　　)。

(A) 位/秒　　(B) 字节/秒　　(C) 字符/秒　　(D) 帧/秒

二、判断题

1. 通信总线有两种:并行通信总线和串行通信总线。　　(　　)

2. 同步通信时,发送器和接收器共享同一个时钟。　　(　　)

3. MCS-51 单片机的串行接口通常工作在半双工模式下。　　(　　)

4. 串行口具有两个物理结构上独立的接收、发送缓冲器,两个缓冲器共用同一个地址。　　(　　)

5. 串行口工作方式 0 的波特率与 T1 的溢出率有关。　　(　　)

6. 双机通信时单片机串行接口的工作方式和波特率没有必要保持一致。　　(　　)

7. RS-232C 总线采用的是负逻辑。　　(　　)

三、问答题

1. 在数据传输准确无误的情况下,并行通信与串行通信相比,各有什么特点?

2. 什么是串行异步通信?它有哪些特征?

3. 根据数据信息在传输线上的传送方向,串行通信有哪几种方式?

4. 波特率的含义是什么?

5. 通用异步接收器/发送器由哪几部分组成?简述其工作原理。

6. 与单片机串行口相关的控制寄存器有哪些?各有什么作用?

7. MCS-51 串行口有几种工作方式?有几种帧格式?各工作方式的波特率如何确定?

8. 简述 MCS-51 单片机多机通信过程。

9. 为什么定时器/计数器 T1 用作串行口波特率发生器时,常采用方式 2?若已知时钟频率、通信波特率,如何计算其初值?若晶体振荡器为 11.0592MHz,波特率为 4800bps,写出用 T1 作为波特率发生器的计数初值。为什么不选用 12MHz 晶振?

第 8 章

MCS-51 系列单片机系统扩展及实用 I/O 接口技术

本章主要介绍单片机的扩展及实用接口技术。读者通过本章的学习，掌握常用缓冲/驱动接口芯片的特性和使用方法，熟悉开关量输入/输出信号与单片机的接口技术，了解液晶显示器模块，了解常用模数转换（A/D）芯片及数模转换（D/A）芯片与单片机的接口技术。

8.1 常用缓冲/驱动接口芯片介绍

在设计电路时，很多情况下读者往往会发现引脚驱动能力不足、引脚驱动电压不符合负载电压需求、由于负载工作条件恶劣需要隔离负载和单片机等情况，这时就需要使用驱动芯片或者分立器件增大信号驱动能力。

8.1.1 SN7407 缓冲/驱动芯片

1. 数字芯片的驱动能力

数字芯片之间是以开关量进行通信的，具体来说就是用高低电平来表示开关量。那么数字芯片进行通信时，多高的电压算高电平，多低的电压算低电平呢？如果是 TTL 逻辑电平，对于如图 8-1 所示的信号输出方 IC1，其输出高电平高于 2.4V、输出低电平低于 0.4V 即可认为满足输出要求；对于信号接收方 IC2，其输入高电平高于 2V、输入低电平低于 0.8V 即可认为满足输入要求。

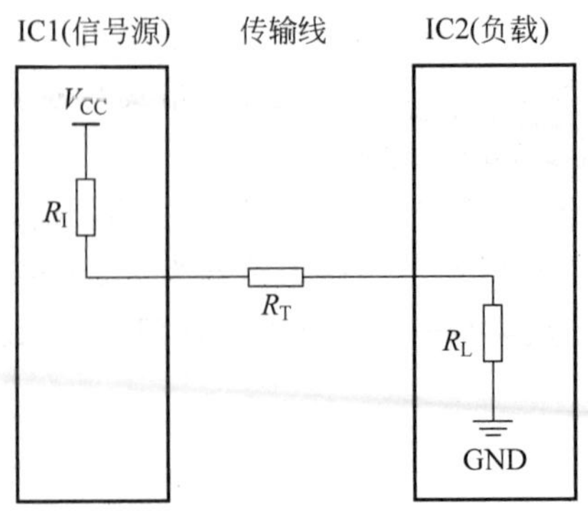

图 8-1　信号传输分压模型

为什么 IC1 的输出高电平比 IC2 的输入高电平要低 0.4V 呢？根据欧姆定律，信号传输过程中，信号源阻抗(R_I)、传输线阻抗(R_T)、负载阻抗(R_L)都会对信号电压进行分压。信号源传输时，为了应对传输线分压和外界干扰，往往要 V_{OH}(输出高电平)＞V_{IH}(输入高电平)，V_{OL}(输出低电平)＜V_{IL}(输入低电平)。

所谓芯片驱动能力，是指芯片在特定电压范围内能输出的最大电流，或者是在特定电流范围内芯片能输出的最大电压。当引脚输出端是低电平时，灌入逻辑门的电流称为灌电流，灌电流越大，输出端的低电平就越高。如图 8-2 所示，对于 TTL 逻辑电平，V_{OL}=0.45V 时的电流看作该芯片引脚低电平时的最大驱动能力。从图中可看出，低电平最大驱动电流为 1.6mA(P1、P2、P3)和 3.2mA(P0)。

DC Characteristics

T_A = -40°C to 85°C, V_{CC} = 5.0V ±20% (unless otherwise noted)

Symbol	Parameter	Condition	Min	Max	Units
V_{IL}	Input Low-voltage	(Except $\overline{EA}$)	-0.5	0.2 V_{CC} - 0.1	V
V_{IL1}	Input Low-voltage ($\overline{EA}$)		-0.5	0.2 V_{CC} - 0.3	V
V_{IH}	Input High-voltage	(Except XTAL1, RST)	0.2 V_{CC} + 0.9	V_{CC} + 0.5	V
V_{IH1}	Input High-voltage	(XTAL1, RST)	0.7 V_{CC}	V_{CC} + 0.5	V
V_{OL}	Output Low-voltage[(1)] (Ports 1,2,3)	I_{OL} = 1.6 mA		0.45	V
V_{OL1}	Output Low-voltage[(1)] (Port 0, ALE, $\overline{PSEN}$)	I_{OL} = 3.2 mA		0.45	V
V_{OH}	Output High-voltage (Ports 1,2,3, ALE, $\overline{PSEN}$)	I_{OH} = -60 μA, V_{CC} = 5V ±10%	2.4		V
		I_{OH} = -25 μA	0.75 V_{CC}		V
		I_{OH} = -10 μA	0.9 V_{CC}		V
V_{OH1}	Output High-voltage (Port 0 in External Bus Mode)	I_{OH} = -800 μA, V_{CC} = 5V ±10%	2.4		V
		I_{OH} = -300 μA	0.75 V_{CC}		V
		I_{OH} = -80 μA	0.9 V_{CC}		V
I_{IL}	Logical 0 Input Current (Ports 1,2,3)	V_{IN} = 0.45V		-50	μA
I_{TL}	Logical 1 to 0 Transition Current (Ports 1,2,3)	V_{IN} = 2V, V_{CC} = 5V ±10%		-650	μA
I_{LI}	Input Leakage Current (Port 0, $\overline{EA}$)	0.45 < V_{IN} < V_{CC}		±10	μA
RRST	Reset Pull-down Resistor		50	300	kΩ
C_{IO}	Pin Capacitance	Test Freq. = 1 MHz, T_A = 25°C		10	pF
I_{CC}	Power Supply Current	Active Mode, 12 MHz		20	mA
		Idle Mode, 12 MHz		5	mA
	Power-down Mode[(2)]	V_{CC} = 6V		100	μA
		V_{CC} = 3V		40	μA

Notes: 1. Under steady state (non-transient) conditions, I_{OL} must be externally limited as follows:
Maximum I_{OL} per port pin: 10 mA
Maximum I_{OL} per 8-bit port: Port 0: 26 mA
Ports 1, 2, 3: 15 mA
Maximum total I_{OL} for all output pins: 71 mA
If I_{OL} exceeds the test condition, V_{OL} may exceed the related specification. Pins are not guaranteed to sink current greater than the listed test conditions.
2. Minimum V_{CC} for Power-down is 2V.

图 8-2　AT89C51 数据手册直流特性

当引脚输出端是高电平时，输出端电流来自于该引脚，这个电流称为拉电流。如图 8-2 所示，拉电流越大则输出端的高电平就越低。如图 8-2 所示，对于 TTL 逻辑电平，V_{OH}=2.4V 时的电流看作该芯片引脚高电平时的最大驱动能力。从图中可看出，高电平最大驱动电流为 0.06mA(P1、P2、P3)和 0.8mA(P0)。

常用缓冲器分为常规缓冲器和三态缓冲器，前者的输出只有高电平和低电平两个状态，常用于对信号进行缓冲，往往具有增大信号驱动能力的作用，比如 SN7407。三态缓冲器输出除了有高电平和低电平两个状态外，还具有高阻态的第三态，常用于数据总线上对信号进行隔离、缓冲，比如 74HC125。高阻态是指输出阻抗非常大的输出状态，相当于输出断路。高阻态的重要特性是不影响下一级信号，把引脚置为高阻态，相当于断开该引脚和下一级电路的联系，所以具有隔离作用。

2. SN7407 高电压开漏输出驱动器

SN7407 是一款常见的正相 TTL 逻辑电平驱动芯片，其对应的反相 TTL 逻辑电平驱动芯片为 SN7406。SN7407 具有如下特性：

(1) 将 TTL 电平转化为 CMOS 电平；

(2) 具有很大的灌电流能力；

(3) 输入内置钳位二极管简化系统设计；

(4) 开漏输出驱动指示灯和继电器；

(5) 兼容 TTL 输入电平。

SN7407 引脚如图 8-3 所示，共 14 个引脚，6 个输入引脚和 6 个输出引脚，一个引脚接电源，一个引脚接地。输入和输出为同相关系，即输入高电平时输出也是高电平，输入低电平时输出也是低电平。

SN7407 原理图如图 8-4 所示。由图可以看出，输入端有钳位二极管以减小传输线效应；输出为开漏输出，即将晶体管的集电极接外部电源。

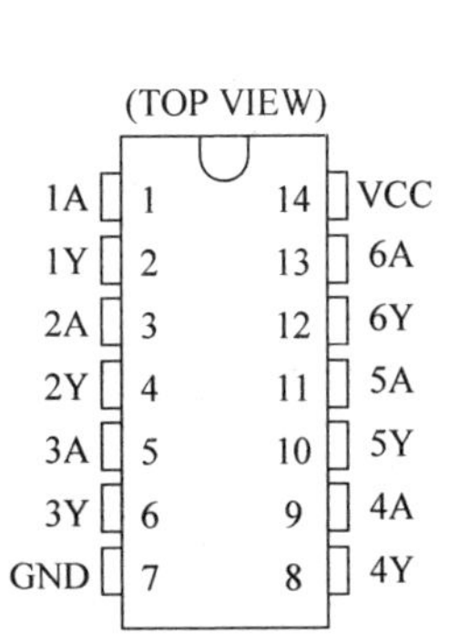

图 8-3 SN7407 引脚图

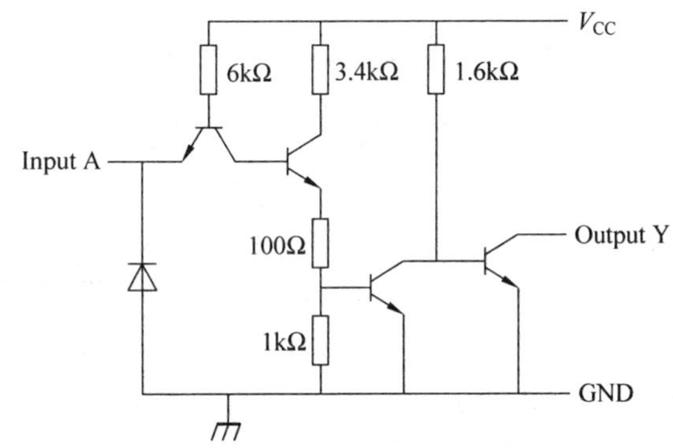

图 8-4 SN7407 原理图

根据图 8-5 可知，SN7407 输出低电平时的最大驱动电流，即开漏输出的灌电流为 40mA。

recommended operating conditions (see Note 4)

			MIN	NOM	MAX	UNIT
V_{CC}	Supply voltage	SN5407, SN5417	4.5	5	5.5	V
		SN7407, SN7417	4.75	5	5.25	
V_{IH}	High-level input voltage		2			V
V_{IL}	Low-level input voltage				0.8	V
V_{OH}	High-level output voltage	SN5407, SN7407			30	V
		SN5417, SN7417			15	
I_{OL}	Low-level output current	SN5407, SN5417			30	mA
		SN7407, SN7417			40	
T_A	Operating free-air temperature	SN5407, SN5417	−55		125	°C
		SN7407, SN7417	0		70	

图 8-5 SN7407 推荐工作参数

3. SN7407 应用

如图 8-6 所示，分别使用分立元件和 SN7407 芯片驱动一个蜂鸣器。

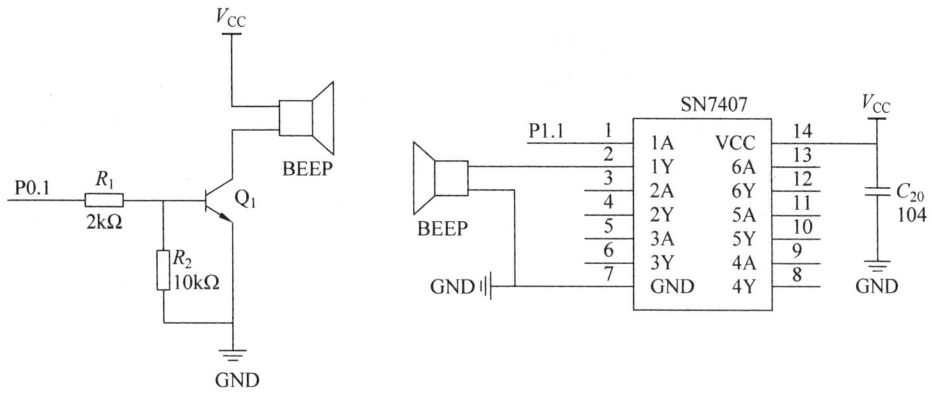

图 8-6　使用分立元件和 SN7407 驱动蜂鸣器

8.1.2　达林顿晶体管阵列 ULN2003A

1. 达林顿晶体管阵列简介

功率电子电路大多要求具有大电流输出能力，以便于驱动各种类型的负载。功率驱动电路是功率电子设备输出电路的一个重要组成部分。在功率驱动电路设计时，经常要用到继电器、伺服电机、步进电机、电磁阀、泵等各种高压且功率较大的器件。ULN2000、ULN2800 高压大电流达林顿晶体管阵列系列产品就属于这类可控大功率器件，具体型号分类如表 8-1 所示。

ULN2000 系列能够同时驱动 7 组高压大电流负载，ULN2800 系列则能够同时驱动 8 组高压大电流负载。

表 8-1　ULN2000、ULN2800 系列型号分类表

输出电压/V	50	50	95	50	50	95
输出电流/mA	500	600	500	500	600	500
	型号					
普通 PMOS、COMS 输入	ULN2001A	ULN2011A	ULN2021A	ULN2801A	ULN2811A	ULN2821A
14～25V PMOS 输入	ULN2002A	ULN2012A	ULN2022A	ULN2802A	ULN2812A	ULN2822A
5V TTL、CMOS 输入	ULN2003A	ULN2013A	ULN2023A	ULN2803A	ULN2813A	ULN2823A
6～15V PMOS、COMS 输入	ULN2004A	ULN2014A	ULN2024A	ULN2804A	ULN2814A	ULN2824A
高输出 TTL 接口	ULN2005A	ULN2015A	ULN2025A	ULN2805A	ULN2815A	ULN2825A

2. ULN2003A 高压、大电流达林顿晶体管阵列

ULN2003A 是一个单片高电压、大电流的达林顿晶体管阵列集成电路，可同时驱动 7 个继电器。该芯片具有如下特性：

(1) 500mA 额定集电极电流(单个输出)；

（2）高电压输出：50V；

（3）与各种输入逻辑电平类型兼容；

（4）继电器驱动器；

（5）输出内置钳位二极管。

如图 8-7 所示，引脚 1B～7B 为兼容 TTL 和 5V CMOS 电平的输入端，1C～7C 为漏极输出端。E 引脚为达林顿三极管发射极，使用时一般接地。当负载为感性负载时，会在开关过程中产生低于地电位和高于电源电位的反电动势，COM 端接 VCC 时，由于二极管的钳位作用，可以限制高于电源电压的反电动势，不再需要对感性负载进行续流。

由图 8-8 可知，ULN2003A 输入高电平时输出截止，输出低电平时输出导通。

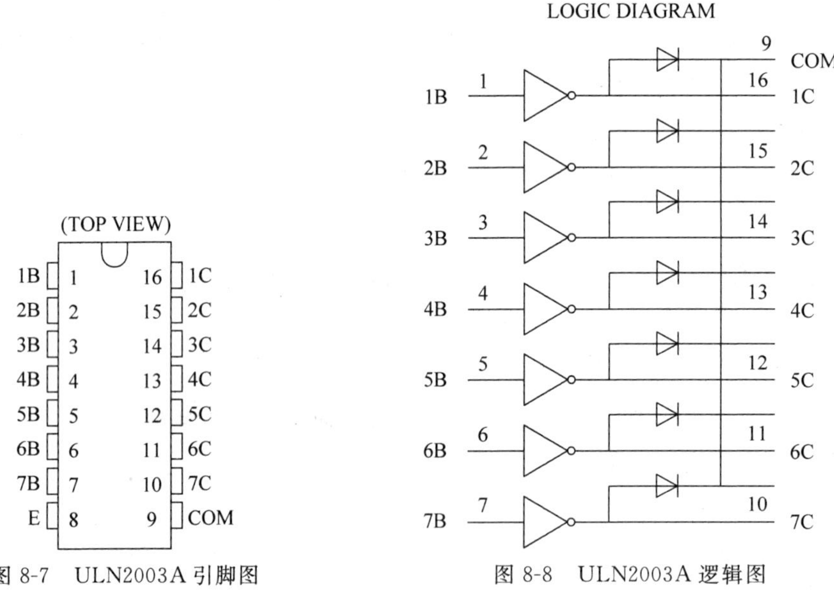

图 8-7　ULN2003A 引脚图　　　图 8-8　ULN2003A 逻辑图

3. ULN2003A 应用

如图 8-9 所示，引脚 P1.1 在输出电压高于 2.4V 时其输出电流小于 0.06mA，因此经过一级三极管放大不足以驱动继电器，因此进行了两级三极管放大。二极管 D_1 是用来对线圈负载进行续流。

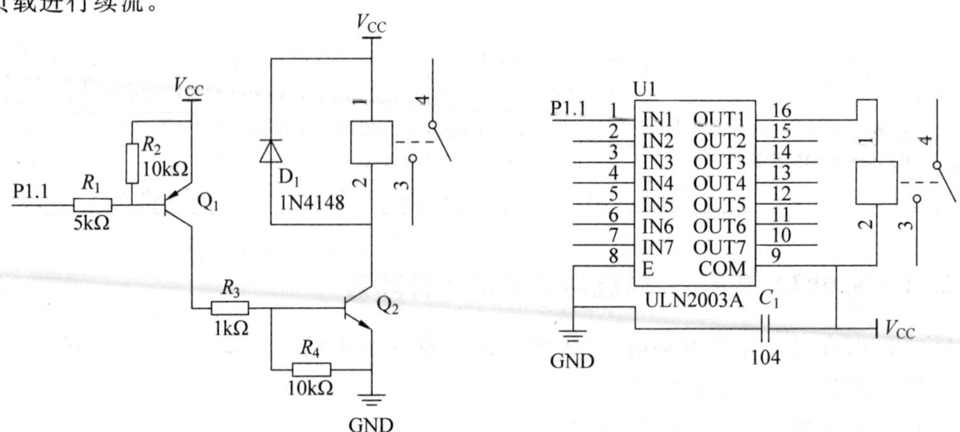

图 8-9　ULN2003A 和分立元件驱动继电器

8.1.3　光电耦合器

1. 光电耦合器简介

按照传输特性光电耦合器可分为非线性光耦和线性光耦。非线性光耦的电流传输特性曲线是非线性的,这类光耦适合于传输开关信号。线性光耦的电流传输特性曲线近似直线,通常用于需要模拟信号的隔离传输。

(1) 光电耦合器原理

如图 8-10 所示,光电耦合器基本原理是以光作为媒介,来传输电信号。光耦的输入端采用发光二极管,用电信号驱动半导体发光器件发光(通常为红外光);而接收端是光敏三极管,将接收到的光信号,转换为电信号输出。通过电→光→电的转换,既可以传输信号,又实现了电气隔离的目的。

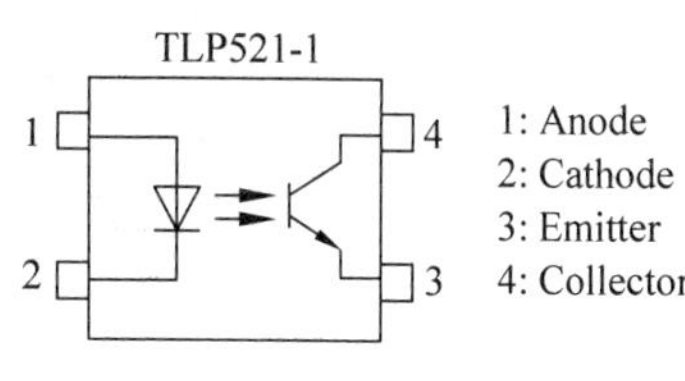

图 8-10　TLP521-1 引脚图

(2) 光电耦合器特点

① 输入端和输出端之间绝缘电阻很高,耐压一般大于 1kV;

② 由于“光”传输的单向性,其输出信号不会影响输入信号;

③ 光电耦合器件的共模抑制比很高,可以很好地抑制干扰并消除噪声;

④ 响应速度快,光电耦合器时间常数通常在微秒级甚至毫微秒级;

⑤ 无触点,寿命长,体积小,耐冲击。

2. TLP521-1 光电耦合器介绍

TLP521-1 引脚图如图 8-10 所示。

光耦参数及 TLP521-1 参数解读如下:

① 正向电流 I_F:在被测试管的两端加一定的正向电压时二极管中流过的电流。由图 8-11 极限参数中可以看出,最大值为 70mA。

② 正向压降 V_F:二极管端(输入端)通过的正向电流为规定值时,正负极之间所产生的电压降。由图 8-12 TLP521-1 个体电气特性中可以看出典型 V_F 为 1.3V。

③ 反向电流 I_R:在被测试管两端加规定反向工作电压 V_R 时,二极管中流过的电流。由图 8-12 个体电气特性中可以看出,最大值为 10μA。

④ 反向电压 V_R:被测试管通过反向电流 I_R 为规定值时,在两极间所产生的电压降。从图 8-11 中可以看出,最大值为 5V。

⑤ 反向击穿电压 $V_{(BR)CEO}$:发光二极管开路,集电极电流 I_C 为规定值时,集电极与发射极间的电压降。从图 8-12 TLP521-1 个体电气特性中可以看出,最小值为 55V。

⑥ 反向截止电流 I_{CEO}:发光二极管开路,集电极至发射极间的电压为规定值时,流过集电极的电流。从图 8-12 TLP521-1 个体电气特性中可以看出,典型值为 10nA。

⑦ 电流传输比 CTR:输出管工作电压为规定值时,输出电流和发光二极管正向电流之比。从图 8-13 TLP521-1 组合电气特性中可以看出为 50%～600%。

⑧ 输出饱和压降 $V_{CE(sat)}$：发光二极管工作电流 I_F 和集电极电流 I_C 为规定值时。并保持 $I_C/I_F \leqslant$ CTR min 时集电极与发射极之间的压降。从图 8-13 TLP521-1 组合电气特性中可以看出，最大值为 0.4V。

Maximum Ratings (T_a = 25°C)

	Characteristic	Symbol	Rating		Unit
			TLP521-1	TLP521-2 TLP521-4	
LED	Forward current	I_F	70	50	mA
	Forward current derating	ΔI_F /°C	−0.93 (Ta ≥ 50°C)	−0.5 (Ta ≥ 25°C)	mA /°C
	Pulse forward current	I_{FP}	1 (100μ pulse, 100pps)		A
	Reverse voltage	V_R	5		V
	Junction temperature	T_j	125		°C
Detector	Collector–emitter voltage	V_{CEO}	55		V
	Emitter–collector valtage	V_{ECO}	7		V
	Collector current	I_C	50		mA
	Collector power dissipation (1 circuit)	P_C	150	100	mW
	Collector power dissipation derating (1 circuit Ta ≥ 25°C)	ΔP_C /°C	−1.5	−1.0	mW /°C
	Junction temperature	T_j	125		°C
Storage temperature range		T_{stg}	−55~125		°C
Operating temperature range		T_{opr}	−55~100		°C
Lead soldering temperature		T_{sol}	260 (10 s)		°C
Total package power dissipation		P_T	250	150	mW
Total package power dissipation derating (Ta ≥ 25°C)		ΔP_T /°C	−2.5	−1.5	mW /°C
Isolation voltage		BV_S	2500 (AC, 1min., R.H.≤60%) (Note 1)		Vrms

图 8-11　TLP521-1 极限参数

Individual Electrical Characteristics (Ta = 25°C)

	Characteristic	Symbol	Test Condition	Min	Typ.	Max	Unit
LED	Forward voltage	V_F	I_F = 10 mA	1.0	1.15	1.3	V
	Reverse current	I_R	V_R = 5 V	—	—	10	μA
	Capacitance	C_T	V = 0, f = 1 MHz	—	30	—	pF
Detector	Collector–emitter breakdown voltage	$V_{(BR)CEO}$	I_C = 0.5 mA	55	—	—	V
	Emitter–collector breakdown voltage	$V_{(BR)ECO}$	I_E = 0.1 mA	7	—	—	V
	Collector dark current	I_{CEO}	V_{CE} = 24 V	—	10	100	nA
			V_{CE} = 24 V, T_a = 85°C	—	2	50	μA
	Capacitance (collector to emitter)	C_{CE}	V = 0, f = 1 MHz	—	10	—	pF

图 8-12　TLP521-1 个体电气特性

Coupled Electrical Characteristics (T_a = 25°C)

Characteristic	Symbol	Test Condition	Min	Typ.	Max	Unit
Current transfer ratio	I_C / I_F	I_F = 5 mA, V_{CE} = 5 V	50	—	600	%
		Rank GB	100	—	600	
Saturated CTR	$I_C / I_{F(sat)}$	I_F = 1 mA, V_{CE} = 0.4 V	—	60	—	%
		Rank GB	30	—	—	
Collector–emitter saturation voltage	$V_{CE(sat)}$	I_C = 2.4 mA, I_F = 8 mA	—	—	0.4	V
		I_C = 0.2 mA, I_F = 1 mA	—	0.2	—	
		Rank GB	—	—	0.4	

图 8-13　TLP521-1 组合电气特性

3. TLP521-1 应用案例

如图 8-14 所示，通过光耦 TLP521 来驱动继电器。试计算光耦是否可以饱和导通。

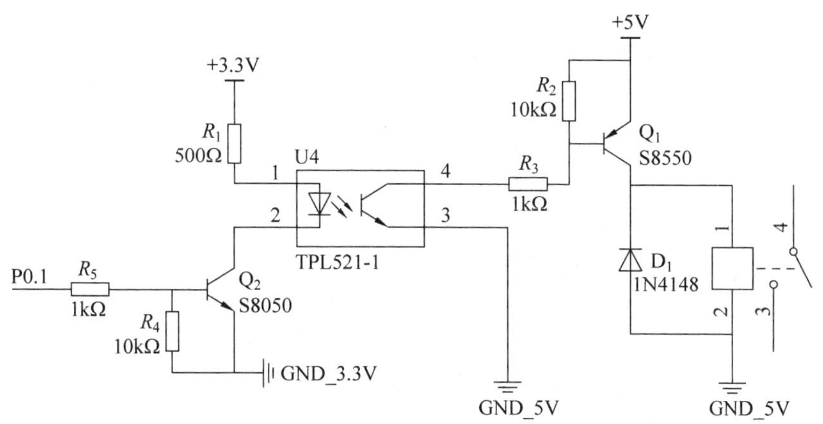

图 8-14 TLP521-1 驱动继电器

光耦饱和导通的条件是 $I_C < I_F \times CTR$。假设 Q_1 和 Q_2 饱和导通，发光二极管导通电流 $I_F = (3.3 - V_F - V_{CEQ_2})/R_1 = (3.3-1.3-0.5)/0.5 = 3mA$（$V_{CEQ_2}$ 为 Q_2 饱和导通时 C、E 端压降）。

在 I_F 为 3mA 时，取 CTR 值为 300%，光电三极管电流 $I_C = I_F \times CTR = 3 \times 3 = 9mA$。当光敏三极管饱和导通时，其压降为 0.4V。$I_C = (5 - V_{CE(sat)} - V_{BEQ_1})/R_3 = (5-0.4-1)/1 = 3.6mA$（$V_{BEQ_1}$ 为 Q_1 导通时 E、B 端压降）。由于 3.6mA<9mA，光电三极管此时饱和导通。取 CTR 值为 60%，光电三极管电流 $I_C = I_F \times CTR = 3 \times 0.6 = 1.8mA$。$I_C = (5 - V_{CE(sat)} - V_{BEQ_1})/R_3 = 3.6mA$。由于 3.6mA>1.8mA，因此光电三极管存在不完全导通的可能性。

在上述计算中同时可以验证 Q_1 是工作在饱和区的，详情参考 TLP521 数据手册的 Current Transfer Ratio vs. Forword Current 曲线图和 Collector Current vs. Collector-emitler Voltage 曲线图进行相关计算。

8.1.4 串行通信接口 RS-485

RS-485 标准的主要电气指标如表 8-2 所示。

表 8-2 RS-485 标准的主要电气指标汇总

参数	条件	最小	最大
驱动器输出电压，开路/V		1.5，−1.5	6，−6
驱动器输出电压，带载/V	$R_L = 100\Omega$	1.5，−1.5	5，−5
驱动器输出短路电流/mA	输出连接至公共		±250
驱动器输出上升时间/ns	$R_L = 54\Omega$ $C_L = 50pF$	3	40
驱动器共模电压/V	$R_L = 54\Omega$		±3
接收器灵敏度/mV	$-7V < V_{CM} < 12V$		±200
接收器共模电压范围/V		−7	12
接收器输入电阻/kΩ		12	

RS-485 除了上表的主要电气指标，还有以下特点：

(1) RS-485 接口采用的是平衡驱动器和差分接收器的组合，抗共模干扰能力强，即抗噪声干扰性好。

(2) RS-485 的数据最高传输速率为 10Mbps。

(3) 传输速率 100kbps 及以下时，RS-485 的最长传输距离可达 1200m。

(4) RS-485 以两线间的电压差为+(2～6)V 表示逻辑 1，以两线间的电压差为−(2～6)V 表示逻辑 0。RS-485 接口电平比 RS-232 的 15V 要低，不易损坏接口电路的芯片。

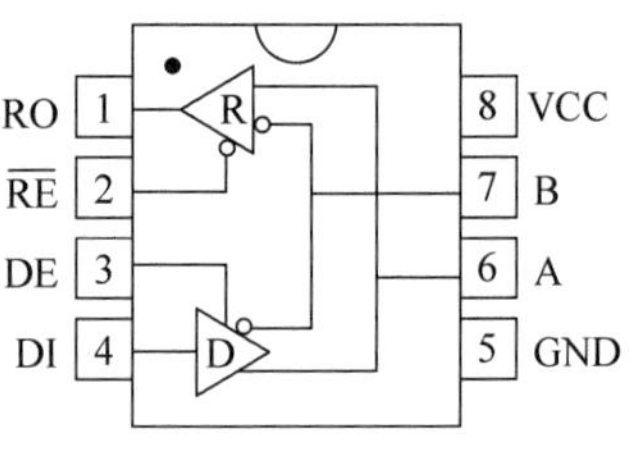

图 8-15 MAX485 引脚图

MAX485 是用于 RS-485 的低功耗收发器，每个器件中都具有一个驱动器和一个接收器，其引脚如图 8-15 所示，引脚功能定义如表 8-3 所示。MAX485 的驱动器摆率不受限制，可以实现最高 2.5Mbps 的传输速率。驱动器具有短路电流限制，并可以通过热关断电路将驱动器输出置为高阻状态，防止过度的功率损耗。接收器输入具有失效保护特性，当输入开路时，可以确保逻辑高电平输出。

表 8-3 MAX485 引脚功能定义

序号	名称	功能描述
1	RO	接收器输出。若 A 大于 B 200mV，则 RO=1；若 A 小于 B 200mV，则 RO=0
2	$\overline{RE}$	接收器输出使能。当$\overline{RE}$=0 时，RO 有效；当$\overline{RE}$=1 时，RO 为高阻状态
3	DE	驱动器输出使能。当 DE=1 时，驱动器输出 A、B 有效，器件被用作驱动器；当 DE=0 时，驱动器输出 A、B 为高阻，此时$\overline{RE}$=0，器件被用作接收器
4	DI	驱动器输入。若 DI=0，则强制 A=0，B=1；若 DI=1，则强制 A=1，B=0
5	GND	地
6	A	接收器同相输入端和驱动器同相输出端
7	B	接收器反相输入端和驱动器反相输出端
8	VCC	电源线，4.75～5.25V

图 8-16 给出了 MAX485 的电路连接图。不同于 MAX232 的$\overline{RE}$和 TX 脚均与地线形成信号回路，两片 MAX232 之间通信时需要共地，MAX485 使用了差分方式传输信号，两片 MAX485 之间通信时是不需要共地的，再加上 RS-485 传输使用双绞线，因此 RS-485 信号

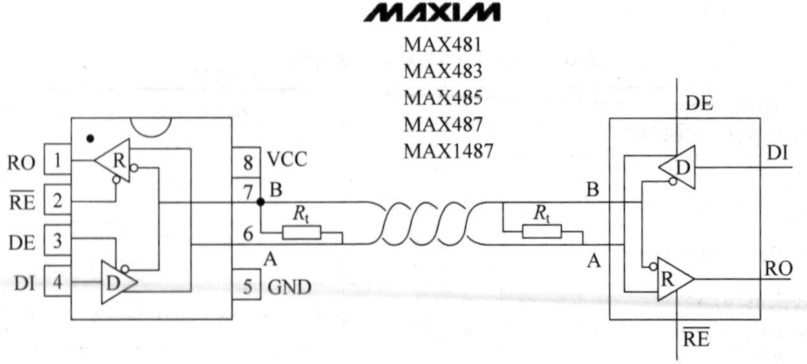

图 8-16 MAX485 典型工作电路

的抗干扰能力大大强于 RS-232。为了消除由于信号在传输线上阻抗不匹配造成的信号反射，RS-485 通信时要求在传输线的末端接 120Ω 的电阻进行阻抗匹配。

图 8-17 为 MAX485 电路连接图，RO 和 DI 为接收器的输出端和驱动器的输入端，可分别与单片机的 RxD 和 TxD 连接。$\overline{RE}$为接收器使能端，DE 为发送器使能端。当$\overline{RE}$为低电平时，发送器工作，当 DE 为高电平时，发送器工作。当$\overline{RE}$=1，DE=0 时，MAX485 进入低功耗关断模式，器件的驱动电流典型值为 0.1μA。因此当对功耗不要求时，可以将$\overline{RE}$和 DE 引脚接在一起。

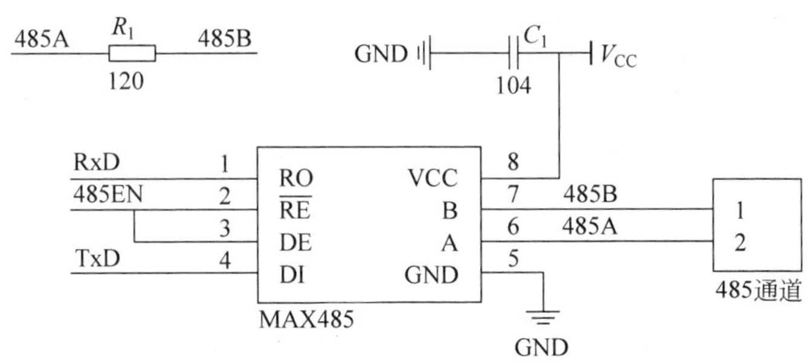

图 8-17　MAX485 接口电路图

8.2　开关量输入接口设计

8.2.1　键盘接口

在单片机应用设计系统中，按键主要有两种形式，一种是直接按键，另一种是矩阵编码键盘。直接按键的每个按键都单独接到单片机的一个 I/O 口上，直接按键方式是通过判断按键端口的电平来识别按键操作，如图 8-18 所示，当按键被按下时，与其相连的引脚为低电平。而矩阵键盘通过行列交叉按键编码进行识别，如图 8-19 所示为 4×4 矩阵编码键盘接口电路。当需要的按键较多时，为了少占用单片机的 I/O 线资源，通常采用矩阵式键盘。矩阵式键盘由行线和列线组成，按键位于行和列的交叉点上，这种行列式键盘结构能有效地提高单片机系统 I/O 口的利用率。

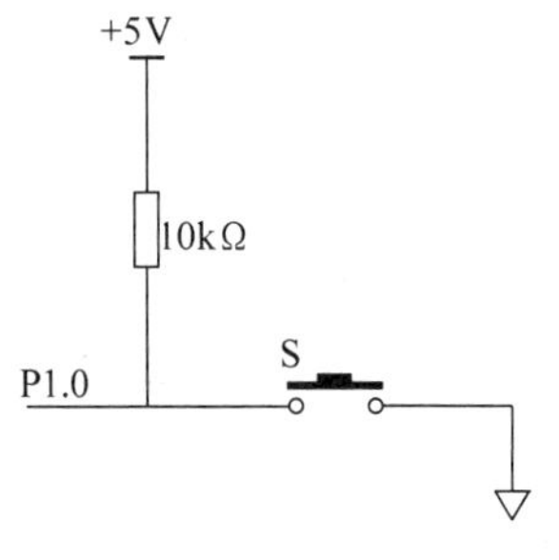

图 8-18　直接按键接口

矩阵键盘键值的读取和直接按键相似：首先送一行为低电平(如 P27)，其余几行全为高电平(此时已经确定行号)，然后立即轮流检测一次各列是否有低电平，若检测到某一列为低电平(此时确定了列号)，则可以确认当前被按下的键的行号和列号了。用同样的方法轮流送各行一次低电平，再轮流检测一次各列是否变为低电平，即可检测完所有按键。

通常所采用的按键为轻触机械开关，正常情况下按键的接点是断开的，当我们按压按键时，由于机械触点的弹性作用，一个按键开关在闭合时不会马上稳定地接通，在断开时也不

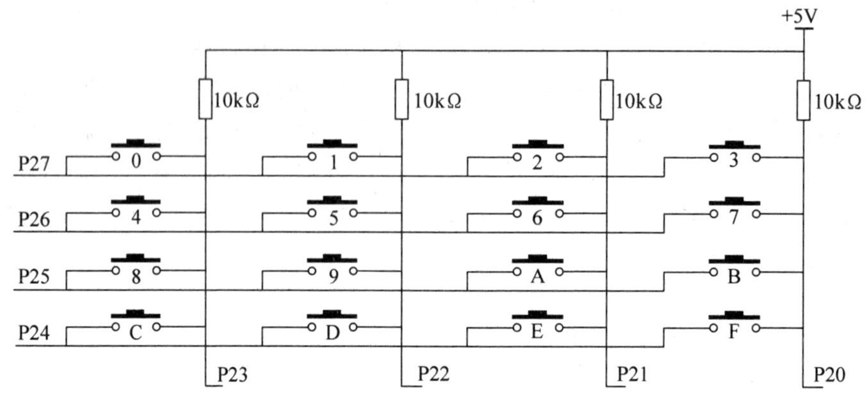

图 8-19　4×4 矩阵编码键盘接口电路

会一下子断开。因而机械触点在闭合及断开的瞬间均伴随有一连串的抖动，在按键没有停止抖动前检测按键状态会导致错误，因此需要进行按键消抖。按键消抖的方法有两种，一种是硬件消抖，另一种是软件消抖。在按键较少时，可以采用硬件消抖的方式。常用的硬件消抖电路有双稳态消抖电路和积分消抖电路，如图 8-20 和图 8-21 所示。当按键较多时，通常采用软件消抖，常用的软件消抖的方法就是延时：在第一次检测到有按键按下时，延时 10ms 之后，检测电平是否仍保持闭合状态电平，如果保持闭合状态电平，则确认真正有键按下，进行相应的处理工作，从而消除了抖动的影响。

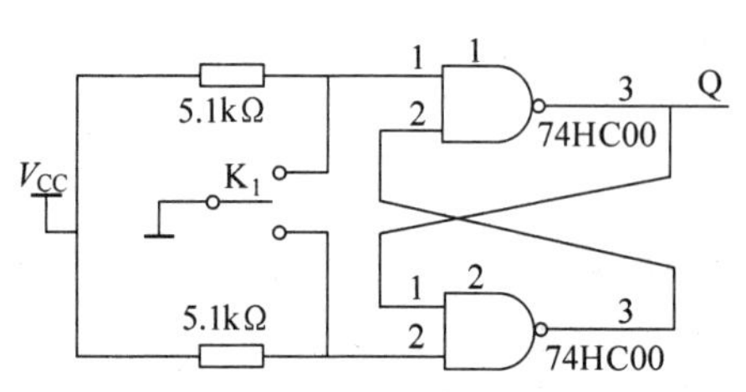

图 8-20　RS 双稳态消抖电路

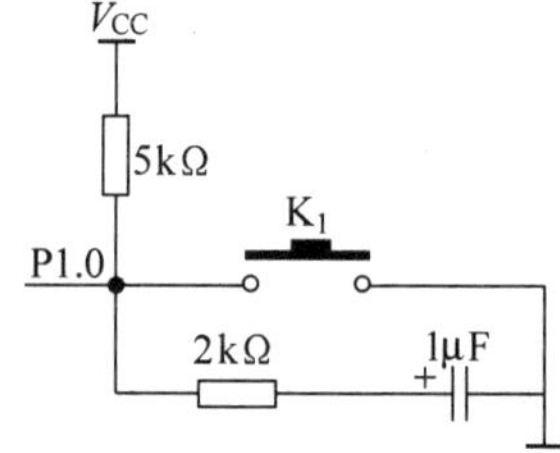

图 8-21　RC 积分消抖电路

8.2.2　4×4 矩阵键盘扫描实例

矩阵键盘是常用的一种键盘模式，下面以 4×4 键盘为例，采用一个数码管显示所按下的键值，具体原理如图 8-22 所示。

针对图 8-22，具体的实现程序如下：

```
        ORG     0000H
        LJMP    MAIN
        ORG     0100H
MAIN:   LCALL   KEYSCAN                 ;键盘扫描
        MOV     A, R1                   ;键值存入 A 中
        MOV     DPTR, #TABLE1           ;查表
        MOVC    A,@A + DPTR
```

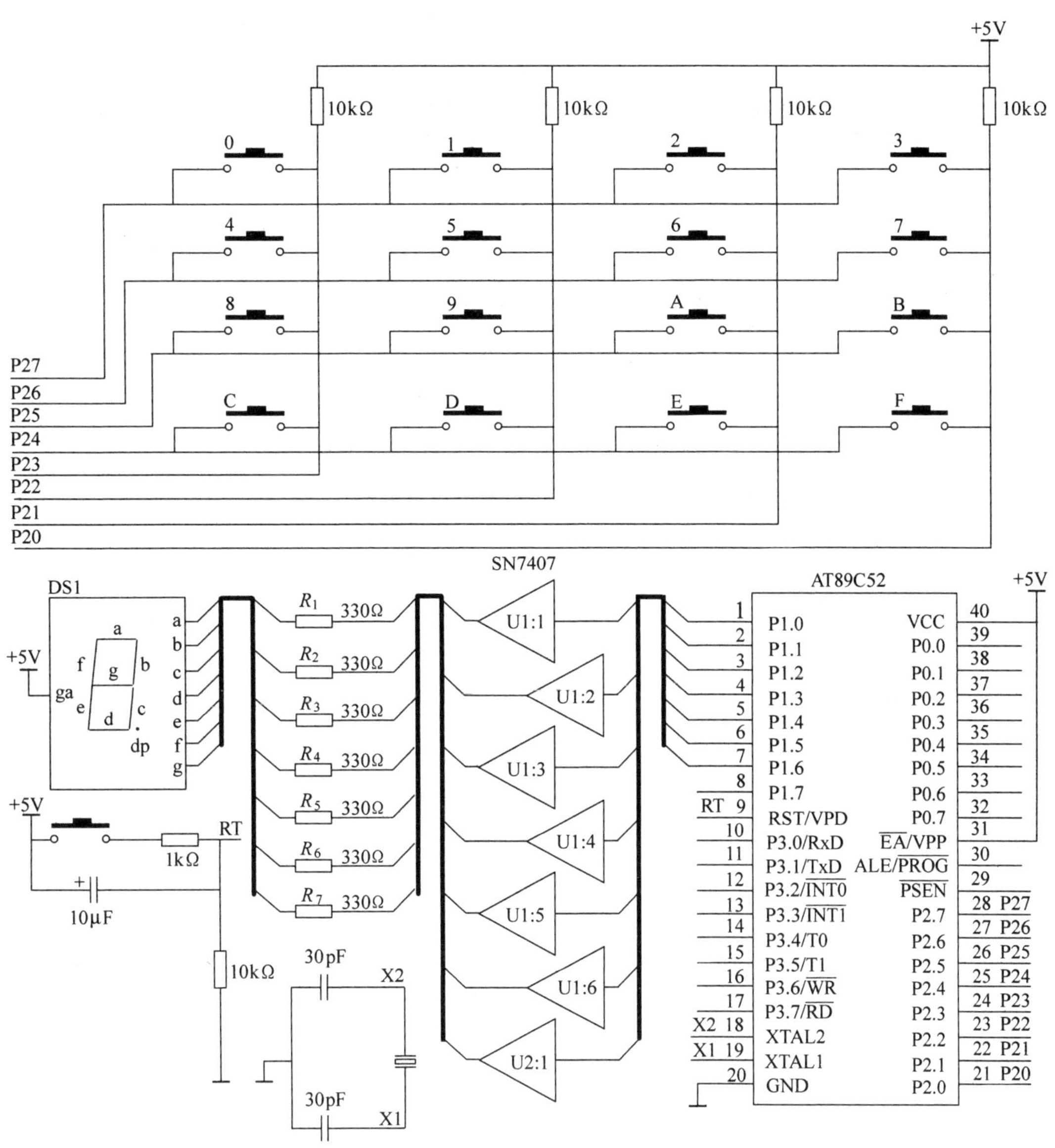

图 8-22　矩阵键盘电路图

```
         MOV     P1, A                    ;显示键值
         LJMP    MAIN
TABLE1:  DB      0C0H, 0F9H, 0A4H, 0B0H   ;0～F 的字模
         DB      99H,92H,82H,0F8H,80H
         DB90H,88H,83H,0C6H,0A1H,86H,8EH
KEYSCAN: MOV     P2, #7FH                 ;将键盘的第 1 行清 0
         MOV     A, P2                    ;读 P2 口值
         ANL     A, #0FH                  ;将高 4 位屏蔽
         CJNE    A, #0FH, YK              ;判断是否有键按下
         LJMP    LP1                      ;若无键按下，则扫描第 2 行
YK:      LCALL   DELAY                    ;延时
         MOV     A, P2                    ;读 P2 口
```

```
        ANL     A, #0FH             ;将高4位屏蔽
        CJNE    A, #0FH, YK1        ;确定有键按下,则跳转
        LJMP    LP1
YK1:    CJNE    A, #07H, LOOP1      ;扫描第1列
        MOV     R1, #00H
        RET
LOOP1:  CJNE    A, #0BH, LOOP2      ;扫描第2列
        MOVR1, #01H
        RET
LOOP2:  CJNE    A, #0DH, LOOP3      ;扫描第3列
        MOV     R1, #02H
        RET
LOOP3:  CJNE    A, #0EH, LP1        ;扫描第4列
        MOVR1, #03H
        RET
LP1:    MOV     P2, #0BFH           ;扫描第2行,将第2行清0
        MOV     A, P2               ;读P2口值
        ANL     A, #0FH             ;将高4位屏蔽
        CJNE    A, #0FH, YK2        ;判断是否有键按下
        LJMP    LP2
YK2:    LCALL   DELAY               ;延时
        MOV     A, P2               ;读P2口值
        ANL     A, #0FH             ;将高4位屏蔽
        CJNE    A, #0FH, YK3        ;确定有键按下,则跳转
        LJMP    LP2
YK3:    CJNE    A, #07H, LOOP4      ;扫描第1列
        MOVR1, #04H
        RET
LOOP4:  CJNE    A, #0BH, LOOP5      ;扫描第2列
        MOV     R1, #05H
        RET
LOOP5:  CJNE    A, #0DH, LOOP6      ;扫描第3列
        MOV     R1, #06H
        RET
LOOP6:  CJNE    A, #0EH, LP2        ;扫描第4列
        MOVR1, #07H
        RET
LP2:    MOV     P2, #0DFH           ;扫描第3行,将第3行清0
        MOV     A, P2               ;读P2口值
        ANL     A, #0FH             ;将高4位屏蔽
        CJNE    A, #0FH, YK4        ;判断是否有键按下
        LJMP    LP3
YK4:    LCALL   DELAY               ;延时
        MOV     A, P2               ;读P2口值
        ANL     A, #0FH             ;将高4位屏蔽
        CJNE    A, #0FH, YK5        ;确定有键按下,则跳转
        LJMP    LP3
YK5:    CJNE    A, #07H, LOOP7      ;扫描第1列
        MOV     R1, #08H
        RET
LOOP7:  CJNE    A, #0BH, LOOP8      ;扫描第2列
```

```
        MOV     R1, #09H
        RET
LOOP8:  CJNE    A, #0DH, LOOP9          ;扫描第 3 列
        MOV     R1, #0AH
        RET
LOOP9:  CJNE    A, #0EH, LP3            ;扫描第 4 列
        MOVR1, #0BH
        RET
LP3:    MOV     P2, #0EFH               ;扫描第 4 行,将第 4 行清 0
        MOV     A, P2                   ;读 P2 口值
        ANL     A, #0FH                 ;将高 4 位屏蔽
        CJNE    A, #0FH, YK6            ;判断是否有键按下
        LJMP    KEYSCAN
YK6:    LCALL   DELAY                   ;延时
        MOV     A, P2                   ;读 P2 口值
        ANL     A, #0FH                 ;将高 4 位屏蔽
        CJNE    A, #0FH, YK7            ;确定有键按下,则跳转
        LJMP    KEYSCAN
YK7:    CJNE    A, #07H, LOOP10         ;扫描第 1 列
        MOV     R1, #0CH
        RET
LOOP10: CJNE    A, #0BH, LOOP11         ;扫描第 2 列
        MOV     R1, #0DH
        RET
LOOP11: CJNE    A, #0DH, LOOP12         ;扫描第 3 列
        MOV     R1, #0EH
        RET
LOOP12: CJNE    A, #0EH,K1              ;扫描第 4 列
        MOV     R1, #0FH
        RET
K1:     LJMP    KEYSCAN
DELAY:  MOV     R6, #10                 ;延时时间 t = 2 + 10 × (2 + 2) + 10 × 248 × 2 = 5.002ms
D1:     MOV     R7, #248
D2:     DJNZ    R7,D2
        DJNZ    R6,D1
        RET
        END
```

8.2.3 继电器输入接口

继电器是一种电子控制器件,通常应用在自动控制电路中。它实际上是用较小电流控制较大电流的一种自动开关,故在电路中起着自动调节、安全保护、转换电路等作用。

继电器输入与单片机的接口电路如图 8-23 所示。当触点闭合时,光电耦合器接通,单片机 P1.0 脚收到高电平信号,触点断开时 P1.0 读入为低电平。R 为限流电阻,取值依据电源 V 而定,要考虑到光电耦合器中发光二极管因素;电容 C 起滤波稳压作用,当电源 V_{CC} 为 5V 时电阻 R_1 可以取 10kΩ。

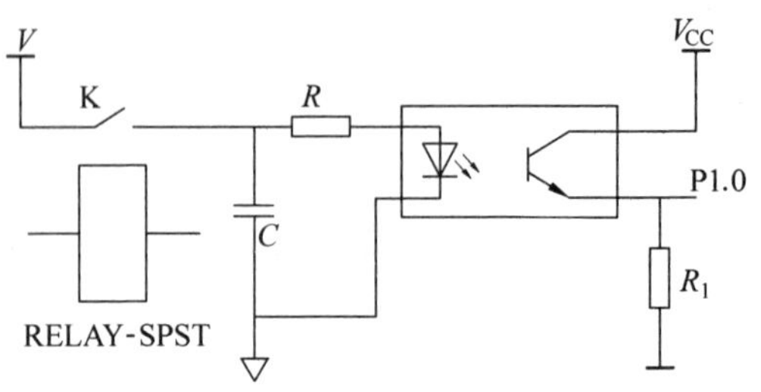

图 8-23 继电器输入接口

8.2.4 行程开关输入接口

行程开关又称限位开关，用于控制机械设备的行程及限位保护，如图 8-24 所示。在实际生产中，将行程开关安装在预先安排的位置，当装于生产机械运动部件上的模块撞击行程开关时，行程开关的触点动作，实现电路的切换。行程开关按其结构可分为直动式、滚轮式、微动式和组合式几种。下面以最简单的直动式行程开关为例，介绍其与单片机的接口电路。

行程开关与单片机的接口电路和普通按键与单片机的接口类似，如图 8-25 所示。图中，R 可以取 10kΩ。当行程开关闭合时，单片机读取 P1.0 电平为低电平，否则为高电平。

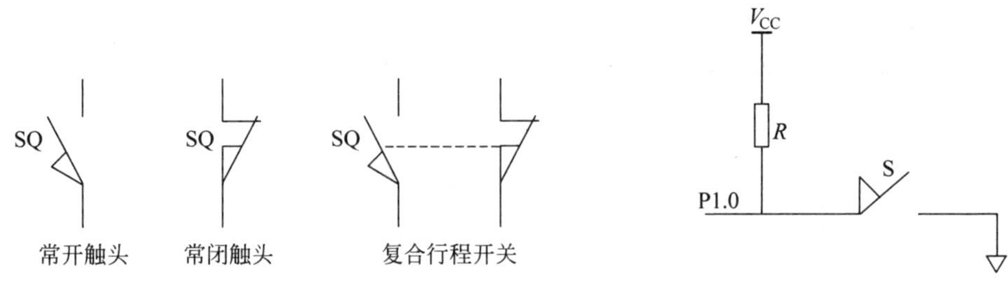

图 8-24 行程开关原理图

图 8-25 行程开关接口图

8.2.5 光电编码器输入接口

光电编码器是一种通过光电转换将输出轴上的机械几何位移量转换成脉冲或数字量的传感器。光电编码器由光栅盘和光电检测装置组成，经常用来检测电动机的转速或转角。由于光电码盘与电动机同轴，因而电动机旋转时，光栅盘与电动机同速旋转，经发光二极管等电子元件组成的检测装置检测输出若干脉冲信号，实现测量电机转速或者角度的功能。

下面将以光洋公司的旋转编码器 TRD-2E360A（见图 8-26）为例，介绍其与单片机的接口电路。

TRD-2E360A 共有 2 条电源线、3 条输出信号线、1 条屏蔽线，其接线方式如下。

(1) 棕色(BRN)：DC 5～12V；

(2) 蓝色(BLU)：0V；

(3) 黑色(BLK)：OUT A；

(4) 白色(WHT)：OUT B；

(5) 橙色(ORN)：OUT Z；

(6) 屏蔽：G(ground)。

编码器轴每转一圈，OUT A、OUT B 产生相同的脉冲个数，OUT Z 则只产生一个脉冲。OUT A 和 OUT B 相差 90°，若 OUT A 超前可判断为正转，若 OUT B 超前可判断为反转，具体输出波形如图 8-27 所示。

若只是单方向测量，TRD-2E360A 和单片机的接口电路如图 8-28 所示。

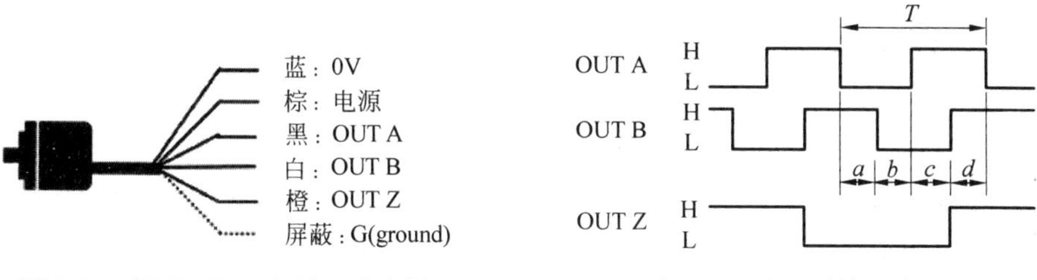

图 8-26　TRD-2E360A 接口定义图　　　　图 8-27　编码器输出波形图

图 8-28 中，6N137 为光电耦合器，其作用为隔离外部电路和单片机电路，防止干扰；V_{SS} 和 V_{CC} 为不同电源，主要是为了防止外部干扰窜入单片机电路；74HC14 为 6 非门施密特触发器，用于对光电耦合器输出信号进行整形成为标准的 TTL 电平信号。

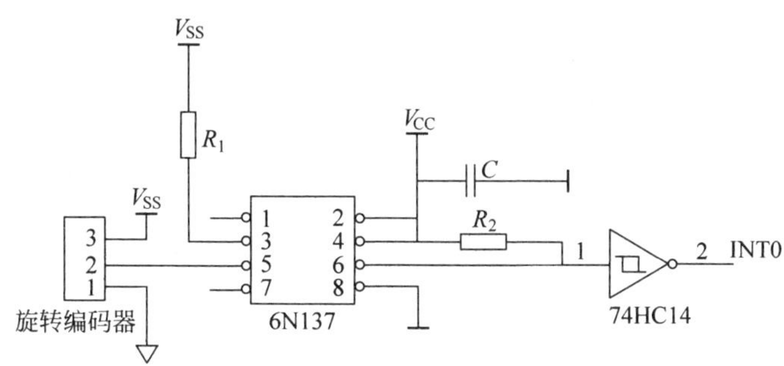

图 8-28　TRD-2E360A 与单片机接口电路

8.3　开关量输出接口设计

8.3.1　蜂鸣器输出接口

在单片机应用系统中，经常会使用蜂鸣器作为指示元件。图 8-29 所示为使用三极管驱动蜂鸣器的电路，当 P1.0 输出为高电平时，三极管截止，蜂鸣器不工作；P1.0 输出为低电平时，三极管导通，蜂鸣器工作，开始鸣响。基极电阻 R 可以取 2kΩ。

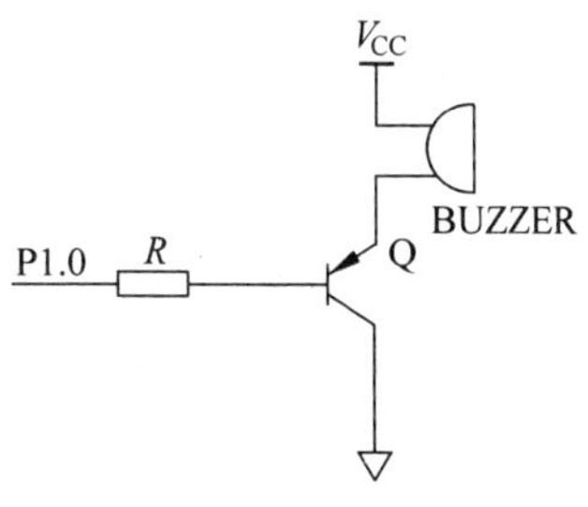

图 8-29　蜂鸣器接口电路

8.3.2 继电器输出接口

图8-30是采用三极管驱动继电器的电路，SN7407起到驱动缓冲作用，二极管起到保护作用，R为基极限流电阻，一般取2kΩ。当P1.0输出为高电平时，三极管截止，继电器触点断开；P1.0输出为低电平时，三极管导通，继电器触点闭合。在实际应用中，还可以采用ULN2003等达林顿阵列芯片来驱动继电器。

8.3.3 固态继电器输出接口

固态继电器是一种两个接线端为输入端，另两个接线端为输出端的四端器件，中间采用隔离器件实现输入、输出的电气隔离。固态继电器按负载电源类型，分为交流型和直流型；按隔离形式，分为混合型、变压器隔离型和光电隔离型。图8-31为交流型固态继电器与单片机的接口。

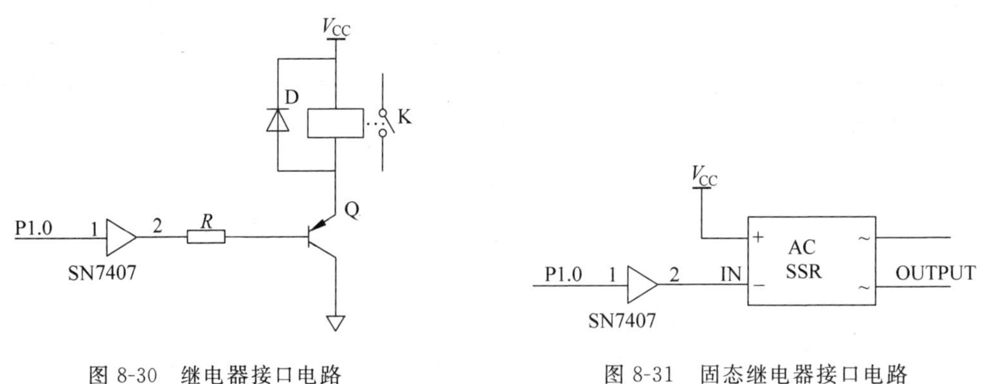

图8-30 继电器接口电路

图8-31 固态继电器接口电路

当P1.0输出为低电平时，固态继电器导通，负载工作；当P1.0为高电平时，固态继电器截止，负载停止工作。

8.4 液晶显示模块接口设计

液晶显示器(liquid crystal display，LCD)与LED显示器相比较，具有结构空间小、低压微功耗、显示信息大和无电磁辐射等优点，其应用范围越来越广。

8.4.1 LCD的基本结构与驱动原理

1. LCD的基本结构

LCD本身并不发光，是通过液晶材料在电场的作用下发生变化，来改变光的方向，从而达到显示的目的。图8-32为LCD的基本结构，即在上、下两层透明玻璃板内侧的电极之间依照玻璃沟槽方向，封入平行排列的液晶材料。外部入射光通过上偏光片后形成偏振光，该偏振光通过平行排列的液晶材料后被旋转 90°，再通过与上偏光片垂直的下偏光片，被反射板反射回来，呈现透明态；当上下段电极和背电极加上一定的电压后，液晶分子转成垂直排列，失去旋转性，从上偏光片入射的偏振光不被旋转，光无法通过偏光片返回，呈黑色，从而显示出文字、数字、图形等。

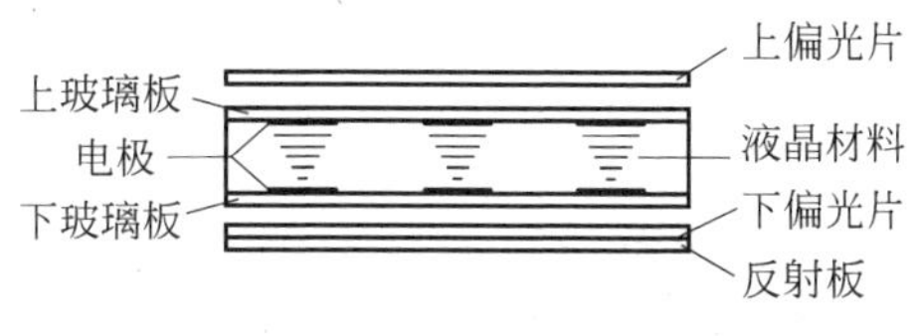

图 8-32　LCD 的基本结构

2. LCD 的驱动原理

与需要直流电流驱动的 LED 不同的是，LCD 需要交流电压来驱动，即所施加的电压必须周期地改变极性，否则 LCD 中的液晶分子的电气化学特性将发生变化，并导致液晶的损坏。图 8-33、图 8-34 分别为一段 LCD 基本驱动原理图和工作波形示意图。A 为背极信号输入端，B 为段极信号输入端。背极信号输入端输入方波信号，段极信号输入端输入段选信号。两者加载到异或门的输入端，异或门的输出信号和背极信号加载在 LCD 的电极上，当 LCD 两极间电压为零时 LCD 不显示，而当 LCD 两端为两倍幅值的交替变化的电压时 LCD 显示。

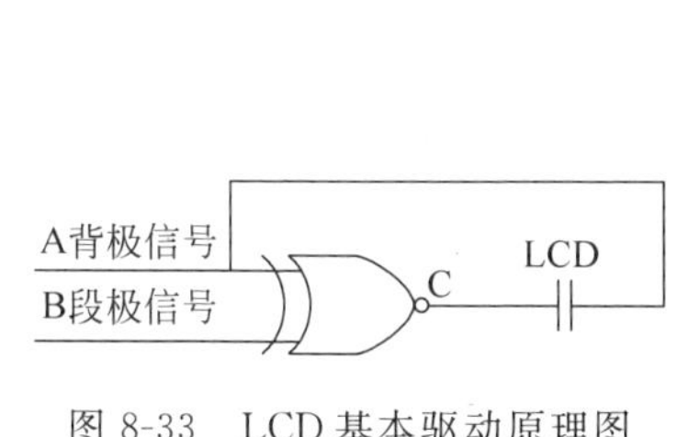

图 8-33　LCD 基本驱动原理图

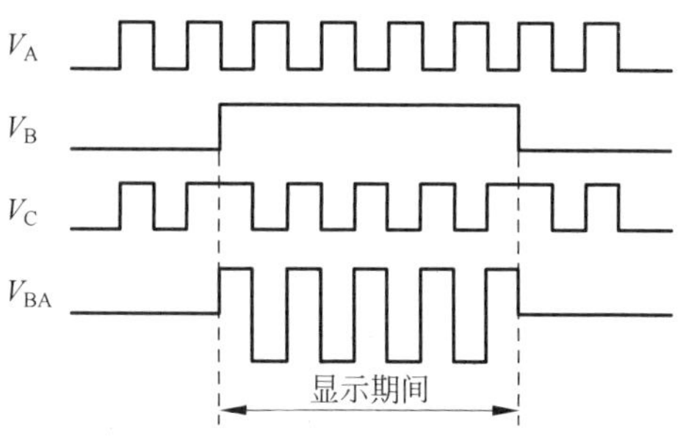

图 8-34　LCD 工作波形示意图

常用的 LCD 有段式液晶显示模块、点阵字符液晶模块和点阵图形液晶显示模块 3 种，大多内部集成了通过静态驱动或动态驱动的 LCD 控制器，外部接口通过连接单片机的并行口、SPI 接口或串行口等与 LCD 进行通信控制。下面以较为简单的段式液晶显示模块和点阵字符液晶模块为例介绍其余单片机的接口电路设计。

8.4.2　段式 LCD

段式 LCD 用于显示段形数字或固定形状的符号，广泛用作计数、计时、状态指示等。EDM1190-02(旧型号为 EDM1190B)是大连东显电子有限公司生产的一种经济实用的四位串行段式液晶显示模块，它实用的驱动控制芯片为凌阳科技生产的 SPLC100A2。

EDM1190-02 的引脚功能如表 8-4 所示。

表 8-4　EDM1190-02 引脚说明

引　脚　号	引脚符号	引脚名称	功　　能
1	VDD	电源	典型＋5V
2	DIN	数据端	串行数据输入端
3	VSS	地	0V
4	CLK	时钟信号	下降沿触发

EDM1190-02 与单片机的接口电路如图 8-35 所示。此电路比较简单，只需要两个 I/O 接口，P1.0 接 EDM1190-02 的引脚 2(DIN)，P1.1 接 EDM1190-02 的引脚 4(CLK)，预显示数字的二进制段码由 P1.0 口一位一位地输出，只要在 P1.1 口产生方波信号就可以控制在 LCD 上显示数字。

详细的芯片资料，可参考该芯片的技术文档，这里不再介绍。

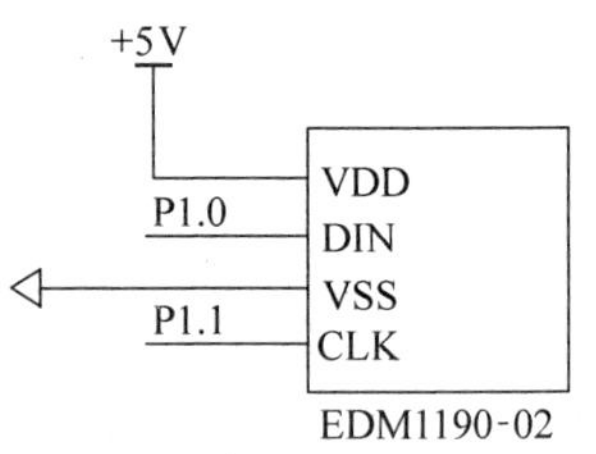

图 8-35　EDM1190-02 与单片机接口电路

8.4.3　点阵 LCD

字符型液晶显示模块是一类专门用于显示字母、数字、符号等的点阵 LCD 显示模块，这种模块的点阵排列是由 5×7、5×8 或 5×11 的一组像素点阵排列组成的。每组一位，每位之间有一点间隔，每行间也有一行间隔，所以不能显示图形。目前常用的有 16 字×1 行、16 字×2 行、20 字×2 行和 40 字×2 行等字符模组。下面以 LCM1602A 字符型液晶显示模块为例，简单介绍字符型液晶显示模块的接口电路设计。

LCM1602A 是北京青云创新科技发展有限公司生产的字符型液晶显示模块，主要技术参数如下：电源电压为＋5V，视角为 6 点，显示容量为 16 字×2 行，数据传输方式为并行 8 位或 4 位(高 4 位有效)，字符形式为 5×7 点阵，工作温度为 0～55℃，存储温度为－20～70℃。LCM1602A 的引脚功能如表 8-5 所示。

表 8-5　LCM1602A 引脚说明

引脚号	引脚符号	引脚名称	功　　能
1	VSS	地	0V
2	VDD	电源	典型值＋5V(4.5～5.5V)
3	VO	液晶显示偏压	0～5V
4	RS	寄存器选择	H：数据寄存器。L：指令寄存器
5	R/W	读写控制	H：读。L：写
6	E	使能	下降沿触发
7～14	DB0～DB7	8 位数据线	数据传输
15	A	备光源正极	＋5V
16	K	备光源负极	0V

LCM1602A 与 AT89S51 单片机接口电路十分简单，如图 8-36 所示。

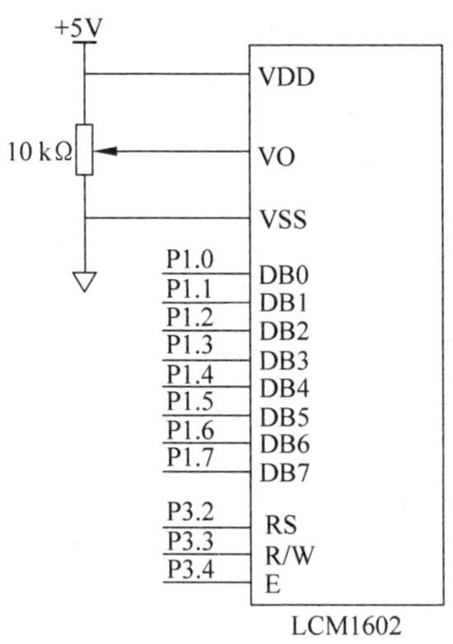

图 8-36 LCM1602A 接口电路

图 8-36 中，P1 接口与 DB0～DB7 相连，P3 接口的部分口线用作控制用，P3.2 接 RS，P3.3 接 R/W，P3.4 接 E，VDD 和＋5V 相连，VSS 接地，VO 接可调电阻的可调端即可。

关于 LCM1602A 模块内部相关寄存器请读者参考技术文档，这里不再详细介绍。

8.5 常用 A/D 转换接口设计

A/D 转换器(ADC)的作用是把模拟量转换成数字量，以便于计算机进行处理。随着超大规模集成电路技术的飞速发展，现在有很多类型的 A/D 转换器芯片。不同的芯片，它们的内部结构不一样，转换原理也不同。根据转换原理的不同，A/D 转换芯片可分为逐次逼近型、双重积分型、Σ-Δ 型、流水线型和闪速型等；按转换方法，可分为直接 A/D 转换器和间接 A/D 转换器；按其分辨率，可分为 8～24 位的 A/D 转换器芯片。A/D 转换器的主要技术指标有：转换时间、转换频率、分辨率、量化误差、转换精度等。

8.5.1 TLC2543 与单片机接口实例

1. TLC2543 芯片介绍

TLC2543 是 TI 公司生产的有 11 个输入端的 12 位串行模数转换器，使用开关电容逐次逼近技术完成 A/D 转换过程，具有转换快、稳定性好、接口简单、价格低等优点。

TLC2543 具有以下特点：

(1) 12 位分辨率；

(2) 11 个模拟输入通道；

(3) 最大线性误差 1LSB；

（4）10μs 转换时间；

（5）自动采样保持。

TLC2543 芯片是 20 脚双列直插封装形式，其引脚排列如图 8-37 所示。

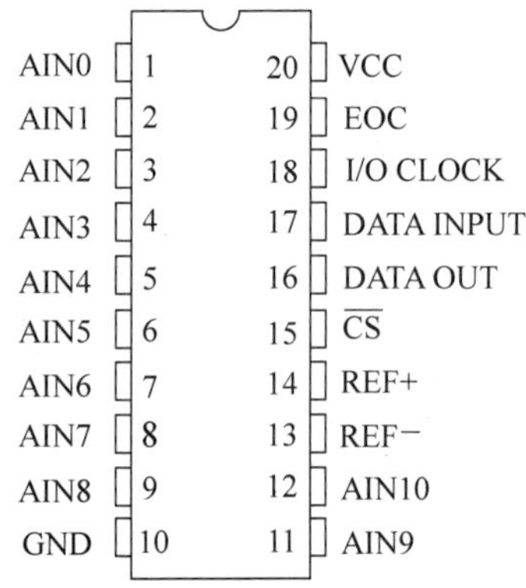

图 8-37　TLC2543 引脚图

TLC2543 芯片各引脚功能说明如下：

AIN0～AIN10：11 路模拟信号输入端；

$\overline{CS}$：片选端，低电平有效；

DATA INPUT：数据串行输入端；

DATA OUT：数据串行输出端；

EOC：转换结束标志端；

I/O CLOCK：I/O 时钟输入端；

REF＋：基准电压正端；

REF－：基准电压负端；

VCC：电源；

GND：电源地。

2. TLC2543 的使用方法

（1）控制字的格式

TLC2543 的控制字是从 DATA INPUT 端串行输入的 8 位数据，它规定了 TLC2543 要转换的模拟量通道、转换后的输出数据长度以及输出数据的格式。其中，高 4 位(D7～D4)表示通道号。对于 0～10 通道，该 4 位为 0000～1010H；当为 1011～1101 时，用于对 TLC2543 的自检，分别测试$[(V_{ref}+)+(V_{ref}-)]/2$、$V_{ref}+$、$V_{ref}-$的值；当为 1110 时，TLC2543 进入休眠状态。低 4 位决定输出数据长度及格式，其中 D3、D2 决定输出数据长度，01 表示输出数据长度为 8 位，11 表示输出数据长度为 16 位，其他为 12 位。D1 决定输出数据是高位先送出还是低位先送出，为 0 表示高位先送出。D0 决定输出数据是单极性(二进制)还是双极性(2 的补码)，若为单极性该位为 0，反之为 1。

（2）转换过程

上电后，片选$\overline{CS}$必须从高到低，才能开始一次工作周期，此时 EOC 为高，输入数据寄存器被清 0，输出数据寄存器的内容是随机的。

开始时，片选$\overline{CS}$为高，I/O CLOCK、DATA INPUT 被禁止，DATA OUT 呈高阻状态，EOC 为高。使$\overline{CS}$变低，I/O CLOCK、DATA INPUT 使能，DATA OUT 脱离高阻状态。12 个时钟信号从 I/O CLOCK 端依次加入，控制字从 DATA INPUT 一位一位地在时钟信号的上升沿时被送入 TLC2543(高位先送入)，同时上一周期转换的 A/D 数据，即输出数据寄存器中的数据从 DATA OUT 一位一位地移出。TLC2543 收到第 4 个时钟信号后，通道号也已收到，此时 TLC2543 开始对选定通道的模拟量进行采样，并保持到第 12 个时钟的下降沿。在第 12 个时钟下降沿，EOC 变低，开始对本次采样的模拟量进行 A/D 转换，转换时间约需 10μs，转换完成后 EOC 变高，转换的数据在输出数据寄存器中，待下一个工作周期输出。此后，可以进行新的工作周期。

对 TLC2543 的操作，关键是理清接口时序图和寄存器的使用方式。图 8-38 是

TLC2543 的接口时序图。从图中可看出，在片选信号$\overline{CS}$有效的情况下，首先要根据 A/D 转换功能需要配置要输入的数据。需要注意的是，在读数据的同时，TLC2543 将上一次转换的数据从数据输出口伴随输入时钟输出。为了提高 A/D 采样的速率，可以采用在设置本次采样的同时，将上次 A/D 采样的值读出的办法。

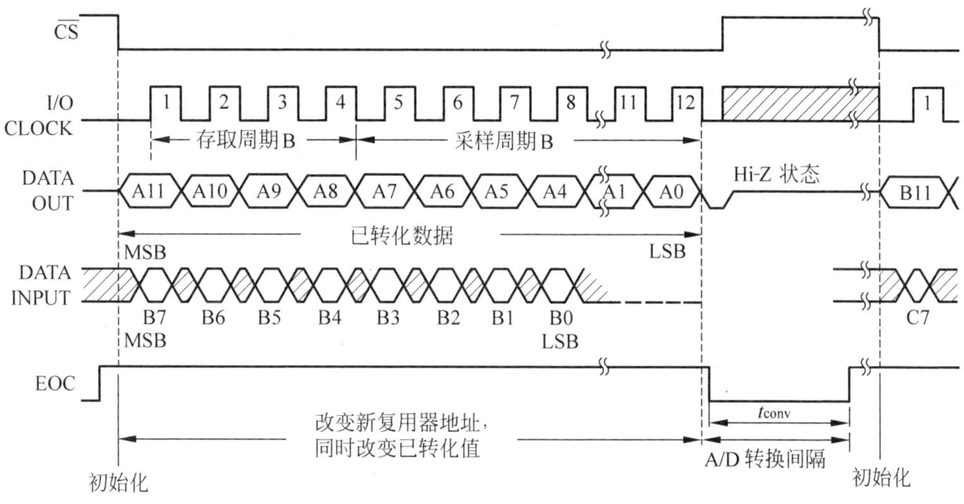

图 8-38　TLC2543 的工作时序图

3. TLC2543 与单片机的接口和程序

AT89S52 单片机没有 SPI 接口，为了与 TLC2543 连接，可以用软件功能来实现 SPI 接口，其硬件接口原理如图 8-39 所示。片选端$\overline{CS}$与单片机 P2.0 脚相连，P2.1 脚和 P2.2 脚分别接收和输出串行数据，P2.3 脚输出时钟信号，EOC 标志端与 P2.4 脚连接。

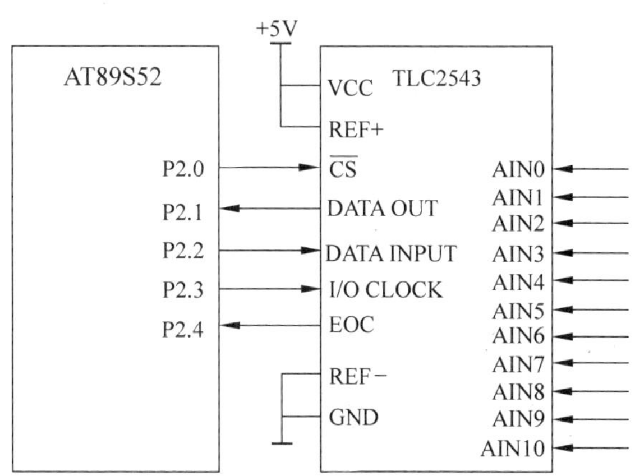

图 8-39　TLC2543 与 89S52 单片机的接口原理图

接口程序如下：

```
CS      BIT P2.0        ;片选接口
DOUT    BIT P2.1        ;数据输出
```

```
         DIN      BIT P2.2              ;数据输入
         SCLK     BIT P2.3              ;时钟接口
         EOC      BIT P2.4              ;标志端
         CONTR    EQU 30H               ;控制字存储单元
         DATABUF1 EQU 31H               ;A/D转换的数据存储单元
         DATABUF2 EQU 32H
         ORG      0000H
         LJMP     MAIN
         ORG      0100H
MAIN:    MOV      CONTR,#00H            ;采用0号通道,输出12位数据,高位先输出,单极性
         LCALL    READ_AD               ;调用A/D转换函数
READ_AD: MOV      R1,CONTR              ;将控制字传入R1
         MOV      30H,#00H              ;清数据存储区
         MOV      31H,#00H
         CLR      SCLK                  ;时钟清0
         NOP
         NOP
         CLR      CS                    ;将片选端拉低
         NOP
         NOP
         MOV      R4,#0CH               ;给R4赋初值12
         MOV      A,R1                  ;将控制字传给累加器A
LOOP1:   CLR      C                     ;清进位标志位
         RLC      A
         MOV      DIN,C                 ;将控制字输入数据输入端
         SETB     SCLK                  ;给时钟下降沿
         NOP
         NOP
         CLR      SCLK
         NOP
         NOP
         DJNZ     R4,LOOP1              ;判断是否将12位的控制字全传送完
         SETB     CS                    ;使片选从高到低,开始工作
         NOP
         NOP
         NOP
         CLR      CS
         NOP
         NOP
         MOV      R4,#04H               ;先读取高4位
         MOV      A,#00H
LOOP2:   MOV      C,DOUT
         RLC      A
         SETB     SCLK
         NOP
         NOP
         CLR      SCLK
         NOP
         NOP
         DJNZ     R4,LOOP2
         MOV      DATABUF1,A            ;将高4位存在DATABUF1单元
```

```
        MOV     R4,#08H             ;再读取低 8 位数据
        MOV     A,#00H
LOOP3:  MOV     C,DOUT
        RLC     A
        SETB    SCLK
        NOP
        NOP
        CLR     SCLK
        NOP
        NOP
        DJNZ    R4,LOOP3
        MOV     DATABUF2,A          ;将低 8 位数据存在 DATABUF2 单元
        SETB    CS
        RET
        END
```

8.5.2 ADC0832 与单片机接口实例

1. ADC0832 芯片介绍

ADC0832 是美国国家半导体公司生产的一种 8 位分辨率、双通道 A/D 转换芯片，它具有体积小、转换速度快、稳定性好、性价比高的优点，深受用户欢迎。

ADC0832 具有以下特点：

(1) 8 位分辨率；

(2) 双通道 A/D 转换；

(3) 5V 单电源供电时输入电压在 0～5V 之间；

(4) 功耗仅为 15mW；

(5) 输入/输出电平与 TTL/CMOS 相兼容；

(6) 转换时间为 32μs；

(7) 采用双重数据输出。

ADC0832 芯片为 8 脚双列直插封装或 14 脚贴片封装，其引脚图如图 8-40 所示。

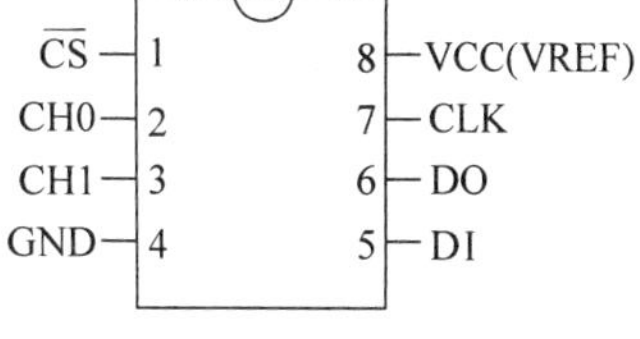

图 8-40 ADC0832 引脚图

芯片各引脚功能说明如下：

$\overline{CS}$：片选端，低电平有效；

CH0：模拟输入通道 0；

CH1：模拟输入通道 1；

GND：电源地；

DI：数据信号输入端；

DO：数据信号输出端；

CLK：串行时钟输入端；

VCC(VREF)：电源、参考电压复用端。

2. ADC0832 的工作原理

正常情况下 ADC0832 与单片机的接口应为 4 条数据线，分别是$\overline{CS}$、CLK、DO 和 DI。但由于 DO 端与 DI 端在通信时并未同时有效，并与单片机的接口是双向的，所以在进行电路设计时可以将 DO 和 DI 连在一根数据线上使用。

ADC0832 工作时，模拟通道的选择及单端输入和差分输入的选择，都取决于输入时序中的配置位。当差分输入时，要分配输入通道的极性，两个输入通道的任何一个通道都可作为正极或负极。ADC0832 的配置位逻辑及对应的通道状态如表 8-6 所示。

表 8-6　ADC0832 的配置位

MUX Address		通道	
SGL/$\overline{DIF}$	ODD/SIGN	0	1
0	0	+	−
0	1	−	+
1	0	+	
1	1		+

ADC0832 的工作时序如图 8-41 所示。未工作时其$\overline{CS}$端应置为高电平，此时禁用芯片，CLK 和 DO、DI 的电平可以任意。当要进行 A/D 转换时，须先将$\overline{CS}$使能端置低电平并且保持低电平直到转换完全结束。同时，向芯片时钟输入端 CLK 输入时钟脉冲，在时钟脉冲的上升沿，数据由 DI 端移入 ADC0832 内部的多路地址移位寄存器。在第 1 个时钟脉冲的下降沿之前 DI 端必须是高电平，表示起始信号。在第 2、3 个脉冲时，DI 端应输入 2 位配置位数据用于选择通道功能。

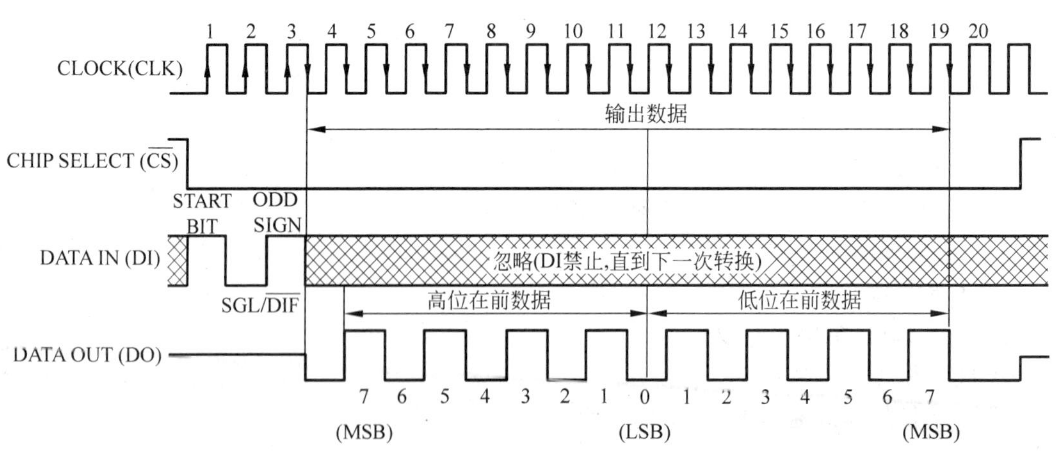

图 8-41　ADC0832 工作时序

接着，ADC0832 从第 4 个脉冲下降沿开始由 DO 端输出转换数据最高位，随后每一个脉冲下降沿 DO 端输出下一位数据。一直到第 11 个脉冲时输出最低位数据，一个字节的数据输出完成。之后，又以此最低位开始重新输出一遍数据。即先输出 8 位高位在前的数据，后输出 8 位低位在前的数据，两次发送数据的最低位是共用的。此时，一次 A/D 转换结束，将$\overline{CS}$置高电平禁用芯片，接着将转换后的数据进行处理就可以了。如果要再进行一次 A/D 转换，片选端$\overline{CS}$必须再次由高变低，接着输入启动位和配置位。

在$\overline{CS}$端变低后的前 3 个时钟周期内，DO 端仍然保持高阻状态；转换开始后，DI 线禁止，直到下一次转换开始。因此，DO 和 DI 端可以连在一起复用。

3. ADC0832 与单片机的接口和程序

AT89S52 单片机为了与 ADC0832 连接，采用软件来模拟 SPI 接口，其接口电路如图 8-42 所示。ADC0832 的$\overline{CS}$端与单片机的 P2.0 脚相连，CLK 与 P2.1 相连，DI 与 P2.2 相连，DO 与 P2.3 相连。

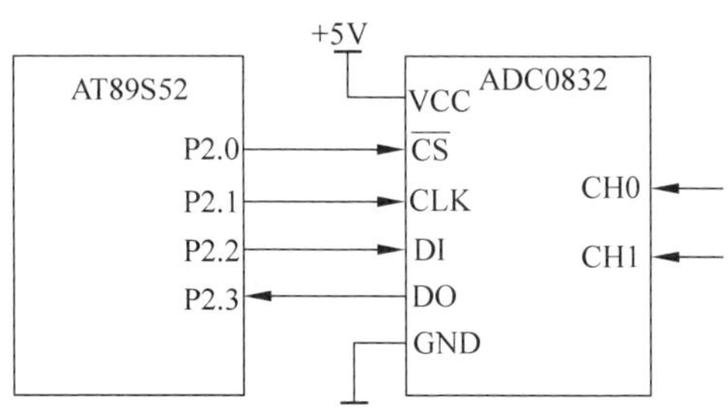

图 8-42 ADC0832 与 AT89S52 的 SPI 串行口

汇编语言程序如下：

```
        ADCS    BIT   P2.0          ;片选接口
        ADCLK   BIT   P2.1          ;时钟接口
        ADDI    BIT   P2.2          ;数据输入
        ADDO    BIT   P2.3          ;数据输出

        ORG     0000H
        LJMP    MAIN
        ORG     0100H
MAIN:   MOV     R2, #00H            ;数据存储寄存器清 0
        MOV     R1, #02H            ;将 CH0 作为 IN－，CH1 作为 IN＋
        ACALL   ADINIT              ;调用初始化函数
        ACALL   ADREAD              ;调用读取数据函数
        LJMP    TEXT7               ;退出
ADINIT: SETB    ADDI                ;第 1 个时钟脉冲下沉之前 DI 端保持高电平
        NOP
        CLR     ADCS                ;使能 ADC0832
        NOP
        SETB    ADCLK
        NOP
        CLR     ADCLK               ;下降沿 1
        NOP
        MOV     A ,R1               ;输入配置位 SGL/DIF
        JNB     ACC.0,TEXT1
        SETB    ADDI
        SJMP    TEXT2
TEXT1:  CLR     ADDI
```

```
TEXT2:  NOP
        SETB     ADCLK
        NOP
        CLR      ADCLK                ;下降沿 2
        NOP
        MOV      A ,R1                ;输入配置位 ODD/SIGN
        JNBACC.1,TEXT3
        SETB     ADDI
        SJMP     TEXT4
TEXT3:  CLR      ADDI
TEXT4:  NOP
        SETB     ADCLK
        NOP
        CLR      ADCLK                ;下降沿 2
        NOP
        RET

ADREAD: CLR      C
        MOV      R0, #08H             ;读 8 位数据
LOOP:   SETB     ADCLK
        NOP
        CLR      ADCLK
        NOP
        JB       ADDO,TEXT5
        CLR      C
        SJMP     TEXT6
TEXT5:  SETB     C
TEXT6:  RLC      A
        DJNZ     R0,LOOP
        MOVR2,A                       ;最后数据存放在 R2 里
        RET
TEXT7:  END
```

8.5.3 A/D 转换器（TLC2543）应用实例

已知有一标准电压信号，幅值范围为 0～5V。现采用单片机控制 A/D 转换器 TLC2543 实现电压值的测量，并使用段式液晶进行显示，具体电路如图 8-43 所示。

0～5V 电压由 A/D 转换器 TLC2543 的 0 号通道输入，经转化，通过段式 LCD 显示电压值的大小。

汇编程序如下：

```
        SCLK     EQU P1.0
        DIN      EQU P1.1
        DOUT     EQU P1.2
        CS       EQU P1.3
        LCD_DI   EQU P2.0
        LCD_CLK  EQU P2.1
        ORG      0000H
```

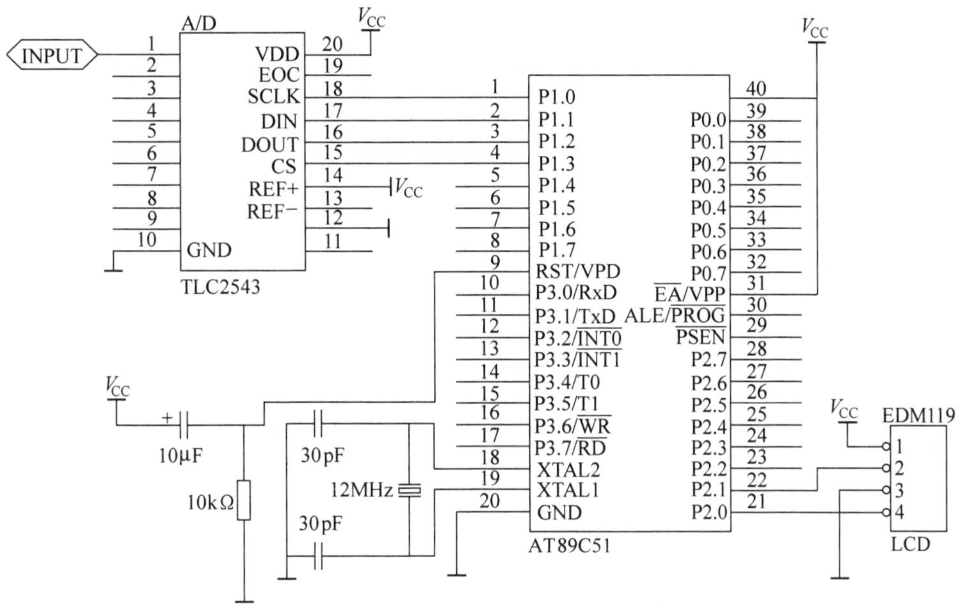

图 8-43 电压测量电路

```
         LJMP     MAIN
         ORG      0100H
MAIN:    LCALL    SCREEN          ;清屏
         LCALL    READ_AD         ;调用 A/D 读取数据函数
         MOV      R4, 30H         ;将 A/D 读取的数值的高 4 位值传给 R4
         MOV      R5, 31H         ;将 A/D 读取的数值的低 8 位值传给 R5
         MOV      6, #00H         ;给乘数幅值 0032H
         MOV      R7, #32H
         LCALL    KQMUL           ;调用双字节乘法函数,计算 (A/D 转换值×5)/2^12 ×10V,因
                                  ;为要显示小数点后一位,所以要乘 10
         MOV      A, R6           ;将乘法计算结果的高 8 位传给 R4
         MOV      R4,A
         MOV      A, R7           ;低 8 位传给 R5
         MOV      R5,A
         MOV      R6, #0FH        ;将除数传给 R6、R7
         MOV      R7, #0FFH
         LCALL    KNDIV           ;调用多字节除法函数,得到的结果存在 R5 中
         MOV      A,R5
         MOV      B, #10
         DIV      AB
         MOV      DPTR, #TABLE    ;查表显示电压值的个位
         MOVC     A,@A+DPTR
         MOV      R1, #08H        ;送 LCD 显示
         LCALL    SEND8
         MOV      A, B            ;查表显示小数点后一位
         MOV      DPTR, #TABLE1
         MOVC     A,@A+DPTR
         MOV      R1, #08H        ;送 LCD 显示
```

```
        LCALL   SEND8
        MOV     LCD_DI, C               ;由于采用的是段式 LCD,所以需要再传送一位才能将
                                        ;前面的数完全显示
        NOP
        NOP
        SETB    LCD_CLK
        NOP
        NOP
        CLR     LCD_CLK
        NOP
        NOP
        LCALL   DELAY                   ;调用延时函数
        LJMP    MAIN                    ;循环
TABLE:  DB      10H,0DCH,82H,87H,4CH,28H,20H,9CH,00H,08H    ;带小数点的 0～9 字模
TABLE1: DB      11H,0DDH,83H,88H,4DH,29H,21H,9DH,01H,09H    ;不带小数点的 0～9 字模
DELAY:  MOV     R1, #255                ;延时函数
L3:     MOV     R2, #10
L2:     MOV     R0, #255
L1:     DJNZ    R0,L1
        DJNZ    R2,L2
        DJNZ    R1,L3
        RET
SCREEN: MOV     A, #0FFH                ;清屏函数
        MOV     R1, #08H
        LCALL   SEND8
        LCALL   SEND8
        LCALL   SEND8
        LCALL   SEND8
        LCALL   SEND8
        RET
SEND8:  SETB    C                       ;向 LCD 传送一个字节函数
LOOP:   RLC     A
        MOV     LCD_DI,C
        NOP
        NOP
        SETB    LCD_CLK
        NOP
        NOP
        CLR     LCD_CLK
        NOP
        NOP
        DJNZ    R1,LOOP
        RET
READ_AD:                                ;A/D 转换程序
        MOV     R1, #00H                ;将控制字传入 R1,采用 0 号通道,输出 12 位数据,高
                                        ;位先输出,单极性
        MOV     30H, #00H               ;清数据存储区
        MOV     31H, #00H
        CLR     SCLK                    ;时钟清 0
        NOP
        NOP
```

```
        CLR     CS              ;将片选端拉低
        NOP
        NOP
        MOV     R4, #0CH        ;给 R4 赋初值 12
        MOV     A, R1           ;将控制字传给累加器 A
LOOP1:  CLR     C               ;清进位标志位
        RLC     A
        MOV     DIN, C          ;将控制字输入数据输入端
        SETB    SCLK            ;给时钟下降沿
        NOP
        NOP
        CLR     SCLK
        NOP
        NOP
        DJNZ    R4, LOOP1       ;判断是否将 12 位的控制字全传送完
        SETB    CS              ;使片选从高到低,开始工作
        NOP
        NOP
        CLR     CS
        NOP
        NOP
        MOV     R4, #04H        ;先读取高 4 位
        MOV     A, #00H
LOOP2:  MOV     C,DOUT
        RLC     A
        SETB    SCLK
        NOP
        NOP
        CLR     SCLK
        NOP
        NOP
        DJNZ    R4,LOOP2
        MOV     30H, A          ;将高 4 位存在 30H 单元
        MOV     R4, #08H        ;再读取低 8 位数据
        MOV     A, #00H
LOOP3:  MOV     C,DOUT
        RLC     A
        SETB    SCLK
        NOP
        NOP
        CLR     SCLK
        NOP
        NOP
        DJNZ    R4,LOOP3
        MOV     31H, A          ;将第 8 位数据存在 31H 单元
        SETB    CS
        RET
KNDIV:  CLR     C
;多字节除法函数,此函数可以从其他书籍中直接查得,R0R1R4R5/R6R7 = R4R5
NDIV:   MOV     A,R1
        CLR     A
```

```
        SUBB    A,R7
        MOV     A,R0
        SUBB    A,R6
        JNC     NDVE1
        MOV     B,#10H
NDVL1:  CLR     C
        MOV     A,R5
        RLC     A
        MOV     R5,A
        MOV     A,R4
        RLC     A
        MOV     R4,A
        MOV     A,R1
        RLC     A
        MOV     R1,A
        XCH     A,R0
        RLC     A
        XCH     A,R0
        MOV     F0,C
        CLR     C
        SUBB    A,R7
        MOV     32H,A
        MOV     A,R0
        SUBB    A,R6
        JB      F0,NDVM1
        JC      NDVD1
NDVM1:  MOV     R0,A
        MOV     A,32H
        MOV     R1,A
        INC     R5
NDVD1:  DJNZ    B,NDVL1
        CLR     F0
        RET
NDVE1:  SETB    F0
        RET
KQMUL:  MOV     A, R5                   ;多字节乘法函数,此函数可以从其他书籍中查得,
                                        ;R4R5 × R6R7 = R0R1R6R7
        MOV     B,R7
        MUL     AB
        XCH     A,R7
        MOV     R1,B
        MOV     B,R4
        MUL     AB
        ADD     A,R1
        MOV     R0,A
        CLR     A
        ADDC    A,B
        MOV     R1,A
        MOV     A,R6
        MOV     B,R5
        MUL     AB
```

```
ADD     A,R0
XCH     A,R6
XCH     A,B
ADDC    A,R1
MOV     R1,A
MOV     F0,C
MOV     A,R4
MUL     AB
ADD     A,R1
MOV     R1,A
CLR     A
MOV     ACC.0,C
MOV     C,F0
ADDC    A,B
MOV     R0,A
RET
END
```

8.6　常用 D/A 转换接口设计

D/A 转换器(DAC)的作用是把数字量转换成模拟量,以便于将数字量还原为模拟量。D/A 转换器的品种繁多、性能各异。按输入数字量的位数分类,可分为 8 位、10 位、12 位和 16 位 D/A 转换器等;按输入的数码分类,分为二进制方式和 BCD 码方式;按传送数字量的方式分类,分为并行方式和串行方式;按输出形式分类,分为电流输出型和电压输出型,电压输出型又有单极性和双极性之分;按与单片机的接口分类,分为带输入锁存的和不带输入锁存的。D/A 转换器的主要技术指标有:D/A 建立时间、D/A 转换精度、分辨率等。

8.6.1　TLC5618 与单片机接口实例

1. TLC5618 芯片介绍

TLC5618 是美国 Texas Instruments 公司生产的带有缓冲基准输入的可编程双路 12 位数模转换器。DAC 输出电压范围为基准电压的两倍,且其输出是单调变化的。该器件使用简单,具有上电复位功能以确保可重复启动。数字输入端带有斯密特触发器,因而具有高的噪声抑制能力。

TLC5618 具有以下特点:

(1) 可编程建立时间;

(2) 两个 12 位的电压输出 DAC;

(3) 单电源工作;

(4) 3 线串行口;

(5) 高阻抗基准输入;

(6) 电压输出范围为基准电压的两倍;

（7）软件断电方式；
（8）内部上电复位；
（9）低功耗，慢速方式为 3mW，快速方式为 8mW；
（10）输出在工作温度范围内单调变化。

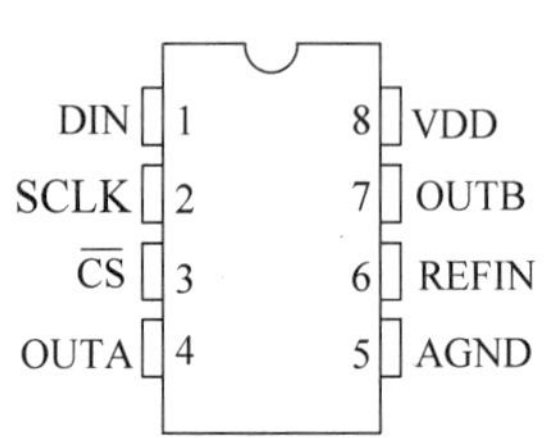

图 8-44 TLC5618 的引脚图

TLC5618 的引脚排列如图 8-44 所示。

芯片各引脚功能说明如下：

DIN：串行数据输入端；

SCLK：串行时钟输入端；

$\overline{CS}$：片选端，低电平有效；

OUTA：DAC A 模拟输出端；

OUTB：DAC B 模拟输出端；

REFIN：基准电压输入端；

AGND：电源地；

VDD：电源。

2. TLC5618 的使用方法

TLC5618 使用由运放缓冲的电阻串网络把 12 位数字数据转换为模拟电压电平，其输出极性与基准电压输入相同。

上电时内部电路把 DAC 寄存器复位至 0。输出缓冲器具有可达电源电压幅度的输出，它带有短路保护并能驱动具有 100pF 负载电容器的 2kΩ 负载。基准电压输入经过缓冲，它使 DAC 输入电阻与代码无关。TLC5618 的最大串行时钟速率为 20MHz。

当片选$\overline{CS}$为低电平时，输入数据由时钟定时，以最高有效位在前的方式读入 16 位移位寄存器，其中前 4 位为编程位，后 12 位为数据位。SCLK 的下降沿把数据移入输入寄存器，然后$\overline{CS}$的上升沿把数据送到 DAC 寄存器。所有$\overline{CS}$的跳变应当发生在 SCLK 输入为低电平时。可编程位 D15～D12 的功能见表 8-7。

表 8-7 可编程位 D15～D12 的功能

D15	D14	D13	D12	功能
1	X	X	X	将串行口寄存器的数据写入锁存器 A，并用缓冲器锁存数据更新锁存器 B
0	X	X	0	写锁存器 B 和双缓冲锁存器
0	X	X	1	只写双缓冲锁存器
X	1	X	X	14μs 建立时间
X	0	X	X	3μs 建立时间
X	X	0	X	上电操作
X	X	1	X	断电操作

注：X 为任意值。

图 8-45 为串行口的通信时序图。

3. TLC5618 与单片机的接口与程序

TLC5618 与 AT89S52 单片机的接口见图 8-46。串行数据通过 P2.1 输入 TLC5618，

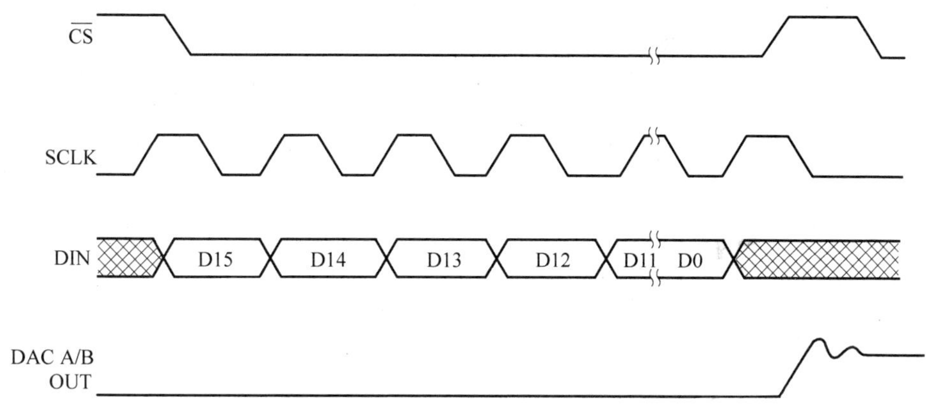

图 8-45 TLC5618 的时序图

串行时钟通过 P2.2 输入，P2.0 接片选端。

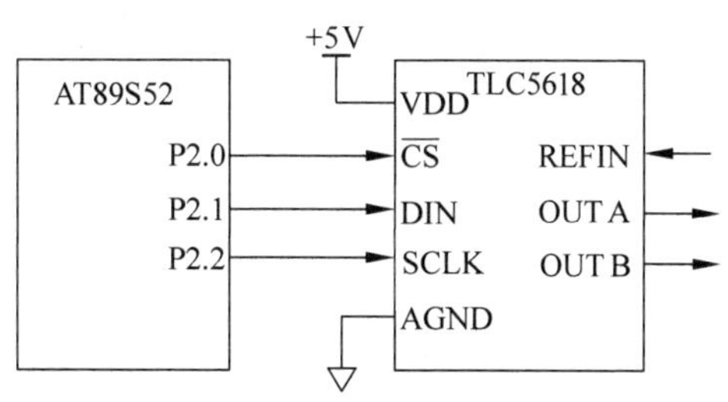

图 8-46 TLC5618 与 89C52 单片机的接口

接口程序如下：

```
        CS      BIT P2.0            ;片选端
        DIN     BIT P2.1            ;串行数据口
        SCLK    BIT P2.2            ;串行时钟端
        ORG     0100H
WRITE5618:                          ;写 TLC5618 子程序
        CLR     C
        MOV     A,R2                ;写数据的高 8 位存在 R2,低 8 位存在 R1
        ORL     A,#80H              ;将最高位置 1,选择 TLC5618 的 A 通道
        MOV     R2,A
        CLR     CS                  ;片选使能
        MOV     R0,#10H             ;送 16 位数据
LOOP:
        MOV     A,R2                ;先发送高位
        RLC     A
        JC      TEXT1
        CLR     DIN
        SJMP    TEXT2
TEXT1:
        SETB    DIN
TEXT2:
        CLR     SCLK
        NOP
        SETB    SCLK
```

```
;16 位数据的左移
        MOV     A,R1
        RLC     A
        MOV     A,R2
        RLC     A
        MOV     R2,A
        DJNZ    R0,LOOP
        SETB    CS
        RET
```

8.6.2 MAX518 与单片机接口实例

1. MAX518 芯片介绍

MAX518 是 8 位电压输出型数模转换器，采用 I^2C 的双总线串行口，支持多个设备的通信，内部有精密输出缓冲，支持双极性工作方式。MAX518 具有两路输出通道，其电压参考源由电源电压提供，无须外部接入。MAX518 的数据传输速率可以达到 400kbps。

MAX518 具有以下特点：

(1) 5V 电源独立供电；

(2) 简单的双线接口；

(3) 输出缓冲放大双极性工作方式；

(4) 基准输入可为双极性；

(5) 掉电模式下耗电 4μA；

(6) 与 I^2C 总线兼容，总线上可挂 4 个器件。

MAX518 具有 8 脚 DIP 和 SO 封装，其引脚分布如图 8-47 所示。

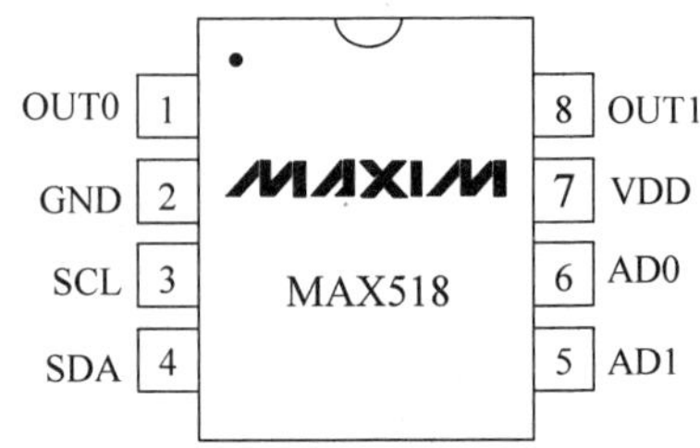

图 8-47　MAX518 的引脚图

芯片各引脚功能说明如下：

OUT0：电压输出通道 0；

OUT1：电压输出通道 1；

AD0、AD1：地址输入端，用于设置器件的从地址；

SCL：串行时钟输入端；

SDA：串行数据输入端；

VDD：电源、参考电压复用端；

GND：电源地。

2. MAX518 的使用方法

MAX518 使用简单的双线串行口。图 8-48 是 MAX518 的接口工作时序。

使用时，首先向 MAX518 发送一个字节的地址信息，MAX518 收到之后，返回一个应答信号。地址字节的内容如表 8-8 所示。

表 8-8　MAX518 的地址字节

0	1	0	1	1	AD1	AD0	0

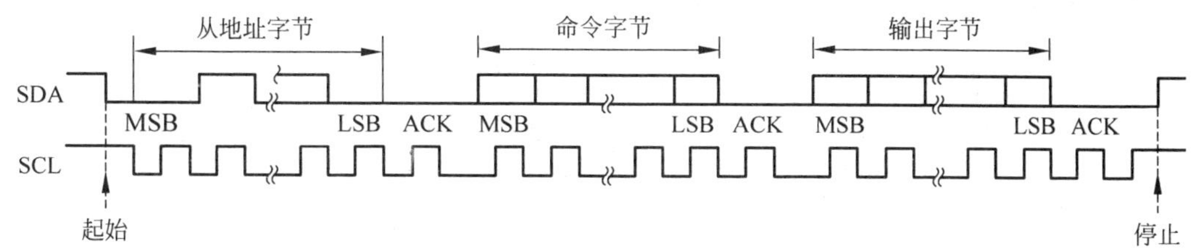

图 8-48　MAX518 的工作时序

其中，AD1、AD0 为地址位，对应于地址输入端的状态。

应答信号之后，向 MAX518 发送一个控制命令字节，MAX518 收到之后，再次返回一个应答信号。控制字节的内容如表 8-9 所示。

表 8-9　MAX518 的控制字节

R2	R1	R0	RST	PD	×	×	A0

表 8-9 中，各位说明如下。

R2、R1、R0：保留位。设置为 0。

RST：复位位。该位置 1，器件所有寄存器复位为 0。

PD：电源工作模式控制位。该位置 1 时，器件工作在掉电低功耗状态。

A0：通道选择。该位为 0 选择 0 通道，为 1 选择 1 通道。

之后，向 MAX518 发送数据字节，同样，器件会返回一个应答信号。至此，整个数据发送过程结束。

在传送没有开始的时候，先使 SCL=1，然后 SDA 产生负跳变，标志传送开始。数据传送结束时，使 SCL=1，SDA 产生正跳变，标志着传送结束。

3. MAX518 与单片机的接口和程序

MAX518 与单片机的接口比较简单，只有两根连线。在应用时，串行时钟端与单片机的 P2.0 引脚相连，串行数据端与单片机的 P2.1 引脚相连，如图 8-49 所示。另外，本例只连接一片 MAX518，故其 AD0 与 AD1 端接地处理。

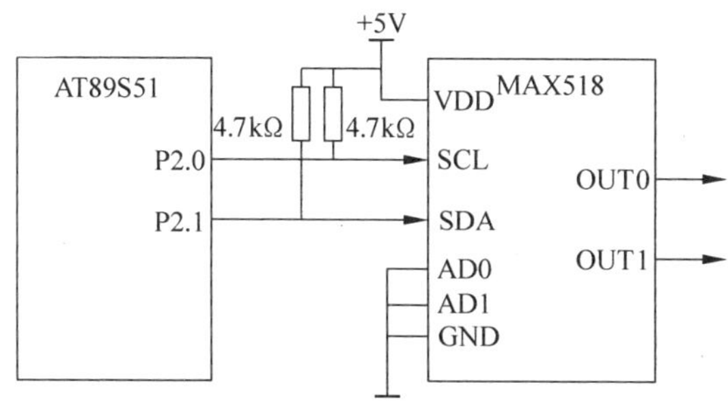

图 8-49　MAX518 与 AT89S51 单片机的接口

接口程序如下：

```
          SCL      BIT P2.0           ;串行时钟
          SDA      BIT P2.1           ;串行数据
          SDATA    DATA 20H           ;待转换的数据存放在 20H
          ORG      0000H
          LJMP     MAIN
          ORG      0100H
MAIN:     MOV      SDATA,#7FH
          SETB     SDA                ;传送起始信号
          SETB     SCL
          CLR      SDA
          MOV      R1,#58H            ;传送器件地址
          ACALL    SENDDATA
          CLR      SDA                ;应答信号
          SETB     SCL
          CLR      SCL
          MOV      R1,#00H            ;传送控制命令
          ACALL    SENDDATA
          CLR      SDA                ;应答信号
          SETB     SCL
          CLR      SCL
          MOV      R1,SDATA           ;传送转换数据
          ACALL    SENDDATA
          CLR      SDA                ;应答信号
          SETB     SCL
          CLR      SCL
          CLR      SDA                ;传送结束信号
          SETB     SCL
          SETB     SDA
          LJMP     TEXT3              ;退出
SENDDATA: CLR      C                  ;数据传送子程序
          MOV      R0,#08H
LOOP:     CLR      SCL
          MOV      A,R1
          RLC      A
          JC       TEXT1
          CLR      SDA
          SJMP     TEXT2
TEXT1:    SETB     SDA
TEXT2:    SETB     SCL
          MOV      R1,A
          DJNZ     R0,LOOP
          CLR      SCL
          RET
TEXT3:    END
```

习题

一、选择题

1. 下列不属于光电耦合器的特点的是(　　)。

(A) 可以有效防止光电三极管端对发光二极管端造成的干扰

(B) 无触点，关断时不会产生电弧

(C) 光耦中信号可以双向传输

(D) 不可以直接控制高压电路

2. 4×5 矩阵键盘最少需要(　　)个 I/O 接口。

(A) 9　　(B) 10　　(C) 19　　(D) 20

3. 下列芯片中(　　)属于段式 LCD 驱动芯片。

(A) LCM1602　　(B) EDM1190　　(C) LCM12864　　(D) CD4511

4. MAX518 是常见的(　　)。

(A) 数模转换芯片　　(B) 译码器

(C) 编码器　　(D) 定时器

5. 下列关于 ADC 与 DAC 的说法中错误的是(　　)。

(A) TLC2543 是一种常见的 12 位的逐次逼近式 DAC

(B) ADC0832 是一种常见的 8 位双通道 ADC

(C) TLC5618 的输出电压范围为基准电压的两倍

(D) MAX516 与单片机连接采用的是 I^2C 的双总线串行口通信

二、填空题

1. 通过查询 SN7406 数据手册可知其灌最大灌电流为________ mA。

2. RS-485 中的高电平是指________,低电平是指________。RS-232 中的高电平是指________,低电平是指________。

3. 独立连接式键盘就是每一个按键占用一个________。矩阵式键盘的优点是节省________。

4. 用 12 位的 A/D 转换器对 0～10V 直流电压进行转换,则其分辨率为________ V。

5. 在光电编码器中,________与电动机同步转动,使光电二极管得到脉冲光信号,从而转换为脉冲电信号。

三、问答题

1. 缓冲芯片对单片机的输出起什么作用?

2. ULN2003A 和 ULN2804A 有什么区别?

3. 简述非线性光电耦合器与线性光电耦合器的区别,并分别指出它们的应用场合。

4. 按键为什么要消抖? 按键消抖的方式有哪些?

5. 如何通过光电编码器 TRD-2E360A 来判断电机是正转还是反转?

6. 什么是 ADC? 什么是 DAC? 分别列举几种常见的转换芯片型号。

四、设计题

1. 使用光耦 PC817 代替图 8-14 中的 TLP521 是否可行? 写出计算过程。

2. 用 TLC5618 数模转换器,编程产生一个周期为 100ms 的方波输出信号。

3. 在 AT89C51 单片机系统中,拟扩展标准电话拨号键盘(12 键式),5V 继电器,5V 有源蜂鸣器。试用分立元件设计硬件电路。

4. 试使用 SN7407、ULN2003 完成第 3 题,并设计额外的电路以实现与电脑的串口通信功能。

5. * 设计一个小功率单相交流电机监控电路,已知:电机电源 220V,电机轴上装有增量式光电编码器(每转 360 个脉冲),要求:显示电机转速、按键启停。试画出电路图并编写程序。

第9章

MCS-51系列单片机开发流程

单片机应用系统是一个比较复杂的信息处理系统,其开发过程是一个复杂的系统工程。这一过程包括市场调查、资料检索查询、可行性分析、研制小组组建、系统总体方案设计、方案论证和评审、硬件和软件的分别细化设计、硬件和软件的分别调试、系统组装、实验室仿真调试、烤机运行、现场试验调试、验收等。

本章以实现数码管循环显示功能为例,对系统总体方案设计、硬件和软件的分别细化设计和调试等内容进行介绍。这一过程包括:系统的功能要求和制定总体设计方案,确定硬件结构和软件算法,研制逻辑电路和编制程序,以及系统的调试和性能的测试等。

9.1 总体方案设计

总体方案设计包括设计任务和系统功能确定、硬件总体方案设计和软件总体方案设计几个步骤,以下将以实现数码管循环显示功能为例,对每个步骤进行介绍。

9.1.1 系统功能要求

用1位数码管循环显示0～9这10个数字,更新速率为1s,利用定时器延时,给出汇编语言完整程序。

9.1.2 硬件总体方案

在进行硬件总体方案设计之前,有必要对数码管的知识进行介绍。

数码管是一种半导体发光器件,其基本单元是发光二极管。数码管按段数分为七段数码管和八段数码管,八段数码管比七段数码管多一个发光二极管单元(多一个小数点显示);按能显示多少个8可分为1位、2位、4位等。常用数码管结构如图9-1所示。

LED数码管根据LED的接法不同可以分为共阴和共阳两类,共阳数码管是指将所有发光二极管的阳极接到一起形成公共阳极COM的数码管。共阳数码管在应用时应将公共极COM接到电源正端。当某一字段发光二极管的阴极为低电平时,相应字段就点亮;当某一字段的阴极为高电平时,相应字段就不亮。共阴数码管是指将所有发光二极管的阴极接到一起形成公共阴极COM的数码管。共阴数码管在应用时应将公共极COM接到地线GND上。当某一字段发光二极管的阳极为高电平时,相应字段就点亮;当某一字段的阳极为低电平时,相应字段就不亮。另外,和一般的LED指示灯一样,需要加入限流电阻。了解

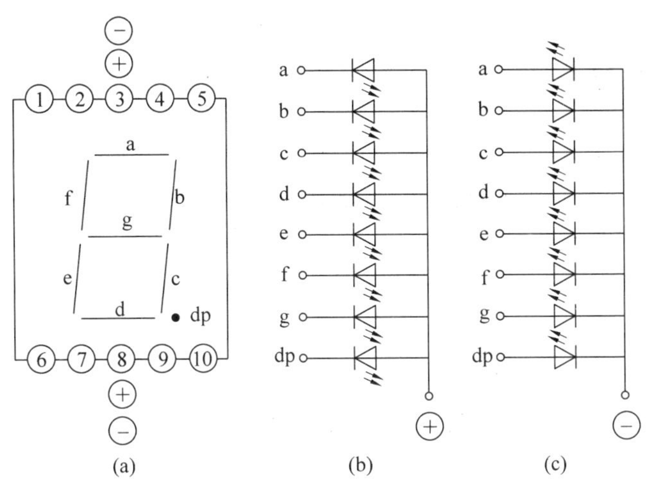

图 9-1　常用数码管结构

(a) 段排列；(b) 共阳极；(c) 共阴极

LED 的这些特性，对编程是很重要的，因为不同类型的数码管，除了它们的硬件电路有差异外，编程方法也是不同的。

LED 数码管要正常显示，就要用驱动电路来驱动数码管的各个段码，从而显示出我们所需的数位，因此根据 LED 数码管的驱动方式的不同，可以分为静态式和动态式两类。

(1) 静态显示驱动

静态驱动也称直流驱动，就是显示驱动电路具有输出锁存功能，单片机将所显示的数据送出去后就不再控制 LED 了。通常，静态驱动时，每个数码管的每一个段码都由一个单片机的 I/O 端口进行驱动，或者使用如 BCD 码二-十进位解码器解码进行驱动。静态驱动的优点是：编程简单，显示亮度高，占用 CPU 时间少；缺点是：用单片机 I/O 直接控制每个字段时，占用 I/O 端口多，如驱动 5 个数码管静态显示则需要 5×8=40 根 I/O 端口来驱动，要知道一个 AT89C51 单片机可用的 I/O 端口才 32 个，故实际应用时必须增加解码驱动器进行驱动，这就增加了硬件电路的复杂性。

(2) 动态显示驱动

数码管动态显示是单片机中应用最为广泛的一种显示方式，动态驱动是将所有数码管的 8 个显示笔划“a,b,c,d,e,f,g,dp”的同名端连在一起，另外为每个数码管的公共极 COM 增加位元选通控制电路，位元选通由各自独立的 I/O 线控制，当单片机输出字形码时，所有数码管都接收到相同的字形码，但究竟是哪个数码管会显示出字形，取决于单片机对位元选通 COM 端电路的控制，所以我们只要将需要显示的数码管的选通控制打开，该位元就显示出字形，没有选通的数码管就不会亮。通过分时轮流控制各个 LED 数码管的 COM 端，就使各个数码管轮流受控显示，这就是动态驱动。在轮流显示过程中，每位数码管的点亮时间为 1～2ms，由于人的视觉暂留现象及发光二极体的余辉效应，尽管实际上各位数码管并非同时点亮，但只要扫描的速度足够快，给人的印象就是一组稳定的显示数据，不会有闪烁感，达到和静态显示一样的显示效果，并且能够节省大量的 I/O 端口，而且功耗更低。

根据系统功能要求，系统只驱动一个 7 段共阳数码管显示，所以只利用 7 个 I/O 口直接控制每个字段显示就可以了；但是单片机的输出电流很小，不能驱动 LED，我们需要使用一个 74HC07 缓存器增加驱动能力。

9.1.3 软件总体方案

软件总体方案的设计思想应自顶而下，尽量采用功能框图的方法，确定各个功能模块之间的接口输入/输出关系。根据系统要求可得到系统的程序流程图如图 9-2 所示。

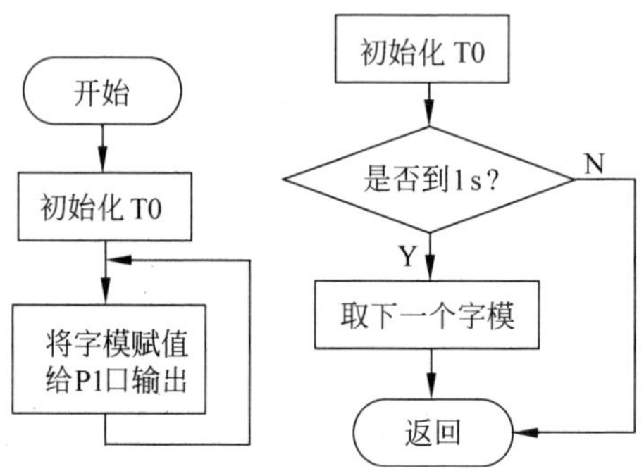

图 9-2 程序流程图（左边为主程序，右边为 T0 中断服务程序）

至此我们已经完成了总体方案设计部分的内容，下面我们将进行的工作是根据总体方案来具体设计系统的硬件部分和软件部分以及系统的调试。

9.2 硬件和软件细分设计

9.2.1 硬件设计

结合前面的硬件设计总体方案，设计的硬件电路如图 9-3 所示。

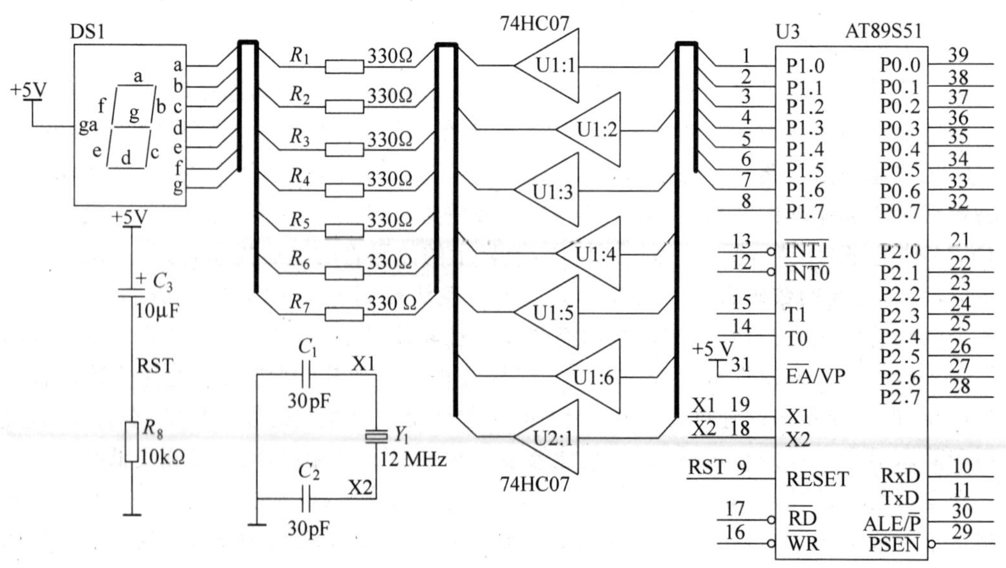

图 9-3 系统硬件电路图

需要对电路图进行说明的是 $R_1 \sim R_7$ 限流电阻阻值的计算方法。

发光二极管需要在适当的驱动电流作用下，才能得到需要的亮度。每一段数码管的正向电压一般为 1.2～2.4V，我们通过选取限流电阻来使每一段数码管的工作电流在 10～20mA。限流电阻取值计算公式如下：

$$\text{限流电阻} = \frac{\text{电源电压} - \text{LED 正向稳定电压}}{\text{所要求的工作电流}}$$

根据此公式，我们选取限流电阻的阻值为 330Ω。也可以通过试验方法，选取合适的阻值。

9.2.2 软件设计及调试

本系统的软件设计采用了汇编语言进行编写程序。

程序代码如下：

```
        ORG     0000H               ;复位入口地址
        LJMP    MAIN                ;跳转到主函数

        ORG     000BH               ;T0 中断入口地址
        LJMP    INTT0               ;跳转到 T0 中断服务程序

        ORG     0100H               ;主函数
MAIN:   MOV     TMOD,#01H           ;设置 T0 为方式 1
        MOV     TH0,#3CH            ;赋初值,定时 50ms
        MOV     TL0,#0B0H
        SETB    EA                  ;开启总中断使能
        SETB    ET0                 ;使能 T0 中断
        SETB    TR0                 ;T0 开始计数
        MOV     R0 ,#00H            ;字模缓冲区偏移地址
        MOV     R2 ,#00H            ;循环计数变量清 0

DISPLAY:MOV     A ,R0               ;字模缓冲区偏移地址给 A
        MOV     DPTR,#TAB           ;字模缓冲区首地址给 DPTR
        MOVC    A,@A+DPTR           ;A+DPTR 就是制定字模的地址
                                    ;并将该地址内容给 A
        MOV     P1 ,A               ;将字模给 P2 输出
        SJMP    DISPLAY             ;循环至 DISPLAY,等待定时中断
INTT0:  CLR     TR0                 ;T0 停止计数
        MOV     TH0, #3CH           ;赋初值,定时 50ms
        MOV     TL0,#0B0H           ;
        SETB    TR0                 ;T0 开始计数
        INC     R2                  ;循环计数变量加 1
        CJNE    R2,#14H,NC          ;如果 R2 不等于 20,跳转到 NC
        MOV     R2,#00H             ;循环计数变量清 0
        INC     R0
        CJNE    R0,#0AH,NC          ;如果 R0 不等于#4AH,跳转到 NC
        MOV     R0 ,#00H
```

```
NC:     RETI                        ;返回主函数
TAB:    DB      0C0H                ;0 的字模
        DB      0F9H                ;1
        DB      0A4H                ;2
        DB      0B0H                ;3
        DB      99H                 ;4
        DB      92H                 ;5
        DB      82H                 ;6
        DB      0F8H                ;7
        DB      80H                 ;8
        DB      90H                 ;9

        END                         ;结束
```

下面我们将利用 Keil 软件对上面程序进行编译、调试，生成 Proteus 仿真需要的十六进制文件。详细的调试步骤请参考后面章节中的介绍，这里不再赘述。

编译成功后，软件会出现如图 9-4 所示的界面。

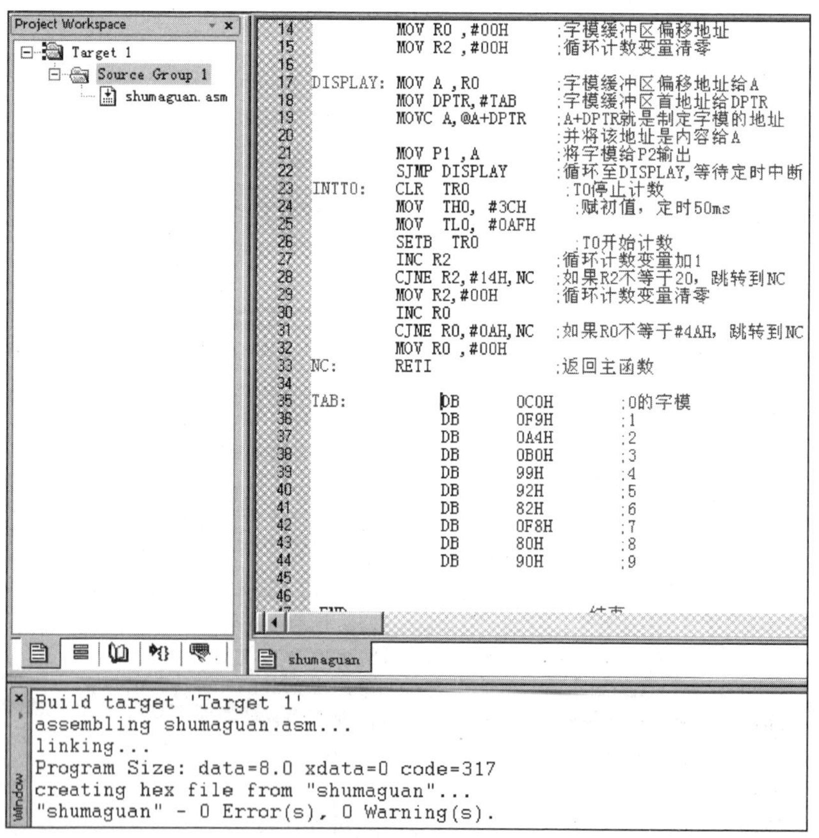

图 9-4　系统软件调试

图 9-4 中，信息提示软件无错误和警告，此时软件会在软件工程所在文件夹生成一个十六进制文件(扩展名为 hex)，此文件用于在 Proteus 中的软件仿真。

9.3　系统的仿真与调试

系统的设计都要经过仿真与调试这一环节。在这个环节中，设计者需要完成程序编译、软件仿真、硬件仿真等，并根据仿真或调试结果修改程序，有时甚至需要修改硬件电路。下面介绍运用 Keil、Proteus 进行软件仿真，以及运用 Altium Designer 设计电路的步骤。

9.3.1　Keil 软件简介

Keil 是一款用于单片机 C 语言开发的软件平台，提供了包括 C 编译器、宏汇编、链接器、库管理和一个功能强大的仿真调试器等在内的完整开发方案，通过一个集成开发环境（μVision）将这些部分组合在一起。

Keil 软件经历了 Keil C51、Keil μVision2、Keil μVision3、Keil μVision4、Keil μVision5 几个版本，从 Keil μVision3 开始支持 ARM 系列单片机的软件编译、仿真与调试。

Keil 的安装很简单，执行安装包内的 Setup.exe，按照提示安装即可，这里不再赘述。

9.3.2　利用 Keil 进行程序调试

打开 Keil 快捷方式进入如图 9-5 所示的界面。

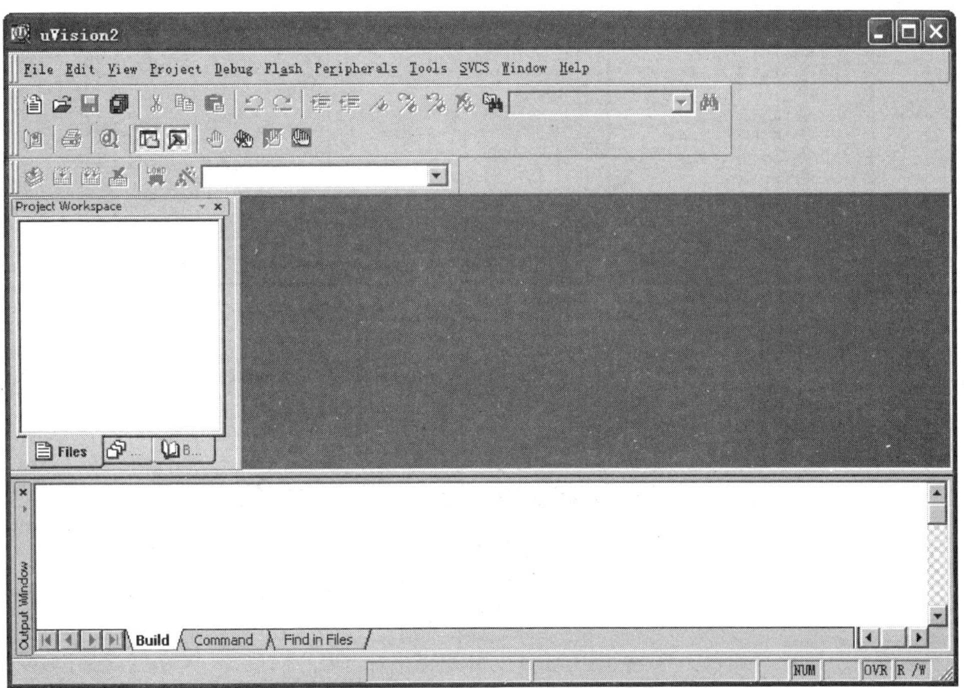

图 9-5　Keil 主界面

首先创建一个项目，运行 Project→New Project 命令，屏幕上出现如图 9-6 所示的对话框。

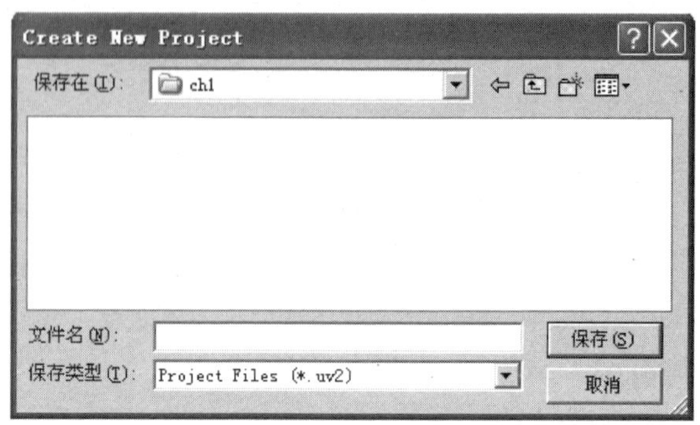

图 9-6　创建新项目对话框

在“文件名”一栏中指定所要新增的项目名称，再单击“保存”按钮，屏幕上出现如图 9-7 所示的对话框。

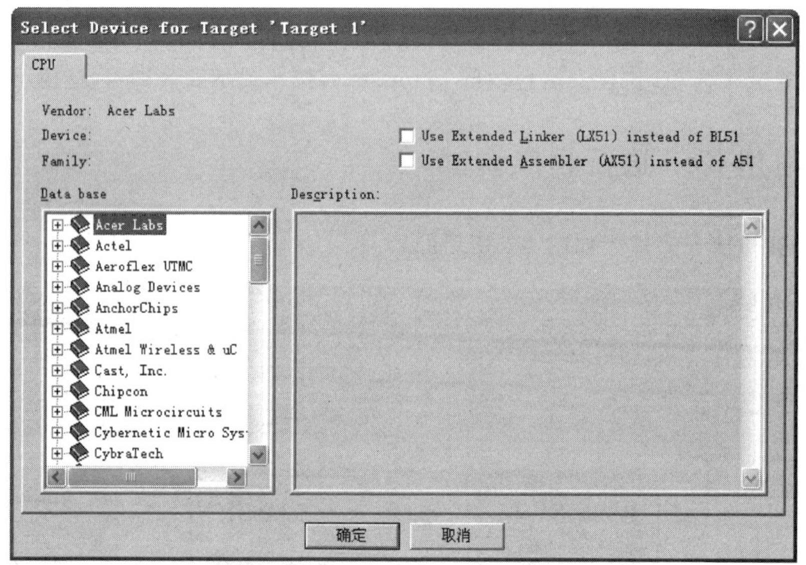

图 9-7　选择目标 CPU 对话框

紧接着在 Data base 区域中，选中所要使用的 CPU 芯片(例如 Atmel 半导体公司的 AT89S51)，再单击“确定”按钮关闭对话框，屏幕上出现如图 9-8 所示的对话框。

图 9-8　选择 8051 启动码对话框

这是询问要不要将 8051 启动码放入编辑的项目文件夹里。在此单击“是”按钮关闭此对话框，则左边区域中，将产生 Target 1 项目，如图 9-9 所示。

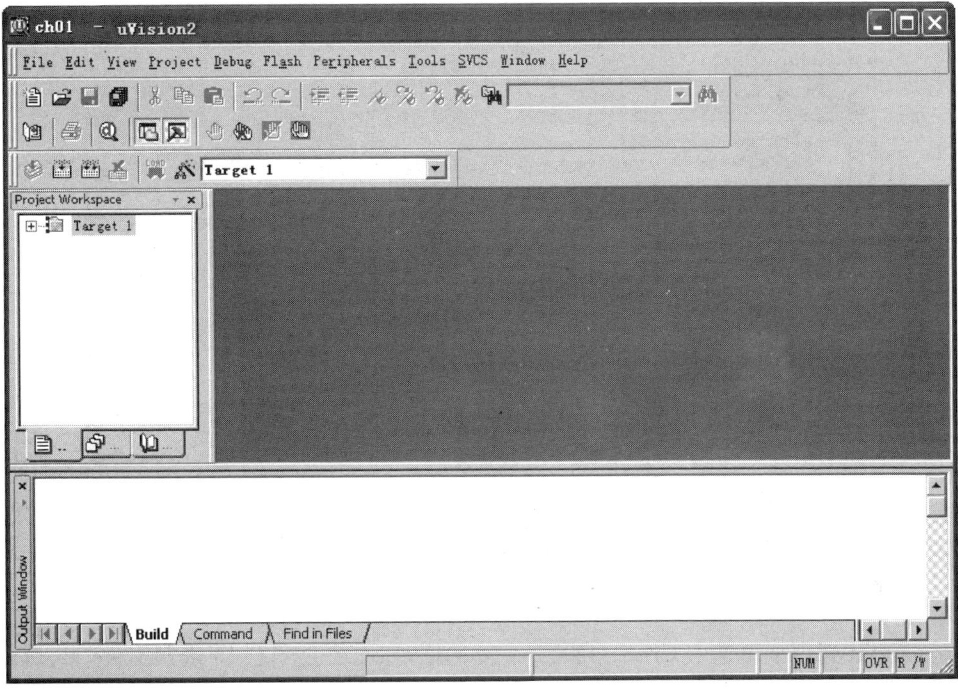

图 9-9　Target 1 项目窗口

在 Project Workspace 窗口中的 Target 1 文件夹上右击，在弹出的右键菜单中选择 Option for Target 选项，这时会弹出 Options for Target'Target 1'对话框，如图 9-10 所示。

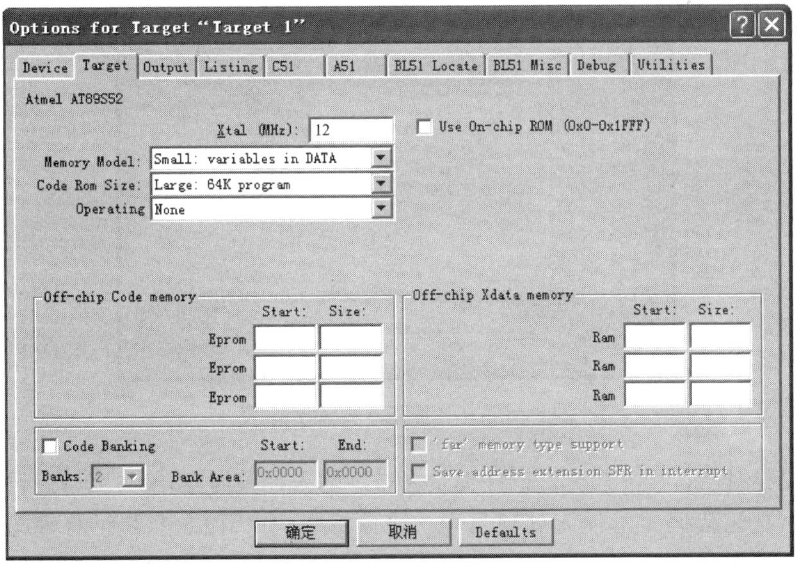

图 9-10　Options for Target 'Target 1'对话框

在这个对话框里设置此芯片的工作频率与所要输出的文件。首先在 Target 页面的 Xtal(MHz)字段输入晶振频率，一般设置成 12，代表晶振频率为 12MHz。然后切换到 Output 选项卡，如图 9-11 所示。

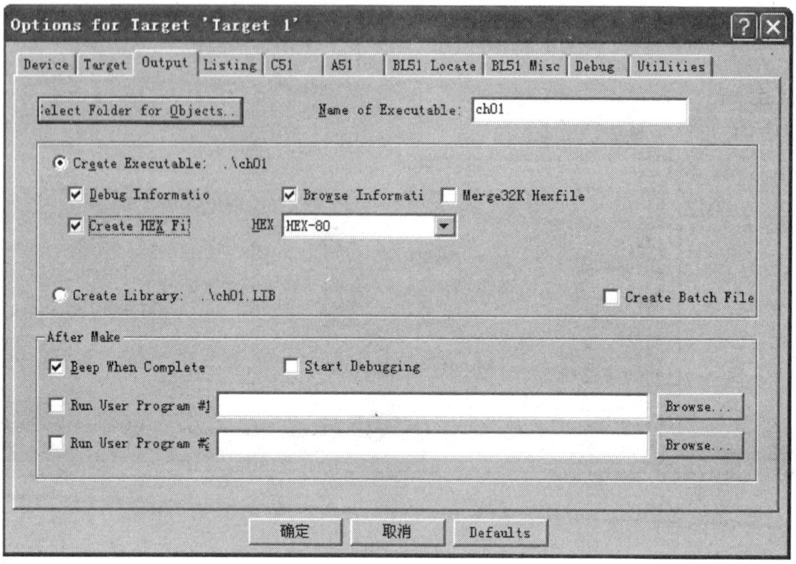

图 9-11　Output 选项卡

在 Output 选项卡里选中 Creat HEX File 复选框，如此才会产生 16 进制文件（＊.hex），单击“确定”按钮关闭对话框即可完成设置。

下面创建源代码文件。在菜单栏中选择 File→New 菜单项，新建文档，然后在菜单栏中选择 File→Save 菜单项命令，保存此文档，这时会弹出 Save As 对话框，如图 9-12 所示。在“文件名”中，为此文本命名，注意要填写扩展名，C 语言代码文本扩展名为.c，汇编语言代码文本扩展名为.asm。

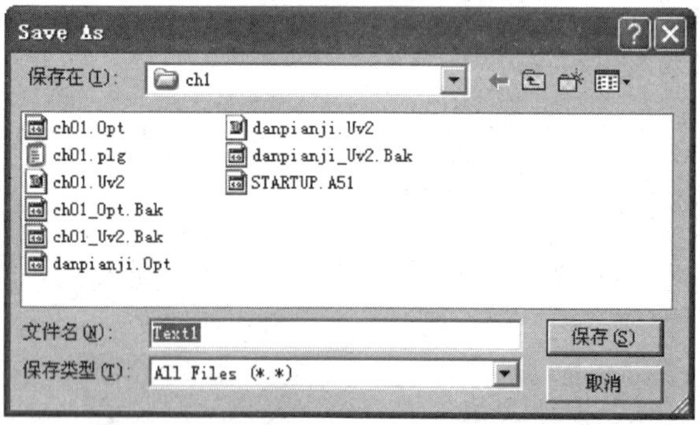

图 9-12　保存文本对话框

单击“保存”按钮，接下来就可以在编辑窗口中输入程序内容，编写完毕后，再次保存。

接下来，把源代码文本加入到项目中。将鼠标指向 Target 1 下面的 Source Group 1 项，单击鼠标右键，出现下拉菜单，选中 Add Files to Group 1 项，然后在随即出现的对话框里选定刚才编辑的程序代码文件，如图 9-13 所示。再单击 Add 按钮，最后单击 Close 按钮关闭对话框，即将程序代码文件加入到项目组中。

紧接着进行编译与链接。在菜单栏中选择 Project→Build Target 菜单项，如果编译成功，则在 Output Window 子窗口中会显示如图 9-14 所示的信息；如果不成功，双击 Output

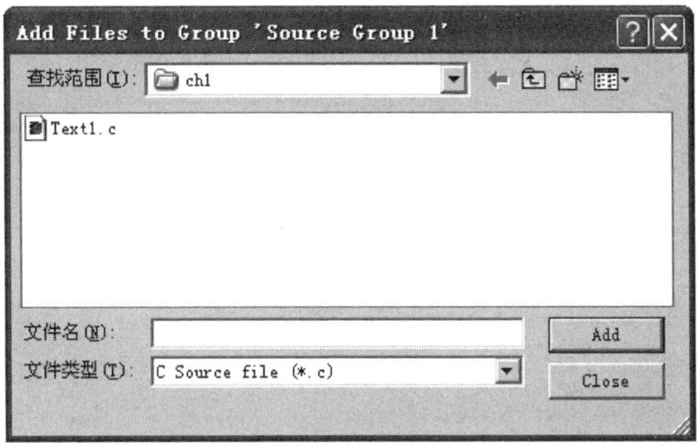

图 9-13　填加程序代码文件对话框

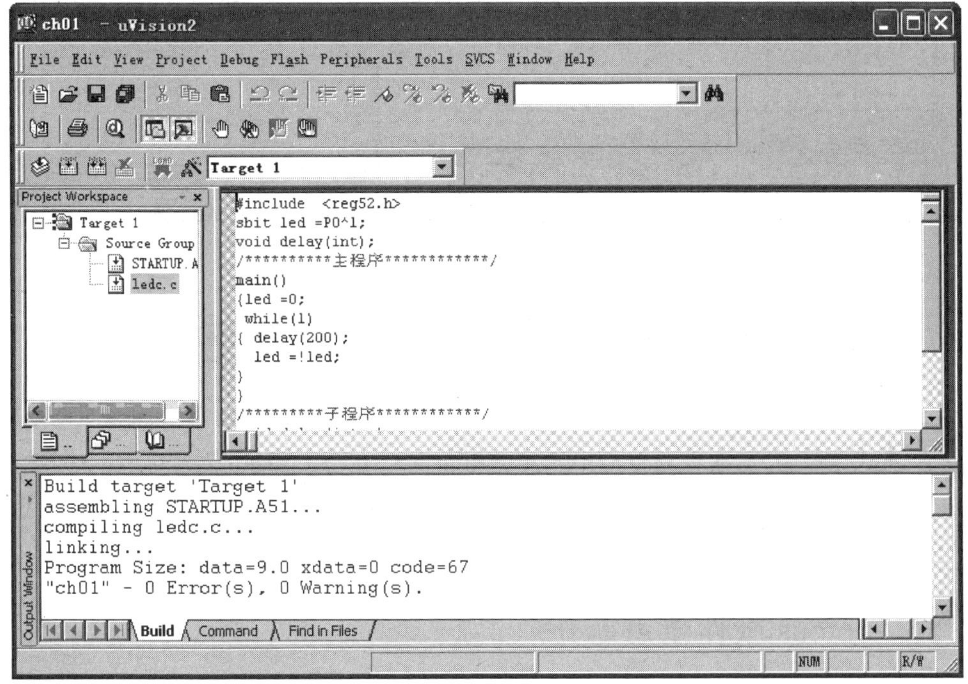

图 9-14　编译成功界面

Window 窗口中的错误信息，则会在编辑窗口中指示错误的语句。

程序汇编没有错误后，选择 Debug→Start/Stop Debug Session，就会进入相应的调试状态，如图 9-15 所示。

进入调试状态后，工具栏会多出一个用于运行和调试的工具条，如图 9-16 所示，从左到右依次是复位、运行、暂停、单步、过程单步、执行完当前子程序、运行到当前行、下一状态、打开跟踪、观察跟踪、反汇编窗口、观察窗口等命令。

运行命令用于全速执行程序，中间不停止，直到程序结束，这种调试方法可以看到程序的运行结果，但是不能确定程序的哪行出现错误。单步运行可以单步调试程序，使程序的运行过程更清晰，程序行的错误也显而易见。一般程序调试时，这两种方式都会用到。

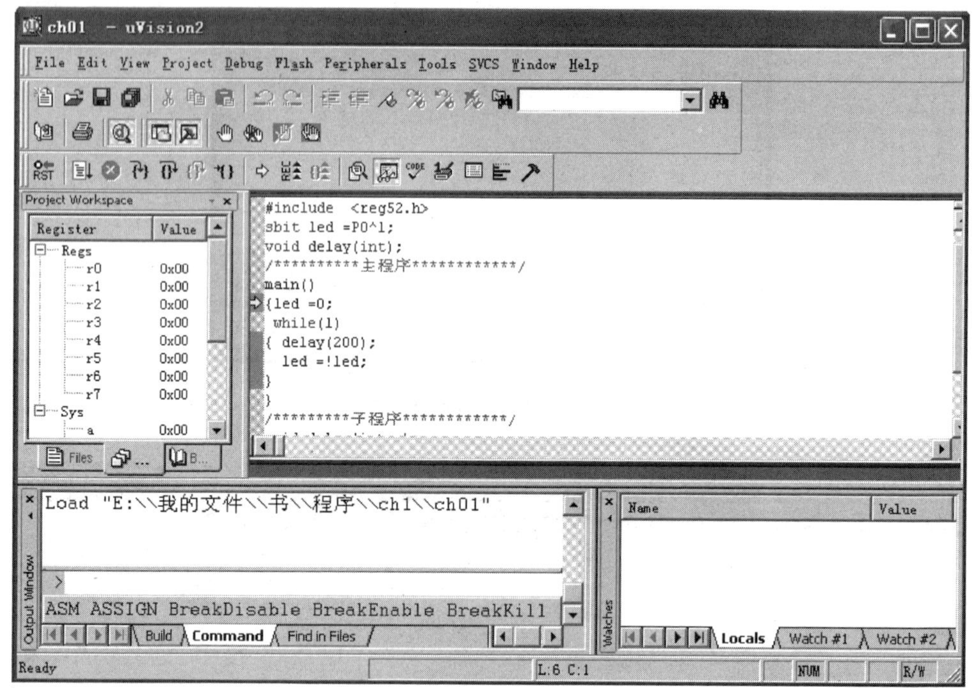

图 9-15　程序调试界面

图 9-16　调试工具条

程序调试完毕后，再次在菜单栏中选择 Debug→Start/Stop Debug Session，退出调试环境。在本项目所保存的文件夹里，可找到.hex 文件，这个文件就是可执行文件，可以下载到单片机中运行，也可以运用其他软件进行在线仿真。

9.3.3　Proteus 软件使用简介

Proteus ISIS 是英国 Labcenter 公司开发的电路分析与实物仿真软件，它运行于 Windows 操作系统，可以仿真、分析各种模拟器件和集成电路。该软件的特点是：

(1) 实现了单片机仿真和 SPICE 电路仿真相结合。具有模拟电路仿真、数字电路仿真、单片机及其外围电路组成的系统的仿真、RS-232 动态仿真、I^2C 调试器、SPI 调试器、键盘和 LCD 系统仿真等功能；有各种虚拟仪器，如示波器、逻辑分析仪、信号发生器等。

(2) 支持主流单片机系统的仿真。目前支持的单片机类型有 68000 系列、8051 系列、AVR 系列、PIC12 系列、PIC16 系列、PIC18 系列、Z80 系列、HC11 系列以及各种外围芯片。

(3) 提供软件调试功能。在硬件仿真系统中具有全速、单步、设置断点等调试功能，同时可以观察各个变量、寄存器等的当前状态，因此在该软件仿真系统中，也必须具有这些功能；同时支持第三方的软件编译和调试环境，如 Keil 等软件。

(4) 具有强大的原理图绘制功能。

总之，该软件是一款集单片机和 SPICE 分析于一体的仿真软件，功能极其强大。

1. Proteus ISIS 菜单功能简介

(1) File 菜单

该项包括工程的新建、存储、导入、打印等常用操作，如图 9-17 所示。

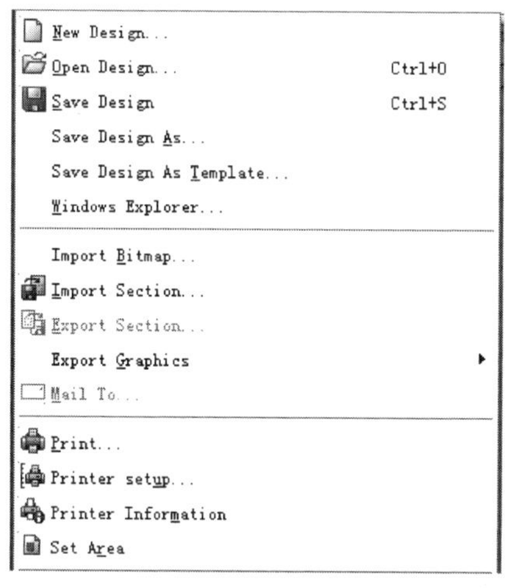

图 9-17　File 下拉菜单

① 建立设计文件

选择或者选择 File→New Design 菜单项，并在选择好合适的模板后，即可完成新设计文件的建立。

② 打开设计文件

选择或者选择 File→Open Design 菜单项，选择并打开相应的设计文件。

③ 保存设计文件

选择或者选择 File→Save Design 菜单项，选择好文件存放路径和文件名后，即可将设计文件以该名字存入磁盘。选择 File→Save Design As 菜单项可以把设计文件以另一个文件形式保存。

④ 导入/导出部分文件

选择或者选择 File→Import Section 菜单项，导入部分文件(读入另一个设计文件)。

选择或者选择 File→Export Section 菜单项，可以将当前选中的对象生成一个部分文件。

⑤ 退出 Proteus ISIS

选择 File→Exit 菜单项，即可退出 Proteus ISIS 系统。

(2) View 菜单

该项包括原理图编辑窗口的定位、栅格的调整及图形的缩放等基本常用菜单，如图 9-18 所示。

(3) Edit 菜单

该项用于实现编辑功能，如图 9-19 所示。

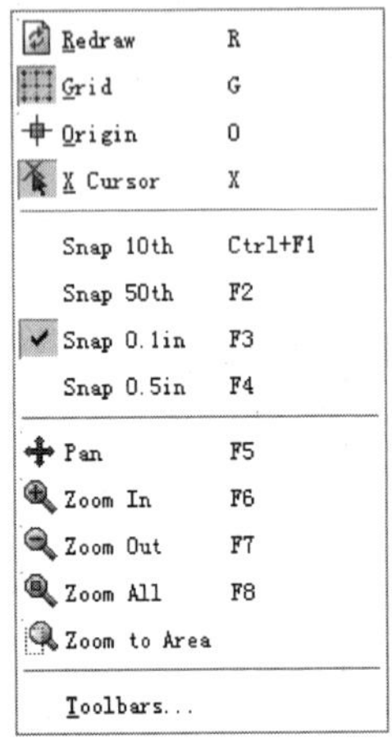

图 9-18　View 下拉菜单

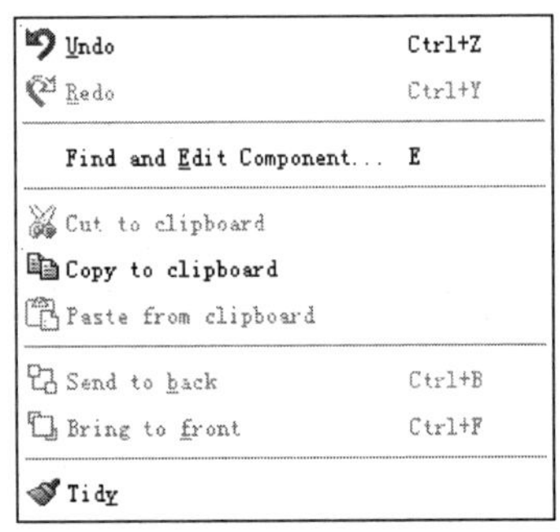

图 9-19　Edit 下拉菜单

(4) Library 菜单

库操作菜单。它具有选择元器件及符号、制造器件、设置标号封装工具、存储本地对象、分解元件、编译库、自动放置库、比较封装、库管理等功能，如图 9-20 所示。

(5) Tools 菜单

工具菜单。它具有实时注解、实时捕获网格、自动画线、搜索标签、属性分配工具、全局注解、导入文件数据、元器件清单、电气规则检查、编译网格标号、编译模型、将网格标号导入 PCB 及从 PCB 返回原理设计的功能，如图 9-21 所示。

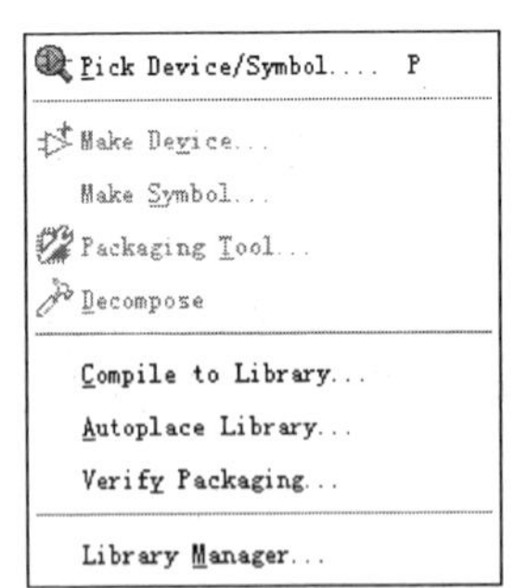

图 9-20　Library 下拉菜单

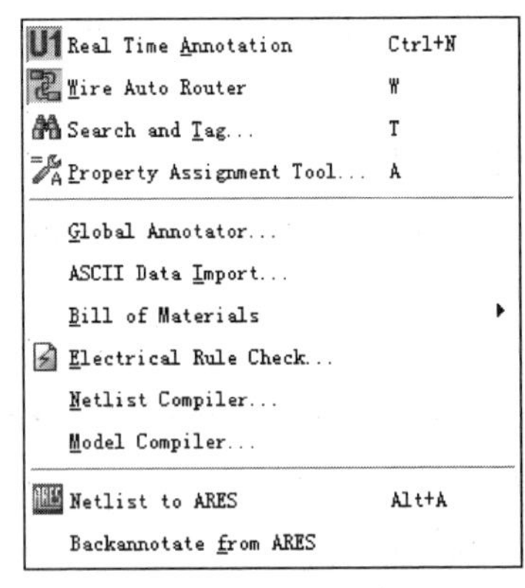

图 9-21　Tools 下拉菜单

(6) Design 菜单

工程设计菜单。它具有编辑设计属性、编辑原理图属性、编辑设计说明、配置电源、新建一张原理图、删除原理图、转到原理图、转到上一张原理图、转到下一张原理图、转到子原理图及转到主原理图的功能，如图 9-22 所示。

(7) Graph 菜单

图形菜单。它具有编辑仿真图形、增加跟踪曲线、仿真图形、查看日志、导出数据、恢复数据、一致性分析及批处理模式一致性分析的功能，如图 9-23 所示。

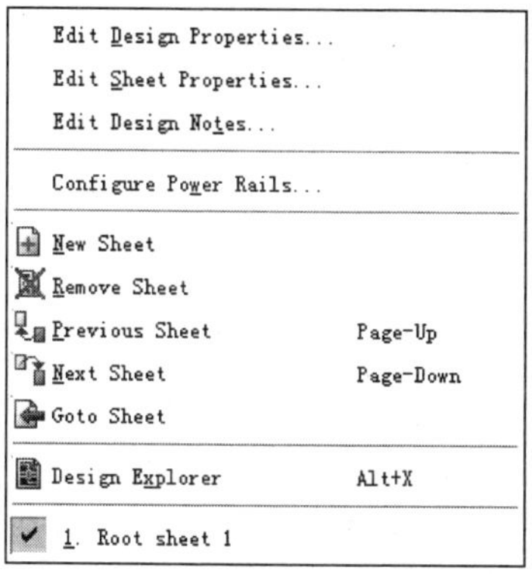

Edit Design Properties...
Edit Sheet Properties...
Edit Design Notes...
Configure Power Rails...
New Sheet
Remove Sheet
Previous Sheet Page-Up
Next Sheet Page-Down
Goto Sheet
Design Explorer Alt+X
1. Root sheet 1

图 9-22 Design 下拉菜单

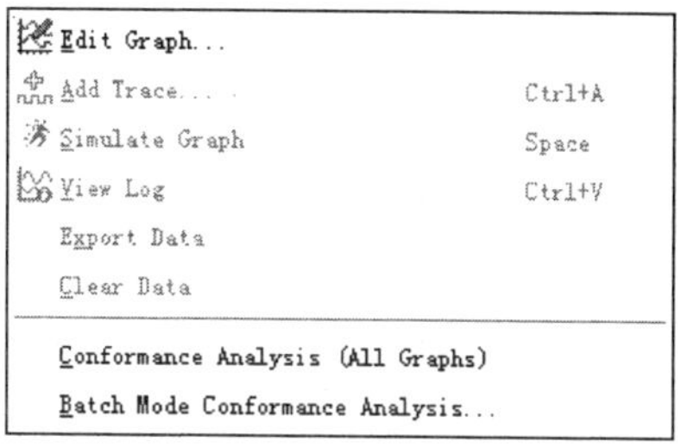

Edit Graph...
Add Trace... Ctrl+A
Simulate Graph Space
View Log Ctrl+V
Export Data
Clear Data
Conformance Analysis (All Graphs)
Batch Mode Conformance Analysis...

图 9-23 Graph 下拉菜单

(8) Source 菜单

源文件菜单。它具有添加源文件、设置编译、设置外部文件编辑器和编译的功能，如图 9-24 所示。

(9) Debug 菜单

调试菜单。主要完成单步运行、断点设置等功能，如图 9-25 所示。

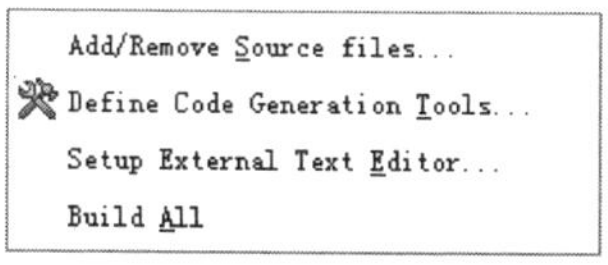

Add/Remove Source files...
Define Code Generation Tools...
Setup External Text Editor...
Build All

图 9-24 Source 下拉菜单

Start/Restart Debugging Ctrl+F12
Pause Animation Pause
Stop Animation Shift+Pause
Execute F12
Execute Without Breakpoints Alt+F12
Execute for Specified Time
Step Over F10
Step Into F11
Step Out Ctrl+F11
Step To Ctrl+F10
Reset Popup Windows
Reset Persistent Model Data
Configure Diagnostics...
Use Remote Debug Monitor
Tile Horizontally
Tile Vertically

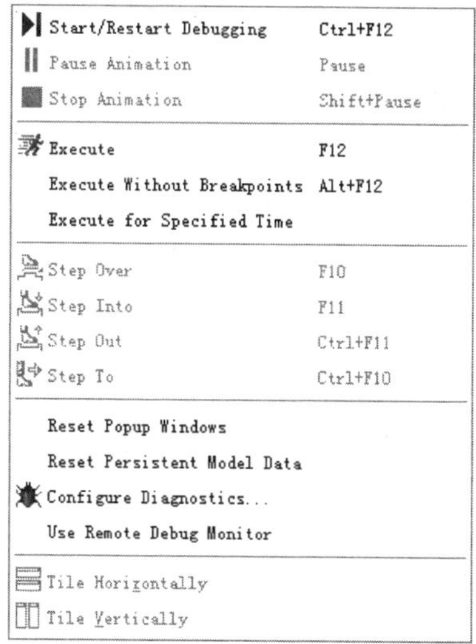

图 9-25 Debug 下拉菜单

(10) Template 菜单

模板菜单。主要完成图形、颜色、字体、连线等功能，如图 9-26 所示。

(11) System 菜单

系统菜单。它具有系统信息、文本浏览器、设置系统环境、设置路径等功能，如图 9-27 所示。

(12) Help 菜单

帮助菜单。它用来提供帮助文档，同时每个元件均可通过属性中的 Help 获得帮助。

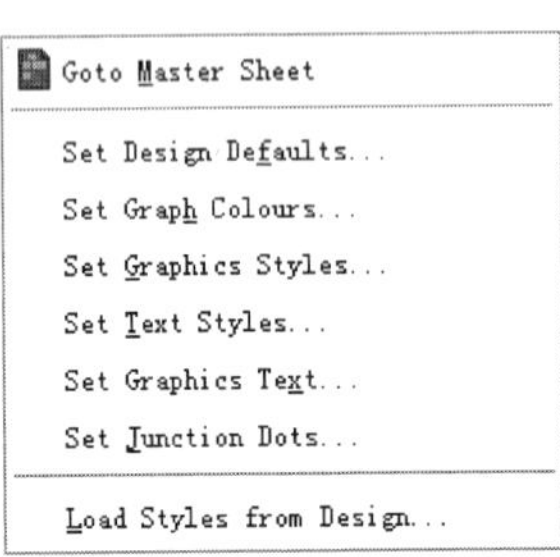

图 9-26　Template 下拉菜单

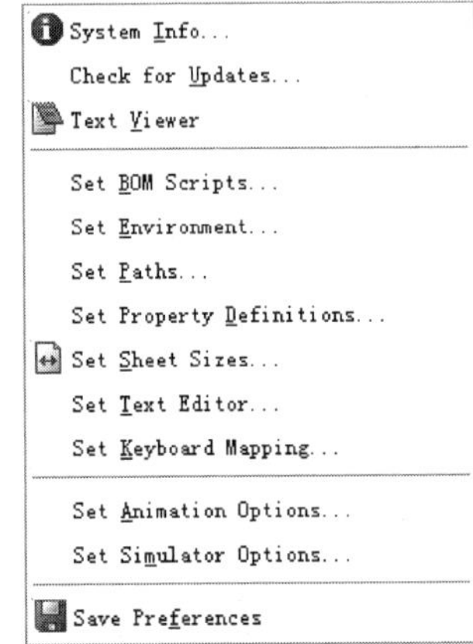

图 9-27　System 下拉菜单

2. Proteus ISIS 的工具栏

Proteus 工具栏中的每一个按钮都对应一个具体的菜单命令，下面列出几个常用的工具按钮及对应的菜单命令：

新建设计文件；

打开已有设计文件；

保存文件；

打印文件；

旋转一个欲添加或选中的元件；

对一个欲添加或选中的元件镜像；

将选中的元件、连线或块剪切入裁剪板；

将选中的元件、连线或块复制入裁剪板；

将裁切板中的内容粘贴到电路图中；

删除元件、连线或块；

放大电路到原来的两倍；

缩小电路到原来的 1/2；

全屏显示电路；

添加连线；

添加元件；

选择光标方式。

由于本书篇幅有限，仅列出部分工具按钮，读者可以阅读 Proteus ISIS 方面的专业书籍。

9.3.4　利用 Proteus 绘制电路原理图

在 Proteus 中对单片机及其外围电路的仿真，相对于实际硬件物理结构，我们只要画出它的原理图即可。

1. 从元件库中选取元件

通过以下两种方法，可以弹出“元件库选择”对话框，如图 9-28 所示。

(1) 单击元件列表上的 P 按钮：P L DEVICES 。

(2) 按 P 键(在英文输入法下)。

比如要用电阻，可以选择 RES 库。从元件库中选择 RES(可以在 Keywords 处输入)，则在预览窗口中可以看到所选择的元件(见图 9-29)，在库列表中双击该元件或单击 OK(也可以按 Enter 键)即可将电阻选到，元件就出现在 ISIS 的元件列表中(见图 9-30)。

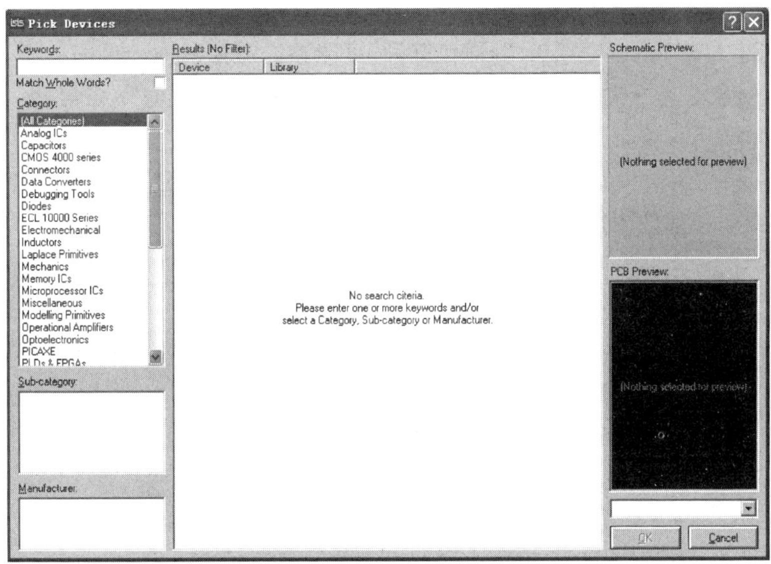

图 9-28　元件库选择对话框

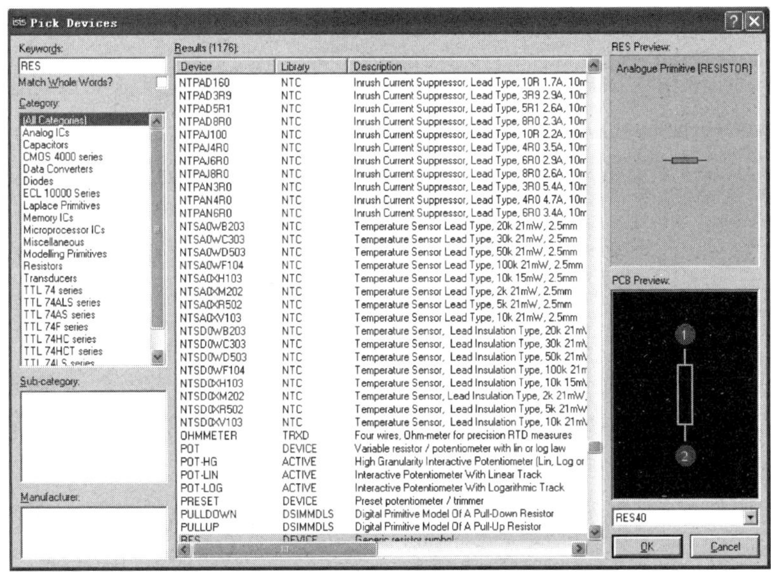

图 9-29　元件列表

2. 放置元件

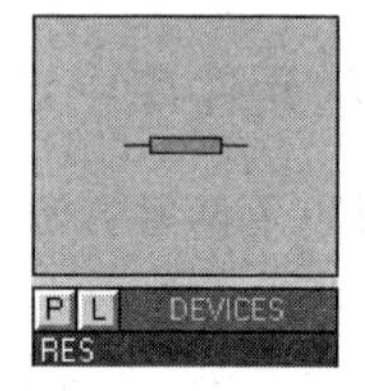

图 9-30 在器件栏中放入电阻

在元件列表中，单击要放置的元件，再在编辑窗口中单击，就放置了一个元件。也可以在按下左键的同时，移动鼠标，在合适的位置释放。

放置对象的步骤如下：

(1) 根据对象的类别在工具栏选择相应模式的图标(mode icon)。

(2) 根据对象的具体类型选择子模式图标(sub-mode icon)。

(3) 如果对象类型是元件、端点、引脚、图形、符号或标记，从选择器(Selector)里选择想要的对象的名字；对于元件、端点、引脚和符号，可能首先需要从库中调出。

(4) 如果对象是有方向的，将会在预览窗口显示出来，可以通过单击旋转和镜像图标调整对象的方向，然后再将其放置到别的编辑区中。

(5) 最后，指向编辑窗口并单击放置对象。对于不同的对象，具体的步骤可能略有不同，但具体的操作和其他图形编辑软件是类似的，而且很直观。

3. 选中对象

用鼠标指针指向对象并右击可以选中该对象。该操作可使选中的对象高亮显示，然后再对该对象左击即可对其进行编辑。要选中一组对象，可以通过左键或右键拖出一个选择框的方式，但只有完全位于选择框内的对象才可以被选中。

4. 删除对象

用鼠标指向选中的对象并右击可以删除该对象，同时删除该对象的所有连线。也可以选中对象，然后按键盘上的 Delete 键删除。

5. 拖动对象

拖动一个对象：用鼠标指针指向选中的对象并用左键拖拽可以拖动该对象。该方式不仅对整个对象有效，而且对对象所属的网格标号也有效。

如果误拖动了一个对象，则所有的连线都将很乱，可以使用 Undo(取消)命令撤销操作，恢复到原来的状态。

拖动多个对象：选中多个对象后，只要拖动选中区域，就可以拖动多个对象。

6. 调整对象的方向

许多类型的对象可以调整的方向为：0°、90°、270°、360°，或通过 x 轴、y 轴镜像。当该类型的对象被选中后，旋转和镜像按钮会由蓝色变为红色，此时就可以改变对象的方向。

调整对象方向的步骤如下：

(1) 选中对象，右击 ↻ 按钮可以使对象顺时针方向旋转，右击 ↺ 按钮可以使对象逆时针方向旋转。

(2) 右击 ↕ 可以使对象按 x 轴镜像，右击 ↔ 可以使对象按 y 轴镜像。

7. 编辑对象

许多对象具有图形或文本属性，这些属性可以通过一个对话框进行编辑，这是一种很常见的操作。选中对象后单击对象，会弹出如图 9-31 所示的对话框。

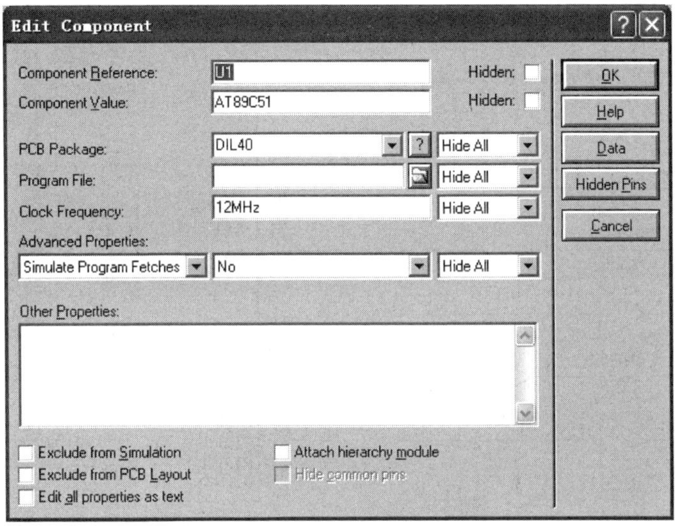

Edit Component

Component Reference:	U1	Hidden:	OK
Component Value:	AT89C51	Hidden:	Help
PCB Package:	DIL40	Hide All	Data
Program File:		Hide All	Hidden Pins
Clock Frequency:	12MHz	Hide All	Cancel
Advanced Properties:			
Simulate Program Fetches	No	Hide All	

Other Properties:

Exclude from Simulation　Attach hierarchy module
Exclude from PCB Layout　Hide common pins
Edit all properties as text

图 9-31　对象属性对话框

编辑完成后，画面将以该元件为中心重新显示。

8. 复制选中对象

选中需要的对象，单击按钮，用鼠标即可把要复制的轮廓拖到需要的位置，左击放置复制，右击结束。

9. 布线

ISIS 中没有布线的按钮，这是因为 ISIS 的智能化足以在用户想要布线时进行自动检测，这就省去了选择布线模式的麻烦。

单击第一个对象连接点，如果要使 ISIS 自动给出走线路径，则只需单击另一个连接点，如果要自己设定走线路径，只需在想要拐点处单击鼠标即可。在此过程的任何一个阶段，都可以按 Esc 键来放弃画线。

9.3.5　在 Proteus 中调试程序

Proteus 软件中程序调试需要完成电路图绘制、程序导入、系统仿真。

1. 电路图绘制

首先根据 9.2 节中的硬件电路图将相关元件放置于新建的原理图文件中并进行电路图连接，如图 9-32 所示。

U2:A
R1
330Ω
U2:B
74HC07
R2
330Ω
U2:C
R3
330Ω
U2:D
R4
330Ω
U2:E
R5
330Ω
U2:F
R6
330Ω
U3:A
R7
330Ω
74HC07
G
F
E
D
C
B
A
U1
AT89S51
X1
X2
RST
XTAL1
XTAL2
RST
PSEN
ALE
EA
P1.0
P1.1
P1.2
P1.3
P1.4
P1.5
P1.6
P1.7
P0.0/AD0
P0.1/AD1
P0.2/AD2
P0.3/AD3
P0.4/AD4
P0.5/AD5
P0.6/AD6
P0.7/AD7
P2.0/A8
P2.1/A9
P2.2/A10
P2.3/A11
P2.4/A12
P2.5/A13
P2.6/A14
P2.7/A15
P3.0/RxD
P3.1/TxD
P3.2/INT0
P3.3/INT1
P3.4/T0
P3.5/T1
P3.6/WR
P3.7/RD
C1
30pF
12MHz
C2
30pF
+C3
10μF
RST
R8
10kΩ

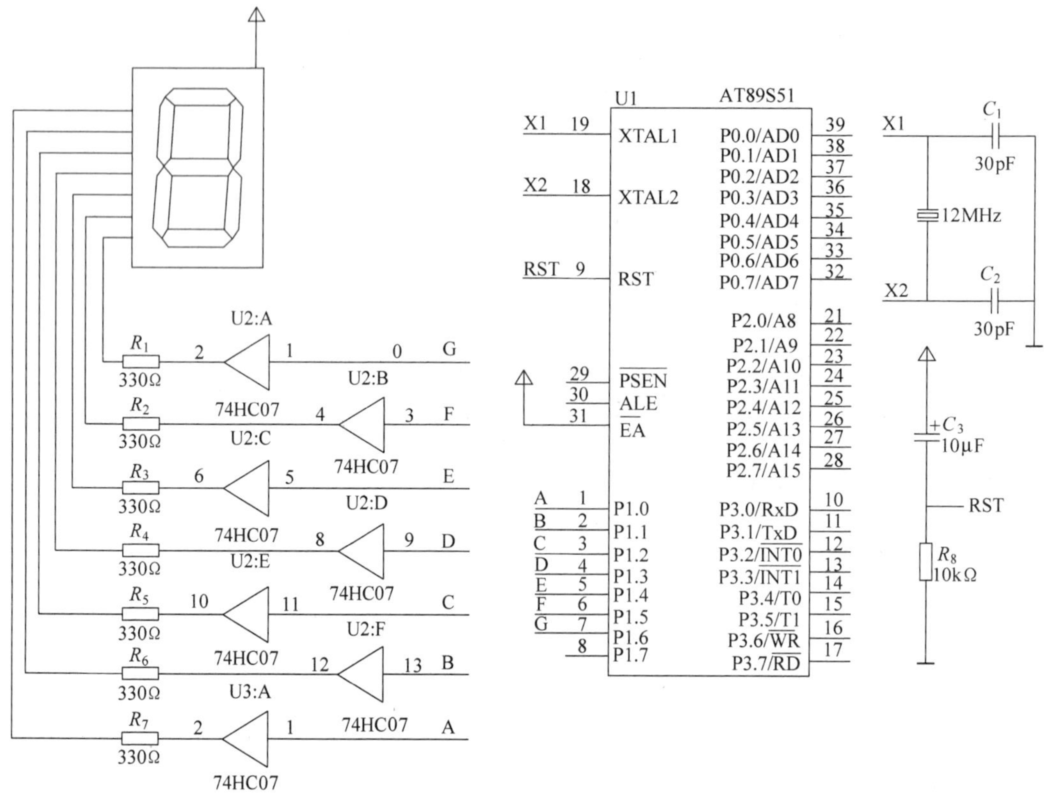

图 9-32 系统硬件电路图

2. 程序导入

由于原理图中的单片机仅是硬件，需要相应的软件配合才能完成相应的功能。可以选中原理图中的 CPU，通过单击选中的 CPU 调出该 CPU 的属性对话框，如图 9-33 所示。

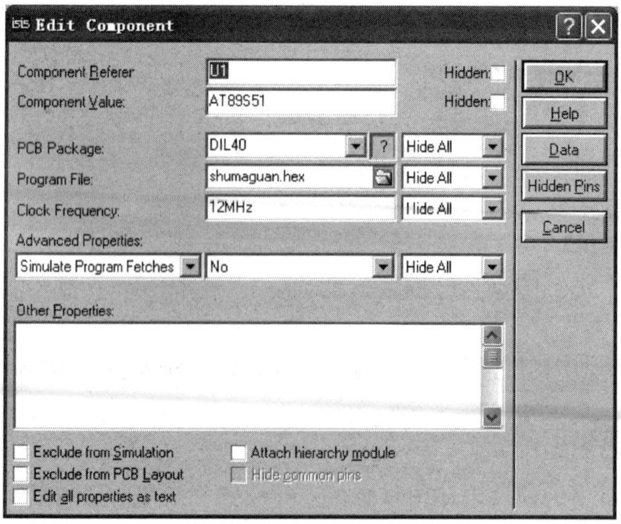

Edit Component
Component Referer
U1
Hidden:
Component Value:
AT89S51
Hidden:
OK
Help
Data
Hidden Pins
Cancel
PCB Package:
DIL40
Hide All
Program File:
shumaguan.hex
Hide All
Clock Frequency:
12MHz
Hide All
Advanced Properties:
Simulate Program Fetches
No
Hide All
Other Properties:
Exclude from Simulation
Exclude from PCB Layout
Edit all properties as text
Attach hierarchy module
Hide common pins

图 9-33 元件编辑图

单击 Program File 栏的文件夹图标，打开如图 9-34 所示的界面。

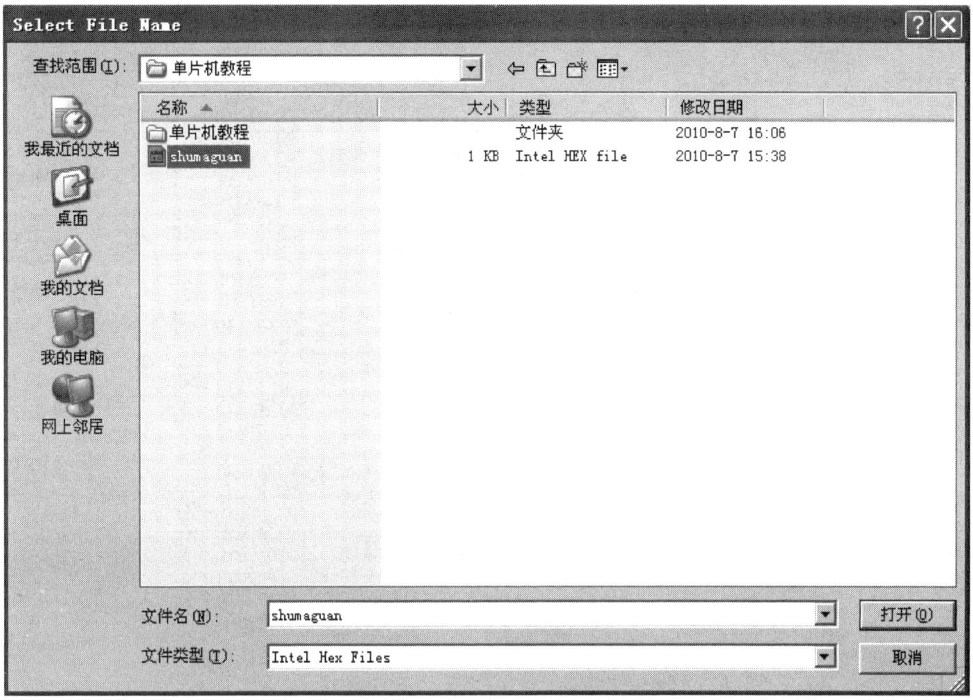

图 9-34　选择十六进制文件

选中已经生成的十六进制文件并确定，退回到如图 9-32 所示的电路图界面。

3. 程序调试

在 Proteus ISIS 编辑环境中绘制或调入原理图，并且给相应 CPU 载入相应程序后，单击 Proteus ISIS 编辑界面中 ▶ ▶‖ ‖ ■ 的左下角的运行键 ▶ ，即可进行功能仿真，仿真效果如图 9-35 所示。

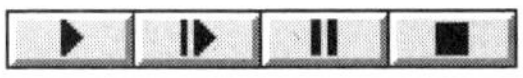

至此，软件仿真的部分已经结束。结合 Proteus 的软件仿真非常直观，很容易发现软件程序存在的错误。如果在仿真过程中发现错误则可以根据仿真效果修改软件程序，如此往复可以保证软件的正确性。

9.3.6　Altium Designer 简介

Altium Designer 是一款在 Protel 基础上发展而来的电路设计软件，提供了一种方便快捷的电子产品开发系统。

Altium Designer 的主要功能是原理图设计、印刷电路板设计、FPGA 开发、嵌入式开发、3D PCB 设计，为设计者提供了全新的设计解决方案，使设计者可以轻松进行设计，熟练使用这一软件必将使电路设计的质量和效率大大提高。

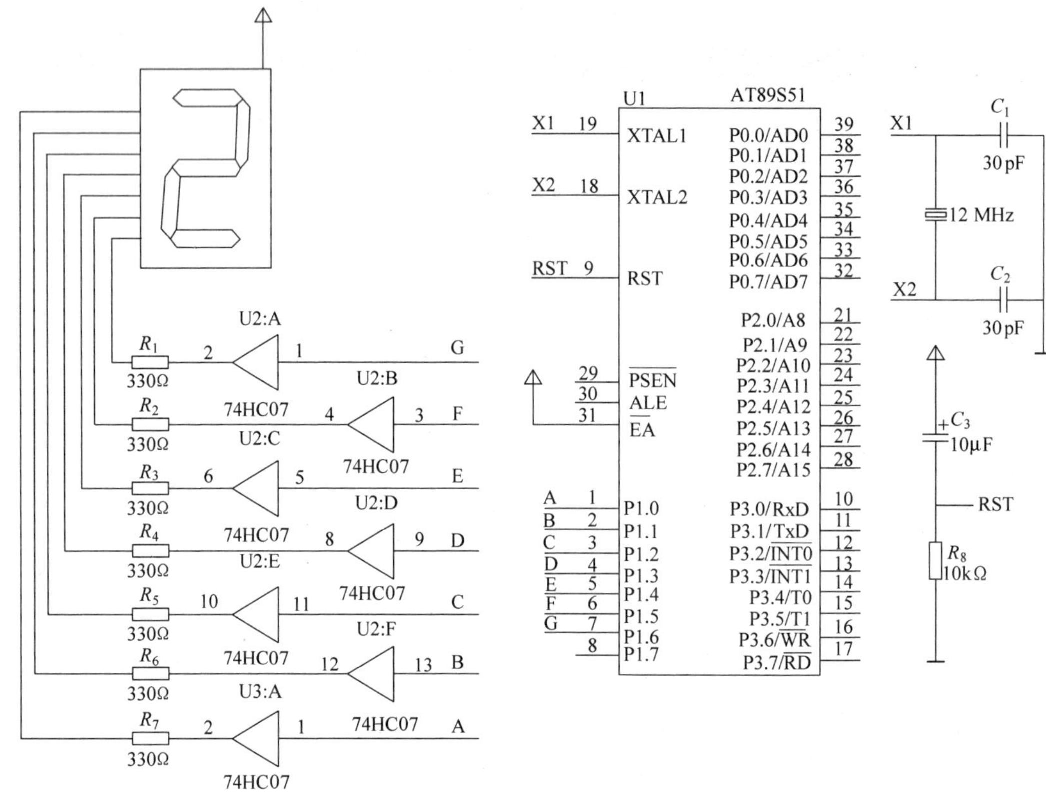

图 9-35　软件仿真效果图

9.3.7　利用 Altium Designer 设计电路板

本节介绍利用 Altium Designer 完成电路原理图设计以及 PCB(印刷电路板)设计。

1. 原理图设计

(1) 创建 PCB 工程

启动 Altium Designer 后，选择菜单 File→New→Project→PCB Project 命令，创建成功后得到如图 9-36 所示的界面。

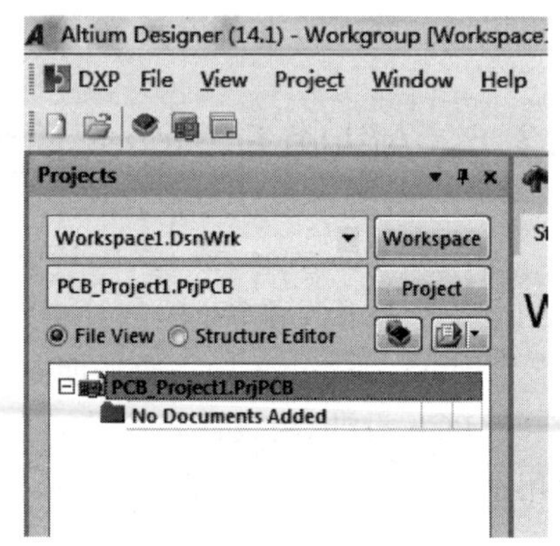

图 9-36　新建工程界面

(2) 保存 PCB 工程文件

选择 File→Save Project 菜单命令，弹出保存对话框 Save [PCB_Project1. PrjPCB] As，如图 9-37 所示。选择保存路径后在“文件名”栏内输入新文件名保存到自己建立的文件夹中。

(3) 创建原理图文件

在新建的 PCB 工程目录下，选择菜单 File→New→

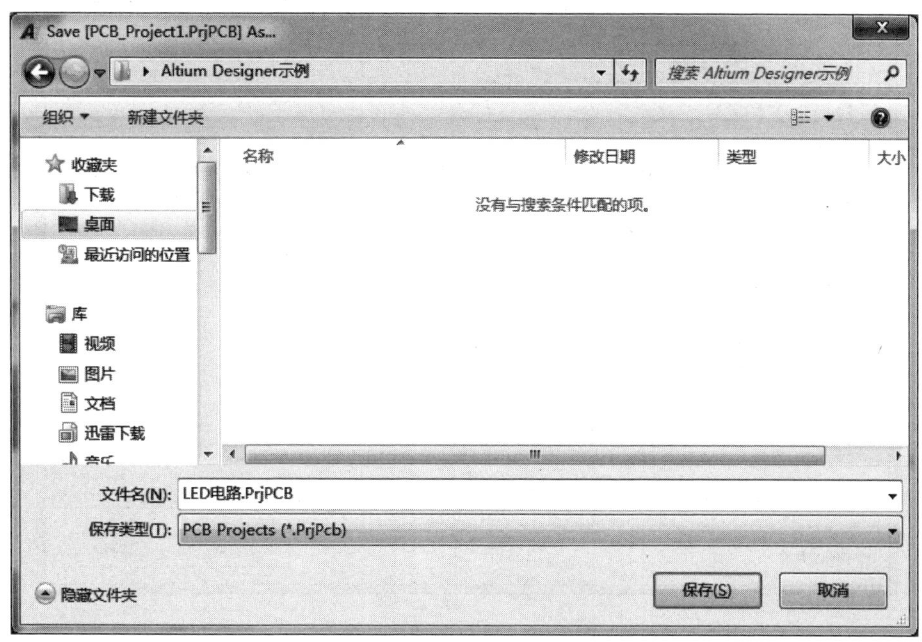

图 9-37　Save [PCB_Project1. PrjPCB] As 对话框

Schematic 命令，完成后如图 9-38 所示。

注：在新建的 PCB 工程目录下新建原理图文件。

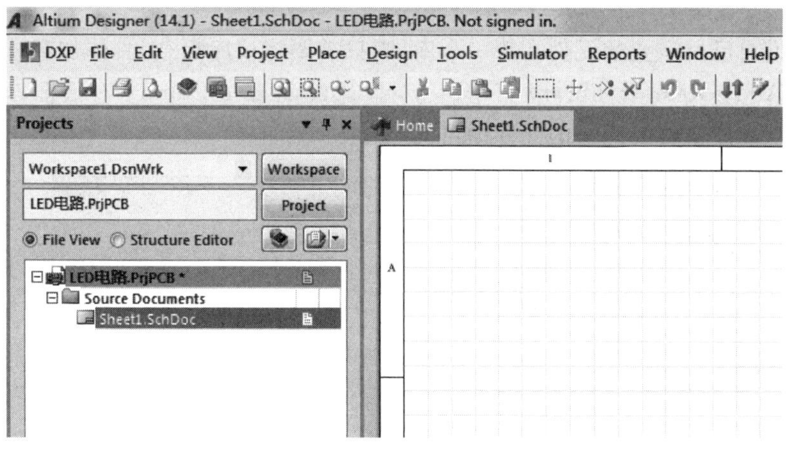

图 9-38　新建原理图

(4) 保存原理图文件

选择 File→Save 菜单命令，弹出保存对话框 Save [Sheet1. SchDoc] As，如图 9-39 所示。选择保存路径后在“文件名”栏内输入新文件名保存到自己建立的文件夹中。

(5) 设置工作环境

选择 Design→Document Options 菜单命令，在系统弹出的 Document Options 中进行设置。

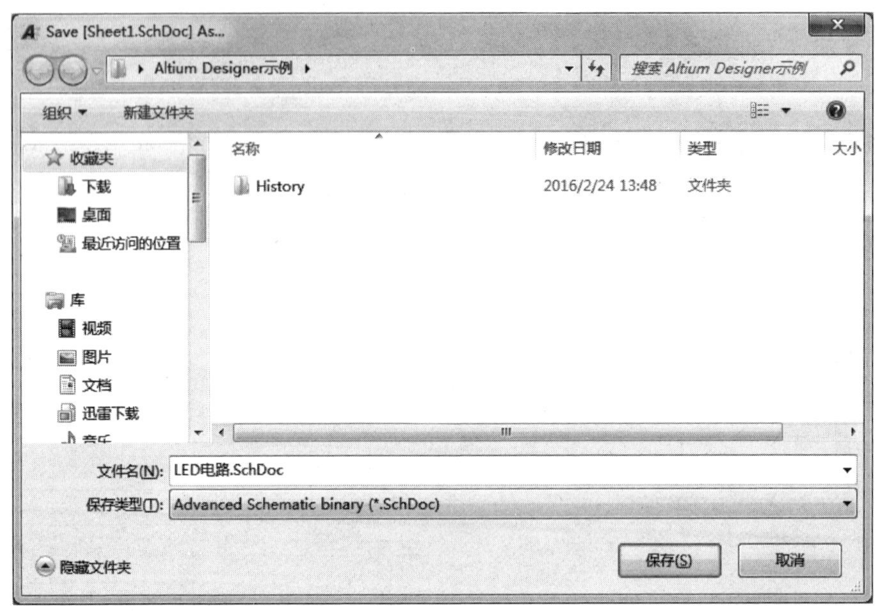

图 9-39 保存原理图文件

(6) 放置元件

放置元件有以下两种方法。

注：在放置元件之前需要加载所需要的库(程序示例库或者自己建立的库)。

方法一：安装库文件的方式放置。

如果知道自己所需要的元件在哪一个库，则只需要将该库加载，具体加载方法如下：选择 Design→Add→Remove library 菜单命令，弹出 Available Library 对话框，如图 9-40 所示，单击安装，在库中找到所需的元件即可。

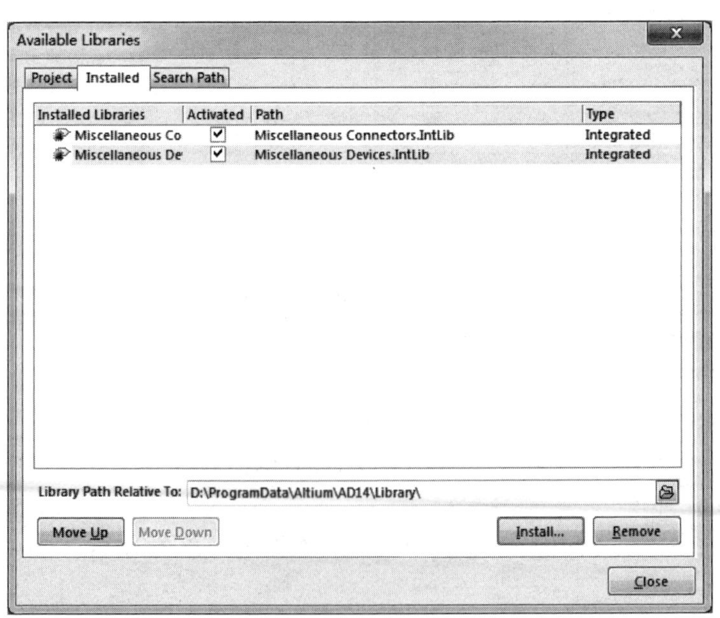

图 9-40 加载库文件

方法二：搜索元件的方式放置。

在我们不知道某个需要用的元件在哪一个库的情况下，可以采用搜索元件的方式进行元件放置。具体操作如下：选择 Place→Part 菜单命令，弹出 Place Part 对话框，如图 9-41 所示。

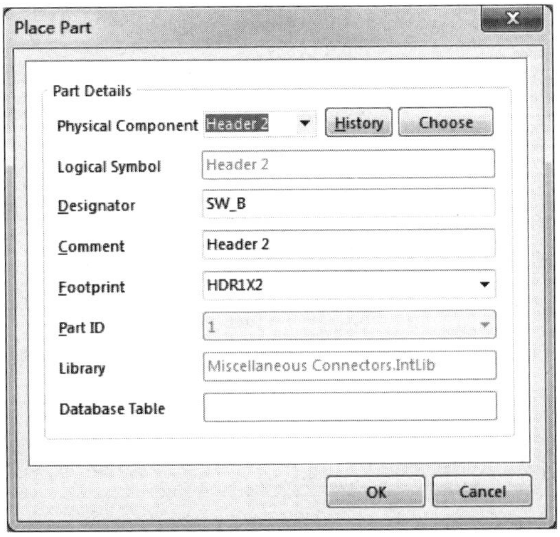

Place Part
Part Details
Physical Component
Header 2
History
Choose
Logical Symbol
Header 2
Designator
SW_B
Comment
Header 2
Footprint
HDR1X2
Part ID
1
Library
Miscellaneous Connectors.IntLib
Database Table
OK
Cancel

图 9-41　Place Part 对话框

接着选择 Choose，弹出 Browse Libraries 对话框，如图 9-42 所示，单击 Find 进行查找。

Browse Libraries
Libraries
Miscellaneous Connectors.IntLib
Find...
Mask
Component Name
Connector 26
Connector 30
Connector 34
Connector 36
Connector 40
Connector 48
Connector 50
Connector 60
Connector 68
Connector 80
Connector 96
Connector 100
D Connector 9
D Connector 15
D Connector 25
Edge Con 22
Edge Con 44
Edge Con 50
Header 2
182 components
Model Name
Type
Source
HDR1X2
Footprint
Miscellaneous Con
Connector
Signal Integrity
P?
1
2
Header 2
Click here to draw model
OK
Cancel

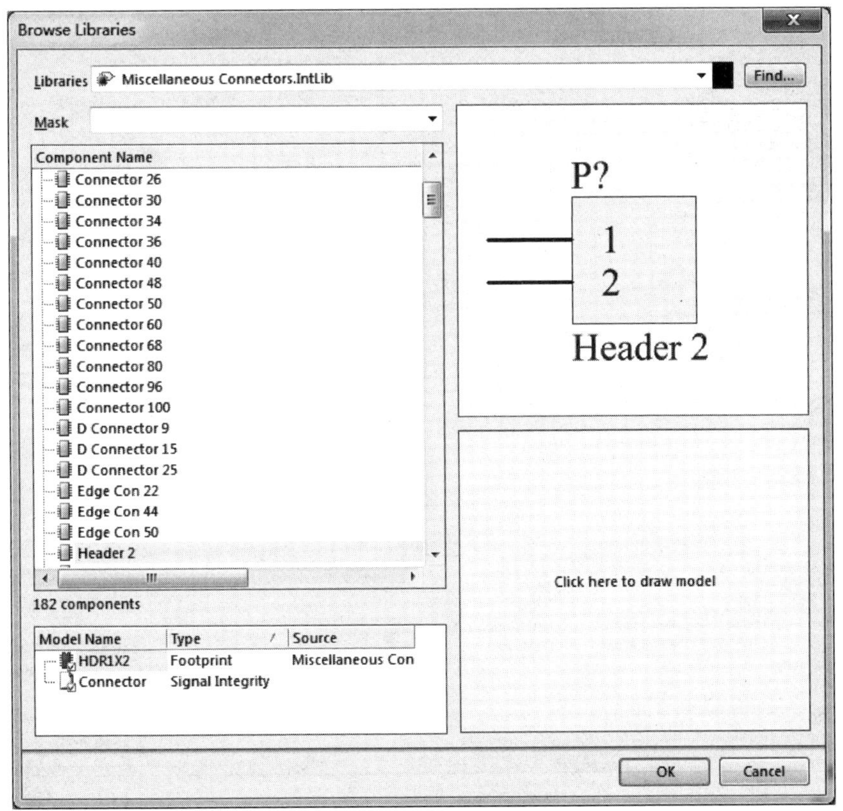

图 9-42　Browse Libraries 对话框

单击 Find 后弹出 Libraries Search 对话框，如图 9-43 所示。

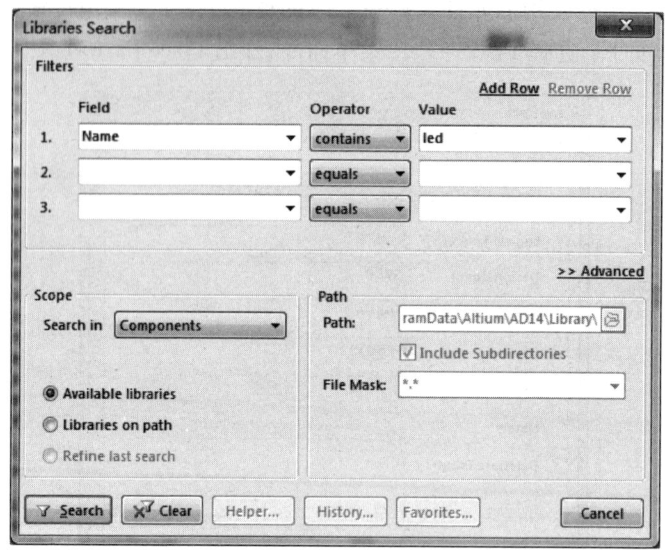

图 9-43　Libraries Search 对话框

设置完成后单击 Search，弹出如图 9-44 所示的对话框。

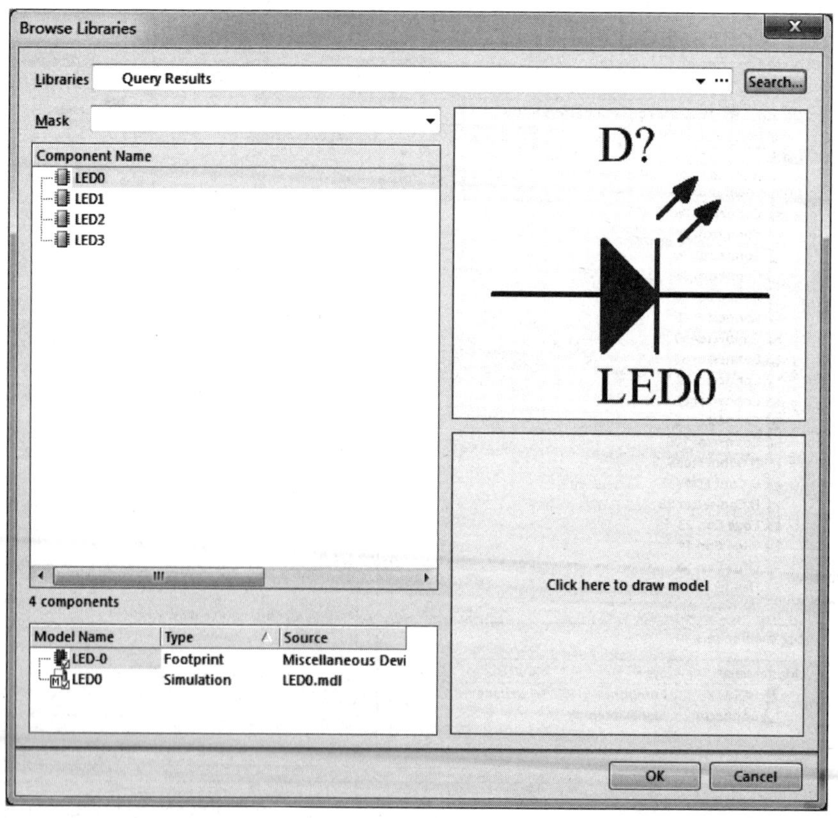

图 9-44　Search 结果

选中所需的元件后单击 OK 后，弹出如图 9-45 所示对话框。

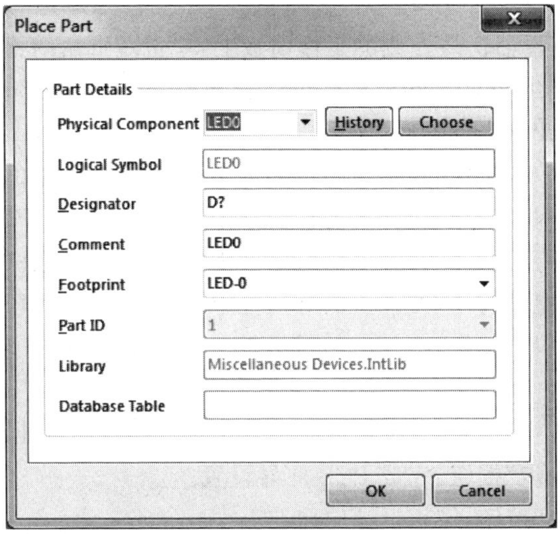

图 9-45　元件属性

修改元件属性，单击 OK 后，元件随着鼠标的移动而移动，单击鼠标左键在合适的位置即可放置元件。

(7) 原理图布线

在放好元件位置后即可对原理图进行布线操作，布线有两种方法。

① 选择 Place→Wire 工具菜单，此时将带十字型的光标放到元件引脚位置左击即可进行连线(注意拉线过程不要一直按住鼠标左键不放)，将导线拉到另一引脚上左击即放完一根导线，放置完导线后右击或者用 Esc 键结束放置。

② 选择 Place 菜单命令，里面的操作和 Place→Wire 类似。

(8) 原理图电气规则检查

选择 Project→Compile PCB Project[工程名]命令，若无错误提示，即通过电器规则检查；如有错误，则需找到错误位置进行修改调整。

(9) 保存输出

选择 File→Save(或者 Save As)即可将完成的原理图存储在计算机里。

2. PCB 设计

(1) 创建 PCB 工程项目文件

注：*如果在原理图绘制阶段已经新建，则无需新建。*

启动 Altium Designer 后，选择菜单 File→New→Project→PCB Project 命令。

(2) 保存 PCB 工程文件

选择 File→Save Project 菜单命令，弹出保存对话框 Save [PCB_Project1. PrjPCB] As 对话框，选择保存路径后在“文件名”栏内输入新文件名保存到自己建立的文件夹中。

(3) 绘制原理图

整个原理图绘制过程参见原理图设计部分。

（4）创建PCB文件文档

方法一：利用PCB向导创建PCB。

Step 1：在PCB编辑器窗口左侧的工作面板上，单击左下角的Files标签，打开Files菜单。单击Files面板中的New From Template标题栏下的PCB Board Wizard选项，启动PCB文件生成向导，弹出PCB向导界面。

Step 2：单击“下一步”按钮，在弹出的对话框中设置PCB采用的单位。

Step 3：单击“下一步”按钮，在弹出的对话框中根据需要选择PCB轮廓类型。

Step 4：单击“下一步”按钮，在弹出的对话框中设置PCB层数。

Step 5：单击“下一步”按钮，在弹出的对话框中设置PCB过孔风格。

Step 6：单击“下一步”按钮，在弹出的对话框中选择PCB上安装的大多数元件的封装类型和布线逻辑。

Step 7：单击“下一步”按钮，在弹出的对话框中设置导线和过孔尺寸。

Step 8：单击“下一步”按钮，完成PCB向导设置。

Step 9：单击“完成”按钮，结束设计向导。

Step 10：选择菜单命令File→Save，保存到工程目录下面。

方法二：使用菜单命令创建。

Step 1：通过原理图部分的介绍方法先创建好工程文件。

Step 2：在创建好的工程文件中创建PCB，选择File→New→PCB菜单命令。

Step 3：保存PCB文件，选择File→Save As菜单命令。

（5）规划PCB

① 板层设置。执行菜单命令Design→Layer Stack Manager，在弹出的对话框中进行设置。

② 工作面板的颜色和属性。执行Design→Board Layer & Colors菜单命令，在弹出的对话框中进行设置。

③ PCB物理边框设置。单击工作窗口下面的Mechanical 1标签，切换到Mechanical 1工作层上。选择Place→Line菜单命令，根据自己的需要，绘制一个物理边框。

④ PCB布线框设置。单击工作窗口下面的Keep-Out Layer标签，切换到Keep-Out Layer工作层上，执行Place→Line菜单命令。根据物理边框的大小设置一个紧靠物理边框的电气边界。

（6）导入网络表

激活PCB工作面板，执行Design→Import Changes From[文件名].PCBDOC菜单命令。

执行上述命令以后弹出对话框，单击Validate Change使变化生效，单击Execute Changes执行变化。

（7）PCB设计规则设计

执行Design→Rules菜单命令，在对话框中设置各种规则以方便后面的设计。

（8）PCB布局

通过移动、旋转元器件，将元器件移动到电路板内合适的位置，使电路的布局最合理，注意要删除器件盒。

（9）PCB布线

调整好元件位置后即可进行PCB布线。

执行 Place→Interactive Routing 菜单命令，或者单击图标，此时鼠标上为十字形，在焊盘处左击即可开始连线，连线完成后右击结束布线。

(10) 保存输出

选择 File→Save(或者 Save As)即可将完成的电路图存储在计算机里。

9.4　系统调试

利用 Proteus 软件仿真达到预期效果后，就可以利用 Altium Designer 软件进行 PCB 的设计和制作。本节主要介绍完成系统硬件组装后的一般调试步骤。

当完成了单片机应用系统的硬件、软件设计和硬件组装后，便可进入单片机应用系统调试阶段。单片机应用系统调试是系统开发的重要环节。系统调试的目的是要查出用户系统中硬件设计与软件设计存在的错误及可能出现的不协调问题，以便修改设计，最终使用户系统能正确可靠地工作。系统调试的一般过程如图 9-46 所示。

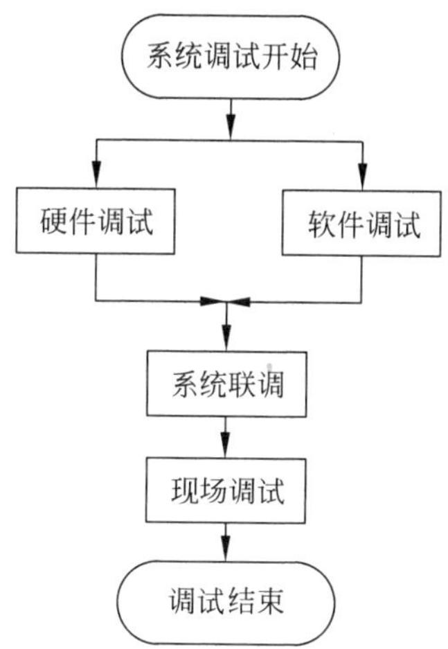

图 9-46　系统调试的一般过程

9.4.1　单片机应用系统的一般调试方法

1. 硬件调试

硬件调试是利用开发系统、基本测试仪器(万用表、示波器等)，通过执行开发系统有关命令或运行适当的测试程序(也可以是与硬件有关的部分用户程序段)，检查用户系统硬件中存在的故障。硬件调试可分静态调试与动态调试两步进行。

(1) 静态调试

静态调试是在用户系统未工作时的一种硬件检查。

(2) 动态调试

动态调试是在用户系统工作的情况下发现和排除用户系统硬件中存在的器件内部故

障、器件间连接逻辑错误等的一种硬件检查。由于单片机应用系统的硬件动态调试是在开发系统的支持下完成的，故又称为联机仿真或联机调试。

2. 软件调试

软件调试是通过对用户程序的汇编、连接、执行来发现程序中存在的语法错误与逻辑错误并加以排除纠正的过程。软件调试的一般方法是先独立后联机、先分块后组合、先单步后连续。

3. 系统联调

系统联调是指让用户系统的软件在其硬件上实际运行，进行软、硬件联合调试，从中发现硬件故障或软、硬件设计错误。系统联调是对用户系统检验的重要一关。

系统联调主要解决以下问题：

(1) 软、硬件能否按预定要求配合工作，如果不能，那么问题出在哪里？如何解决？

(2) 系统运行中是否有潜在的设计时难以预料的错误，如硬件延时过长造成工作时序不符合要求、布线不合理造成有信号串扰等。

(3) 系统的动态性能指标(包括精度、速度参数)是否满足设计要求。

4. 现场调试

一般情况下，通过系统联调后，用户系统就可以按照设计目标正常工作了。但在某些情况下，由于用户系统运行的环境较为复杂(如环境干扰较为严重、工作现场有腐蚀性气体等)，在实际现场工作之前，环境对系统的影响无法预料，只能通过现场运行调试来发现问题，找出相应的解决办法；或者虽然已经在系统设计时考虑到抗环境干扰的对策，但是否行之有效，还必须通过用户系统在实际现场的运行来加以验证。

9.4.2 数码管显示系统调试

下面以实现数码管显示功能为例，介绍该系统的部分调试过程。

目前大多数单片机都支持 ISP 技术，例如 STC 单片机、AVR 系列以及 ATMEL 的 AT89S 系列单片机等。ISP 的英文全称为 in-system programming，即在线系统编程，是一种无需将存储芯片(如 EPROM)从嵌入式设备上取出就能对其进行编程的过程。它的优势是不需要编程器就可以进行单片机的实验和开发，对于初学者来说，这是一种既简单又经济的开发工具。

目前，ISP 下载软件多种多样，对应一种下载软件，往往其配套的 ISP 下载线的制作方法也不同，本书将教给读者一种比较简单也是最常用的 ISP 下载线的制作方法。

利用芯片 74HC373 制作的 ISP 下载线的电路图如图 9-47 所示。

下载线一侧连接 PC 机的并口，一侧连接单片机的 P1.7、P1.6、P1.5 和复位引脚。再通过下载软件可以很方便地把程序下载到单片机中。

此下载线对应的软件是 Easy 51Pro，界面如图 9-48 所示。

下面以数码管显示系统为例，简单介绍其程序下载过程。

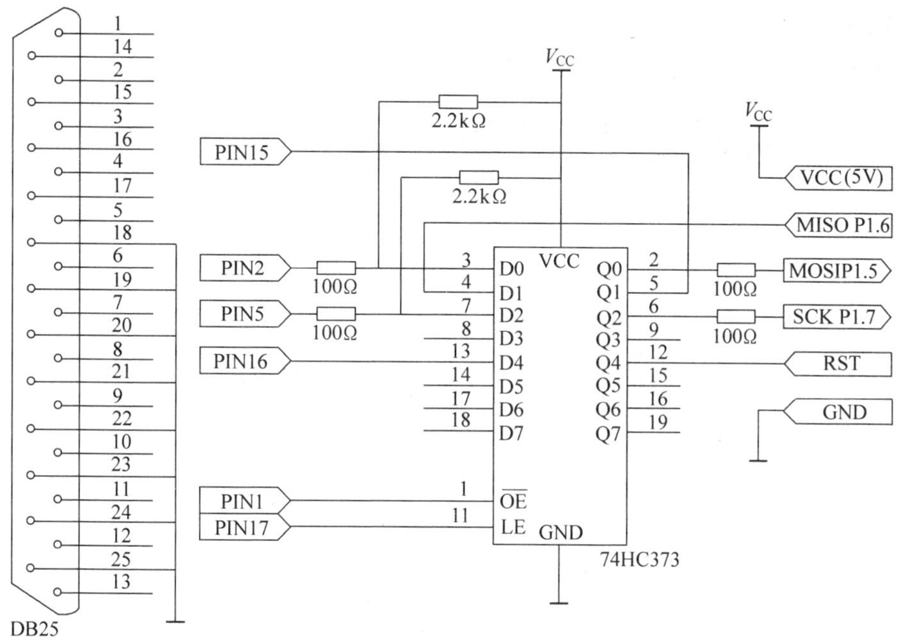

图 9-47　ISP下载线电路图

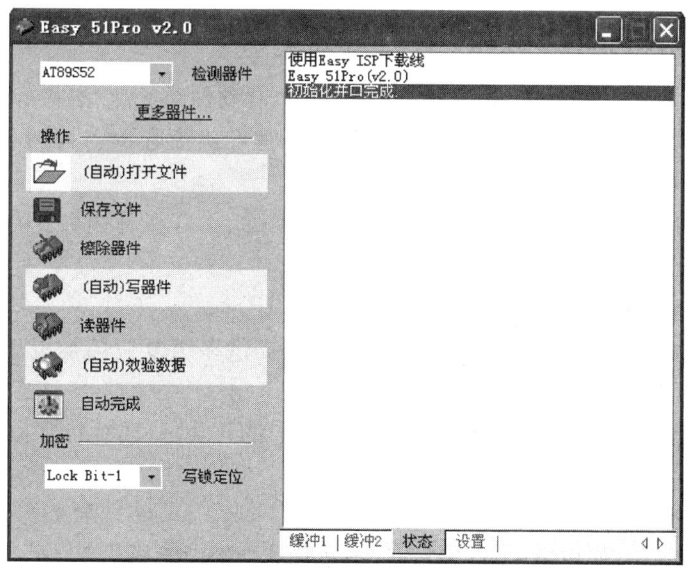

图 9-48　Easy 51Pro软件界面

打开Easy 51Pro软件。首先检测器件，若没有检测到单片机，请检查下载线连接或者单片机是否上电等情况；成功检测到器件后，单击“打开文件”选项，找到要下载的程序代码(.hex文件)，选定；然后单击“擦除器件”，擦除单片机原来的程序；最后单击“自动完成”即可。

观察程序运行的效果是否符合要求，如果不符合则应根据运行效果修改软件程序，直到达到要求为止。

第 10 章

常用单片机简介及应用举例

10.1　STC15 系列单片机

10.1.1　STC15 系列单片机简介

STC15 系列单片机是由深圳宏晶科技公司推出的增强型 8051 系列产品。该系列单片机是在传统 8051 单片机内核的基础上进行大幅度改进升级优化而来的新一代 8051 单片机，具有高速、高可靠、低功耗、外设模块丰富、ISP 升级程序方便、性价比高等显著优点，目前该系列已经被众多的产品设计工程师应用到各类工业产品中。

1. 特点

(1) 先进的指令集结构，兼容普通 8051 指令集，有硬件乘法/除法指令；

(2) 增强型 8051 内核，单时钟/机器周期(1T)，速度比普通 8051 单片机快 8～12 倍；

(3) 工作电压范围宽：2.5～5.5V；

(4) 大容量 Flash 程序存储器(最大可达 63.5KB)，大容量片内数据存储器(最大可达 4096B)，大容量 EEPROM；

(5) 支持在系统可编程(ISP)/在应用可编程(IAP)；

(6) 内部集成 MAX810 专用高可靠复位电路，提供多级复位门槛电压选择，可节省外部复位电路，还可对外输出低电平复位信号；

(7) 内部高精度 RC 时钟(±0.3%)，±1%温漂(－40～85℃)，常温下温漂±0.6%(－20～65℃)，具备可编程对外输出时钟功能；

(8) 支持高速同步串行通信端口(SPI)；

(9) 低功耗设计：低速模式、空闲模式、掉电模式/停机模式；

(10) 多组高速异步串口通信接口(可多达 4 组)；

(11) 多通道 10 位高精度模数转换器。

2. 选型

命名规则如下：

XXX	15	X	4K	XX	XX-28		X-XXXXX		XX
①	②	③	④	⑤	⑥	⑦	⑧	⑨	⑩

① 芯片类型。STC：用户不可将用户程序区的程序 Flash 当 EEPROM 使用，但有专门

的 EEPROM；IAP：用户可将用户程序区的程序 Flash 当 EEPROM 使用；IRC：用户可将用户程序区的程序 Flash 当 EEPROM 使用，且使用内部 24MHz 时钟或外部晶振。

② 速度。STC 1T 8051，同样的工作频率时，速度是普通 8051 的 8～12 倍。

③ 工作电压。W：2.5～5.5V。

④ SRAM 空间大小。4KB＝4096B。

⑤ 程序空间大小。如 08 是 8KB，16 是 16KB，24 是 24KB，32 是 32KB，48 是 48KB，56 是 56KB，61 是 61KB，63 是 63.5KB。

⑥ 功能。S4 字样，4 组高速异步串行通信接口（可同时并行使用），支持 SPI 功能，内部 EEPROM 功能，A/D 转换功能（PWM 还可以当 D/A 使用），CCP/PWM/PCA 功能。

⑦ 工作频率。28：工作频率可到达 28MHz。

⑧ 工作温度范围。I：工业级，－40～85℃；C：商业级，0～70℃。

⑨ 封装类型。如 LQFP、PDIP、SOP、SKDIP、QFN。

⑩ 引脚数。如 28、32、40、44、48、64。

由于 STC15 系列单片机型号非常多，根据应用场合的不同可以选择相应的型号。主要从以下几方面进行选型：工作电压、工作温度、工作频率、Flash 程序存储器、数据存储器、串行通信口数量、定时器数量、PWM 通道数、模数转换通道、EEPROM 大小、封装、I/O 口数量以及其他一些特性等。其主要产品系列有以下几种。

(1) STC15F2K 系列：片内大容量 2KB SRAM，超高速双串口，高速 A/D。

(2) STC15W4K 系列：片内大容量 4KB SRAM，超高速四串口，6 路 15 位 PWM。

(3) STC15W1K 系列：片内大容量 1KB SRAM，超高速串口。

3. 最小系统

单片机最小系统是指能够让单片机正常运行的最基本的单元电路。大部分的最小系统都包括复位电路、晶振电路、下载调试接口电路等，要设计出合理可靠的最小系统，需要参考芯片公司的设计手册。

(1) 系统复位

STC15 系列单片机有 7 种复位方式：

① 外部 RST 引脚复位；

② 软件复位；

③ 掉电复位、上电复位；

④ 内部低压检测复位；

⑤ MAX810 专用复位电路复位；

⑥ 看门狗复位；

⑦ 程序地址非法复位。

(2) 时钟系统

STC15F2K60S2 系列、STC15W4KS32 系列、STC15W401AS 系列和 STC15F408AD 系列单片机有两个时钟源：内部高精度 RC 时钟和外部时钟（外部输入的时钟或外部晶振产生的时钟）。而 STC15F100W 系列、STC15W201S 系列、STC15W404S 系列和 STC15W1K16S 系列无外部时钟，只有内部高精度 RC 时钟。

(3) 调试下载接口

对于下载电路，用户在自己的目标系统上，如将P3.0/P3.1经过RS-232电平转换器转换后连接到电脑的普通RS-232串口，就可以在系统编程、升级用户软件。若电脑没有RS-232串口，可以使用USB-TTL转接线。如果用户板上无RS-232电平转换器，建议引出一个插座，包含GND/P3.0/P3.1/VCC这4条信号线，这样就可以在用户系统上直接编程了。

10.1.2 STC15W4K32S4应用举例

1. 内部结构概述

STC15W4K32S4单片机中包含中央处理器(CPU)、程序存储器(Flash)、数据存储器(RAM)，EEPROM、定时器/计数器、I/O接口、UART接口和中断系统、SPI接口、高速A/D转换、PWM(或捕获/比较单元)、看门狗电路、电源监控以及片内RC振荡器等模块。STC15W4K32S4单片机几乎包含了数据采集和控制中所需的所有单元模块，可称得上一个片上系统。

2. 开发环境简介

Keil μVision集成开发环境(integrated developing environment，IDE，以下简称μVision)是一个基于Windows的开发平台，包含高效的编辑器、项目管理器和MAKE工具；支持所有的Keil 8051工具，包括C编译器、宏汇编器连接/定位器、目标代码到HEX的转换器。

μVision通过以下特性加速单片机应用系统的开发过程：

(1) 全功能的源代码编辑器；

(2) 器件库用来配置开发工具设置；

(3) 项目管理器用来创建和维护项目；

(4) 集成的MAKE工具可以汇编编译和链接用户的嵌入式应用；

(5) 所有开发工具的设置都是对话框形式的；

(6) 真正源代码级的对CPU和外围器件的调试器；

(7) 高级GDI接口用来在目标硬件上进行软件调试以及和Monitor-51进行通信；

(8) 与开发工具手册、器件数据手册和用户指南有直接的链接。

STC系列单片机的软件开发工作主要在μVision上完成。STC单片机的开发工作与普通8051单片机开发流程是一样的，具体方法请参照8051单片机进行。

3. 下载工具

STC系列单片机程序的下载可以使用STC公司开发的STC-ISP下载软件。利用该ISP工具将程序下载到单片机中。下面简单地介绍一下使用ISP工具下载程序的步骤。

首先从http://www.stcmcu.com网站上下载宏晶科技公司提供的最新版本的ISP下载工具免安装版，解压缩到任一文件夹中，双击其中的应用程序即可启动。

下载程序时，按照下面的步骤进行：

(1) 在“单片机型号”下拉框中选择芯片型号，这里选择STC15W4K32S4；

(2) 在“串口号”下拉框中选择单片机与计算机相连接的串口号；

(3) 单击“打开程序文件”，选择要下载的程序文件，一般格式为 *.hex；

(4) 其他选项保持默认即可，单击“下载/编程”。

下载时请注意观察提示，主要看是否要给单片机上电或复位。下载时，一定要先单击“下载/编程”按钮，然后再给单片机上电复位(即先彻底断电)，而不要先给单片机上电。如果先给单片机上电，单片机检测不到合法的下载命令流，就直接运行用户程序了。下载完成后，要将单片机的供电电源断开，重新给单片机上电，新的设置才会生效并执行。

除了提供下载用户程序的功能以外，宏晶科技公司提供的 ISP 下载工具还提供了文件缓冲区(用于查看读入的文件内容)、串口调试助手(用于观察单片机运行时某些资源的内容，需要编写相应的单片机串口程序，用串行通信的方式将要观察的内容发送到 ISP 集成的串口调试助手中)和工程文件(用于保存下载参数)功能。读者可以自行进行实验。

4. 实例

STC 系列单片机既可以使用汇编语言进行开发，也可以使用 C 语言进行。51 单片机的 C 语言又称为 C51。单片机 C51 语言是由 C 语言继承而来的。和 C 语言不同的是，C51 语言运行于单片机平台，而 C 语言则运行于普通的桌面平台。C51 语言具有 C 语言结构清晰的优点，便于学习，同时具有汇编语言的硬件操作能力。对于具有 C 语言编程基础的读者，能够轻松地掌握单片机 C51 语言的程序设计。

由于 STC15W4K32S4 的指令集与 8051 指令集完全兼容，所以 8051 的代码几乎可以不用修改就可以轻松地移植到 STC15 系列中，需要注意的是某些引脚可能会有区别。同时，由于此款 MCU 比传统 8051 增加了不少外设及模块，如果要使用这些外设，请参考官方的使用手册。

下面这个程序，功能是实现连接到 P0.0 引脚上的 LED 灯以 0.5s 的频率(软件延时，并不是非常精准)进行闪烁。电路原理如图 10-1 所示。

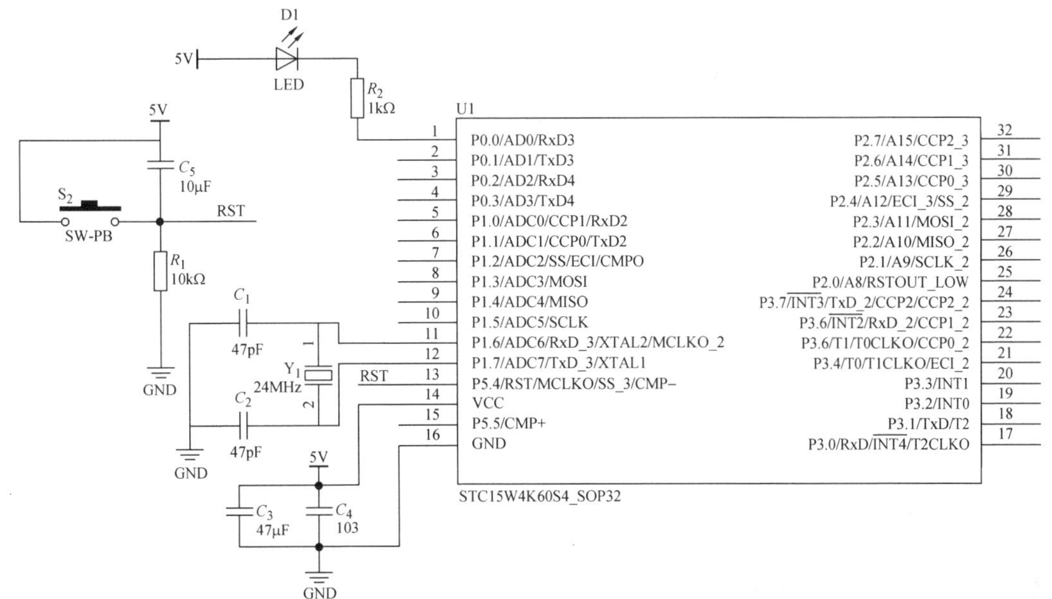

图 10-1　LED 电路原理图

代码如下：

```
#include <reg52.h>
sbit P00 = P0^0;              //定义 P0.0 端口
void Delay1000ms()            //@24.000MHz
{
    unsigned char i, j, k;
    _nop_();
    _nop_();
    i = 92;
    j = 50;
    k = 238;
    do
    {
        do
        {
            while (--k);
        }while (--j);
    } while (--i);
}
void main(void)
{
    while(1)
    {
      P00 = 0;                //点亮与 P0.0 相连的 LED 发光二极管
      Delay1000ms();
      P00 = 1;
      Delay1000ms();
    }
}
```

10.2 AVR 系列单片机

10.2.1 AVR 系列单片机简介

1997 年，由 Atmel 公司挪威设计中心的 A 先生与 V 先生利用 ATMEL 公司的 Flash 新技术，共同研发出 RISC 精简指令集的高速 8 位单片机，简称 AVR。此后，Atmel 公司又开发出了 32 位单片机，所以当前的 AVR 系列单片机包含 8 位以及 32 位。AVR 的单片机广泛应用于计算机外部设备、工业实时控制、仪器仪表、通信设备、家用电器等各个领域。

1. 特点

(1) 高速度

AVR 系列单片机采用 Harvard 结构，具有预读取指令功能，即进行程序存储和数据存储操作时使用不同的存储器和总线，当执行某一条指令时，可预先从程序存储器中读取下一条指令。

AVR 系列单片机晶振最高可达 66MHz，指令执行速度可达 1.5 MIPS/MHz。

(2) 低功耗

部分型号内部集成 picoPower 功能，有效地减小了单片机的功耗。

(3) 高保密度

AVR 单片机 Flash 存储器具有密码保护功能(LOCK)，并且 Flash 单元深藏于单片机内部，不易被破解，有利于保护设计成果。

(4) 丰富的片内外设

AVR 系列单片机具有高的集成度以及丰富的片内外设，许多外设可以进行自主型操作，这大大地减小了 CPU 的负担，提高了系统的执行速度，为系统设计提供了小尺寸的解决方案。

AVR 系列单片机具有多种型号可选，其片内外设包括 SPI 接口、I^2C 接口、UART 接口、USB 接口、乘法器、ADC、DAC、DMA 模块、模拟比较器等。

(5) 高效的开发环境

AVR 系列单片机有着多种高效、完整的开发环境，包括 ICC AVR、GCC AVR (WinAVR)、CodeVision AVR、AVR Studio 等。

(6) 工作稳定

AVR 系列单片机的工作温度为－40～105℃，工作电压为 0.7～6.0V 可选，抗干扰能力强，适应性能良好，可根据不同的工作条件选取合适的单片机。

(7) Sleep 模式

AVR 单片机具有 6 种休眠模式，分别为空闲模式(Idle)、ADC 噪声抑制模式(ADC Noise Reduction)，省电模式(Power-save)、掉电模式(Power-down)、Standby 模式、扩展的 Standby 模式(Extended Standby)，根据不同的工作状况选取合适的模式可大大减小单片机的耗电量。

大部分 AVR 除了有 ISP 功能外，还有 IAP 功能，方便升级或销毁应用程序。

2. 选型

Atmel 公司的 AVR 单片机有 4 个系列的产品。为满足不同的需求和应用，Atmel 公司对 AVR 单片机的内部资源进行了相应的扩展和删减，推出了 tiny AVR、mega AVR、Xmega AVR、AVR UC3 等不同档次数百种型号的产品。

(1) tiny AVR 系列单片机：将小型化、处理能力、模拟性能和系统级集成完美地整合在一起，并且可以在最低 0.7V 的电压下工作。

(2) mega AVR 系列单片机：主要有 ATmega8/16/32/64/128(存储容量为 8/16/32/64/128KB)等。

(3) Xmega AVR 系列单片机：增加事件系统以及电源管理模块，具有高精度的模数转换功能。

(4) AVR UC3 系列单片机：AVR 系列最为高端的 32 位单片机，具有更高的数据运算能力以及较低功耗。

AVR 单片机型号众多，基本上每种型号都有不同用途，每个系列 AVR 单片机芯片上都有不同的编号。例如：

AT mega 64 L - 16 A U
① ② ③ ④ ⑤ ⑥ ⑦

① AT表示该单片机是Atmel公司的产品。

② mega表示该单片机为ATmega系列的单片机。

③ 数字64表示mega系列型号为64的单片机，同时指明了该型号单片机内部flash容量为64KB。

④ 字母L表示该单片机为低功耗类型的单片机，同理如果没有L，则表示该单片机为普通类型的单片机。

⑤ “-”后面的数字16表示该芯片允许的最大时钟频率为16MHz。

⑥ 字母A表示该单片机的封装形式，P是DIP封装（双列直插），A表示有引脚扁平封装（即贴片封装），M表示无引脚扁平封装。

⑦ 字母U表示该芯片的等级是工业级（环保封装，工业级温度）。芯片的使用等级一般分为商用级、工业级、军用级3个级别，这3个级别对芯片的使用环境要求各不相同，其中商用级要求最低，军用级要求最高。

3. 最小系统

单片机的最小系统包括电源电路、复位电路和时钟电路。AVR系列单片机内部集成了复位电路和时钟电路，只需在单片机外部接上合适的电源（0.7～6.0V），单片机就可以正常工作。

（1）系统复位

系统复位源生效时I/O端口立即复位为初始值，不需要任何时钟的辅助。当所有的复位信号消失之后，延迟计数器被激活，延长内部复位，使得在MCU正常工作之前电源达到稳定的电平。

AVR单片机一般有5个复位源，分别为：

① 上电复位。当电源电压低于上电复位门限（VPOT）时，MCU复位。

② 外部复位。当引脚$\overline{\text{RESET}}$上的低电平持续时间大于最小脉冲宽度时MCU复位。

③ 看门狗复位。当看门狗使能并且看门狗定时器超时时复位发生。

④ 掉电检测复位。当掉电检测复位功能使能，切电源电压低于掉电检测复位门限（VBOT）时MCU复位。

⑤ JTAG AVR复位。当复位寄存器为1时MCU复位。

（2）时钟系统

AVR单片机可选择以下几种时钟源：外部晶体/陶瓷振荡器、外部低频晶体振荡器、外部RC振荡器、标定的内部RC振荡器、外部时钟。

当CPU自掉电模式或省电模式唤醒之后，被选择的时钟源为启动过程定时，保证振荡器在开始执行指令之前进入稳定状态。当CPU从复位开始工作时，还有额外的延迟时间以保证在开始正常工作之前电源达到稳定电平。

（3）调试下载接口

① 串行编程（即ISP编程）。目前的AVR芯片基本上都具备ISP接口，可通过ISP接口进行编程。它一共使用了两条电源线VCC和GND，三条信号线SCK、MOSI和

MISO，以及复位线 RESET。由于仅仅使用了几条数据线，所以我们亦常将其称为串行编程。

② 高压/并行编程。AVR 的高压/并行编程功能强大，理论上能修复任何熔丝位。这种编程方式需要使用 12V 电压并且连接较多的引脚。

③ JTAG 编程。JTAG 烧写方式仅适用于带 JTAG 接口的 AVR 并且需要占用对应的 I/O 口。对于 I/O 口够用的 AVR 来说，在产品开发过程中，可以用 JTAG 接口来仿真调试，产品量产后，产品板预留的 JTAG 接口还可以用来烧写程序。

(4) 调试方式

一般来说，AVR 有 3 种在线仿真方式：

① JTAG 仿真方式。适用于具备 JTAG 仿真接口的 AVR，如 Atmega16/32/64/128 等。

② debugWIRE 仿真方式。适用于具备 debugWIRE 仿真接口的 AVR，如 Attiny13/24/2313、Atmega48/88/168 等。与 JTAG 相比其主要区别在于仅使用一根信号线(RESET)即可完成调试信息的交互，达到控制程序流向、执行指令以及编程熔丝位的功能。

③ 采用仿真头替代 AVR MCU 仿真方式。适用于不带仿真接口的 AVR，如 ATtiny26、ATmega8、ATmega8515 等。

10.2.2 ATmega64 单片机应用举例

本节简单介绍 ATmega64 型号单片机，并以此单片机控制 LED 灯以 1s 为间隔循环闪烁。

1. 内部结构概述

ATmega64 单片机具有以下配置：

(1) 64KB 可编程 Flash(具有同时读写的能力，即 RWW)；

(2) 4KB SRAM；

(3) 53 个通用 I/O 口；

(4) 32 个通用工作寄存器；

(5) 实时计数器(RTC)；

(6) 2 个具有独立预分频器和比较器功能的 8 位定时器/计数器；

(7) 1 个可编程的串行 USART；

(8) 8 路 10 位 ADC；

(9) 具有独立片内振荡器的可编程看门狗定时器；

(10) 可工作于主/从机模式的 SPI 串行接口；

(11) 与 IEEE 1149.1 标准兼容的、可用于访问片上调试系统及编程的 JTAG 接口。

2. 开发环境

对于一款单片机，可以用汇编语言对其进行编程，也可以利用其他的高级语言比如 C 语言对其编程。

Atmel公司也推出了开发软件AVR Studio。该开发软件包含了AVR Assembler编译器，AVR Studio调试功能，AVR Prog串行、并行下载功能，以及JTAG ICE仿真等功能；支持汇编语言编译、软件仿真、芯片程序下载、芯片硬件仿真等一系列基础功能；此外，AVR Studio 5以及以上版本内部集成了GCC编译器，支持C语言编译。

本例采用AVR Studio 5作为开发软件。

3. C语言程序设计

此例程中需要用到的库函数有：

```
avr/io.h          //AVR单片机相关寄存器定义，例如DDRA、PORTA的宏定义
avr/interrupt.h   //中断服务程序的定义，包括 # define ISR(vector, [attributes])、sei()等
                  //函数的定义
util/delay.h      //软件延时，包括void _delay_us(double __us)和void _delay_ms(double __us)
```

AVR中定义中断函数的格式为：

```
ISR(中断向量)
{
    局部变量定义;
    函数体;
}
```

以下函数为中断源为定时器/计数器1时的中断函数：

```
ISR(TIMER1_COMPA_vect)
{
    …
}
```

不同型号的单片机的中断向量各不相同，具体书写代码时应参考头文件定义。

4. 实例

分别用定时器中断方式和软件延时方式实现LED以1s的间隔闪烁。电路原理如图10-2所示。

代码如下：

(1) 利用定时器中断

```
#include "avr/io.h"
#include "avr/interrupt.h"
int main(void)
{
DDRA = (1 << PIN0);                                   //PORTA的PIN0口输出模式
    PORTA = (1 << PIN0);                              //PORTA的PIN0口输出1
    TCCR1B|= (1 << WGM12)|(1 << CS10)|(1 << CS12);    //CLK/1024 (来自预分频器),CTC模式
    OCR1AH|= 0x1D;
    OCR1AL|= 0x84;                                    //0x1D84 × 1024 = 7812 × 1024
    TIMSK|= (1 << OCIE1A);                            //匹配中断开启
    sei();                                            //全局中断开启
```

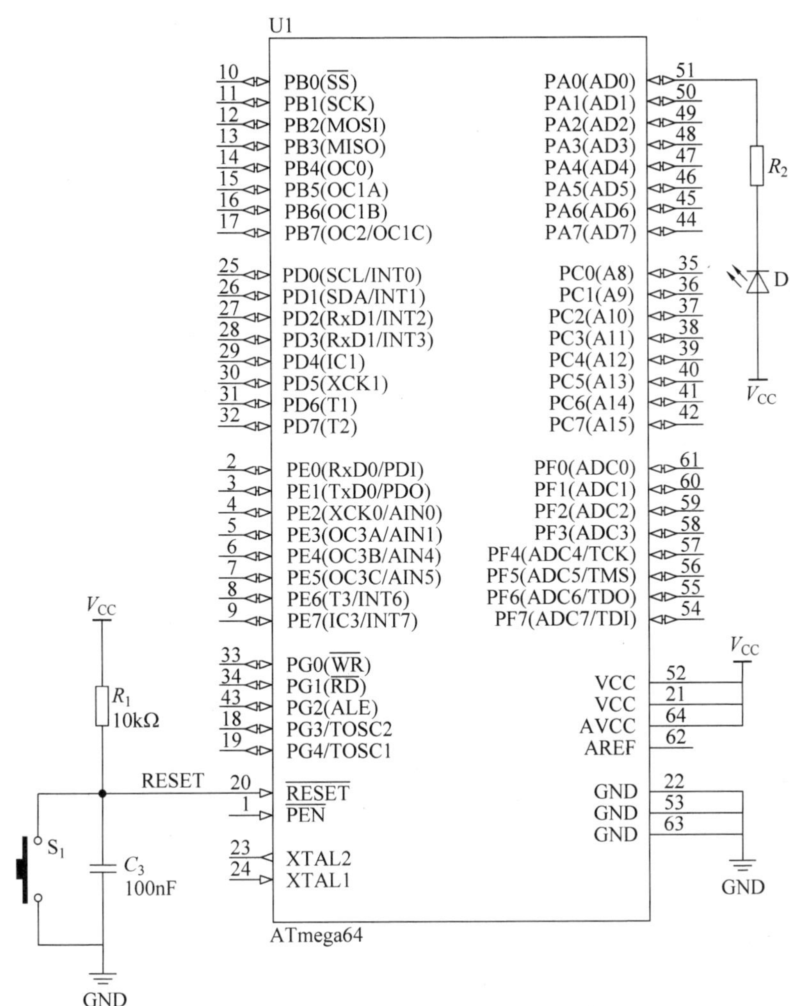

图 10-2　LED 电路原理图

```
    while(1)
    {
                                                  //用户数据
    }
}
ISR(TIMER1_COMPA_vect)                            //中断服务程序
{
    PORTA ^ = (1 << PIN0);                        // PORTA 的 PIN0 口输出反相
}
```

(2) 利用软件延时

```
#include "avr/io.h"
#include "util/delay.h"
int main(void)
{
    DDRA = (1 << PIN0);                           //PORTA 的 PIN0 口输出模式
```

```
        PORTA = (1 << PIN0);                           //PORTA 的 PIN0 口输出
        while(1)
    {
            _delay_ms(1000);                           //延时 1s
            PORTA ^ = (1 << PIN0);                     // PORTA 的 PIN0 口输出反相
        }
    }
```

10.3 MSP430 系列单片机

10.3.1 MSP430 系列单片机简介

MSP430 系列单片机是美国德州仪器（Texas Instruments Inc.）生产的一种 16 位超低功耗的混合信号处理器（mixed signal processor）。该系列单片机拥有卓越的高集成度，并提供了各种高性能的模拟及数字外设，不但可以低功耗运行，也具有强大的数字信号及模拟信号处理能力，许多外设都可以执行自主型操作，因而最大限度地减少了 CPU 处于工作模式的时间。该系列单片机被广泛应用在低功耗、高性能与便携式的嵌入式设备上。

1. 特点

(1) 低功耗

MSP430 系列单片机专为超低功耗应用而特别设计，可用 1.8～3.6V 低电压供电。其高度灵活的定时系统、多种低功耗模式、即时唤醒以及智能化自主型外设（intelligent autonomous peripheral）不仅可实现真正的超低功耗优化，同时还能大幅延长电池使用寿命。它在 RAM 保持模式下耗电仅为 0.1μA。

(2) 高集成度与丰富的片内外设

MSP430 系列单片机拥有卓越的高集成度，在片内提供了各种高性能的模拟及数字外设，并且许多外设都可以执行自主型操作，因而最大限度减少了 CPU 处于工作模式的时间，也提供了一个小尺寸的解决方案。此外，不同型号的 MSP430 单片机中，同一模块的功能、结构与使用方式均相同，藉此可以大大简化设计流程。此外，根据实际需要关闭不需要使用的模块也可减少耗电。

(3) 强大的处理能力与高效的开发环境

MSP430 系列单片机具有丰富的寄存器资源、强大的处理能力和灵活的操作方式，采用目前流行与广受好评的精简指令集（RISC）性能。

(4) 系统工作稳定

MSP430 系列单片机均为工业级器件，运行环境温度为－40～85℃，运行稳定、可靠性高，所设计的产品适用于各种民用和工业环境。MSP430 系列单片机的零功耗欠压复位（BOR）能够在所有操作模式下始终保持启用和工作的状态。这不仅能确保实现最可靠的性能，同时还可保持超低功耗。

2. 选型

MSP430 系列单片机的命名规则如下：

MSP430　F　46　9　I　QZW

①　②　③　④　⑤　⑥

① MSP430 表示该单片机是 TI 公司的产品。

② 存储器类型。F 代表是 Flash，C 代表是 ROM，FR 代表是铁电存储器（FRAM），G 代表的是 Flash 的经济型产品。

③ 产品系列与序号。

④ 存储容量。0＝1KB，1＝2KB，2＝4KB，3＝8KB，4＝12KB，5＝16KB，6＝24KB，7＝32KB，8＝48KB，9＝60KB。

⑤ 温度范围。Q＝用户定义，I＝工业级（－40～85℃），A＝汽车级（－40～125℃）。

⑥ 封装类型。

MSP430 系列单片机有丰富的产品线，生产着数百种不同性能与规格的单片机，可满足各类设计的需要，其主要产品系列有如下几种。

(1) MSP430F1xx 系列

该系列为早期的产品系列，是基本型的 430 单片机，功能十分齐全、价格低廉，非常适合初学者使用。具有低至 0.1μA 的 RAM 保持模式、0.7μA 的实时时钟模式、200μA/MIPS 工作模式的超低功耗。

(2) MSP430F2xx 系列

该系列为 1x 系列的精简升级版，价格低、小型、灵活，同时有着增强的 CPU 速度与唤醒时间、扩大的内存及 RAM，且含有可编程的端口上拉/下拉电阻、24 位 Σ-Δ A/D 转换器等其他外设。

(3) MSP430G2xx 系列

该系列是 TI 新推出的经济高效的 MSP430 单片机系列，功能与 F2x 相近，但具有更高的性价比。该系列包含了低功耗振荡器（VLO）、内部上拉/下拉电阻和低引脚数选择等丰富的功能集，面向对成本敏感的应用。该系列部分器件适用于－55～150℃的扩展温度范围。

(4) MSP430F4xx 系列

该系列具有集成的 LCD 控制器和 16 位的 Σ-Δ A/D 转换器、运算放大器、倍频器、DMA 和其他外设，十分适合低功耗计量、医疗设备以及其他需要 LCD 显示、数模转换的运用。

(5) MSP430F5xx/6xx 系列

该系列为 TI 公司推出的低功耗、高性能处理器，在提供低功耗的同时带来增强的性能和更多设计选项。除了 CPU 速度的提升和存储器空间的大大增加，这些 16 位器件还在芯片上提供新的和创新的集成外设，如 USB 和 LCD。

(6) MSP430FRxx 系列

该系列产品将铁电随机存取存储器（FRAM）技术集成到了单片机存储器之中。FRAM 是一种集闪存和 SRAM 的最佳特性于一体的存储器技术。FRAM 具有非易失性，但支持快速和低功耗写入，可抵抗辐射和电磁场。

该系列包括FR2x、FR4x、FR5x、FR6x共4个子系列，在与对应的Fxx系列有着相似功能的前提下有着更快的存储器访问速度，此外还具有扩展的低功耗嵌入式分段LCD驱动器、用于红外收发器功能的红外调制以及安全保障（如AES加密）等功能。

3. 最小系统

包括电源电路、复位电路和时钟电路的单片机系统称为单片机的最小系统。MSP430系列单片机内部集成了时钟电路与复位电路，在外部加上单片机所需的电源（通常为1.8～3.6V）后，MSP430单片机即可运作。

（1）系统复位

MSP430的复位信号有两种：上电复位信号（POR）、上电清除信号（PUC）。POR信号与PUC信号均由特定事件产生，POR信号产生的同时必然有PUC信号产生，而PUC信号不会引起POR信号的产生。

① POR信号在以下情况下产生：单片机上电，复位模式下RST/NMI上输入低电平信号，电源电压监测器（SVS）的POR使能位PORON＝1时监测到低压状态发生。

② PUC信号在以下情况下产生，POR信号产生时，看门狗（WDT）模式下WDT定时器溢出，WDTCTL寄存器的安全键值错误，片内Flash被写入错误的安全参数，CPU从外设地址范围0h～01ffh取数据。

POR信号产生之后，系统的初始状态为：RST/NMI引脚默认作为复位功能引脚使用；所有I/O引脚被设置为输入状态；外围模块被初始化，其寄存器值重置为默认值；状态寄存器SR复位；看门狗定时器工作在看门狗模式；程序计数器PC载入中断向量表0xFFFE位置中的地址。

（2）时钟系统

低功耗的实时应用有两个相互矛盾的要求：既要满足节能要求的低频系统时钟，也要满足实时事件请求时的高频时钟。为了实现极低的运行功耗，TI在MSP430单片机中引入了复杂的时钟系统的概念。

MSP430系列单片机共有3个时钟输入源，分别为外接晶体振荡器的低频时钟源LFXT1CLK、外接晶体振荡器和振荡电容器的高频时钟源XT2CLK以及内部的数字RC振荡器DCOCLK，其他系列的单片机还可能有锁频环（FLL）以及锁频环增强版（FLL＋）等。

无论时钟源如何，MSP430的时钟系统均输出3个时钟信号供系统与各模块工作，分别是辅助时钟ACLK、系统主时钟MCLK和子系统时钟SMCLK。辅助时钟ACLK的信号是由LFXT1CLK经分频后得到的，一般用于低速外设；系统主时钟MCLK为提供给CPU或者系统的时钟信号，可来自于任一时钟源并经过分频得到；子系统时钟SMCLK一般用于高速外围模块，从LFXT1CLK和DCOCLK或者XT2CLK和DCOCLK（取决于具体设备）分频得到。

（3）调试下载接口

编写好的程序需要经过单片机系统中的调试接口下载进单片机。MSP430系列单片机提供了3种接口，分别为JTAG、SBW与BSL接口。其中，JTAG与SBW可以用于仿真与编程，BSL接口只能用于编程。

JTAG 调试接口是成本最低的程序下载、仿真、调试接口，全系列 MSP430 单片机均具有 JTAG 接口。MSP430 单片机在内部提供了逻辑接口给 JTAG 使用，并且将若干个寄存器通过内部数据总线连接到了 JTAG 接口上，所以通过 JTAG 接口可以访问到 MSP430 单片机内部的所有资源，包括对 Flash 的读写操作，使之可以对单片机进行仿真、编程与熔断保密熔丝的操作。标准的 JTAG 接口至少包括 TMS、TCK、TDI、TDO 和 RST 引脚。

SBW(SPY-BI-WIRE)是两线制的 JTAG 接口，两线制分别为 SBWTCK(时钟输入，连接到 JTAG 的 TCK)与 SBWTDIO(数据线，连接到 JTA 的 TDO/TDI)。该接口主要用于小于 28 脚的 2 系列的 430 单片机，因为 28 脚以内的 2 系列单片机的 JTAG 接口一般与 I/O 口复用，为了给用户预留更多的 I/O 口，才推出了 SBW 接口。SBW 接口也可以用于仿真、编程及熔断保密熔丝。

BSL(boot strap loader，引导装载程序)是 MSP430 系列单片机出厂时已经被预先固化到单片机内部的一段代码，它是一种通过 UART 协议或 USB 与编程器进行通信的内置程序。BSL 只能访问单片机内部的 Flash，所以只能用作编程器接口。编程器可以发送不同的通信命令来对 MCU 的存储器进行不同的操作。

10.3.2 MSP430F149 单片机应用举例

1. 内部结构概述

MSP430F14x 系列单片机的 16 位的 CPU 通过数据总线与地址总线连接到存储器与外围模块。通过 16 位数据总线与地址总线连接的模块有时钟模块、Flash、RAM、8 通道的 12 位 ADC、2 通道的 12 位 DAC、3 通道的 DMA 控制器、看门狗定时器以及另外两个定时器；通过总线转换器转换为 4 位地址总线与 8 位数据总线连接的模块包括：有中断能力的 P1、P2 口，通用输入/输出接口 P3～P6，上电复位模块(POR)，比较器 A，串口 USART0、USART1。

2. MSP430 单片机的 C 语言

MSP430 单片机的 C 语言(C430)是在标准 ANSI-C 语言基础上发展起来，并专门为 MSP430 系列单片机的资源所设计的。C430 中增加了位数据类型与相应的指令操作，移除了一些不适于本系列单片机的库函数。

为了简化针对 MSP430 系列单片机 CPU 的操作，编译器提供了一些针对目标 CPU 的特殊函数及经汇编高度优化的常用函数，即内部函数。要使用这些内部函数，只需在程序的开始声明要使用的库函数的头文件。对于 MSP430F14x 系列单片机，对应的头文件为：

```
#include "msp430x14x.h"
```

常用内部函数有：

```
__low_power_mode_x();
LPMx;                              //进入低功耗模式 x(x 对 LPM0～LPM4 这 5 种低功耗模式)
LPMx_EXIT;                         //退出低功耗模式 x
```

```
__lower_power_mode_off_on_exit();     //退出时唤醒 CPU
__delay_cycles(long int c);           //延迟 c 个时钟周期
_EINT();                              //开总中断
_DINT();                              //关总中断
_NOP();                               //空操作
```

此外，在 C430 中定义中断函数的格式为：

```
#pragma vector = 中断向量
__interrupt 函数类型 函数名(形式参数)
{
局部变量定义;
函数体;
}
```

如中断源为定时器 A 时的中断函数格式为：

```
#pragma vector = TIMERA0_VECTOR
__interrupt void Timer_A()            //Timer_A 为自定义的函数名
{
…
}
```

不同型号单片机的中断向量各不相同，实际编程时使用的中断向量与其余内部函数需要参考对应头文件中的定义。

3. 开发环境

可供开发 MSP430 单片机程序的软件中，最常用的是 IAR 公司的嵌入式工作平台 Embedded Workbench for MSP430(IAR EW430)和 TI 公司官方提供的 Code Composer Studio(CCS)。它们均提供了有代码限制的免费版供用户使用。另外，TI 官方也提供了一些其他的开发工具，如 MSP430 的资源库 MSPWare、图形外设配置工具 Grace、低功耗代码分析工具 ULP Advisor 等，这些软件都可以从 TI 的官网上免费下载。

(1) IAR Embedded Workbench for MSP430

IAR EW430 软件是一个专业化集成开发环境，用来编辑、编译和调试 MSP430 应用程序，提供了工程管理、程序编辑、代码下载与调试功能，还提供了针对 MSP430 系列单片机的 ICC430 编译器与一个仿真器。IAR 嵌入式工作平台系列软件涵盖了目前大部分主流的微处理器系统，相同的软件界面与操作方法令设计者可以轻松地过渡到不同的处理器。

(2) Code Composer Studio

CCS 是 TI 公司推出的集成开发环境(IDE)，包含了一套用于开发、编译、调试和分析嵌入式应用的工具，如优化型 C/C++ 编译器、源代码编辑器、项目构建环境、调试器、性能评测工具以及多种其他功能。CCS 支持全系列的 TI 器件(包括 MSP430、DSP、MSP432 等)。Code Composer Studio 将 Eclipse 软件框架的优点和 TI 先进的嵌入式调试功能相结合，为嵌入式开发人员提供了一个引人注目、功能丰富的开发环境。

4. 实例

以定时器中断方式控制 LED 灯以 1s 的间隔闪烁。电路原理如图 10-3 所示。

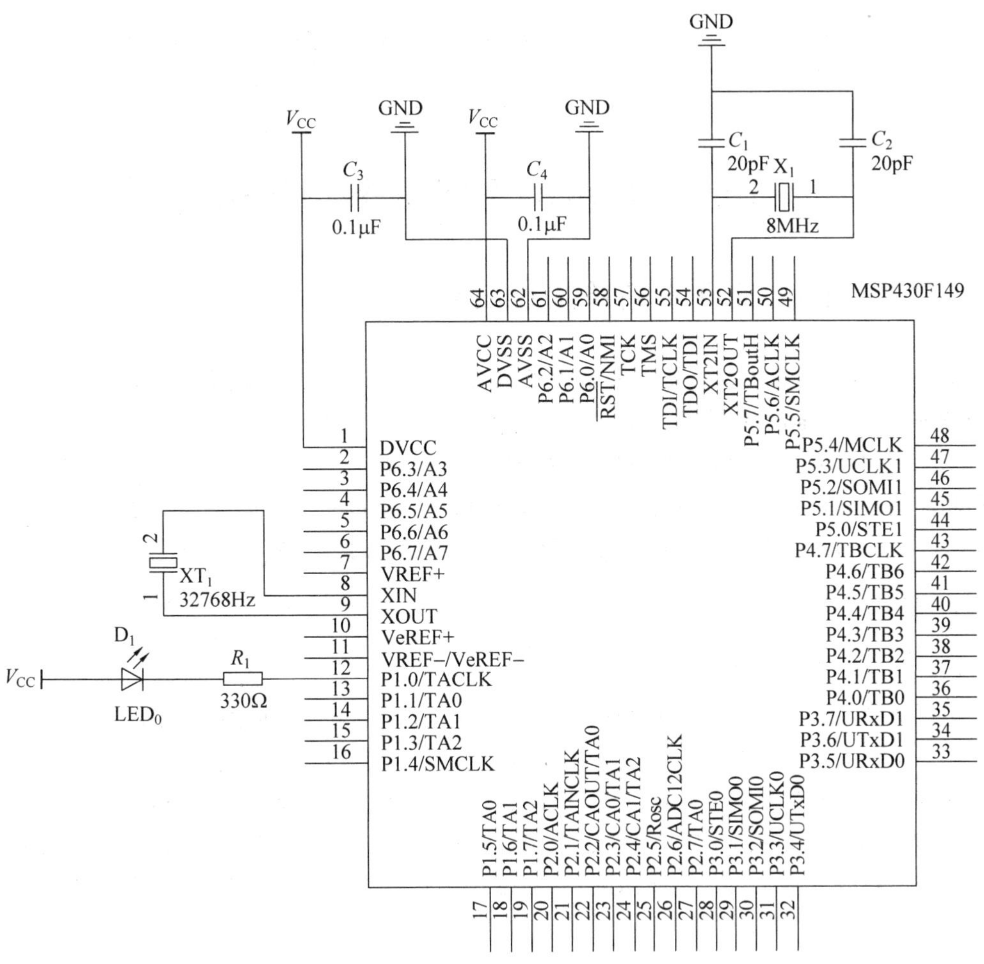

图 10-3　LED 电路原理图

代码如下：

```
#include <msp430x14x.h>
void main()
{
    WDTCTL = WDTPW + WDTHOLD;            //关闭看门狗定时器
    TACTL = TASSEL_1 + MC_1 + TACLR;     //定时器 A 的时钟源选择(TASSEL_x)、计数
                                         //模式(MC_x)与计数器清 0(TACLR)
    CCTL0 = CCIE;                        //使能定时器 A 的中断
    CCR0 = 32767;                        //设置计数初值(=定时时间×时钟频率)
    P1DIR = 0x01;                        //P1.0 设置为输出
    P1OUT = 0x01;                        //P1.0 端口输出高电平
    _EINT();                             //全局中断使能
    LPM3;                                //进入低功耗模式 3
}
#pragma vector = TIMERA0_VECTOR
__interrupt void Timer_A(void)           //定义中断向量为 TIMER_A0 的中断函数 T_A
```

```
{
    P1OUT ^ = 0x01;                    //对 P1 按位与 0x01 异或(即对 P1.0 取反)
}
```

10.4 Kinetis K60 系列单片机

10.4.1 Kinetis K60 系列单片机简介

Kinetis 系列单片机是由飞思卡尔半导体公司（前身为摩托罗拉半导体部，现与恩智浦半导体公司合并）推出的，由多款软硬件相互兼容的基于 ARM Cortex-M0＋、ARM Cortex-M4 和 ARM Cortex-M7 内核的微控制器产品构成，具有出色的低功耗表现、存储器扩展特性和功能集成。该系列产品非常全面，从入门级的 Kinetis L 系列到高性能、功能丰富的 Kinetis K 系列，而且具有丰富的模拟、通信、人机接口、数据连接和安全特性。

1. 特点

（1）工作特性

电压范围：1.71～3.6V，Flash 写入电压范围：1.71～3.6V，环境温度范围：－40～105℃。

（2）性能

ARM Cortex-M4 内核，带有 DSP、100MHz 时钟、单周期 MAC 和单指令多数据(SIMD)扩展；外设和存储器用的多达 16 通道的 DMA，使 CPU 负载更低，系统吞吐更快；交叉开关支持并发多主设备总线访问，增加总线带宽；独立的闪存 Bank 可以并发执行代码和固件更新，既不会影响性能，也无需复杂的编码例程。

（3）闪存、SRAM 和 FlexMemory

256～512KB 闪存，支持快速访问，具备高可靠性，提供 4 级安全保护；64～128KB 的 SRAM；FlexMemory：32B～4KB 用户可分段的字节写入/擦除 EEPROM，适用于数据表/系统数据。

（4）超低功耗

10 种低功耗模式，提供电源和时钟门控，可以实现最佳的外设活动和恢复时间。停止电流＜2μA，运行电流＜350μA/MHz，停止模式唤醒时间 4μs；工作电压降至 1.71V 时，仍可实现完整的存储器和模拟操作，延长了电池使用时间；低漏电唤醒单元，带有多达 8 个内置模块和 16 个引脚，可作为低漏电停止（LLS）模式/超低漏电停止（VLLS）模式的唤醒源；低功耗定时器支持系统在低功耗状态下持续运行。

（5）时钟

可接 3～32MHz 晶振，可接 32kHz 实时时钟晶振，多功能时钟发生器（MCG）。

（6）混合信号功能

两个具有可配置分辨率的高速 16 位 ADC。单输出或差分输出模式运行，可提高噪声抑制水平。两个 12 位 DAC，可以为音频应用生成模拟波形；3 个高速比较器，通过将脉宽调制（PWM）置于安全状态，提供快速准确的电机过流保护；模拟参考电压可为模拟模块、

ADC 和 DAC 提供精确的参考值，代替外部参考电压，降低系统成本。

（7）定时和控制

3 个 FlexTimer，共有 12 个通道。硬件死区时间插入和正交解码，用于电机控制；4 通道 32 位周期中断定时器可为实时操作系统任务调度程序提供时基，还可为 ADC 转换和可编程延迟模块提供触发源。

（8）人机接口

带有多达 16 路输入的硬件触摸传感接口。可在所有低功耗模式下运行（启用时只增加极小的电流）。

（9）数据连接与通信

带硬件时间戳功能的 IEEE 1588 以太网 MAC，为实时工业控制提供高精度时钟同步；USB 2.0 OTG（全速）。设备充电检测优化了便携式 USB 设备的充电电流/时间，延长了电池使用时间。具有 5 个带有 IrDA 支持的 UART，包括一个带有 ISO7816 智能卡支持的 UART。支持各种数据大小、格式和传输/接收设置，满足多种工业通信协议；IC 间音频传输（I2S）串行接口，用于接入音频系统；两个 CAN 模块，适用于工业网络桥接；3 个 DSPI 和两个 I^2C。

（10）可靠性、安全性和安防

硬件加密协处理器用于确保数据传输和存储的安全。比软件实施速度更快，CPU 负载最低。支持各种算法：DES、3DES、AES、MD5、SHA-1、SHA-256；存储器保护单元可为交叉开关上的所有主设备提供存储器保护，提高软件可靠性；循环冗余校验引擎可验证存储器内容和通信数据，提高系统可靠性；时钟独立的 COP 可防止时钟偏移或代码失控，适用于故障安全型应用（例如，针对家用电器的 IEC 60730 安全标准）；如果发生看门狗事件，外部看门狗监控器可将输出引脚置于安全状态。

（11）外部外设支持

FlexBUS 外部总线接口为存储器以及图形显示器这样的外设提供接口选择。最多可支持 6 个片选信号和 2GB 可寻址空间；安全的数字主机控制器支持 SD、SDIO、MMC 或 CE-ATA 卡，适用于应用中软件升级、媒体文件或添加 WiFi 支持。

2. 选型

根据封装、引脚数、内存、主频等特性的不同，K60 有众多型号。为了方便区分，飞思卡尔制定了命名规则。各字段编号格式为：

Q	K##	A	M	FFF	R	T	PP	CC	N
①	②	③	④	⑤	⑥	⑦	⑧	⑨	⑩

① Q：资格状态。M＝完全合格，整体市场流动；P＝测试样片。

② K##：Kinetis 系列。比如 K60。

③ A：关键属性。D＝Cortex-M4 带 DSP，F＝Cortex-M4 带 DSP 和 FPU。

④ M：闪存类型。N＝仅有程序闪存，X＝具有程序闪存和 FlexMemory。

⑤ FFF：程序闪存大小。32＝32KB，64＝64KB，128＝128KB，256＝256KB，512＝512KB，1M0＝1MB。

⑥ R：硅片版本。Z＝初始，（空白）＝主要，A＝主要之后。

⑦ T：温度范围。V＝－40～105℃，C＝－40～85℃。

⑧ PP：封装标识。FM＝32 QFN(5mm×5mm)，FT＝48 QFN(7mm×7mm)，LF＝48 LQFP(7mm×7mm)，LH＝64 LQFP(10mm×10mm)，MP＝64 MAPBGA(5mm×5mm)，LK＝80 LQFP(12mm×12mm)，LL＝100 LQFP(14mm×14mm)，MC＝121 MAPBGA(8mm×8mm)，LQ＝144 LQFP(20mm×20mm)，MD＝144 MAPBGA(13mm×13mm)，MJ＝256 MAPBGA(17mm×17mm)。

⑨ CC：最大 CPU 频率。5＝50MHz，7＝72MHz，10＝100MHz，12＝120MHz，15＝150MHz。

⑩ N：封装类型。R＝带装和卷轴，(空白)＝盘装。

Kinetis K60 系列 MCU 与多种 Kinetis K 系列 MCU 的引脚、外设和软件相互兼容，配备 IEEE®1588 以太网、全速和高速 USB 2.0 OTG，包括可选的 USB 无晶振功能。该系列器件从 256KB 闪存的 100 QFP 封装到 2MB 闪存和 256KB SRAM 的 256 MAPBGA 封装，规格非常齐全。这些器件具备差异化的集成度，配备丰富的模拟、通信、定时和控制外设。新一代 Kinetis K60 系列 MCU 的性能和功耗经过进一步优化，提供更加精简的集成，能够进一步降低 BOM 成本。这里列举几个常见的子系列：

(1) MK60DN256VLL10：工作频率 100MHz，Cortex-M4 内核带 DSP，仅有程序闪存；

(2) MK60DX256VLL10：工作频率 100MHz，Cortex-M4 内核带 DSP，具有程序闪存和 FlexMemory；

(3) MK60FN1M0VLQ12：工作频率 120MHz，Cortex-M4 内核带 DSP 和 FPU，仅有程序闪存；

(4) MK60FX512VLQ12：工作频率 120MHz，Cortex-M4 内核带 DSP 和 FPU，具有程序闪存和 FlexMemory。

3. 最小系统

K60 芯片的硬件最小系统包括电源电路、复位电路、晶振电路及下载调试电路。为了更好地满足电路设计的要求，建议参考官方推荐的原理图进行设计。以下分别介绍 K60 最小系统的各个部分。

(1) 系统复位

K60 系列 MCU 有以下这些复位源：

① 上电复位；

② 外部引脚复位；

③ 低压检测复位；

④ 看门狗复位；

⑤ 低耗电唤醒复位；

⑥ MCG 时钟产生器时钟丢失复位；

⑦ MCG 时钟产生器锁丢失复位；

⑧ 停止模式通知错误；

⑨ 软件复位；

⑩ 死锁复位；

⑪ EzPort 复位；

⑫ 调试复位。

(2) 时钟系统

K60可以使用内部和外部多种时钟源生成系统时钟。典型的系统时钟模块包括MCG模块、SIM模块、系统振荡器模块、实时时钟振荡器模块以及电源管理模块。K60内部集成了多用途时钟产生器(multipurpose clock generator,MCG),用于将晶振输入时钟倍频至系统所需时钟。SIM模块控制芯片内核时钟、总线时钟、外部总线时钟、Flash存储器时钟、USB模块时钟等,还用于外设时钟是否选通,有利于降低芯片功耗。K60的晶振电路包括两部分:一个是芯片的主晶振,用于产生芯片和外设所需要的工作时钟;另外一个是实时时钟RTC的时钟电路。在硬件布线时需要注意晶振元件附近不要走高频信号,晶振应该尽量靠近芯片的晶振输入引脚。K60的RTC时钟由独立的32.768kHz振荡器来提供。另外RTC还具有专用的电源引脚VBAT,可连接到电池或者其他器件使用的相同的3.3V电压上。要使RTC中断能够唤醒掉电的CPU,必须选择外部时钟源。

(3) 调试下载接口

K60系列芯片使用的是ARM Cortex-M4内核,该内核内部集成了JTAG(联合测试行为组织)接口,通过JTAG接口可以实现程序下载和调试功能。K60的调试基于ARM的coresight调试架构且在每个设备中可以进行灵活配置。支持4种调试接口:IEEE 1149.1 JTAG、IEEE 1149.7 JTAG(cJTAG)、串行线调试(SWD)、ARM实时跟踪接口。Cortex-M4调试架构是非常灵活的。复位之后调试端口处于标准JTAG模式,能够通过写入一定序列值切换到cJTAG或者SWD模式,一旦模式改变,未使用的引脚就可以再分配到其他复用功能上。

10.4.2 MK60DN512ZVLQ10单片机应用举例

1. 内部结构概述

K60系列MCU基于ARM Cortex-M4内核,具有丰富的外设模块,如图10-4所示。

2. 开发环境

在上一小节中,我们介绍了K60 MCU的特性和最小系统电路组成,接下来的内容中,我们将逐渐介绍K60的程序设计,主要包括开发环境和软件开发套件两部分。K60可以使用多种主流的集成开发环境(integrated development environment,IDE)进行开发。这里列举几个常用的开发工具。

(1) EWARM。IAR Embedded Workbench for ARM是瑞典IAR Systems公司为微处理器开发的一个集成开发环境,包含一个全软件的模拟程序(simulator)。用户不需要任何硬件支持就可以模拟各种ARM内核、外部设备甚至中断的软件运行环境,从中可以了解和评估IAR EWARM的功能和使用方法。

(2) Keil MDK-ARM。即RealView MDK或MDK-ARM(Microcontroller Development kit),是ARM公司收购Keil公司以后,基于μVision界面推出的针对ARM7、ARM9、Cortex-M0、Cortex-M1、Cortex-M2、Cortex-M3、Cortex-R4等ARM处理器的嵌入式软件

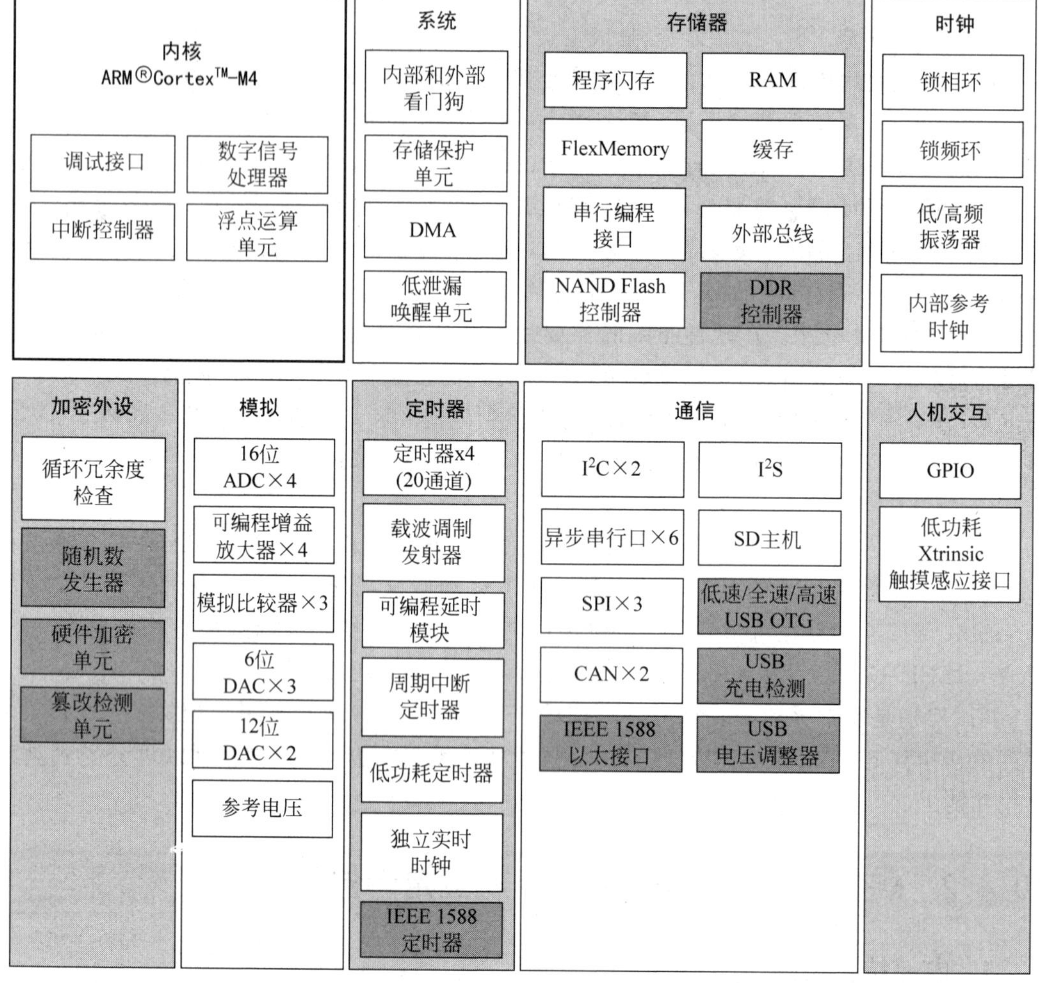

图 10-4　内部结构图

开发工具。

(3) Kinetis Design Studio(KDS)。是一种飞思卡尔官方推出的 Kinetis MCU 集成开发环境，为客户的设计提供强大的编辑、编译和调试功能。Kinetis Design Studio IDE 基于包括 Eclipse、GNU 编译器套装(GCC)、GNU 调试器(GDB)等免费开源软件，为设计人员提供了一种不限制代码大小的简单开发工具。此外，Processor Expert 软件支持利用其知识库进行设计，只需几次鼠标单击即可创建强大的应用。

另外还有一些工具，如 Atollic 和 GCCARM，也可以协助完成 Kinetis 系列 MCU 的开发任务。在众多的开发工具中，每款工具都有各自的特点，具体选择哪一个进行开发，主要就看用户的个人习惯及偏好了。由于篇幅有限，这里就不详细介绍了，有兴趣的读者可以查看相关资料。

3. 实例

当用户确定了选择某种开发环境进行开发时，下一步就是程序设计了。本小节用 K60

控制发光二极管(LED)的例子来简单地介绍 K60 的程序开发。在下面的原理图如图 10-5(只列出了关键引脚分布)中,LED 的负极通过电阻接在 K60 的 PTA6 引脚上,正极与 3.3V 电源相连。当在相连的 I/O 引脚上输出高低电平变化时,LED 就会闪烁。

由于基于 ARM 内核的 MCU 编程开发都比较复杂,工程量比较大,特别是对于 Kinetis K 系列的 MCU 来说,寄存器的配置内容多且复杂,因此,传统的开发 8051 单片机的方法已经不再适合 ARM 类 MCU 的开发了。正因为此,各大半导体公司在推出芯片的同时,也会推出软件开发包以供客户使用。为了更快更方便地进行开发,缩短产品开发周期,提高代码质量,我们建议开发人员使用半导体公司或者第三方推出的软件开发套件(software development kit,SDK)。

下面的这个例子,使用了飞思卡尔官方推出的最新 SDK 2.0 的软件开发套件,读者可以从其官网上免费下载。由于篇幅有限,这里只选取了工程的主文件,即 main.c 文件。

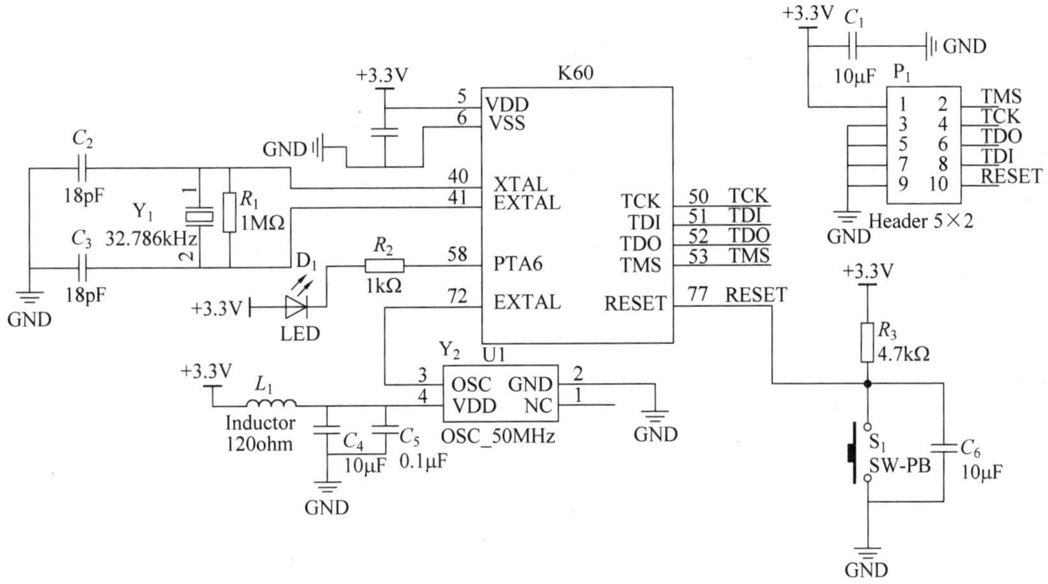

图 10-5　LED 电路原理图

代码如下:

```
#include "board.h"
#include "fsl_gpio.h"
#include "clock_config.h"
#include "pin_mux.h"
#define BOARD_LED_GPIO BOARD_LED_ORANGE_GPIO
#define BOARD_LED_GPIO_PIN BOARD_LED_ORANGE_GPIO_PIN
void delay(void)
{
    volatile uint32_t i = 0;
for (i = 0; i < 800000; ++i)
    {
        __asm("NOP"); /* delay */
}
```

```
}
void main(void)
{
    gpio_pin_config_t led_config = {kGPIO_DigitalOutput, 0,};
BOARD_InitPins();
BOARD_BootClockRUN();
GPIO_PinInit(BOARD_LED_GPIO, BOARD_LED_GPIO_PIN, &led_config);
while (1)
{
    delay();
GPIO_TogglePinsOutput(BOARD_LED_GPIO, 1u << BOARD_LED_GPIO_PIN);
}
}
```

10.5 STM32系列单片机

10.5.1 STM32系列单片机简介

意法半导体集团(ST)于2007年6月推出了第一款STM32系列产品。该系列产品包括各种微控制器，从低成本的8位MCU到各种外设一应俱全的32位ARM Cortex-M0、Cortex-M3和Cortex-M4 Flash微控制器。意法半导体还推出了超低功耗微控制器平台扩展了产品系列。现在中国市场上STM32F10x系列单片机较为广泛使用，因此本节将重点介绍STM32F10x系列，该系列充分利用一流的外设和低功耗、低压操作实现了高性能，同时还以可接受的价格、简单的架构和简便易用的工具实现了高集成度，满足了工业、医疗和消费类市场的各种应用需求。

1. 特点

(1) Cortex-M3核心

ARM公司推出的Cortex-M3处理器是最新一代的嵌入式ARM处理器。它提供了单片机开发所需要的低成本平台，缩减了引脚数目，降低了系统功耗；同时，提供了优秀的计算性能和先进的中断系统响应。STM32F103增强型系列单片机拥有内置的ARM核心也正是因此它与所有的ARM工具和软件兼容。

(2) 嵌入式Flash存储器和RAM存储器

最新STM32F103xE型单片机拥有高达512KB的内置闪存存储器用于存放程序和数据。多达64KB的嵌入式SRAM可以以CPU的时钟速度进行读写。

(3) 模数转换器

STM32F103增强型产品内嵌2个12位的模数转换器，每个ADC有多达16个外部通道，可以实现单次或扫描转换。在扫描模式下，转换在选定的一组模拟输入上自动进行。ADC接口上额外的逻辑功能允许：①同时采样和保持；②交叉采样和保持；③单次采样。

(4) 可变静态存储器(FSMC)

FSMC 嵌入在 STM32F103xC、STM32F103xD、STM32F103xE 中，带有 4 个片选，支持以下模式：Flash、RAM、PSRAM、NOR 和 NAND。3 个 FSMC 中断线经过 OR 后连接到 NVIC。没有读/写 FIFO，除 PCCARD 之外，代码都是从外部存储器执行，不支持 Boot，目标频率等于 SYSCLK/2，所以当系统时钟是 72MHz 时，外部访问按照 36MHz 进行。

(5) 嵌套矢量中断控制器(NVIC)

可以处理 43 个可屏蔽中断通道(不包括 Cortex-M3 的 16 根中断线)，提供 16 个中断优先级。紧密耦合的 NVIC 实现了更低的中断处理延迟，直接向内核传递中断入口向量表地址；紧密耦合的 NVIC 内核接口允许中断提前处理，对后到的更高优先级的中断进行处理，支持尾链，自动保存处理器状态，中断入口在中断退出时自动恢复，不需要指令干预。

(6) 外部中断/事件控制器(EXTI)

外部中断/事件控制器由 19 条产生中断/事件请求的边沿探测器线组成。每条线可以被单独配置用于选择触发事件(上升沿、下降沿或者两者都可以)，也可以被单独屏蔽。有一个挂起寄存器来维护中断请求的状态。当外部线上出现长度超过内部 APB2 时钟周期的脉冲时，EXTI 能够探测到。多达 112 个 GPIO 连接到 16 个外部中断线。

(7) 时钟和启动

在启动的时候还是要进行系统时钟选择，但复位的时候内部 8MHz 的晶振被选用作 CPU 时钟。可以选择一个外部的 4～16MHz 的时钟，并且会被监视来判定是否成功。在这期间，控制器被禁止并且软件中断管理也随后被禁止。同时，如果有需要(例如碰到一个间接使用的晶振失败)，PLL 时钟的中断管理完全可用。多个预比较器可以用于配置 AHB 频率，包括高速 APB(APB2)和低速 APB(APB1)，高速 APB 最高的频率为 72MHz，低速 APB 最高的频率为 36MHz。

(8) Boot 模式

在启动的时候，Boot 引脚被用来在 3 种 Boot 选项中选择一种：从用户 Flash 导入，从系统存储器导入，从 SRAM 导入。Boot 导入程序位于系统存储器，用于通过 USART1 重新对 Flash 存储器编程。

(9) 电源供电方案

VDD，电压范围为 2.0～3.6V，外部电源通过 VDD 引脚提供，用于 I/O 和内部调压器。VSSA 和 VDDA，电压范围为 2.0～3.6V，外部模拟电压输入，用于 ADC、复位模块、RC 和 PLL，在 VDD 范围之内(ADC 被限制在 2.4V)，VSSA 和 VDDA 必须相应连接到 VSS 和 VDD。VBAT，电压范围为 1.8～3.6V，当 VDD 无效时为 RTC、外部 32kHz 晶振和备份寄存器供电(通过电源切换实现)。

(10) 电源管理

设备有一个完整的上电复位(POR)和掉电复位(PDR)电路。这条电路一直有效，用于确保从 2V 启动或者掉到 2V 的时候进行一些必要的操作。当 VDD 低于一个特定的下限 VPOR/PDR 时，不需要外部复位电路，设备也可以保持在复位模式。设备特有一个嵌入的可编程电压探测器(PVD)，PVD 用于检测 VDD，并且和 VPVD 限值比较，当 VDD 低于 VPVD 或者 VDD 大于 VPVD 时会产生一个中断。中断服务程序可以产生一个警告信息或者将 MCU 置为一个安全状态。PVD 由软件使能。

（11）电压调节

调压器有3种运行模式：主(MR)、低功耗(LPR)和掉电。MR用在传统意义上的调节模式(运行模式)；LPR用在停止模式；掉电用在待机模式，即调压器输出为高阻，核心电路掉电，包括零消耗(寄存器和SRAM的内容不会丢失)。

（12）低功耗模式

STM32F103支持3种低功耗模式，从而在低功耗、短启动时间和可用唤醒源之间达到一个最好的平衡点。休眠模式：只有CPU停止工作，所有外设继续运行，在中断/事件发生时唤醒CPU。停止模式：允许以最小的功耗来保持SRAM和寄存器的内容；1.8V区域的时钟都停止，PLL、HSI和HSERC振荡器被禁能，调压器也被置为正常或者低功耗模式；设备可以通过外部中断线从停止模式唤醒；外部中断源可以使用16个外部I/O口的输入中断、PVD输出、RTC闹钟事件以及USB唤醒事件。待机模式：追求最少的功耗，内部调压器被关闭，这样1.8V区域断电；PLL、HSI和HSERC振荡器也被关闭；在进入待机模式之后，除了备份寄存器和待机电路，SRAM和寄存器的内容也会丢失；当外部复位(NRST引脚)、IWDG复位、WKUP引脚出现上升沿或者TRC警告发生时，设备退出待机模式。进入停止模式或者待机模式时，TRC、IWDG和相关的时钟源不会停止。

2. 选型

STM32系列单片机的命名规则如下：

STM32	F	103	V	E	T	6	xxx
①	②	③	④	⑤	⑥	⑦	⑧

① 产品系列名。固定为STM32。

② 产品类型。F表示这是Flash产品，目前没有其他选项。

③ 产品子系列。103表示增强型产品，01表示基本型产品。

④ 引脚数目。T=36脚，C=48脚，R=64脚，V=100脚，Z=144脚。

⑤ 闪存存储器容量。6=32KB，8=64KB，B=128KB，C=256KB，D=384KB，E=512KB。

⑥ 封装信息。H=BGA，T=LQFP，U=VFQFPN。

⑦ 工作温度范围。6=工业级，−40～85℃；7=工业级，−40～105℃。

⑧ 可选项。此部分可以没有，可以用于标示内部固件版本号。

例如STM32F10x系列，该系列包含5个产品线：精简型STM32F100-24MHz CPU，具有电机控制和CEC功能；基本型STM32F101-36MHz CPU，具有高达1MB的Flash；STM32F102-48MHz CPU，具备USB FS；增强型STM32F103-72MHz CPU，具有高达1MB的Flash、电机控制、USB和CAN；互联型STM32F105/107-72MHz CPU，具有以太网MAC、CAN和USB 2.0 OTG。

3. 最小系统

最小系统电路为中央处理器的工作提供最基本的保障，是整个硬件电路系统最基本、最核心的部分。STM32F103VET6芯片的硬件最小系统包括电源电路、复位电路、晶振电路及下载调试电路。

(1) 系统复位

STM32F103VET6 芯片当以下事件中的一件发生时，产生一个系统复位：

① NRST 引脚上的低电平(外部复位)；

② 窗口看门狗计数终止(WWDG 复位)；

③ 独立看门狗计数终止(IWDG 复位)；

④ 软件复位(SW 复位)；

⑤ 低功耗管理复位。

当以下事件中之一发生时，产生电源复位：

① 上电/掉电复位(POR/PDR 复位)；

② 从待机模式中返回 EzPort 复位。

(2) 时钟系统

STM32 中有 5 个时钟源：HSI、HSE、LSI、LSE、PLL。按时钟频率可以分为高速时钟源和低速时钟源，在这 5 个时钟中，HIS、HSE 以及 PLL 属高速时钟，LSI 和 LSE 是低速时钟。按来源可分为外部时钟源和内部时钟源，外部时钟源就是从外部通过接晶振的方式获取时钟源，其中 HSE 和 LSE 是外部时钟源，其他的是内部时钟源。下面分别讲解 STM32 的 5 个时钟源。

① HSI 是高速内部时钟，RC 振荡器，频率为 8MHz。

② HSE 是高速外部时钟，可接石英/陶瓷谐振器，或者接外部时钟源，频率范围为 4～16MHz。

③ LSI 是低速内部时钟，RC 振荡器，频率为 40kHz。独立看门狗的时钟源只能是 LSI，同时 LSI 还可以作为 RTC 的时钟源。

④ LSE 是低速外部时钟，接频率为 32.768kHz 的石英晶体，一般作为 RTC 的时钟源。

⑤ PLL 为锁相环倍频输出，其时钟输入源可选择为 HSI/2、HSE 或者 HSE/2，倍频可选择为 2～16 倍，但是其输出频率最大不得超过 72MHz。在硬件设计时需要注意晶振元件附近不要走高频信号，晶振应该尽量靠近芯片的晶振输入引脚。

(3) 电源系统及调试下载接口

在 STM32F103VET6 芯片的最小系统电路中，电源电路为 STM32F103VET6 芯片的 VDD(主电源)、VSS(主电源地)、VDDA(模拟电源)、VSSA(模拟电源地)、VREF＋(A/D 参考电压正极)、VREF－(A/D 参考电压负极)、VBAT(备份电源)等引脚供电，其中 VBAT(备份电源)通过二极管 D_2 与 D_3 可实现在当系统上电工作时由 VDD(主电源)提供，当系统断电后，由外接电池提供；晶振电路中接有 8MHz 的高速外部晶振，在芯片内部可通过分频与倍频给 CPU 与各个片内外设提供时钟频率，同时接有 32.768kHz 的低速外部晶振可用来为 RTC 提供时钟频率。

STM32F103VET6 的启动方式可以通过设置 BOOT0 与 BOOT1 引脚的电平来改变，其对应的启动模式如表 10-1 所示。

表 10-1 STM32F103VET6 的启动模式

BOOT0	BOOT1	启动模式	说 明
0	X	Flash 存储器	Flash 存储器作为启动空间
1	0	系统存储器	系统存储器作为启动空间
1	1	SRAM 存储器	SRAM 存储器作为启动空间

在正常工作时使用用户闪存存储器作为启动空间，即代码从片内 Flash 中启动，其他启动方式在调试中有不同的用处。

STM32F103VET6 支持 JTAG/SWD 调试接口，SWD 接口与 JTAG 接口是共用的。如果调试器支持 SWD 模式，只要接上 JTAG 接口就可以使用 SWD 调试模式，而且只需要接 TLK 和 TDIO 两个引线。另外，STM32F103VET6 支持串口下载程序。

10.5.2 STM32F103VET6 单片机应用举例

1. 内部结构概述

STM32F103VET6 单片机最高工作频率 72MHz，1.25DMIPS/MHz。单周期乘法和硬件除法。存储器：片上集成 512KB 的 Flash 存储器。64KB 的 SRAM 存储器。内嵌出厂前调校的 8MHz RC 振荡电路。内部 40kHz 的 RC 振荡电路。用于 CPU 时钟的 PLL。带校准用于 RTC 的 32kHz 的晶振。3 种低功耗模式：休眠、停止、待机模式。为 RTC 和备份寄存器供电的 VBAT。调试模式：串行调试(SWD)和 JTAG 接口。DMA：12 通道 DMA 控制器。支持的外设：定时器、ADC、DAC、SPI、I^2C 和 UART。3 个 12 位的微秒级的 A/D 转换器(16 通道)。A/D 测量范围：0～3.6V，1 路 DAC。双采样和保持能力。片上集成一个温度传感器。高达 80 个的快速 I/O 端口，所有的端口都可以映射到 16 个外部中断向量。除了模拟输入，所有的都可以接收 5V 以内的输入。4 个 16 位定时器。2 个 PWM 定时器。2 个看门狗定时器(独立看门狗和窗口看门狗)。Systick 定时器：24 位倒计数器。2 个 16 位基本定时器用于驱动 DAC。2 个 I^2C 接口(SMBus/PMBus)。2 个 I^2S 接口。5 个 USART 接口。3 个 SPI 接口(18Mb/s)。CAN 接口(2.0B)。USB2.0 全速接口。SDIO 接口。

2. STM32 单片机 RVMDK3.80A 开发环境简介

RVMDK 源自德国的 Keil 公司，是 RealView MDK 的简称。在全球 RVMDK 被超过 10 万的嵌入式开发工程师使用，RealView MDK 集成了业内最领先的技术，包括 μVision3 集成开发环境与 RealView 编译器。支持 ARM7、ARM9 和最新的 Cortex-M3 核处理器，自动配置启动代码，集成 Flash 烧写模块、强大的 Simulation 设备模拟、性能分析等功能。与 ARM 之前的工具包 ADS1.2 相比，RealView 编译器具有代码尺寸更小、性能更高的优点。RealView 编译器与 ADS1.2 比较：代码密度比 ADS1.2 编译的代码尺寸小 10%，代码性能比 ADS1.2 编译的代码性能提高 20%。目前 RVMDK 的最新版本是 RVMDK4.6。4.0 以上的版本的 RVMDK 对 IDE 界面进行了很大改变，并且支持 Cortex-M0 内核处理器。

3. 实例

控制 LED 灯以 1s 的间隔闪烁。电路原理如图 10-6 所示。

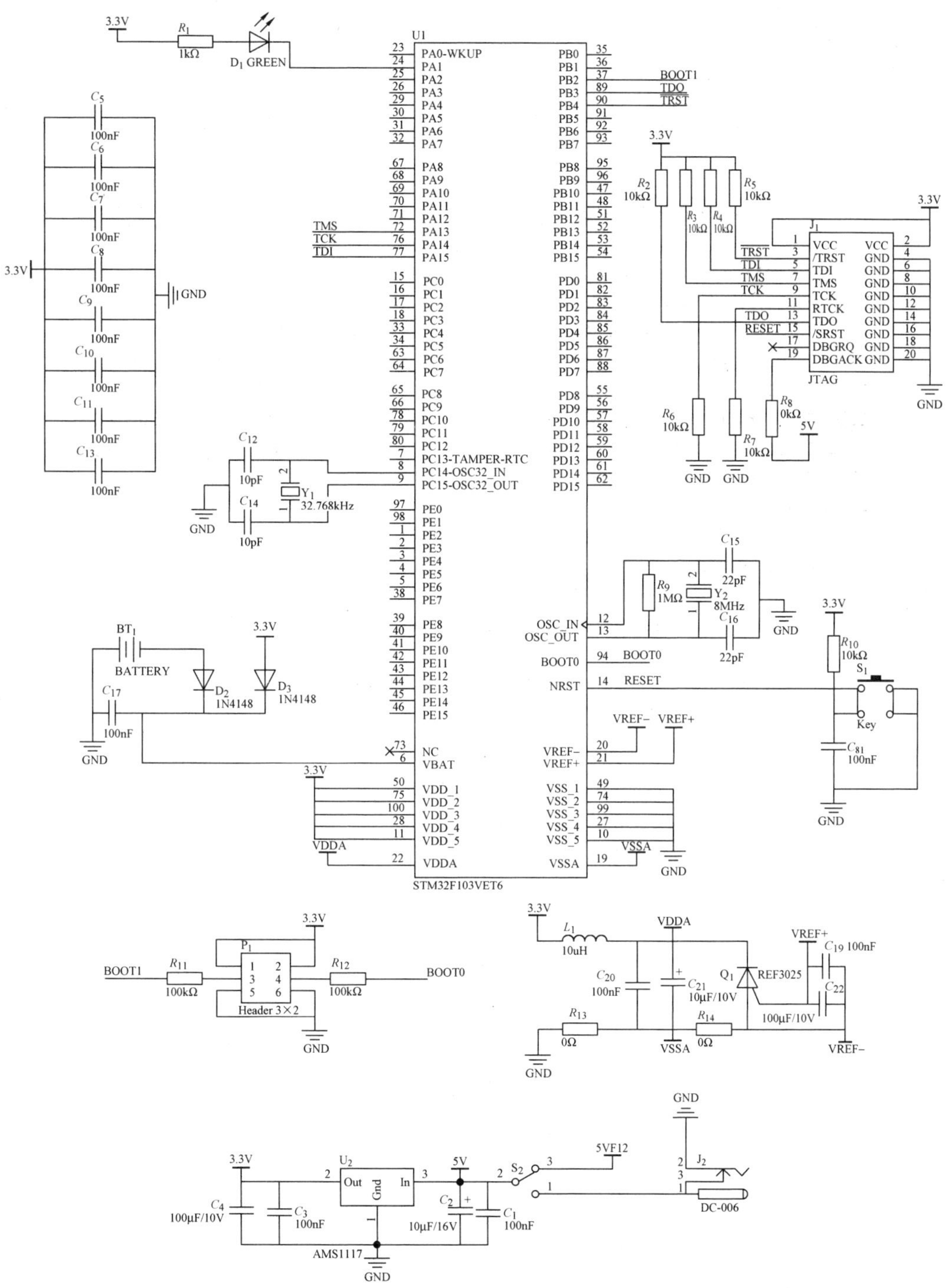

图 10-6　LED 电路原理图

代码如下：

```
#include "stm32f10x_gpio.h"
#include "stm32f10x_rcc.h"
#include "stm32f10x_it.h"
int main(void)
{
    u32 a = 1,b = 1,fac_us,fac_ms;
    SysTick_CLKSourceConfig(SysTick_CLKSource_HCLK_Div8);  //可以查看用户手册,此处为选择
                                                          外部时钟
                                                          //HCLK/8
    fac_us = SystemCoreClock/8000000;       //SystemCoreClock 为系统时钟,此处定义 fac_us 是系
                                              统时钟的 1/8
    fac_ms = (u16)fac_us * 1000;            //非 ucos 下,代表每个 ms 需要的 systick 时钟数
    GPIO_InitTypeDef GPIO_InitStructure;
    RCC_APB2PeriphClockCmd(RCC_APB2Periph_GPIOA, ENABLE);  //使能 PA 端口时钟
    GPIO_InitStructure.GPIO_Pin = GPIO_Pin_1;              //PA.1 端口配置
    GPIO_InitStructure.GPIO_Mode = GPIO_Mode_Out_PP;       //推挽输出
    GPIO_InitStructure.GPIO_Speed = GPIO_Speed_50MHz;      //I/O 口速度为 50MHz
    GPIO_Init(GPIOA,&GPIO_InitStructure);                  //根据设定参数初始化 GPIOD.2
    GPIO_SetBits(GPIOA,GPIO_Pin_1);                        //PA.1 输出高
    while(1)
    {
        for(;a<1000;a++)
        {
            GPIO_ResetBits(GPIOA,GPIO_Pin_1);
            delay_us(a);                                   //延时 500ms
            GPIO_SetBits(GPIOA,GPIO_Pin_1);
            delay_us(2000);
        }
        for(a = 1000;a>10;a--)
        {
            GPIO_ResetBits(GPIOA,GPIO_Pin_1);
            delay_us(a);                                   //延时 500ms
            GPIO_SetBits(GPIOA,GPIO_Pin_1);
            delay_us(2000);
        }
    }
}
```

第11章

数字电子钟设计实例

通过本章的学习，主要了解时钟芯片的原理和应用方法，进一步认识单片机与外围芯片的软件和硬件接口方法，熟悉 LCD 的接口与编程及三线制芯片的使用方法，对单片机汇编指令的应用有更深入的学习。

11.1 设计要求

数字电子钟是一种用数字电路技术实现时、分、秒计时的装置，与机械式时钟相比具有更高的准确性和直观性，且无机械装置，具有更长的使用寿命，因此得到了广泛的使用。感兴趣的读者可以进行深入的研究，使之实现更多功能。

11.2 硬件设计

本实例中，采用 AT89C51 单片机作为系统的控制核心，时钟数据通过时钟芯片 DS1302 来获取，采用 LCD1602 显示时、分、秒数据，通过按键开关实现对时、分、秒位的调整，总体功能框图如图 11-1 所示。

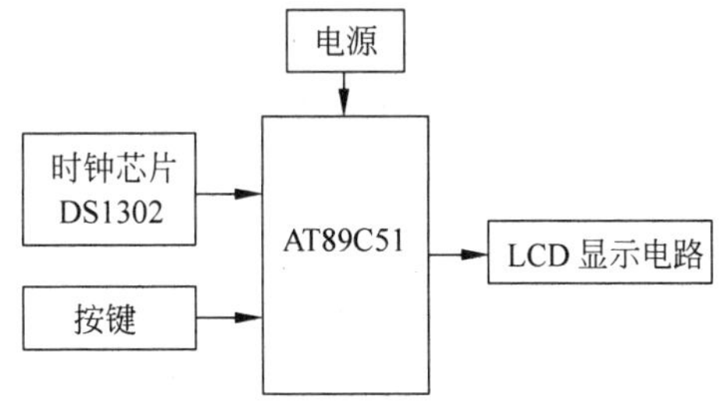

图 11-1 数字电子钟总体功能框图

11.2.1 按键电路设计

在单片机应用设计系统中，按键主要有两种形式，一种是独立按键，另一种是矩阵编码键盘。具体连接方式在第 8 章已经介绍了，这里就不再赘述。在本实例中，由于按键个数较少，所以采用独立按键方式，如图 11-2 所示。

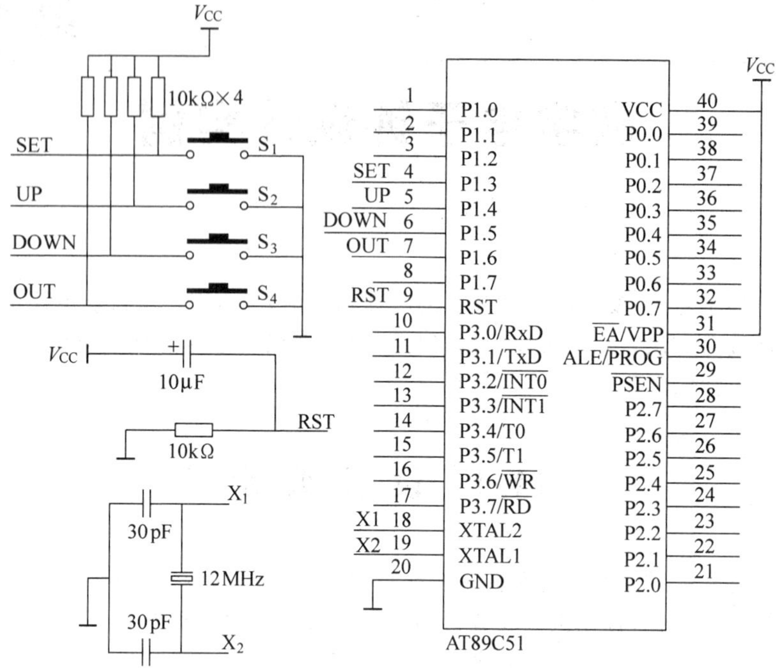

图 11-2 按键接口电路

11.2.2 时钟芯片 DS1302 的性能特点和工作原理

DS1302 是美国 DALLAS 公司推出的一种高性能、低功耗、带 RAM 的实时时钟芯片，它可以对年、月、日、周、时、分、秒进行计时，具有闰年补偿功能，工作电压为 2.0～5.5V。采用三线接口与 CPU 进行同步通信，并可采用突发方式一次传送多个字节的时钟信号或 RAM 数据。DS1302 内部有一个 31×8 的用于临时性存放数据的 RAM 寄存器。DS1302 是 DS1202 的升级产品，与 DS1202 兼容，但增加了主电源/后备电源双电源引脚，同时提供了对后备电源进行涓细电流充电的能力。它广泛应用于电话、传真、便携式仪器以及电池供电的仪器仪表等产品领域。其主要的性能指标如下：

(1) 实时时钟具有能计算 2100 年之前的年、月、日、周、时、分、秒的能力，还具有闰年补偿能力；

(2) 31×8 位暂存数据寄存器 RAM；

(3) 串行 I/O 口方式使得引脚数量最少；

(4) 宽范围的工作电压：2.0～5.5V；

(5) 工作电流：2.0V 时，小于 300mA；

(6) 读/写时钟或 RAM 数据时，有两种传送方式：单字节传送和多字节传送（字符组方式）；

(7) 8 脚 DIP 封装或可选的 8 脚 SOIC 封装；

(8) 简单的 3 线接口；

(9) 与 TTL 兼容(V_{CC}＝5V)；

(10) 可选工业级温度范围：－40～85℃；

(11) 在 DS1202 基础上增加的特性：对 VCC1 有可选的涓细电流充电的能力，双电源引脚用于主电源和备份电源供应，备份电源引脚可由电池或大容量电容输入，附加的 7 字节暂存存储器。

DS1302 的引脚如图 11-3 所示，其中 VCC1 为后备电源，VCC2 为主电源。在主电源关闭的情况下，也能保持时钟的连续运行。DS1302 由 VCC1 或 VCC2 两者中的较大者供电。当 VCC2＞VCC1＋0.2V 时，VCC2 给 DS1302 供电；当 VCC2＜VCC1 时，DS1302 由 VCC1 供电。X1 和 X2 是振荡源，外接 32.768kHz 晶振。RST 是复位/片选线，通过把 RST 输入驱动置高电平来启动所有的数据传送。RST 输入有两种功能：首先，RST 接通控制逻辑，允许地址/命令序列送入移位寄存器；其次，RST 提供终止单字节或多字节数据的传送手段。当 RST 为高电平时，所有的数据传送被初始化，允许对 DS1302 进行操作。如果在传送过程中 RST 置为低电平，则会终止此次数据传送，I/O 引脚变为高阻态。上电运行时，在 VCC≥2.5V 之前，RST 必须保持低电平。只有在 SCLK 为低电平时，才能将 RST 置为高电平。I/O 为串行数据输入输出端(双向)，SCLK 始终是输入端。

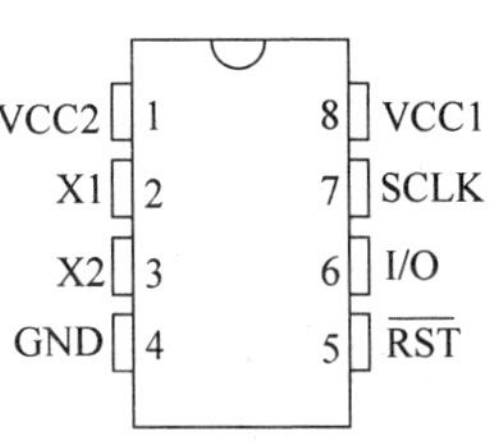

图 11-3 DS1302 引脚图

DS1302 的控制字如图 11-4 所示。控制字节的最高有效位(位 7)必须是逻辑 1，如果它为 0，则不能把数据写入 DS1302 中；位 6 如果为 0，则表示存取日历时钟数据，为 1 表示存取 RAM 数据；位 5～位 1 指示操作单元的地址；最低有效位(位 0)如为 0 表示要进行写操作，为 1 表示进行读操作；控制字节总是从最低位开始输出。

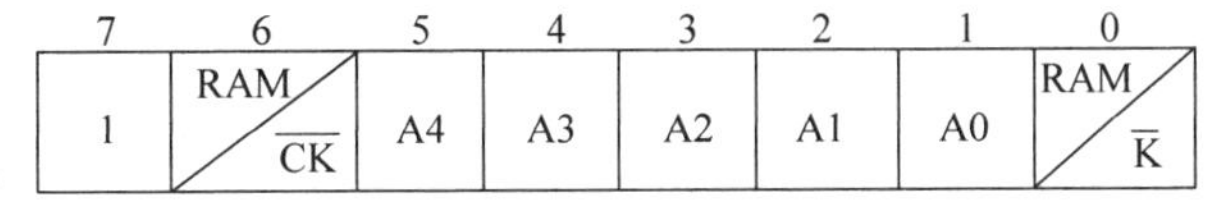

图 11-4 DS1302 控制字节

在控制指令字输入后的下一个 SCLK 时钟的上升沿时，数据被写入 DS1302，数据输入从低位(位 0)开始。同样，在紧跟 8 位的控制指令字后的下一个 SCLK 脉冲的下降沿读出 DS1302 的数据，读出数据时从低位(位 0)到高位(位 7)。

DS1302 有 12 个寄存器，其中有 7 个寄存器与日历、时钟相关，存放的数据位为 BCD 码形式，其日历、时间寄存器及其控制字见表 11-1。

表 11-1 DS1302 的寄存器分配表

寄存器	写地址	读地址	取 值	位定义				
				7	6	5	4	3 2 1 0
秒寄存器	80H	81H	00～59	CH	10SEC			10SEC
分钟寄存器	82H	83H	00～59	0	10MIN			MIN
小时寄存器	84H	85H	01～12 00～23	12/24	0	10 A/P	HR	HR

续表

寄存器	写地址	读地址	取值	位定义							
				7	6	5	4	3	2	1	0
日寄存器	86H	87H	01～28/29 01～30 01～31	0	0	10DATE		DATE			
月寄存器	88H	89H	01～12	0	0	0	10M	MONTH			
周寄存器	8AH	8BH	01～07	0	0	0	0	0	DAY		
年寄存器	8CH	8DH	00～99		10YEAR			YEAR			

此外，DS1302还有年份寄存器、控制寄存器、充电寄存器、时钟突发寄存器及与RAM相关的寄存器等。时钟突发寄存器可一次性顺序读写除充电寄存器外的所有寄存器内容。DS1302与RAM相关的寄存器分为两类：一类是单个RAM单元，共31个，每个单元组态为一个8位的字节，其命令控制字为C0H～FDH，其中奇数为读操作，偶数为写操作；另一类为突发方式下的RAM寄存器，此方式下可一次性读写所有RAM的31个字节，命令控制字为FEH（写）、FFH（读）。

11.2.3 时钟芯片DS1302与单片机的连接

DS1302与单片机的连接需要3条线，即SCLK串行时钟引脚、I/O串行数据引脚、RST引脚。DS1302的第8引脚VCC1接一个+3V的备用直流电池。DS1302采用32 768Hz晶振。图11-5示出了DS1302与AT89C51的连接原理图。

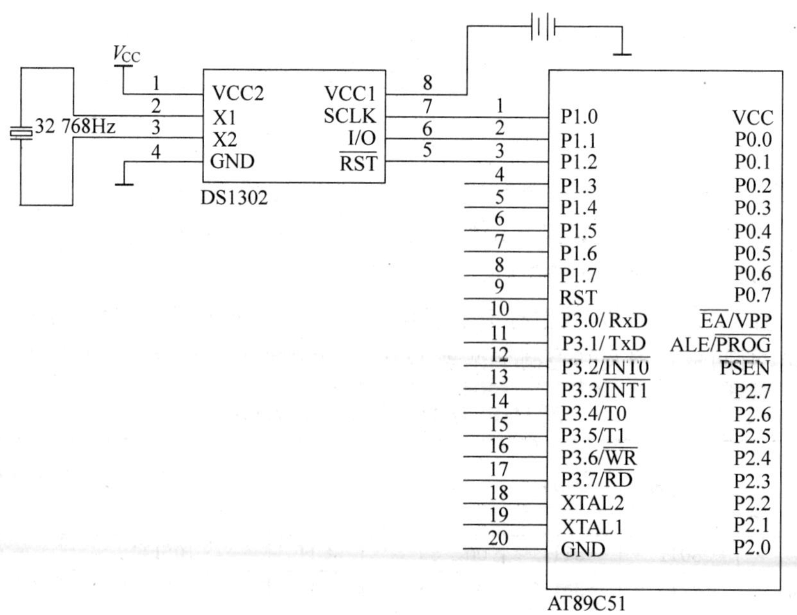

图11-5 DS1302与AT89C51连接原理图

11.2.4 总体电路原理图

在本实例中，采用单片机 AT89C51 作为微控制器，采用实时时钟芯片 DS1302 来获取时间数据，采用 LCD1602 来显示时、分、秒的数据。在本实例中，通过 4 个按键实现对时、分、秒位数据的调节。其中，按键 S_1 用来设置要调节的位，按一次则秒位数据闪烁，对秒位进行操作，按两次则分位数据闪烁，对分位进行操作；按 3 次则小时数据闪烁，对小时数据进行操作。按键 S_2 用于对要调节的数据位进行加 1 操作。按键 S_3 用于对要调节的数据位进行减 1 操作。当按键 S_4 被按下时，则将跳出调整模式，返回默认显示。总体电路原理图如图 11-6 所示。

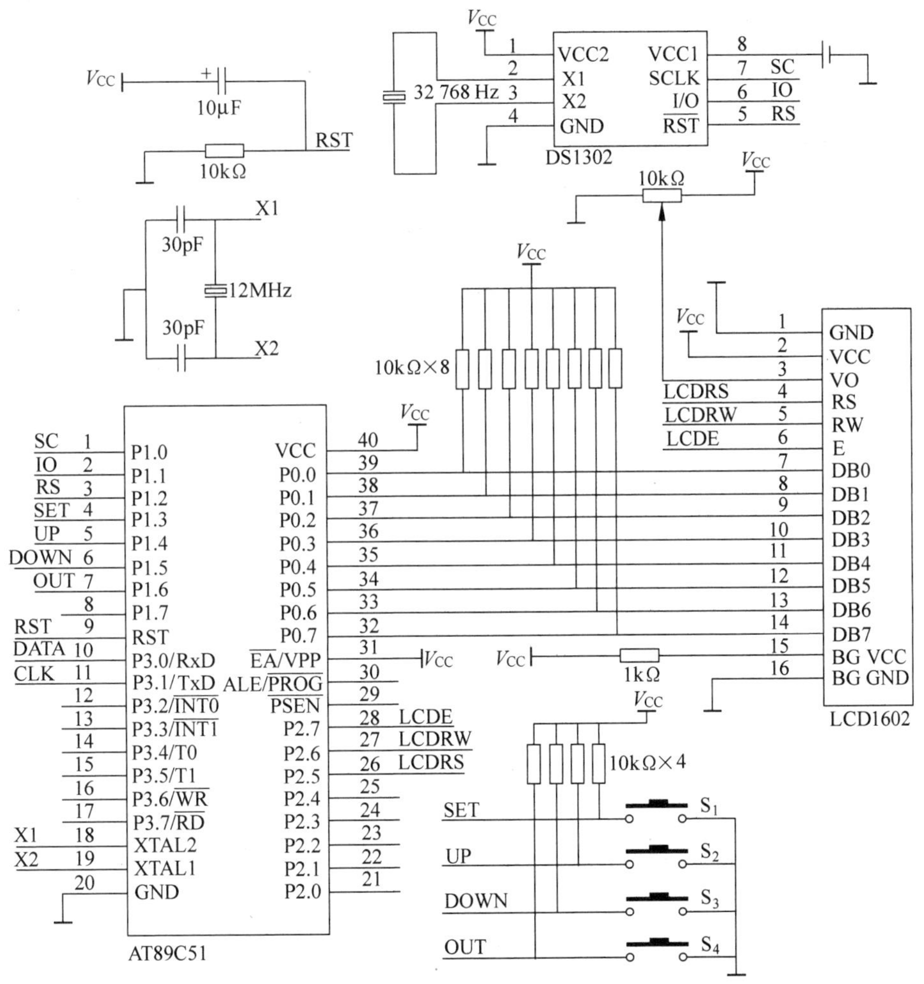

图 11-6 总体电路原理图

11.3 软件设计

11.3.1 显示子程序流程图

本实例显示子程序流程图如图11-7所示。

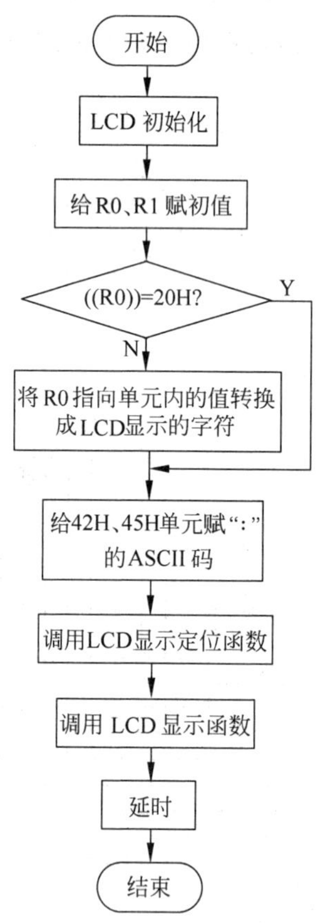

图11-7 显示子程序流程图

11.3.2 显示子程序的代码

```
DISPLAY:  LCALL   LCDINT           ;LCD初始化
          MOV     R1,#8            ;共需要向LCD传送8个字节
          MOV     R0,#40H          ;数据单元指针赋初始值
DSPL1:    MOV     A,@R0
          CJNE    A,#20H,DSPL2     ;判断该单元内的内容是否是空格的ASCII码
          LJMP    DSPL3
DSPL2:    MOV     A,#30H           ;将该单元的数据转换成相应的ASCII码
```

```
        ADD     A,@R0
        MOV     @R0,A
DSPL3:  INC     R0
        DJNZ    R1,DSPL1          ;判断是否将所有单元的数据都转换成相应的 ASCII 码
        MOV     42H,#3AH          ;将“:”的 ASCII 码存入 42H、45H 单元
        MOV     45H,#3AH
        MOV     R0,#03H           ;设定时间在 LCD 中显示的位置
        MOV     R3,#00H
        LCALL   GOTOXY
        MOV     R0,#47H           ;调用字节显示函数
        LCALL   PRINT
        MOV     DATA3,#0FFH       ;延时
        LCALL   DELAY1MS
        RET
        END
```

11.3.3 主函数程序流程图

本实例主函数程序流程图如图 11-8 所示。

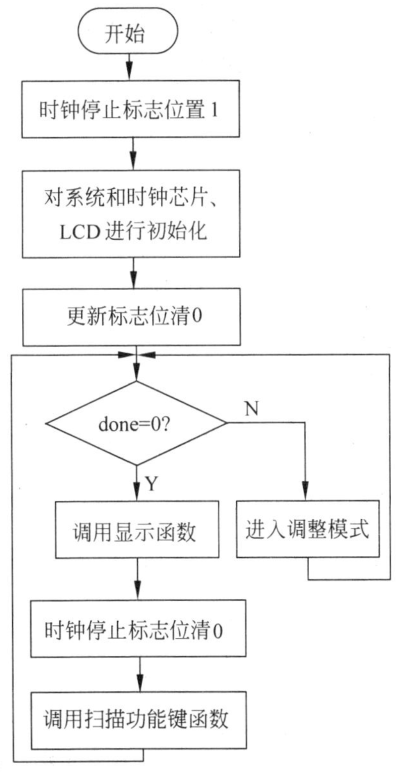

图 11-8　主函数程序流程图

11.3.4 总的汇编语言源程序代码

```
            DATA_IO  Bit P1.1       ;实时时钟数据线引脚
            SCLK     Bit P1.0       ;实时时钟时钟线引脚
            RST      Bit P1.2       ;实时时钟复位线引脚
            LCDRS    BIT P2.5       ;LCD 数据命令选择端
            LCDRW    BIT P2.6       ;LCD 读写选择端
            LCDEN    BIT P2.7       ;LCD 使能端口
            SECOND   EQU 30H        ;存放从 DS1302 中读出秒的单元
            MINUTE   EQU 31H        ;存放从 DS1302 中读出分的单元
            HOUR     EQU 32H        ;存放从 DS1302 中读出时的单元
            ADDRESS  EQU 35H        ;DS1302 命令字节地址
            DATA1    EQU 36H        ;向 DS1302 的某地址写入的数据所存的单元
            DATA2    EQU 37H        ;从 DS1302 中读取某地址的数据所存的单元
            DATA3    EQU 39H        ;延时长短的控制数据所存的单元
            COUNT    EQU 71H        ;按键计数单元
            TEMP     EQU 70H
                     ORG 0000H
                     LJMP MAIN
;主程序
            ORG      0060H
MAIN:       SETB     00H            ;时钟停止标志位置 1
            LCALL    SYSTEM_INIT    ;系统初始化
            LCALL    INIT_CLOCK     ;时钟芯片初始化
            LCALL    LCDINT
            CLR      05H            ;更新标志位清 0
            CLR      06H
            CLR      07H
WH:         JNB      07H,SHOW
            LCALL    KEYDONE        ;进入调整模式
SHOW:       JB       07H,WH
            LCALL    SHOWTIME
            LCALL    DISPLAY        ;显示数据
            CLR      00H
            LCALL    SETKEY         ;扫描各功能键
            LJMP     WH
LCD_WAIT:   CLR      LCDRS          ;LCD 内部等待函数
            SETB     LCDRW
            NOP
            SETB     LCDEN
            NOP
            CLR      LCDEN
            MOV      R1,P0
            RET
LCDWRITE:   CLR      LCDEN          ;向 LCD 写入命令或数据函数
            MOV      LCDRS,C        ;将一个位数据传给 LCD 的数据命令端
            CLR      LCDRW          ;LCD 读写端清 0
            NOP
            MOV      P0,A           ;数据传出
```

```
                NOP
                SETB     LCDEN          ;LCD 使能端置 1
                NOP
                CLR      LCDEN
                NOP
                LCALL    LCD_WAIT       ;调用内部等待函数
                RET
LCDSETDISPLAY:  CLR      C              ;设置显示模式函数
                MOV      A,R1
                ORL      A,#08H
                LCALL    LCDWRITE       ;调用显示函数
                RET
LCDSETINPUT:    CLR      C              ;设置输入模式函数
                MOV      A,R2
                ORL      A,#04H
                LCALL    LCDWRITE
                RET
LCDINT:         CLR      LCDEN          ;LCD 初始化函数
                CLR      C
                MOV      A,#38H         ;设置为 8 位数据端口,2 行显示,5×7 点阵
                LCALL    LCDWRITE
                CLR      C
                MOV      A,#38H
                LCALL    LCDWRITE
                MOV      R1,#04H        ;开启显示，无光标
                LCALL    LCDSETDISPLAY
                CLR      C
                MOV      A,#01H         ;清屏
                LCALL    LCDWRITE
                MOV      R2,#02H
                LCALL    LCDSETINPUT    ;AC 递增，画面不动
                RET
GOTOXY:         CJNE     R3,#00H,G1     ;液晶字符输入的位置设置函数
                MOV      A,R0
                ORL      A,#80H
                CLR      C
                LCALL    LCDWRITE
G1:             CJNE     R3,#01H,G3
                MOV      A,R0
                CLR      C
                SUBB     A,#40H
                ORL      A,#80H
                CLR      C
                LCALL    LCDWRITE
G3:             RET
PRINT:          MOV      R1,#10H        ;将字符输出到液晶显示函数
                MOV      A,@R0
PR1:            SETB     C
                MOV      A,@R0
                LCALL    LCDWRITE
                DEC      R0             ;使 R0 指向下一个单元
```

```
                DJNZ     R1,PR1          ;判断是否全部显示
                RET
;向 DS1302 写入一个字节的函数
SENDBYTE:       MOV      R4,#8
SENDLOOP:       MOV      A,B
                RRC      A               ;将累加器中的数据右移一位
                MOV      B,A
                MOV      DATA_IO,C       ;将字节的最低位传到时钟的数据总线上
                SETB     SCLK            ;时钟上升沿发送数据有效
                NOP
                NOP
                CLR      SCLK            ;清时钟总线
                DJNZ     R4,SENDLOOP     ;判断是否发送完一个字节
                RET
;从 DS1302 读取一个字节的函数
RECEIVEBYTE:    CLR      A               ;清累加器
                CLR      C               ;清进位标志位
                MOV      R4,#8
RECEIVELOOP:    NOP
                NOP
                MOV      C,DATA_IO       ;将数据线上的一位数据存入累加器中
                RRC      A               ;将累加器中的数据右移一位
                SETB     SCLK            ;时钟上升沿发送数据有效
                NOP
                CLR      SCLK            ;清时钟总线
                DJNZ     R4,RECEIVELOOP  ;判断是否已经读取一个字节的数据
                RET
;向 DS1302 的某个地址里写入数据函数
WRITECLOCK:     CLR      RST             ;复位引脚为低电平,所有数据传送终止
                NOP
                CLR      SCLK            ;清时钟总线
                NOP
                SETB     RST             ;复位引脚为高电平逻辑控制有效
                NOP
                MOV      B,ADDRESS       ;写入地址命令
                LCALL    SENDBYTE
                NOP
                MOV      B,DATA1         ;向 ADDRESS 地址单元写入一字节数据
                LCALL    SENDBYTE
                NOP
                SETB     SCLK            ;时钟总线置高
                NOP
                CLR      RST             ;逻辑操作完毕,清复位总线
                NOP
                RET
;读取某地址的数据
READCLOCK:      MOV      A,ADDRESS       ;将地址数据传到累加器中
                ORL      A,#01H
                MOV      B,A
                CLR      RST             ;复位引脚为低电平,所有数据传送终止
                NOP
```

```
            CLR     SCLK            ;清时钟总线
            NOP
            SETB    RST             ;复位引脚为高电平逻辑控制有效
            NOP
            LCALL   SENDBYTE        ;写入地址命令
            NOP
            LCALL   RECEIVEBYTE     ;读取一字节数据
            NOP
            MOV     DATA2,A
            NOP
            SETB    SCLK            ;时钟总线置高
            NOP
            CLR     RST             ;逻辑操作完毕,清复位总线
            NOP
            RET
;时钟芯片初始化函数
INIT_CLOCK:
            MOV     ADDRESS,#80H    ;读取秒数据
            LCALL   READCLOCK
            MOV     SECOND,DATA2
            MOV     A,SECOND
            ANL     A,#80H
            CJNE    A,#00H,CONU     ;判断时钟芯片是否关闭
            LJMP    INIT
CONU:       CLR     RST
            NOP
            CLR     SCLK
            NOP
            SETB    RST
            NOP
            MOV     ADDRESS,#8EH    ;写控制命令字
            MOV     DATA1,#00H      ;写入允许
            LCALL   WRITECLOCK
            NOP
            MOV     ADDRESS,#84H    ;以下写入初始化时间 23:59:55
            MOV     DATA1,#23H
            LCALL   WRITECLOCK
            NOP
            MOV     ADDRESS,#82H
            MOV     DATA1,#59H
            LCALL   WRITECLOCK
            NOP
            MOV     ADDRESS,#80H
            MOV     DATA1,#55H
            LCALL   WRITECLOCK
            NOP
            MOV     ADDRESS,#8EH    ;写控制命令字
            MOV     DATA1,#80H      ;禁止写入
            LCALL   WRITECLOCK
INIT:       NOP
            RET
```

```
;显示延时子程序
DELAY1MS:
            PUSH    PSW
            MOV     R7, #DATA3      ;当 DATA3 = 2 时,延时 1ms
DEL1:       MOV     R6, #248
DEL2:       DJNZ    R6,DEL2
            DJNZ    R7,DEL1
            POP     PSW
            RET
;跳出调整模式,返回默认显示函数
OUTKEY:     JNB     P2.3,JS         ;判断跳出调整模式按键是否被按下
            LJMP    OUT
JS:         MOV     DATA3, #10H     ;如果被按下,延时 8ms,为了消除按键抖动
            LCALL   DELAY1MS
            JNB     P2.3,JSS
            LJMP    OUT
JSS:        MOV     COUNT, #00H     ;计数变量单元清 0
            MOV     5FH, #00H       ;位闪计数变量单元清 0
            MOV     5EH, #00H
            MOV     5DH, #00H
            MOV     ADDRESS, #80H   ;读取秒数据
            LCALL   READCLOCK
            MOV     SECOND,DATA2
            NOP
            MOV     ADDRESS, #8EH   ;写控制命令字,写入允许
            MOV     DATA1, #00H
            LCALL   WRITECLOCK
            NOP
            MOV     ADDRESS, #80H   ;写入秒位数据
            ANL     SECOND, #7FH
            MOV     DATA1,SECOND
            LCALL   WRITECLOCK
            NOP
            MOV     ADDRESS, #8EH   ;写控制命令字,禁止写入
            MOV     DATA1, #80H
            LCALL   WRITECLOCK
            NOP
            CLR     07H             ;按键操作标志位清 0
JSSS:       JNB     P2.3,JSSS       ;循环等待按键弹起
OUT:        RET
;被调节位加 1 按键函数
UPKEY:      JNB     P2.2,JU         ;判断加 1 按键是否被按下
            LJMP    UPOUT
JU:         MOV     DATA3, #0BH     ;如果被按下,延时 8ms,为了消除按键抖动
            LCALL   DELAY1MS
            JNB     P2.2,JM
            LJMP    UPOUT
JM:         MOV     A,COUNT         ;判断要调节哪一位
            CJNE    A, #01H,JF      ;如果 COUNT 单元内容为 1,则调节秒位
            MOV     ADDRESS, #80H   ;读取秒数
            LCALL   READCLOCK
```

```
            NOP
            MOV     A,DATA2           ;将读取的秒数传给累加器
            INC     A                 ;秒数加 1
            MOV     TEMP,A
            SETB    05H               ;数据调整后更新标志
            ANL     A,#7FH
            CLR     C
            CJNE    A,#60H,J01        ;判断秒位如果超过 59 秒,清 0
J01:        JC      J0
            MOV     TEMP,#00H
J0:         LJMP    UPOUT
JF:         MOV     A,COUNT
            CJNE    A,#02H,JSH        ;如果 COUNT 单元内容为 2,则调节分位
            MOV     ADDRESS,#82H      ;读取分数
            LCALL   READCLOCK
            NOP
            MOV     A,DATA2
            INC     A                 ;分数加 1
            MOV     TEMP,A
            SETB    05H               ;数据调整后更新标志
            ANL     A,#7FH
            CLR     C
            CJNE    A,#60H,J001       ;判断秒位如果超过 59 秒,清 0
J001:       JC      J00
            MOV     TEMP,#00H
J00:        LJMP    UPOUT
JSH:        MOV     A,COUNT
            CJNE    A,#03H,UPOUT      ;如果 COUNT 单元内容为 3,则调节分位
            MOV     ADDRESS,#84H      ;读取小时数
            LCALL   READCLOCK
            NOP
            MOV     A,DATA2
            INC     A                 ;小时数加 1
            MOV     TEMP,A
            SETB    05H               ;数据调整后更新标志
            CLR     C
            CJNE    A,#24H,UPOUT1     ;判断小时位如果超过 23 小时,清 0
UPOUT1:     JC      UPOUT
            MOV     TEMP,#00H
JUUU:       JNB     P2.2,JUUU         ;等待按键弹起
UPOUT:      RET
;被调节位减 1 按键函数
DOWNKEY:    JNB     P2.1,JD           ;判断减 1 按键是否被按下
            LJMP    DOWNOUT
JD:         MOV     DATA3,#10H        ;如果被按下,延时 8ms,为了消除按键抖动
            LCALL   DELAY1MS
            JNB     P2.1,JDD
            LJMP    DOWNOUT
JDD:        MOV     A,COUNT
            CJNE    A,#01H,JMD        ;如果 COUNT 单元内容为 1,则调节秒位
            MOV     ADDRESS,#80H      ;读取秒数
```

```
              LCALL     READCLOCK
              NOP
              MOV       A,DATA2         ;将秒数据存入累加器A中
              DEC       A               ;秒数减1
              MOV       TEMP,A
              SETB      06H             ;数据调整后更新标志
              CJNE      A,#7FH,J59      ;小于0秒,返回59秒
              MOV       TEMP,#59H
J59:          LJMP      DOWNOUT
JMD:          MOV       A,COUNT
              CJNE      A,#02H,JFD      ;如果COUNT单元内容为2,则调节分位
              MOV       ADDRESS,#82H    ;读取分数
              LCALL     READCLOCK
              NOP
              MOV       A,DATA2
              DEC       A               ;分数减1
              MOV       TEMP,A
              SETB      06H             ;数据调整后更新标志
              CJNE      A,#7FH,J599     ;如果分数小于0分,返回59分
              MOV       TEMP,#59H
J599:         LJMP      DOWNOUT
JFD:          MOV       A,COUNT
              CJNE      A,#03H,DOWNOUT     ;如果COUNT单元内容为3,则调节时位
              MOV       ADDRESS,#84H       ;读取小时数
              LCALL     READCLOCK
              NOP
              MOV       A,DATA2
              DEC       A               ;小时数减1
              MOV       TEMP,A
              SETB      06H             ;数据调整后更新标志
              CJNE      A,#0FFH,J23     ;如果小时数小于0分,返回23时
              MOV       TEMP,#23H
J23:          LJMP      DOWNOUT
JDDD:         JNB       P2.1,JDDD       ;等待按键弹起
DOWNOUT:      RET
;调节位设置函数
SETKEY:       JNB       P2.0,JT         ;判断状态设置按键是否被按下
              LJMP      SETOUT
JT :          MOV       DATA3,#10H      ;如果被按下,延时8ms,为了消除按键抖动
              LCALL     DELAY1MS
              JNB       P2.0,SJ
              LJMP      SETOUT
SJ:           MOV       A,COUNT
              INC       A               ;设置按键按一次,计数变量就加1
              MOV       COUNT,A
              SETB      07H             ;进入调整模式
JTT:          JNB       P2.0,JTT        ;等待按键弹起
SETOUT:       RET
;按键功能执行函数
KEYDONE:      JB        00H,JK          ;如果00H单元为0,则关闭时钟,停止计时
              MOV       ADDRESS,#8EH    ;写控制命令字,写入允许
```

```
        MOV     DATA1, #00H
        LCALL   WRITECLOCK
        NOP
        MOV     ADDRESS, #80H ;读取秒寄存器里的数据
        LCALL   READCLOCK
        NOP
        MOV     TEMP,DATA2
        MOV     A,TEMP
        ORL     A, #80H
        MOV     ADDRESS, #80H ;向秒寄存器内写入数据
        MOV     DATA1,A
        LCALL   WRITECLOCK
        NOP
        MOV     ADDRESS, #8EH ;写控制命令字,禁止写入
        MOV     DATA1, #80H
        LCALL   WRITECLOCK
        NOP
        SETB    00H           ;时钟是否工作标志位置 1
JK:     LCALL   SETKEY        ;扫描设置按键
        MOV     A,COUNT
D1:     CJNE    A, #01H,D2    ;如果 COUNT = 1,则调整秒
JK1:    LCALL   OUTKEY        ;扫描跳出按钮
        NOP
        LCALL   UPKEY         ;扫描加 1 按钮
        NOP
        LCALL   DOWNKEY       ;扫描减 1 按钮
        NOP
        JB      05H,LL1       ;如果数据更新,则重新写入新的数据
        JB      06H,LL1
        LJMP    LL11
LL1:    MOV     ADDRESS, #8EH ;写控制命令字,禁止写入
        MOV     DATA1, #00H
        LCALL   WRITECLOCK
        NOP
        MOV     A,TEMP
        ORL     A, #80H
        MOV     ADDRESS, #80H ;向秒寄存器内写入新的秒数据
        MOV     DATA1,A
        LCALL   WRITECLOCK
        NOP
        MOV     ADDRESS, #8EH ;写控制命令字,禁止写入
        MOV     DATA1, #80H
        LCALL   WRITECLOCK
        NOP
        CLR     05H           ;数据更新标志位清 0
        CLR     06H
LL11:   MOV     A,5FH
        INC     A             ;秒位闪计数位加 1
        MOV     5FH,A
        CJNE    A, #05H,LLL1  ;如果秒位闪计数位大于 4,则清 0
        MOV     5FH, #00H
```

```
LLL1:       LCALL   SHOWTIME        ;显示数据
            LCALL   DISPLAY
            MOV     A,COUNT
            CJNE    A,#02H,JJKKA    ;如果 COUNT 单元内容为 2,则继续循环
            LJMP    JK1
JJKKA:      LJMP    JJKK
D2:         CJNE    A,#02H,D3       ;如果 COUNT = 2,则调整分
JK2:        MOV     5FH,#00H        ;秒位闪计数变量单元清 0
            LCALL   OUTKEY          ;扫描跳出按钮
            LCALL   UPKEY           ;扫描加 1 按钮
            LCALL   DOWNKEY         ;扫描减 1 按钮
            JB      05H, LL2        ;如果有数据更新,则重新写入新的数据
            JB      06H, LL2
            LJMP    LL22
LL2:        MOV     ADDRESS,#8EH    ;写控制命令字,写入允许
            MOV     DATA1,#00H
            LCALL   WRITECLOCK
            NOP
            ORL     TEMP,#80H
            MOV     ADDRESS,#82H    ;写入新的分数据
            MOV     DATA1,TEMP
            LCALL   WRITECLOCK
            NOP
            MOV     ADDRESS,#8EH    ;写控制命令字,禁止写入
            MOV     DATA1,#80H
            LCALL   WRITECLOCK
            NOP
            CLR     05H             ;数据更新标志位清 0
            CLR     06H
LL22:       MOV     A,5EH
            INC     A               ;分位闪计数单元加 1
            MOV     5EH,A
            CJNE    A,#05H,LLL2     ;如果分位闪计数位大于 4,则清 0
            MOV     5EH,#00H
LLL2:       LCALL   SHOWTIME        ;显示数据
            LCALL   DISPLAY
            MOV     A,COUNT
            CJNE    A,#03H,JJKKB    ;如果 COUNT 单元内容为 3,则继续循环
            LJMP    JK2
JJKKB:      LJMP    JJKK            ;如果 COUNT 单元内容不为 3,则跳出循环
D3:         CJNE    A,#03H,D4       ;如果 COUNT = 3,则调整小时
JK3:        MOV     5EH,#00H        ;将分的位闪计数变量清 0
            LCALL   OUTKEY          ;扫描跳出按钮
            LCALL   UPKEY           ;扫描加 1 按钮
            LCALL   DOWNKEY         ;扫描减 1 按钮
            JB      05H,LL3         ;如果有数据更新,则重新写入新的数据
            JB      06H,LL3
            LJMP    LL33
LL3:        MOV     ADDRESS,#8EH    ;写控制命令字,写入允许
            MOV     DATA1,#00H
            LCALL   WRITECLOCK
```

```
                NOP
                MOV     ADDRESS,#84H ;写入新的小时数据
                MOV     DATA1,TEMP
                LCALL   WRITECLOCK
                NOP
                MOV     ADDRESS,#8EH ;写控制命令字,禁止写入
                MOV     DATA1,#80H
                LCALL   WRITECLOCK
                NOP
                CLR     05H          ;数据更新标志位清 0
                CLR     06H
LL33:           MOV     A,5DH
                INC     A            ;将小时位闪计数单元加 1
                MOV     5DH,A
                CJNE    A,#05H,LLL3  ;如果小时位闪计数位大于 4,则清 0
                MOV     5DH,#00H
LLL3:           LCALL   SHOWTIME     ;显示数据
                LCALL   DISPLAY
                MOV     A,COUNT
                CJNE    A,#04H,JJKK  ;如果 COUNT 单元内容为 3,则继续循环
                LJMP    JK3
D4:             CJNE    A,#04H,JJKK  ;如果 COUNT = 4, 则跳出调整模式,返回默认显示状态
                MOV     COUNT,#00H
                MOV     ADDRESS,#80H
                LCALL   READCLOCK
                NOP
                MOV     SECOND,DATA2
                MOV     ADDRESS,#8EH ;写控制命令字,写入允许
                MOV     DATA1,#00H
                LCALL   WRITECLOCK
                NOP
                MOV     ADDRESS,#80H
                MOV     DATA1,SECOND
                LCALL   WRITECLOCK
                NOP
                MOV     ADDRESS,#8EH ;写控制命令字,禁止写入
                MOV     DATA1,#80H
                LCALL   WRITECLOCK
                NOP
                CLR     07H          ;操作标志变量清 0
JJKK:           RET
;系统初始化程序
SYSTEM_INIT:    MOV     PCON,#00H
                MOV     SCON,#18H    ;选择串行工作方式 0
                SETB    EA           ;开启中断
                CLR     ES
                RET
;转换显示函数
SHOWTIME:       CLR     C            ;清进位标志位 C
                MOV     A,5FH
                CJNE    A,#03H,SJL   ;判断秒的位闪计数变量是否小于 3
```

```
SJL:        JNC     SJL1            ;如果小于3,将秒的十位和个位分别存入41H和40H
            MOV     ADDRESS,#80H
            LCALL   READCLOCK
            NOP
            MOV     A,DATA2
            ANL     A,#70H
            SWAP    A
            MOV     41H,A
            MOV     A,DATA2
            ANL     A,#0FH
            MOV     40H,A
            AJMP    SJK
SJL1:       MOV     40H,#20H        ;如果不小于3,则将空格的ASCII码分别存入40H单元和
                                    ;41H单元
            MOV     41H,#20H
SJK:        CLR     C
            MOV     A,5EH
            CJNE    A,#03H,SJL2     ;判断分的位闪计数变量是否小于3
SJL2:       JNC     SJL3            ;如果小于3,将分的十位和个位分别存入43H和44H
            MOV     ADDRESS,#82H
            LCALL   READCLOCK
            NOP
            MOV     A,DATA2
            ANL     A,#70H
            SWAP    A
            MOV     44H,A
            MOV     A,DATA2
            ANL     A,#0FH
            MOV     43H,A
            AJMP    SJK1
SJL3:       MOV     43H,#20H        ;如果不小于3,则将空格的ASCII码分别存入43H单元和
                                    ;44H单元
            MOV     44H,#20H
SJK1:       CLR     C
            MOV     A,5DH
            CJNE    A,#03H,SJL4     ;判断小时的位闪计数变量是否小于3
SJL4:       JNC     SJL5            ;如果小于3,将小时的十位和个位分别存入46H和47H
            MOV     ADDRESS,#84H
            LCALL   READCLOCK
            NOP
            MOV     A,DATA2
            ANL     A,#70H
            SWAP    A
            MOV     47H,A
            MOV     A,DATA2
            ANL     A,#0FH
            MOV     46H,A
            AJMP    SJK2
SJL5:       MOV     46H,#20H        ;如果不小于3,则将空格的ASCII码分别存入46H单元和
                                    ;47H单元
            MOV     47H,#20H
```

```
SJK2:       RET
;显示子函数
DISPLAY:    LCALL   LCDINT          ;LCD 初始化
            MOV     R1,#8           ;共需要向 LCD 传送 8 个字节
            MOV     R0,#40H         ;数据单元指针赋初始值
DSPL1:      MOV     A,@R0
            CJNE    A,#20H,DSPL2    ;判断该单元内的内容是否是空格的 ASCII 码
            LJMP    DSPL3
DSPL2:      MOV     A,#30H          ;将该单元的数据转换成相应的 ASCII 码
            ADD     A,@R0
            MOV     @R0,A
DSPL3:      INC     R0
            DJNZ    R1,DSPL1        ;判断是否将所有单元的数据都转换成相应的 ASCII 码
            MOV     42H,#3AH        ;将“:”的 ASCII 码存入 42H、45H 单元
            MOV     45H,#3AH
            MOV     R0,#03H         ;设定时间在 LCD 中显示的位置
            MOV     R3,#00H
            LCALL   GOTOXY
            MOV     R0,#47H         ;调用字节显示函数
            LCALL   PRINT
            MOV     DATA3,#0FFH     ;延时
            LCALL   DELAY1MS
            RET
            END
```

第 12 章

LED 阵列动态显示设计实例

通过本章的学习，了解点阵 LED 和芯片 74HC595 的工作原理，深入了解单片机的外围接口电路的应用。掌握单片机驱动点阵 LED 的硬件接口电路和软件编程，进一步熟悉单片机的指令系统，对单片机串行口的应用有更深入的理解。

12.1 设计要求

本实例主要介绍利用 51 单片机点亮 8×8 LED 点阵。LED 点阵板一般采用行线与列线相交的重合法选择格点上的发光二极管，以减少对外连接的线数，简化硬件结构。矩阵形式的二维结构在计算机硬件和软件中是一种基本的结构形式。在这些操作中，对 LED 点阵板进行编程操作产生的效果最直观，最能提起学习者的兴趣。通过本章的学习，除了能对这种二维矩阵结构获得深刻的理解外，串行扫描工作方式实现显示成像的原理和各种串行扫描技巧可以大大开拓学生的思路。

12.2 硬件设计

外围电路使用了 3 只元件：一片 8×8 LED 点阵板以及两只带输出锁存的 8 位移位寄存器 74HC595。74HC595 连接很简单，除了两根正、负电源线外，只有串行数据输入、移位寄存器时钟输入和存储寄存器时钟输入 3 根线，可用多种形式与单片机连接。本实例介绍在 LED 点阵板上进行帧扫描和行扫描的工作原理。作为一个应用实例，给出了一种字符逐行向上漂移的工作方式程序控制流程图和汇编语言源程序，并作了详细的注释。

12.2.1 74HC595 简介

本实例主要应用 74HC595 移位寄存器，其实物如图 12-1 所示。

74HC595 位移寄存器的特点如下：

(1) 8 位串行输入；

(2) 8 位串行或并行输出；

(3) 存储状态寄存器，3 种状态；

(4) 输出寄存器可以直接清除；

(5) 100MHz 的移位频率；

图 12-1 74HC595 位移寄存器实物图

(6) 工作电压 2～6V；

(7) 很短的传递延迟时间，可支持高速串行连接；

(8) 强化的平行输出端的灌电流；

(9) 增强的静电防护能力(ESD)。

74HC595 使用说明：74HC595 是一个 8 位串行输入、并行输出的移位寄存器，并行输出为三态输出。在 SCK 的上升沿，串行数据由 SDI 输入到内部的 8 位移位缓存器，并由 Q7′输出。而并行输出，则是在 LCK 的上升沿，将在 8 位位移缓存器的数据存入 8 位并行输出缓存器。当$\overline{OE}$的控制信号为低电平时，并行输出端的输出值等于并行输出缓存器所存储的值；当$\overline{OE}$的控制信号为高电位时，也就是输出关闭时，并行输出端会维持在高阻抗状态。

74HC595 引脚说明如表 12-1 所示，74HC595 功能如表 12-2 所示。

表 12-1 74HC595 引脚说明

符　号	引　脚	描　述
Q0～Q7	15、1、7	并行数据输出
GND	8	地
Q7′	9	串行数据输出
$\overline{MR}$	10	主复位(低电平)
SHCP	11	移位寄存器时钟输入
STCP	12	存储寄存器时钟输入
$\overline{OE}$	13	输出有效(低电平)
DS	14	串行数据输入
VCC	16	电源

表 12-2 74HC595 功能

输入					输出		功　能
SHCP	STCP	$\overline{OE}$	$\overline{MR}$	DS	Q7′	Qn	
×	×	L	↓	×	L	NC	$\overline{MR}$为低电平时仅仅影响移位寄存器
×	↑	L	L	×	L	L	空移位寄存器到输出寄存器
×	×	H	L	×	L	Z	清空移位寄存器，并行输出为高阻状态
↑	×	L	H	H	Q6′	NC	逻辑高电平移入移位寄存器状态 0，包含所有的移位寄存器状态移入，例如，以前的状态 6(内部 Q6′)出现在串行输出位
×	↑	L	H	×	NC	Qn′	移位寄存器的内容到达保持寄存器并从并口输出
↑	↑	L	H	×	Q6′	Qn′	移位寄存器内容移入，先前的移位寄存器的内容到达保持寄存器并输出

注：H—高电平状态，L—低电平状态，↑—上升沿，↓—下降沿，Z—高阻，NC—无变化，×—无效。

当$\overline{MR}$为高电平、$\overline{OE}$为低电平时，数据在 SHCP 上升沿进入移位寄存器，在 STCP 上升沿输出到并行端口。74HC595 移位寄存器是由 D 触发器构成的，其具体的实现过程在数字电路中已经详细讲解过，这里我们只给出其内部的功能方框图，如图 12-2 所示。74HC595 的时序图如图 12-3 所示。

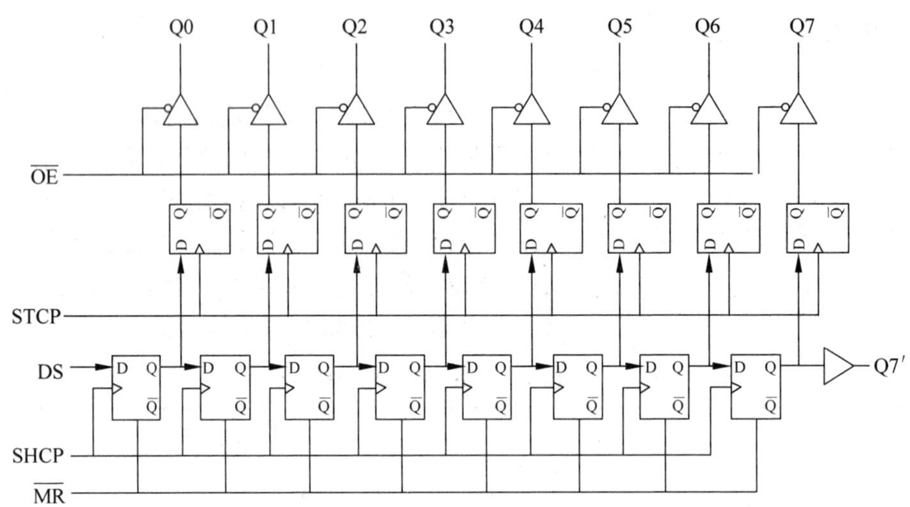

图 12-2　功能方框图

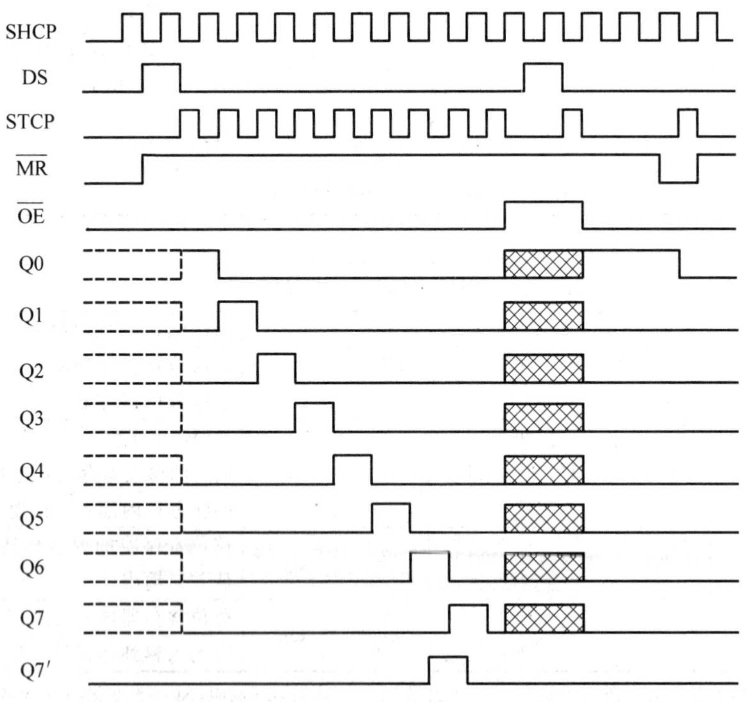

图 12-3　74HC595 的时序图

12.2.2 点阵 LED 简介

图 12-4 为 8×8 点阵 LED 外观及引脚图，其等效电路如图 12-5 所示。只要其对应的 X、Y 轴顺向偏压，即可使 LED 发亮。例如如果想使左上角 LED 点亮，则 Y0=1、X0=0 即可。应用时限流电阻可以放在 X 轴或 Y 轴。

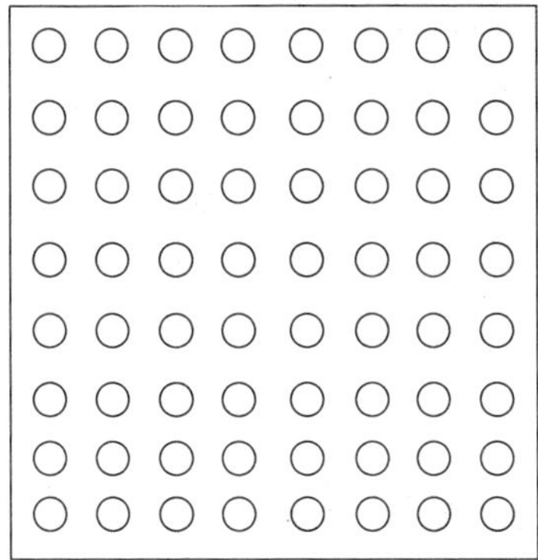

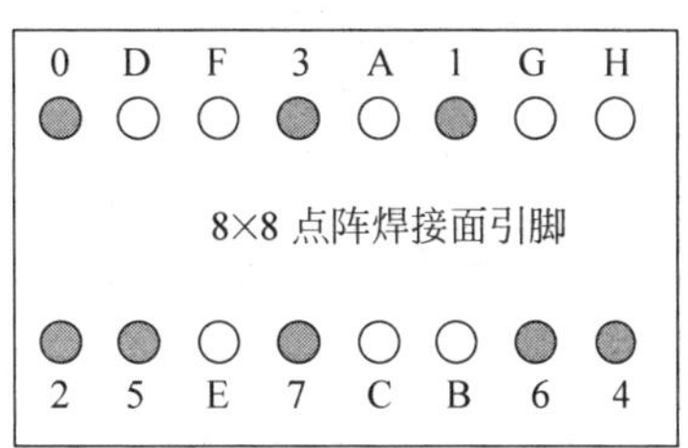

图 12-4　8×8 点阵 LED 外观及引脚图

图 12-5　8×8 点阵 LED 等效电路

12.2.3 总体电路原理图

LED 阵列动态显示设计原理如图 12-6 所示。

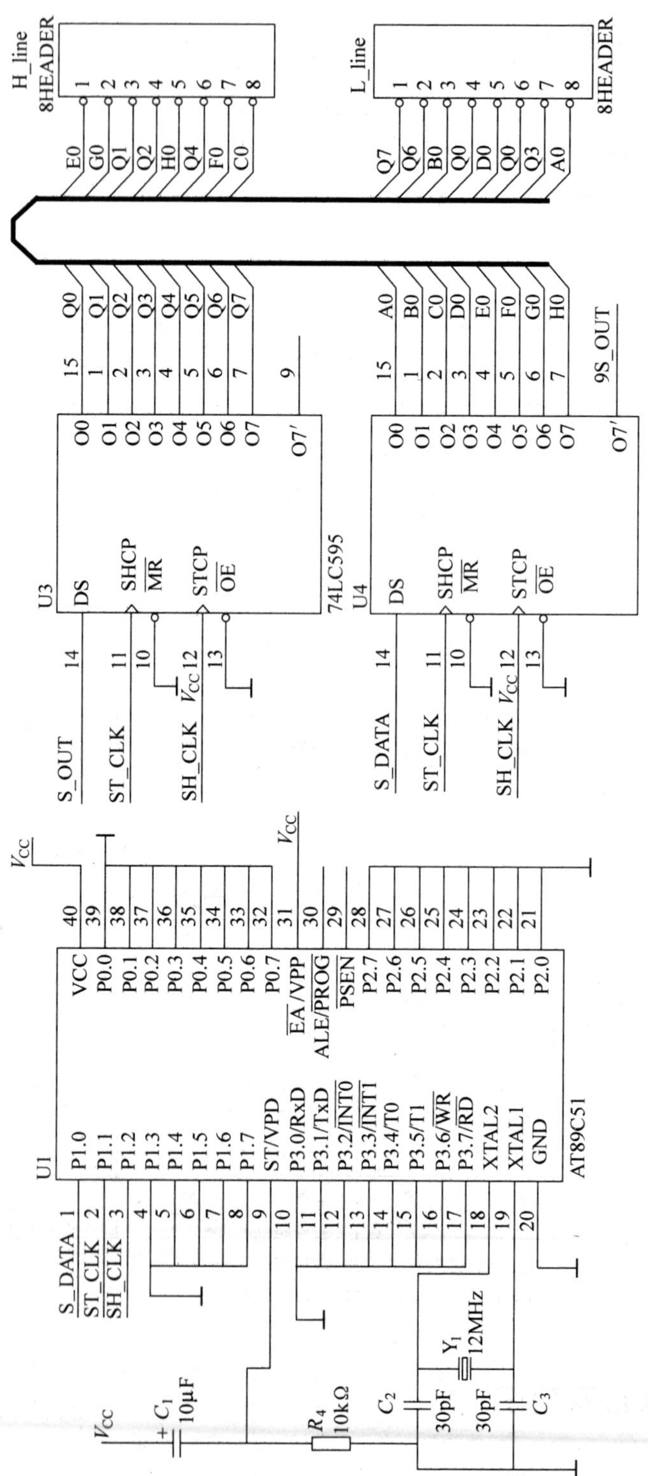

图 12-6 LED阵列动态显示设计实例电路

12.3　软件设计

12.3.1　程序流程图

主程序流程图、帧扫描子程序流程图及行扫描子程序流程图如图 12-7～图 12-9 所示。使用 DPTR 地址寄存器作为地址指针，开始时指向数据表首地址。第一次循环时，DPTR 指向第一列，在循环体中 DPTR 加 1，第二次循环时，地址指针后移一列。帧扫描子程序每次扫描 LED 点阵板 8 行数据。数据串行送至 74HC595 输出端连接的 8 根列线。行线作控制开关使用，由 74HC595 输出端提供控制信号。第一次送出第一个字符最上一行 8 位列数据时，行扫描开关除了置第一行为低外，其余行置高，即打开第一行，关闭其余行；第二次送出第一个字符第二行 8 位列数据时，行扫描开关置第二行为低位，其余行置高位，打开第二行，关闭其余行；依次类推。用这样的方式完成一帧扫描。

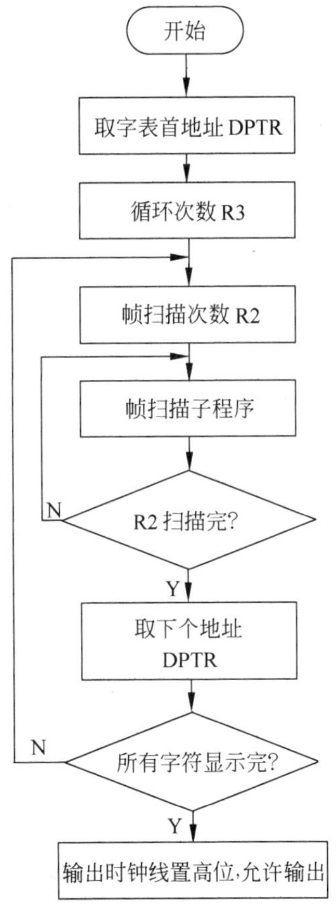

图 12-7　LED 阵列动态显示设计实例主程序流程图

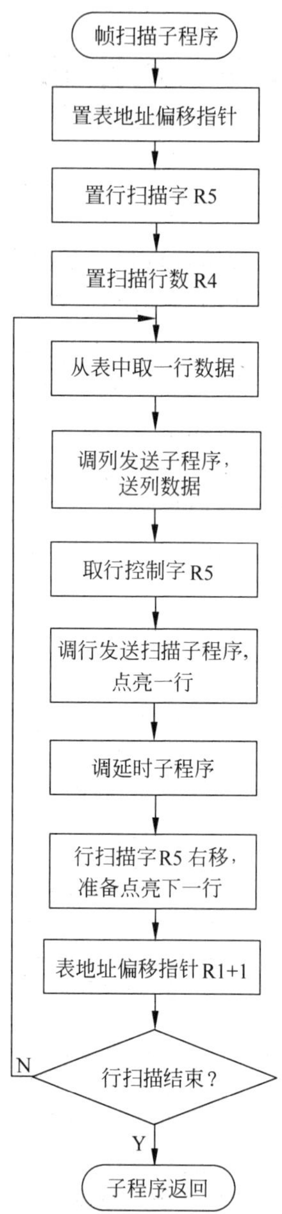

图 12-8　帧扫描子程序流程图

行扫描子程序与列扫描子程序一致。

LED 点阵板按重合法方式显示，可将数据同时送到 8 条列线，然后开启这 8 列数据应出现的行线，关闭其他行。由于有 8 根行线与 74HC595 的第 0～7 位连接，第一次调用字扫描子程序，CPU 通过 P1.2 端口的 8 次串行移位操作，将控制字 #1011 1111B 送到 74HC595 的输出端及 LED 点阵板的 8 根列线。控制字 #1011 1111B 循环经过循环移位后发送至 74HC595 输出端，依次点亮第二行、第三行等，实现了帧扫描操作。由于 LED 点阵板只有8 位，所以有一次操作将 0 移出 LED 点阵板，此时屏幕全关。

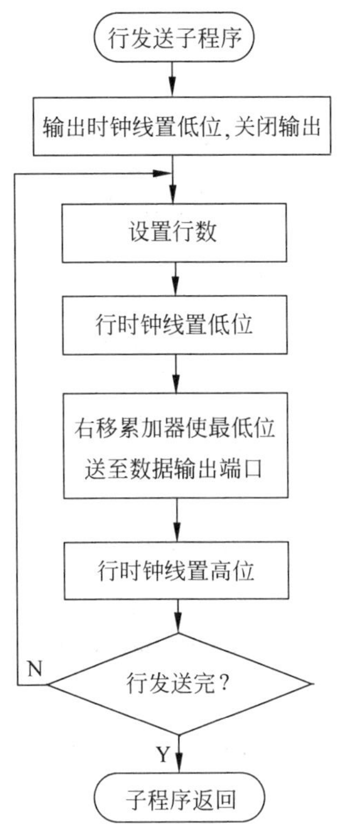

图 12-9 行扫描子程序流程图

12.3.2 源程序代码

```
P_DATA  BIT P1.2                  ;行数据发送端口
P_CLK   BIT P1.0                  ;行时钟输出端口
P_CS    BIT P1.1                  ;行数据输出控制端口

ORG     0000H
AJMP    START
ORG     0060H
START:
MOV     DPTR, #POINT_TAB          ;置表首地址
MOV     R3, #35                   ;比要显示的总字节数少 7

P_WORD_MOVE:
MOV     R2, #30                   ;每个字符循环扫描的次数,决定显示移动速度
P_SCAN_DEGREE:

ACALL   P_WORD_SCAN               ;调帧扫描程序
DJNZ    R2, P_SCAN_DEGREE         ;反复扫描同一帧
INC     DPTR                      ;帧数据地址前移一行
DJNZ    R3, P_WORD_MOVE           ;扫描一场的全部字符
```

```
AJMP    START

P_WORD_SCAN:

MOV     R1, #00H                    ;置表地址偏移指针初值
MOV     R5, #0xfe                   ;置行扫描字
MOV     R4, #08                     ;置行扫描次数

P_NEXT_BIT:
MOV     A, R1
MOVC    A, @A+DPTR                  ;取一个列数据
ACALL   P_COL_SEND                  ;发送列数据
MOV     A,R5                        ;取行扫描字
ACALL   P_ROW_SEND                  ;显示一行
ACALL   DELAY                       ;维持点亮一行
MOV     A,R5
RR      A                           ;扫描字指向下一行
MOV     R5, A
INC     R1                          ;指向下一行的列数据
DJNZ    R4, P_NEXT_BIT              ;一帧7行数据扫描完否?未完再扫
RET
P_COL_SEND:
CLR     P_CS                        ;关闭74HC595输出寄存器
MOV     R0,#08H                     ;置行计数值
P_COL_NEXTBIT:
CLR     P_CLK                       ;行时钟线置低位
RRC     A                           ;带进位循环移出控制字最低位至进位位
MOV     P_DATA,C                    ;送一位数据至行发送端口
SETB    P_CLK                       ;行时钟线置高位,串行发送一位行数据
DJNZ    R0,P_ROW_NEXTBIT            ;一行数据发完否?未完再发
RET

P_ROW_SEND:
CLR     P_CS                        ;关闭74HC595输出寄存器
MOV     R0,#08H                     ;置行计数值
P_ROW_NEXTBIT:
CLR     P_CLK                       ;行时钟线置低位
RRC     A                           ;带进位循环移出控制字最低位至进位位
MOV     P_DATA,C                    ;送一位数据至行发送端口
SETB    P_CLK                       ;行时钟线置高位,串行发送一位行数据
DJNZ    R0,P_ROW_NEXTBIT            ;一行数据发完否?未完再发
RET

SETB    P_CS                        ;开启74HC595输出寄存器
DELAY:
MOV     R7,#30
DELAY_LOOP:
MOV     R6,#30
DJNZ    R6,$
DJNZ    R7,DELAY_LOOP
RET
```

```
POINT_TAB:
    DB 0x00,0x00,0x3E,0x41,0x41,0x3E,0x00,0x00   ;0
    DB 0x00,0x00,0x42,0x7F,0x40,0x00,0x00,0x00   ;1
    DB 0x00,0x00,0x62,0x51,0x49,0x46,0x00,0x00   ;2
    DB 0x00,0x00,0x22,0x49,0x49,0x36,0x00,0x00   ;3
    DB 0x00,0x00,0x38,0x26,0x7F,0x20,0x00,0x00   ;4
    DB 0x00,0x00,0x4F,0x49,0x49,0x31,0x00,0x00   ;5
    DB 0x00,0x00,0x3E,0x49,0x49,0x32,0x00,0x00   ;6
    DB 0x00,0x00,0x03,0x71,0x09,0x07,0x00,0x00   ;7
    DB 0x00,0x00,0x36,0x49,0x49,0x36,0x00,0x00   ;8
    DB 0x00,0x00,0x26,0x49,0x49,0x3E,0x00,0x00   ;9
END
```

第 13 章

数字温度计设计实例

通过本章的学习，了解温度芯片 DS18B20 及一线式总线的原理和应用方法，认识单片机与外围芯片的接口(包括硬件连接与软件通信)方法。加强指令系统的学习，为以后进行单片机系统自行设计奠定基础。

13.1 设计要求

在日常生活和生产中，经常会用温度计来检测温度，传统的温度计常利用热电阻和热电偶的测温原理，具有一定的缺点。在本例中，通过温度芯片 DS18B20 进行温度数据采集，使用单片机 AT89C51 进行数据处理，通过三位数码管采用串行方式显示，被检测的温度范围是 0～99.9℃，检测精度为±0.5℃。利用此原理所设计的数字温度计广泛应用在人们的工作、科研、生活中。本例设计的数字温度计与传统的温度计相比，具有测温准确、读数方便等优点。

13.2 硬件设计

本系统设计中采用 AT89C51 单片机作为系统的控制中心，采用集成的温度芯片 DS18B20 测量环境温度，采用数码管串行静态显示方式显示所测得的温度值，利用 74HC595 对数码管进行驱动。按照系统设计功能的要求，系统整体包含 3 个模块：主控制器、测温电路和显示电路。数字温度计的总体结构框图如图 13-1 所示。

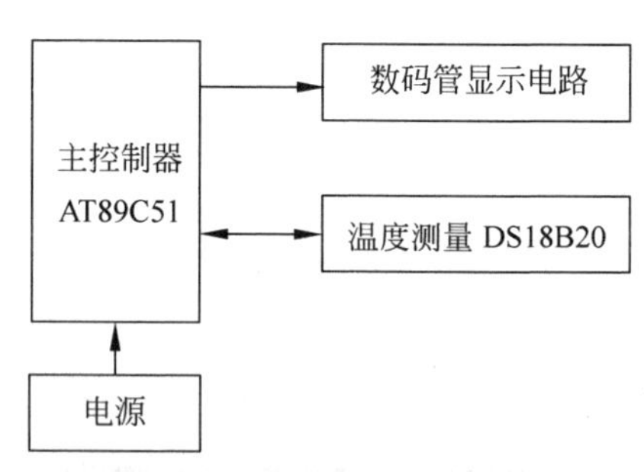

图 13-1　数字温度计总体结构框图

13.2.1 温度芯片 DS18B20 简介

DS18B20 是美国 DALLAS 公司继 DS1820 之后推出的增强型单总线数字温度传感器，它在测温精度、转换时间、传输距离、分辨率等方面较 DS1820 有了很大的改进，这使用户使用起来更加方便。DS18B20 特点如下：

(1) 独特的单线接口方式，DS18B20 在与微处理器连接时仅需要一条口线即可实现微处理器与 DS18B20 的双向通信。

(2) 由总线提供电源，也可用数据线供电，电压范围为 3.0～5.5V。

(3) 测温范围为−55～125℃。在−10～85 ℃时，精度为 0.5℃。

(4) 可编程的分辨率为 9～12 位，对应的分辨率为 0.5～0.0625℃。

(5) 用户可定义报警设置。

(6) 12 位分辨率时最多在 750ms 内把温度值转换为数字量。

(7) 每个芯片都有唯一编码，多个 DS18B20 芯片可以并联在一根总线上，故可实现多点测温。

DS18B20 的测温原理为：内部计数器对一个受温度影响的振荡器的脉冲计数，低温时振荡器的脉冲可以通过门电路，而当到达某一设置高温时，振荡器的脉冲无法通过门电路。计数器设置为−55℃时的值，如果计数器到达 0 之前门电路未关闭，则温度寄存器的值将增加，这表示当前温度高于−55℃。同时，计数器复位在当前温度值上，电路对振荡器的温度系数进行补偿，计数器重新开始计数直到回零。如果门电路仍然未关闭，则重复以上过程。温度转换所需时间不超过 750ms，得到的温度值的位数因分辨率不同而不同。DS18B20 与 AT89C51 单片机的接口电路如图 13-2 所示。这种接口方式只需占用单片机一根口线，与智能仪器或智能测控系统中的其他单片机或 DSP 的接口也可采用类似的方式。

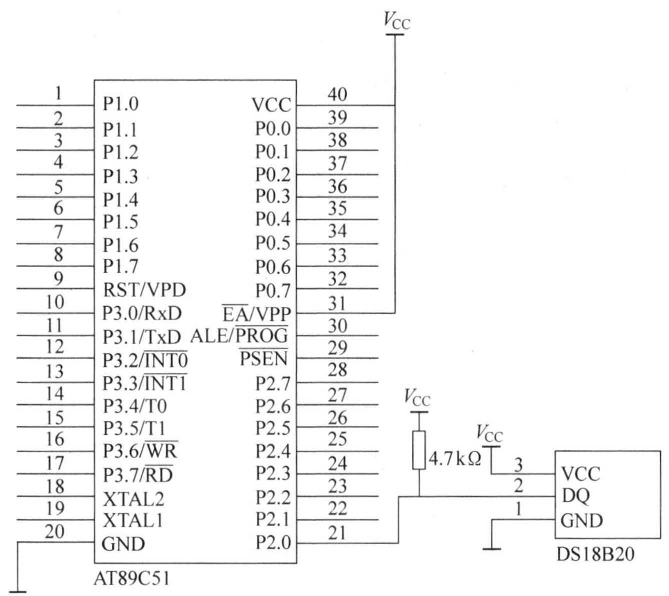

图 13-2 DS18B20 与单片机的接口电路

根据 DS18B20 的通信协议，用主 CPU 控制 DS18B20 以完成温度转换必须经过 3 个步骤：每一次读写之前都要对 DS18B20 进行复位，复位成功后发送一条 ROM 指令，最后发送 RAM 指令，这样才能对 DS18B20 进行预定的操作。每一步操作必须严格按照时序规定进行。DS18B20 的工作时序包括初始化时序、写时序和读时序。

(1) DS18B20 的复位时序。

主机控制 DS18B20 完成温度转换时，在每一次读写之前，都要对 DS18B20 进行复位，而且该复位要求主 CPU 要将数据线下拉约 500μs，然后释放。DS18B20 收到信号后将等待 16～60μs，之后再发出 60～240μs 的低脉冲，主 CPU 收到此信号即表示复位成功。

(2) DS18B20 的读时序。

对于 DS18B20 的读时序分为读 0 时序和读 1 时序两个过程。DS18B20 的读时序是从主CPU把单总线拉低之后，在15μs之内就得释放单总线，从而让DS18B20把数据传输到单总线上。DS18B20完成一个读时序过程至少需要60μs。

(3) DS18B20的写时序。

对于DS18B20的写时序仍然分为写0时序和写1时序两个过程。DS18B20写0时序和写1时序的要求不同。写0时序时，单总线要被拉低至少60μs，保证DS18B20能够在15～45μs之间正确地采样I/O总线上的0电平；当要写1时序时，单总线被拉低之后，在15μs之内就得释放单总线。

13.2.2 一线式总线的概念

一线式总线，又称单总线，采用一条信号线，既传输时钟信号，又传输数据，并且数据的传输是双向的。具有线路简单，节省I/O口线资源，成本低廉，便于总线扩展和维护等优点。

一线式总线适用于单主机系统，能够控制一个或多个从机设备。主机可以是微控制器，从机可以是单总线器件，它们之间的数据交换只通过一条信号线。当只有一个从机设备时，系统可按单节点系统操作；当有多个从机设备时，系统则按多节点系统操作。

在一线式总线系统中，设备（主机或从机）通过一个漏极开路或三态端口连接至该数据线，这样允许设备在不发送数据时释放数据总线，以便总线被其他设备使用。单总线端口为漏极开路，其内部等效电路如图13-3所示。单总线要求外接一个约5kΩ的上拉电阻，这样，单总线的闲置状态为高电平。不管什么原因，如果传输过程需要暂时挂起，并且要求传输过程还能够继续的话，则总线必须处于空闲状态。位传输之间的恢复时间没有限制，只要总线在恢复期间处于空闲状态（高电平）。如果总线保持低电平超过480μs，总线上的所有器件将复位。

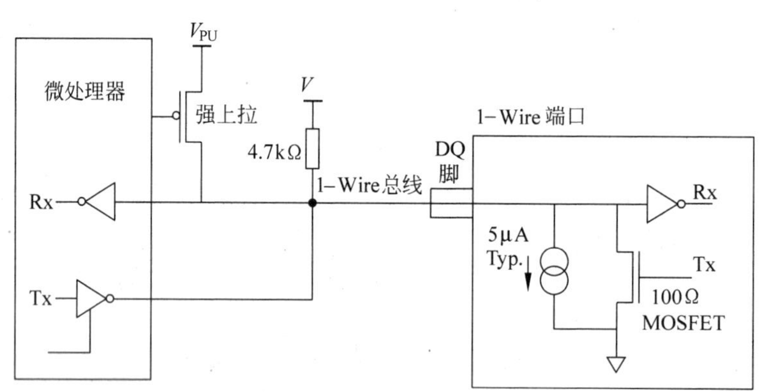

图13-3 内部等效电路

Rx—接收；Tx—发送

13.2.3 总体电路原理图

本实例中采用AT89C51作为微控制器，以DS18B20作为温度芯片，DS18B20与AT89C51之间采用单总线连接，实现一个温度检测系统。该系统采用3个数码管串行显示，其中数码管DS1用于显示温度的十位数据，数码管DS2用于显示温度的个位数据，数码管DS3用于显示温度的小数位数据。利用74HC595芯片驱动数码管显示相应的数据。该系统的硬件总体电路如图13-4所示。

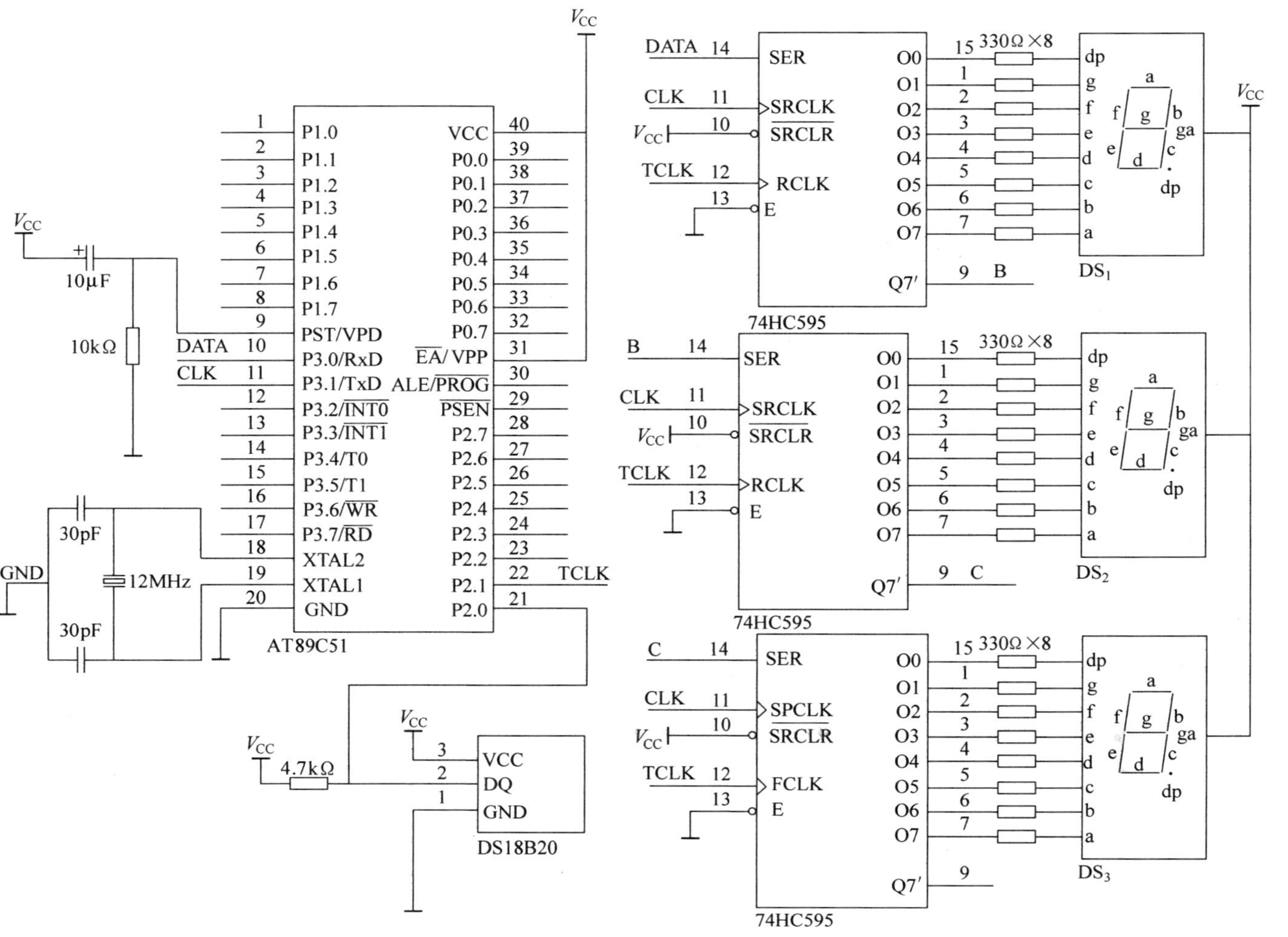

图 13-4　数字温度计总体结构框图

13.3 软件设计

13.3.1 DS18B20子程序流程图

DS18B20温度采集子程序流程图如图13-5所示。

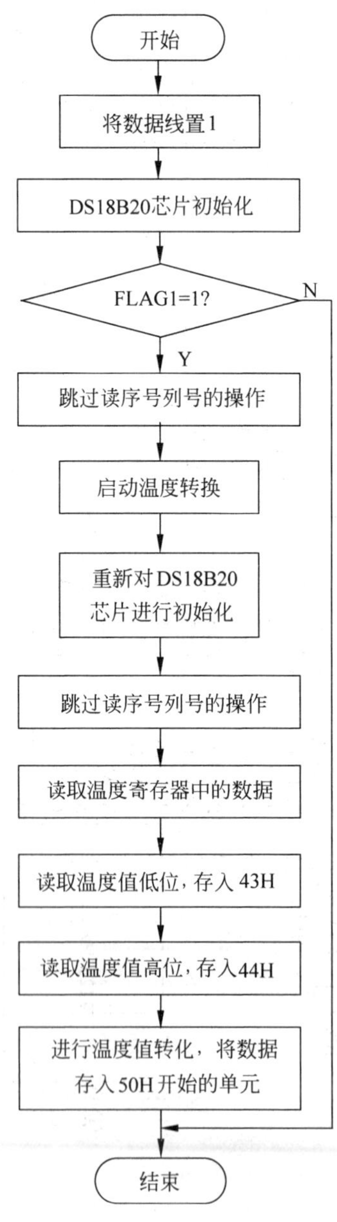

图13-5 温度采集子程序流程图

13.3.2 DS18B20 子程序代码

```
;DS18B20 初始化函数
INIT_DS18B20:  SETB    DQ              ;将 DQ 置 1
               NOP
               CLR     DQ              ;主机发出延时复位低脉冲
               MOV     R1,#3
INITS0:        MOV     R0,#06BH        ;延时
INITS1:        DJNZ    R0,INITS1
               DJNZ    R1,INITS0
               SETB    DQ
               NOP
               NOP
               NOP
               MOV     R0,#25H
INITS2:        JNB     DQ,INITS3       ;等待 DS18B20 回应
               DJNZ    R0,INITS2
               LJMP    INITS4
INITS3:        SETB    FLAG1           ;置标志位,表示 DS18B20 存在
               LJMP    INITS5
INITS4:        CLR     FLAG1           ;清标志位,表示 DS18B20 不存在
               LJMP    INITS7
INITS5:        MOV     R0,#6BH
INITS6:        DJNZ    R0,INITS6       ;延时
INITS7:        SETB    DQ
               RET
;DS18B20 读一个字节
READ_DS18B20:  MOV     R0,#08H
               MOV     A,#00H
RRS1:          CLR     C               ;清进位标志位
               SETB    DQ              ;将 DQ 置 1
               NOP
               NOP
               CLR     DQ              ;将单总线 DQ 拉低
               NOP
               NOP
               NOP
               SETB    DQ              ;将 DQ 重新置位
               MOV     R3,#7
RRRS1:         DJNZ    R3,RRRS1        ;延时
               MOV     C,DQ            ;将数据线上的数据传到进位标志位中
               MOV     R3,#23
RRS2:          DJNZ    R3,RRS2         ;延时
               RRC     A               ;循环右移一位
               DJNZ    R0,RRS1         ;判断是否读取完一个字节
               RET
;DS18B20 写一个字节
WRITE_DS18B20: MOV     R0,#08H
               CLR     C
```

```
WS1:        CLR     DQ
            MOV     R1, #6
WS2:        DJNZ    R1,WS2          ;延时
            RRC     A               ;循环右移一位
            MOV     DQ,C
            MOV     R1, #23
WS3:        DJNZ    R1,WS3          ;延时
            SETB    DQ              ;给脉冲信号
            NOP
            DJNZ    R0,WS1          ;判断是否写完一个字节
            SETB    DQ
            RET
;读取 DS18B20 当前温度
READTEMP:   SETB    DQ
            LCALL   INIT_DS18B20    ;DS18B20 芯片初始化
            JB      FLAG1,RDS1      ;判断是否初始化成功
            RET
RDS1:       MOV     A, #0CCH        ;跳过读序号列号的操作
            LCALL   WRITE_DS18B20
            MOV     A, #44H         ;启动温度转换
            LCALL   WRITE_DS18B20
            LCALL   INIT_DS18B20    ;重新对 DS18B20 芯片初始化
RDS2:       MOV     A, #0CCH        ;跳过读序号列号的操作
            LCALL   WRITE_DS18B20
            MOV     A, #0BEH        ;读取温度寄存器中的数据,前两个数据就是所要的温度
            LCALL   WRITE_DS18B20
            LCALL   READ_DS18B20    ;读取温度值低位
            MOV     43H,A
            LCALL   READ_DS18B20    ;读取温度值高位
            MOV     44H,A
            MOV     A,44H
            ANL     A, #0FH         ;取高 8 位中后 4 位数的值
            SWAP    A
            MOV     TEMP_INT,A
            MOV     A,43H
            ANL     A, #0F0H
            SWAP    A
            ADD     A,TEMP_INT      ;低 8 位的高 4 位值加上高 8 位的后 4 位数的值是温度整数值
            MOV     B, #10          ;将温度值的整数位转换成十进制数据
            DIV     AB
            MOV     52H,A           ;将十位存入 52H 单元
            MOV     51H,B           ;将个位存入 51H 单元
            MOV     A,43H
            ANL     A, #0FH         ;小数数据
            MOV     B, #5           ;将小数的值×0.0625×10,为了避免小数计算所以将小数
                                    ;的值×5/8
            MUL     AB
            MOV     B, #8
            DIV     AB
            MOV     50H,A           ;将小数位存入 50H 单元
            RET
```

13.3.3 数码管串行方式显示子程序流程图

数码管串行方式显示子程序流程图如图 13-6 所示。

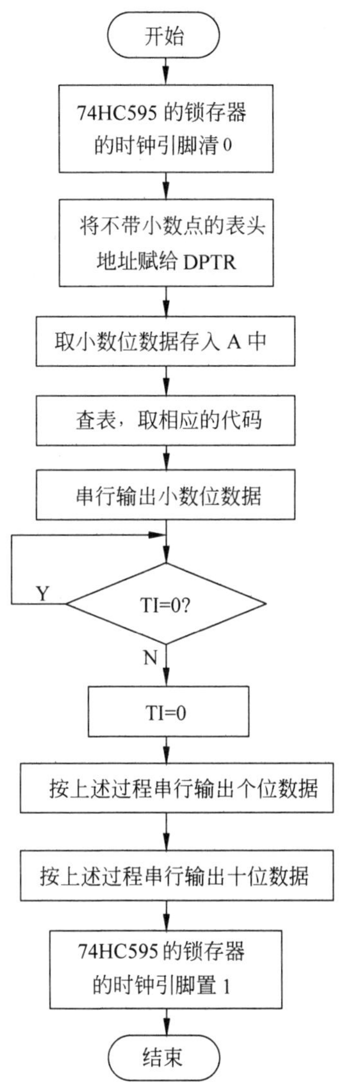

图 13-6 显示子程序流程图

13.3.4 数码管串行方式显示子程序代码

```
;显示子程序
DISPLAY:
        CLR     TCLK                    ;将锁存器的时钟引脚清 0
        MOV     DPTR, #TABLE
```

```
        MOV     A,50H               ;取小数位数据
        MOVC    A,@A+DPTR           ;查表,取对应的段码值
        MOV     SBUF,A              ;串行输出
DA1:    JNB     TI,DA1              ;发送完了吗
        CLR     TI                  ;复位发送结束标志
        MOV     DPTR,#TABLE1
        MOV     A,51H               ;取个位数据
        MOVC    A,@A+DPTR           ;查表,取对应的段码值
        MOV     SBUF,A              ;串行输出
DA2:    JNB     TI,DA2              ;发送完了吗
        CLR     TI                  ;复位发送结束标志
        MOV     DPTR,#TABLE
        MOV     A,52H               ;取十位数据
        MOVC    A,@A+DPTR           ;查表,取对应的段码值
        MOV     SBUF,A              ;串行输出
DA3:    JNB     TI,DA3              ;发送完了吗
        CLR     TI                  ;复位发送结束标志
        SETB    TCLK                ;将锁存器的时钟引脚置1
        RET
TABLE:  DB 0C0H,0F9H,0A4H,0B0H,99H,92H,82H,0F8H,80H,90H
;0~9数码管显示段码值,共阳极
TABLE1: DB 40H,79H,24H,30H,19H,12H,02H,78H,00H,10H
;带小数点的0~9数码管显示段码值,共阳极
```

13.3.5 主程序流程图

主程序流程图如图13-7所示。

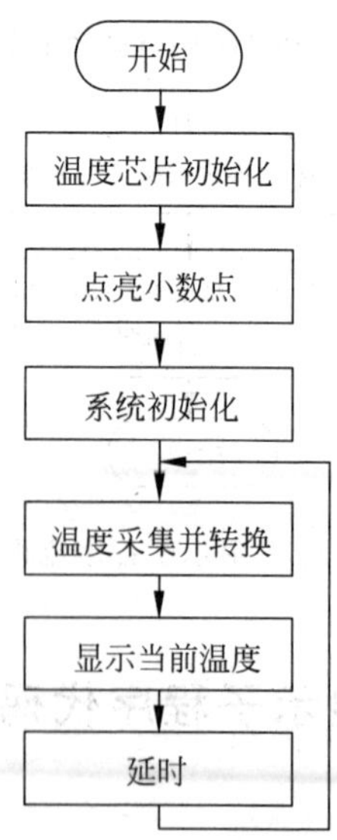

图13-7 主程序流程图

13.3.6 整体源程序代码

```
DQ          BIT     P2.0             ;DS18B20 的数据端
TCLK        BIT     P2.1             ;74HC595 芯片的传输使能引脚
TEMP_INT    EQU     40H              ;温度值整数单元
TEMP_FL     EQU     41H              ;温度值小数单元
FLAG1       EQU     01H              ;是否检测到 DS18B20 的标志位
            ORG     0000H
            LJMP    MAIN
            ORG     0060H
MAIN:       LCALL   INIT_DS18B20     ;初始化温度芯片
            NOP
            NOP
            MOV     SCON,#18H        ;选择串行工作方式 0
            MOV     PCON,#00H        ;SMOD 位为 0
            SETB    EA               ;开中断
            CLR     ES
WH:         LCALL   READTEMP         ;开启温度采集并转换程序
            LCALL   DISPLAY          ;调用显示函数
            MOV     R3,#0BH
DDDS:       LCALL   DELAYMS          ;延时
            DJNZ    R3,DDDS
            LJMP    WH
DISPLAY:
            CLR     TCLK             ;将锁存器的时钟引脚清 0
            MOV     DPTR,#TABLE
            MOV     A,50H            ;取小数位数据
            MOVC    A,@A+DPTR        ;查表,取对应的段码值
            MOV     SBUF,A           ;串行输出
DA1:        JNB     TI,DA1           ;发送完了吗
            CLR     TI               ;复位发送结束标志
            MOV     DPTR,#TABLE1
            MOV     A,51H            ;取个位数据
            MOVC    A,@A+DPTR        ;查表,取对应的段码值
            MOV     SBUF,A           ;串行输出
DA2:        JNB     TI,DA2           ;发送完了吗
            CLR     TI               ;复位发送结束标志
            MOV     DPTR,#TABLE
            MOV     A,52H            ;取十位数据
            MOVC    A,@A+DPTR        ;查表,取对应的段码值
            MOV     SBUF,A           ;串行输出
DA3:        JNB     TI,DA3           ;发送完了吗
            CLR     TI               ;复位发送结束标志
            SETB    TCLK             ;将锁存器的时钟引脚置 1
            RET
TABLE:      DB 0C0H,0F9H,0A4H,0B0H,99H,92H,82H,0F8H,80H,90H
;0～9 数码管显示段码值,共阳极
TABLE1:     DB 40H,79H,24H,30H,19H,12H,02H,78H,00H,10H
;带小数点的 0～9 数码管显示段码值,共阳极
;显示延时子程序
DELAYMS:    PUSH    PSW
            MOV     R7,#0FFH         ;显示延时
```

```
DEL1:           MOV     R6,#248
DEL2:           DJNZ    R6,DEL2
                DJNZ    R7,DEL1
                POP     PSW
                RET
;DS18B20 初始化函数
INIT_DS18B20:   SETB    DQ                      ;将 DQ 置 1
                NOP
                CLR     DQ                      ;主机发出延时复位低脉冲
                MOV     R1,#3
INITS0:         MOV     R0,#06BH                ;延时
INITS1:         DJNZ    R0,INITS1
                DJNZ    R1,INITS0
                SETB    DQ
                NOP
                NOP
                NOP
                MOV     R0,#25H
INITS2:         JNB     DQ,INITS3               ;等待 DS18B20 回应
                DJNZ    R0,INITS2
                LJMP    INITS4
INITS3:         SETB    FLAG1                   ;置标志位,表示 DS18B20 存在
                LJMP    INITS5
INITS4:         CLR     FLAG1                   ;清标志位,表示 DS18B20 不存在
                LJMP    INITS7
INITS5:         MOV     R0,#6BH
INITS6:         DJNZ    R0,INITS6               ;延时
INITS7:         SETB    DQ
                RET
;DS18B20 读一个字节
READ_DS18B20:   MOV     R0,#08H
                MOV     A,#00H
RRS1:           CLR     C                       ;清进位标志位
                SETB    DQ                      ;将 DQ 置 1
                NOP
                NOP
                CLR     DQ                      ;将单总线 DQ 拉低
                NOP
                NOP
                NOP
                SETB    DQ                      ;将 DQ 重新置位
                MOV     R3,#7
RRRS1:          DJNZ    R3,RRRS1                ;延时
                MOV     C,DQ                    ;将数据线上的数据传到进位标志位中
                MOV     R3,#23
RRS2:           DJNZ    R3,RRS2                 ;延时
                RRC     A                       ;循环右移一位
                DJNZ    R0,RRS1                 ;判断是否读取完一个字节
                RET
;DS18B20 写一个字节
WRITE_DS18B20:  MOV     R0,#08H
                CLR     C
WS1:            CLR     DQ
                MOV     R1,#6
```

```
WS2:        DJNZ    R1,WS2          ;延时
            RRC     A               ;循环右移一位
            MOV     DQ,C
            MOV     R1,#23
WS3:        DJNZ    R1,WS3          ;延时
            SETB    DQ              ;给脉冲信号
            NOP
            DJNZ    R0,WS1          ;判断是否写完一个字节
            SETB    DQ
            RET
;读取 DS18B20 当前温度
READTEMP:   SETB    DQ
            LCALL   INIT_DS18B20    ;DS18B20 芯片初始化
            JB      FLAG1,RDS1      ;判断是否初始化成功
            RET
RDS1:       MOV     A,#0CCH         ;跳过读序号列号的操作
            LCALL   WRITE_DS18B20
            MOV     A,#44H          ;启动温度转换
            LCALL   WRITE_DS18B20
            LCALL   INIT_DS18B20    ;重新对 DS18B20 芯片初始化
RDS2:       MOV     A,#0CCH         ;跳过读序号列号的操作
            LCALL   WRITE_DS18B20
            MOV     A,#0BEH         ;读取温度寄存器中的数据,前两个数据就是所
                                    ;要的温度
            LCALL   WRITE_DS18B20
            LCALL   READ_DS18B20    ;读取温度值低位
            MOV     43H,A
            LCALL   READ_DS18B20    ;读取温度值高位
            MOV     44H,A
            MOV     A,44H
            ANL     A,#0FH          ;取高 8 位中后 4 位数的值
            SWAP    A
            MOV     TEMP_INT,A
            MOV     A,43H
            ANL     A,#0F0H
            SWAP    A
            ADD     A,TEMP_INT      ;低 8 位的高 4 位值加上高 8 位的后 4 位数的值
                                    ;是温度整数值
            MOV     B,#10           ;将温度值的整数位转换成十进制数据
            DIV     AB
            MOV     52H,A           ;将十位存入 52H 单元
            MOV     51H,B           ;将个位存入 51H 单元
            MOV     A,43H
            ANL     A,#0FH          ;小数数据
            MOV     B,#5            ;将小数的值×0.0625×10,为了避免小数计算
                                    ;所以将小数的值×5/8
            MUL     AB
            MOV     B,#8
            DIV     AB
            MOV     50H,A           ;将小数位存入 50H 单元
            RET
            END
```

第 14 章

小型直流电动机驱动设计实例

通过本章的学习，了解直流电动机和电动机驱动芯片的特点以及两者之间的连接方式，了解续流二极管的作用，深入了解光耦隔离的特点及应用，掌握定时器实现 PWM 技术的方法以及如何利用 PWM 技术对电动机转速进行控制，进一步熟悉单片机定时器的应用。

14.1 设计要求

直流电动机在交通、机械、纺织、航空等领域已经得到广泛的应用。而以往直流电动机的控制只是简单的控制，很难进行调速，不能实现智能化。如今，直流电动机的调速已经离不开单片机的控制。本例利用 AT89C51 单片机与双 H 桥专用电动机驱动芯片通信，驱动小型直流电动机正反转，控制转速增减。通过本例的学习，可以了解采用定时器实现 PWM 技术的方法，掌握采用驱动芯片驱动直流电动机的原理和实现方法。

14.2 硬件设计

输出或输入为直流电能的旋转电机，称为直流电机，它是能实现直流电能和机械能互相转换的电机。当它作电动机运行时是直流电动机，将电能转换为机械能。利用 AT89C51 单片机与双 H 桥专用电机驱动芯片通信，驱动小型直流电机，实现按键控制电机的转速，控制电机正转、反转的功能。

利用双 H 桥驱动芯片 L298N 可以驱动两个直流电动机，并可以对电动机进行正转、反转控制和转速控制。直流电动机的转速控制主要是通过对电动机中流过的电流大小进行控制来实现的，而控制电动机电流的最简单的方法是利用 PWM 技术。

脉冲宽度调制(pulse width modulation，PWM)，简称脉宽调制，是利用微处理器的数字输出来对模拟电路进行控制的一种非常有效的技术，广泛应用在从测量、通信到功率控制与变换的许多领域中。随着电子技术的发展，出现了多种 PWM 技术，其中包括相电压控制 PWM、脉宽 PWM 法、随机 PWM、SPWM 法、线电压控制 PWM 等。在直流电动机控制中采用的是脉宽 PWM 法，它是把每一脉冲宽度均相等的脉冲列作为 PWM 波形，通过改变脉冲列的周期可以调频，改变脉冲的宽度或占空比可以调压，采用适当控制方法即可使电压与频率协调变化。可以通过调整 PWM 的周期、PWM 的占空比而达到控制电流，进而达到对电动机转速进行控制的目的。

14.2.1　L298N 双 H 桥电动机驱动芯片

L298N 是 ST 公司生产的一种高电压、大电流电动机驱动芯片，其实物如图 14-1 所示。该芯片采用 15 脚封装，主要特点是工作电压高、输出电流大、额定功率高。L298N 内含两个 H 桥的高电压大电流全桥式驱动器，可以用来驱动直流电动机和步进电机、继电器线圈等感性负载；采用标准逻辑电平信号控制；具有两个使能控制端，在不受输入信号影响的情况下允许或禁止器件工作；有一个逻辑电源输入端，使内部逻辑电路部分在低电压下工作；可以外接检测电阻，将变化量反馈给控制电路。使用 L298N 芯片可以驱动一台两相步进电机或四相步进电机，也可以驱动两台直流电动机。

L298N 芯片包括两个桥路驱动器，每一个都有两个晶体管逻辑输入和晶体管使能输入控制器。由于 SGS 的离子灌输高电压高电流技术，使 L298N 可以处理有效功率达到 160W（46V，每桥 2A）。L298N 采用 15 脚的 Multiwatt15（垂直型）封装，其引脚图如图 14-2 所示，各引脚定义如表 14-1 所示。

图 14-1　L298N 芯片图

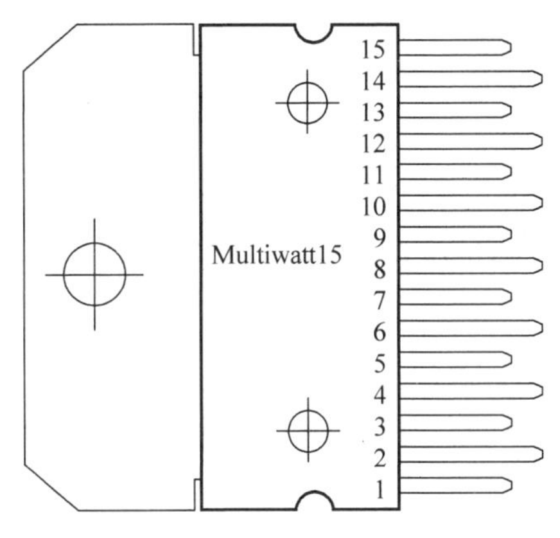

图 14-2　L298N 引脚图

表 14-1　L298N 引脚说明

编号	符号	引脚说明	编号	符号	引脚说明
1	ISENA	电流反馈 A	9	VSS	逻辑电源电压
2	OUT1	输出引脚 1	10	IN3	输入引脚 3
3	OUT2	输出引脚 2	11	ENB	使能引脚 B
4	VS	电源电压	12	IN4	输入引脚 4
5	IN1	输入引脚 1	13	OUT3	输出引脚 3
6	ENA	使能引脚 A	14	OUT4	输出引脚 4
7	IN2	输入引脚 2	15	ISENB	电流反馈 B
8	GND	地			

VSS 电压最小为 4.5V，最大可达 36V；VS 电压最大值也是 36V。但经过实验，VS 电压应该比 VSS 电压高，否则有时会出现失控现象。ISENA、ISENB 为电流反馈引脚，用于电动机的保护，串联 0.5Ω/2W 采样电阻接地。

当L298N控制电动机停止时，电动机由于惯性的作用并不能马上停下来，还会继续转动。这时电动机就相当于发电机，产生较高的反向电压，若没有渠道将它释放出来，它就自己找渠道反向放给驱动器芯片，于是L298N就会被瞬间烧坏。这样就需要增加续流二极管，接在L298N的输出端与电源（地）之间，用来释放反向电压，本例选用1N5822快速反应二极管。

14.2.2 L298N与单片机接口设计

L298N是恒压恒流双H桥集成电动机芯片，可同时控制两个电动机，这里只用到了其中的一路H桥来控制一个直流电动机。由于AT89C51没有专用PWM调制信号输出引脚，可以用单片机普通I/O口加定时器模拟PWM输出，L298N的ENA（第6引脚）与AT89C51的P0.0相连，用P0.0模拟PWM作为调制信号。L298N的IN1（第5引脚）和IN2（第7引脚）分别与AT89C51单片机的P0.1和P0.2引脚相连，作为电动机方向控制。电动机控制方向引脚如表14-2所示。

表14-2 L298N控制引脚使能逻辑关系

ENA(B)	IN1(IN3)	IN2(IN4)	电动机运行情况
H	H	L	正转
H	L	H	反转
H	同IN2(IN4)	同IN1(IN3)	快速停止
L	X	X	停止

由于L298N是大电流电动机驱动芯片，电动机的转动产生较大的电磁辐射，这些电磁辐射就会串进芯片引脚与地线之中。如果控制芯片与L298N直接相连，这些辐射就会对控制芯片产生干扰，造成单片机死机。这时就需要采用隔离措施对这些干扰进行屏蔽。这里选用TLP521-1光电耦合器隔离单片机与L298N。关于光电耦合器的介绍详见第8章。TLP521结构原理图见图14-3，其1、2两个引脚经限流电阻接单片机端，3、4引脚接上拉电阻用于控制L298N。

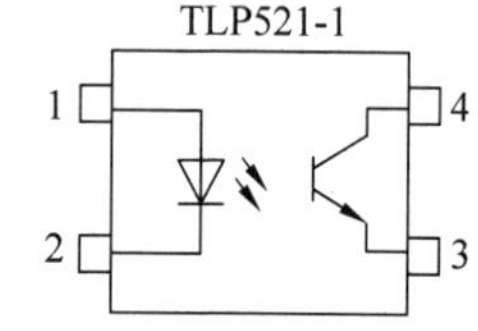

图14-3 TLP521的结构原理图

14.2.3 总体电路原理图

本实验系统电路硬件原理图如图14-4所示。

该电路中，采用7407芯片提高单片机的驱动能力；采用光耦合器进行隔离，就是防止电动机部分的电磁信号通过电源与地传播到控制部分对单片机部分产生干扰，这要求两方电源和地要完全隔离开。图中V_{CC}是单片机的电源，用的是+5V；而标注“+5V”的电源是另外一组+5V，是提供给L298N的逻辑电平，与前面的单片机的电源不是同一个。地也是同样道理。图中，按键KEY1和KEY2控制电机转向，按下KEY1电机正转，按下KEY2电机反转；按键KEY3和KEY4控制电机转速，按下KEY3电机转速增加，按下KEY4电机转速降低。

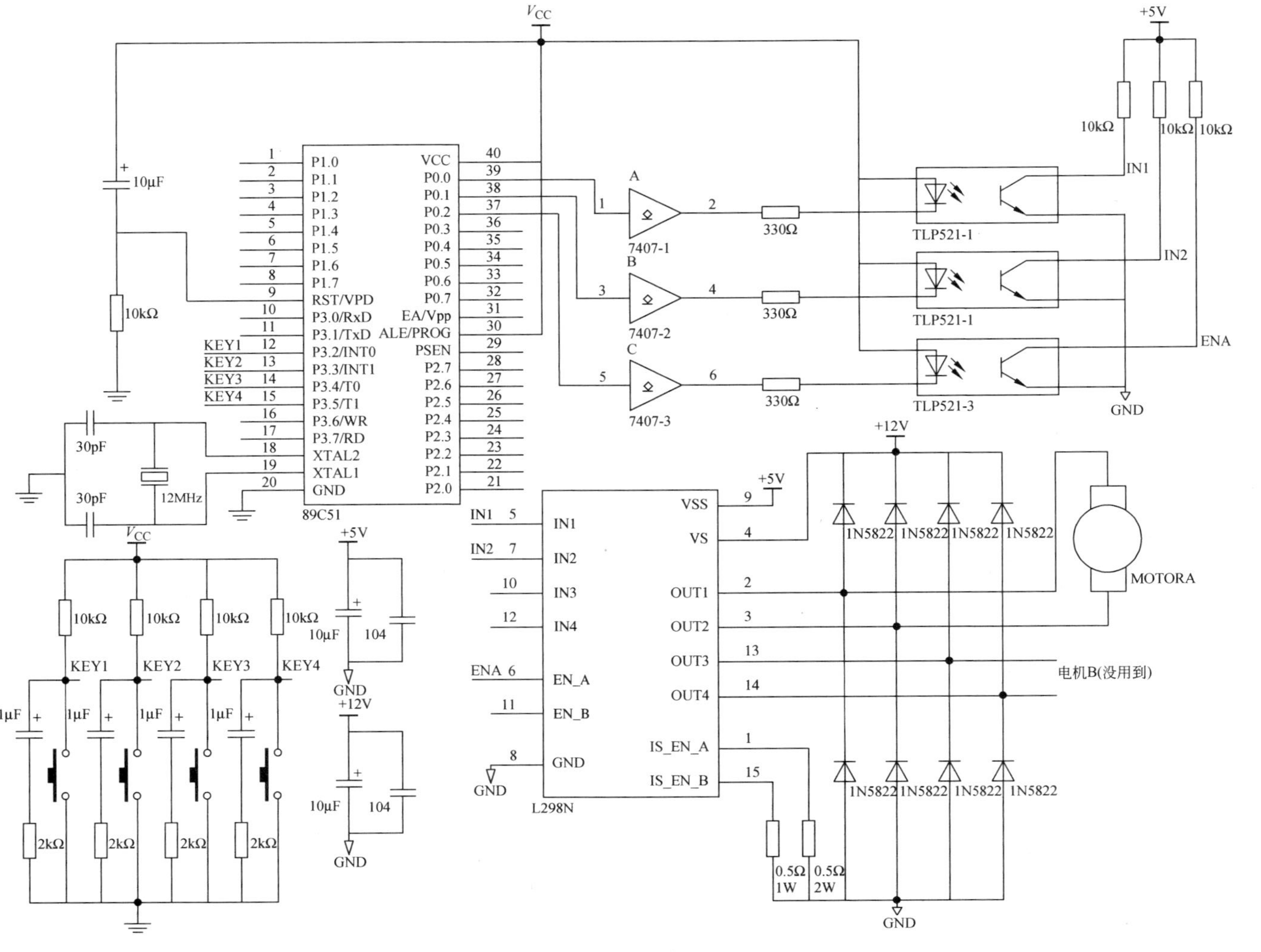
V_{CC}
+5V
10kΩ
10kΩ
10kΩ
IN1
IN2
ENA
GND
10μF
10kΩ
89C51
P1.0
P1.1
P1.2
P1.3
P1.4
P1.5
P1.6
P1.7
RST/VPD
P3.0/RxD
P3.1/TxD
P3.2/INT0
P3.3/INT1
P3.4/T0
P3.5/T1
P3.6/WR
P3.7/RD
XTAL2
XTAL1
GND
VCC
P0.0
P0.1
P0.2
P0.3
P0.4
P0.5
P0.6
P0.7
EA/Vpp
ALE/PROG
PSEN
P2.7
P2.6
P2.5
P2.4
P2.3
P2.2
P2.1
P2.0
KEY1
KEY2
KEY3
KEY4
30pF
30pF
12MHz
A
B
C
7407-1
7407-2
7407-3
330Ω
330Ω
330Ω
TLP521-1
TLP521-1
TLP521-3
+12V
+5V
L298N
IN1
IN2
IN3
IN4
EN_A
EN_B
GND
VSS
VS
OUT1
OUT2
OUT3
OUT4
IS_EN_A
IS_EN_B
IN1
IN2
ENA
1N5822
MOTORA
电机B(没用到)
0.5Ω 1W
0.5Ω 2W
1μF
2kΩ
104
图 14-4　系统电路原理

14.3 软件设计

本系统的软件设计包括以下模块：定时器产生 PWM 信号、独立按键扫描程序。系统使用独立按键控制电机的转速与正反转。

系统程序流程图如图 14-5 所示。

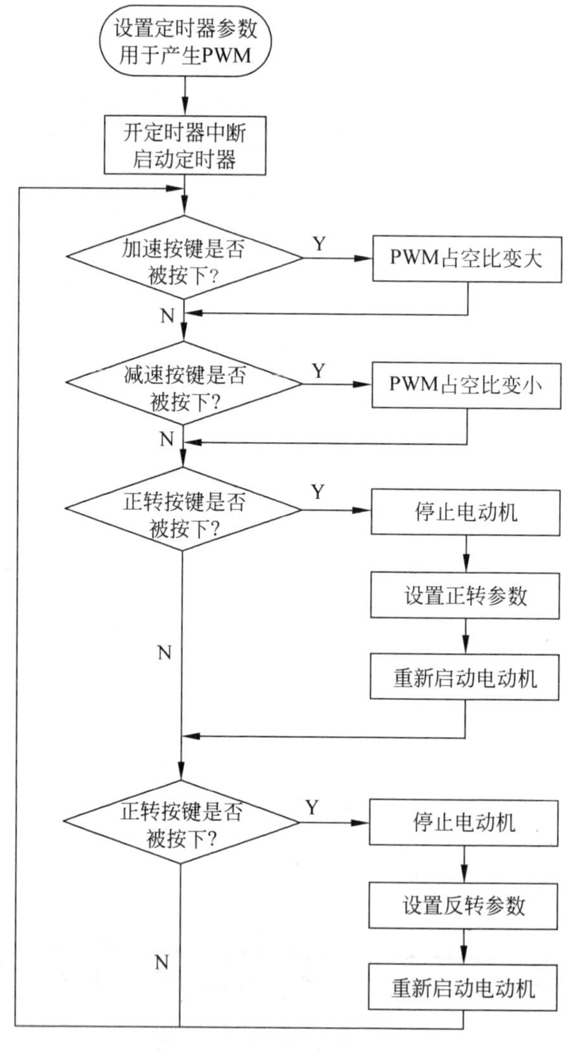

图 14-5 系统程序流程图

14.3.1 单片机产生脉宽调制信号

脉冲宽度调制是一种对模拟信号电平进行数字编码的方法。通过高分辨率计数器的使用，方波的占空比被调制用来对一个具体模拟信号的电平进行编码。PWM 信号仍然是数字的，因为在给定的任何时刻，满幅值的直流供电要么完全有(ON)，要么完全无(OFF)。电压或电流源是以一种通(ON)或断(OFF)的重复脉冲序列被加到模拟负载上去的。

AT89C51 单片机没有专门的 PWM 产生模块，但可以利用 AT89C51 单片机的定时器与 I/O 端口产生脉宽调制信号。PWM 信号包含两个参数：PWM 信号的频率和 PWM 信号的占空比。所以需要两个定时器，其中一个用于控制 PWM 信号的频率，另一个用于控制 PWM 信号的占空比。

下面介绍具体实现方法。本例中用到两个定时器：定时器 0 和定时器 1。定时器 0 用来控制 PWM 信号的频率，工作在模式 1 下；定时器 1 用来调节占空比，工作在模式 2 下。根据资料得知电动机工作的最佳频率为 15Hz 左右。初始化定时器 0 使其定时时间为 1ms。在定时器 0 的中断函数里开启定时器 1 同时置位 PWM 的输出引脚，在定时器 1 的中断函数里复位 PWM 的输出引脚。这样就可以得到 PWM 信号了，PWM 信号的频率等于定时器 0 的定时时间的倒数，占空比等于定时器 1 的定时时间除以定时器 0 的定时时间。当然也可以输出相反极性的 PWM 信号，只需改变 PWM 输出引脚在定时器中断函数里的置位与复位关系即可。

利用 AT89C51 单片机的定时器产生 PWM 信号的程序流程图如图 14-6 所示。

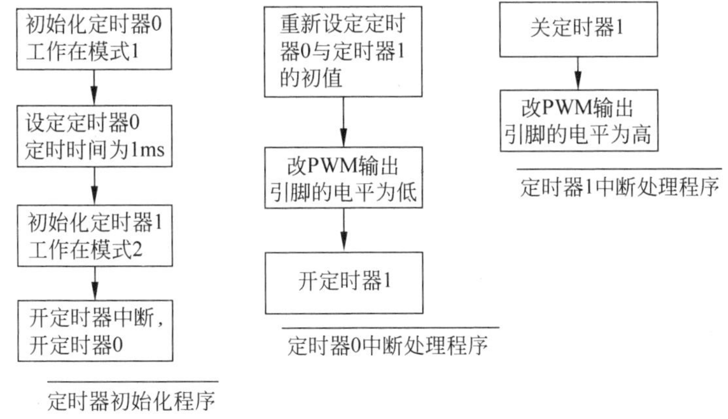

图 14-6　定时器产生 PWM 流程图

14.3.2　源程序代码

```
#include <reg52.h>
#include <intrins.h>

sbit CW  = P3^2;                //正转控制键
sbit CCW = P3^3;                //反转控制键
sbit UP  = P3^4;                //增加键
sbit DO  = P3^5;                //减少键

sbit MO1_A = P0^1;
sbit MO1_B = P0^2;
sbit MO1_E = P0^0;
```

```
unsigned char PWM = 0x01;          //赋 PWM 初值

void delayms(unsigned char ms);

void main(void)
{
    TMOD = 0x21;
    TH0 = 0xfc;                    //1ms 延时常数
    TL0 = 0x66;                    //频率调节
    TH1 = PWM;                     //脉宽调节
    TL1 = 0;
    EA = 1;                        //开总中断
    ET0 = 1;                       //开定时器中断
    ET1 = 1;
    TR0 = 1;                       //开定时器

    while(1)
    {
    do
        {
            if(PWM!= 0xFE)         //若 PWM 没到上限,则增加 PWM 的值
            {
                PWM++;
                delayms(10);
            }
        }
    while(UP == 0);                //当转数增加键按下时

    do
        {
    if(PWM!= 0x01)                 //若 PWM 没到下限,则减小 PWM 的值
    {
                PWM--;
                delayms(10);
            }
        }
    while(DO == 0);                //当转数减少键按下时

        if(CW == 0)                //若正转按键按下
        {
            while(CW == 0);        //等待按键抬起

            TR1 = 0;  //复位定时器,因为不能在电机转动甚至是较高速度转动时改变转动方向
            TH0 = 0xfc;
TL0 = 0x66;                        //1ms 延时常数

            MO1_E = 0;             //改变转动方向
    MO1_A = 0;
            MO1_B = 1;
            PWM = 0x01;
```

```
                TR1 = 1;
            }

        if(CCW == 0)
            {
                while(CCW == 0);

                TR1 = 0;
                TH0 = 0xfc;
            TL0 = 0x66;

                MO1_E = 0;
        MO1_A = 1;
                MO1_B = 0;
                PWM = 0x01;

                TR1 = 1;
            }
        }
}

/ *********************************** /
// 定时器 0 中断服务程序
/ *********************************** /
void timer0() interrupt 1
{
    TR1 = 0;
    TH0 = 0xfc;
    TL0 = 0x66;
    TH1 = PWM;
    MO1_E = 0;
    TR1 = 1;
}

/ *********************************** /
// 定时器 1 中断服务程序
/ *********************************** /
void timer1() interrupt 3
{
    TR1 = 0;
    MO1_E = 1;
}

/ *********************************** /
// 延时子程序
/ *********************************** /
void delayms(unsigned char ms)
{
    unsigned char i;
    while(ms -- )
    {
        for(i = 0 ; i < 120 ; i++);
    }
}
```

第 15 章

步进电机驱动设计实例

通过本章的学习,对比上一章对直流电机的介绍,了解步进电机的特点与工作原理,掌握步进电机典型的工作方式,了解步进电机驱动芯片的特点和驱动原理。

15.1 设 计 要 求

步进电机是机电控制中一种常用的执行机构,在自动化仪表、自动控制、机器人、自动生产流水线等领域应用相当广泛。本例利用 AT89C51 单片机控制步进电机的细分驱动,实现整步/半步、正转/反转以及步进电机速度控制。另外配备四个按键,用一个控制整步/半步切换,用一个控制正转/反转切换,用两个按键控制步进电机的速度。通过本例的学习,可以掌握采用驱动芯片驱动步进电机的原理和实现方法。

15.2 硬 件 设 计

15.2.1 步进电机概述

步进电机是纯粹的数字控制电动机,它将电脉冲信号转变成角位移,即给一个脉冲步进电机就转一个角度,因此非常适合单片机控制。在非超载的情况下,电动机的转速、停止的位置只取决于脉冲信号的频率和脉冲数,而不受负载变化的影响。步进电机只有周期性的误差而无累积误差,精度高。

步进电机有如下特点:

(1) 步进电机的角位移与输入脉冲数严格成正比。因此,当它转一圈后,没有累积误差,具有良好的跟随性。

(2) 由步进电机与驱动电路组成的开环数控系统,既简单、廉价,又非常可靠。同时,它也可以与角度反馈环节组成高性能的闭环数控系统。

(3) 步进电机的动态响应快,易于启停、正反转及变速。

(4) 速度可在相当宽的范围内平稳调整,低速下仍能获得较大转矩,因此一般可以不用减速器而直接驱动负载。

(5) 步进电机通过脉冲电源供电才能运行,不能直接使用交流电源和直流电源。

(6) 步进电机存在振荡和失步现象,必须对控制系统和机械负载采取相应措施。

(7) 步进电机具有控制和机械结构简单的优点,使用灵活。

图 15-1 所示为四相六线制步进电机示意图。其中,A 相与 B 相为一组,C 相与 D 相为一组,中间引出抽头,从外表看引出了 6 根线。

(1) 结构。电机转子均匀分布着很多小齿,定子齿有 4 个励磁绕组,其几何轴线依次分别与转子齿轴线错开一定角度:0、(1/4)τ、(2/4)τ、(3/4)τ(相邻两转子齿轴线间的距离为齿距以 τ 表示),即 B 与齿 0 相对齐,C 与齿 1 向右错开(1/4)τ,D 与齿 2 向右错开(2/4)τ,A 与齿 3 向右错开(3/4)τ,B′与齿 3 相对齐,(B′就是 B,齿 3 就是齿 0)。

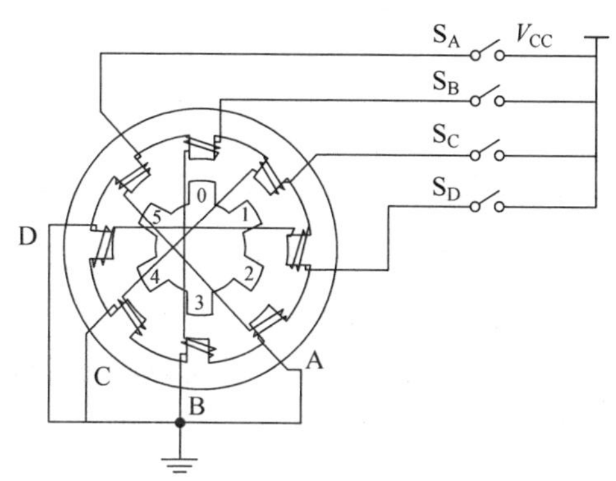

图 15-1 四相六线制步进电机示意图

(2) 旋转。如 B 相通电,C、D、A 相不通电时,由于磁场作用,齿 0 与 B 对齐,(转子不受任何力,以下均同)。如 C 相通电,A、B、D 相不通电时,齿 1 应与 C 对齐,此时转子逆时针移过(1/4)τ,此时齿 2 与 D 偏移为(1/4)τ,齿 3 与 A 偏移(2/4)τ。如 D 相通电,A、B、C 相不通电,齿 2 应与 D 对齐,此时转子又逆时针移过(1/4)τ,此时齿 3 与 A 偏移为(1/4)τ。如 A 相通电,B、C、D 相不通电,齿 3 与 A 对齐,转子又逆时针移过(1/4)τ,此时齿 1 与 B 偏移为(1/4)τ。如果不断地按 A→B→C→D→A…通电,电机就每步(每脉冲)(1/4)τ,向逆时针旋转。如按 D→C→B→A→D…通电,电机就反转。由此可见,电机的位置和速度由导电次数(脉冲数)和频率成一一对应关系,而方向由导电顺序决定。不过,出于对力矩、平稳、噪声及减小角度等方面考虑。往往采用 A→AB→B→BC→C→CD→D→DA 这种导电状态,这样将原来每步(1/4)τ 改变为(1/8)τ。甚至于通过二相电流不同的组合,使其(1/4)τ 变为(1/16)τ、(1/32)τ。这就是电机细分驱动的基本理论依据。不难推出,电机定子上有 m 相励磁绕组,其轴线分别与转子齿轴线偏移 $1/m$,$2/m\cdots(m-1)/m$,1。并且导电按一定的相序电机就能正反转被控制。

步进电机有两种工作方式:整步方式和半步方式。以步进角 1.8°四相混合式步进电机为例,在整步方式下,步进电机每接收一个脉冲,旋转 1.8°,旋转一周,需要 200 个脉冲。在半步方式下,步进电机每接收一个脉冲,旋转 0.9°,旋转一周,则需要 400 个脉冲。控制步进电机旋转必须按一定时序对步进电机引线输入脉冲。以上述四相六线制步进电动机为例,其半步工作方式和整步工作方式的控制时序如表 15-1 和表 15-2 所示。

表 15-1 四相步进电机半步时序

时序	A 相	B 相	C 相	D 相
1	0	0	0	1
2	0	0	1	1
3	0	0	1	0
4	0	1	1	0
5	0	1	0	0
6	1	1	0	0
7	1	0	0	0
8	1	0	0	1

表 15-2 四相步进电机整步时序

时序	A相	B相	C相	D相
1	0	0	0	1
2	0	0	1	0
3	0	1	0	0
4	1	0	0	0

步进电机在低频工作时会有振动大、噪声大的缺点。如果使用细分方式，就能很好地解决这个问题。步进电机的细分控制，从本质上讲是通过对步进电机励磁绕组中电流的控制，使步进电机内部的合成磁场成为均匀的圆形旋转磁场，从而实现步进电机步距角的细分。一般情况下，合成磁场矢量的幅值决定了步进电机旋转力矩的大小，相邻两合成磁场矢量之间的夹角大小决定了步距角的大小。步进电机半步工作方式就蕴含了细分的工作原理。

实现细分方式有多种方法，最常用的是脉宽调制式斩波驱动方式，大多数专用的步进电机驱动芯片都采用这种驱动方式，TA8435 就是其中一种芯片。

15.2.2 TA8435 步进电机专用驱动芯片

TA8435 是东芝公司生产的单片正弦细分二相步进电机驱动专用芯片，使用细分方式可以提高步进电机的控制精度，降低步进电机的振动和噪声。因此，在低频工作时，可以选用 1/4 细分或 1/8 细分模式，以降低系统的振动和噪声。当系统需要在高速工作时，细分模式就有可能达不到要求的速度，这时可以选用整步或半步方式。在速度较高时，在整步或半步工作模式下，步进电机运行稳定，振动小，噪声也小。TA8435 在细分、半步、整步几种工作模式之间的切换是相当容易的，使用 TA8435 控制步进电机具有价格低、控制简单、工作可靠的特点，所以具有很高的推广价值和广阔的应用前景。

TA8435 芯片具有以下特点：

(1) 工作电压范围宽(10～40V)；

(2) 输出电流可达 1.5A(平均)和 2.5A(峰值)；

(3) 具有整步、半步、1/4 细分、1/8 细分运行方式可供选择；

(4) 采用脉宽调制式斩波驱动方式；

(5) 具有正转/反转控制功能；

(6) 带有复位和使能引脚；

(7) 可选择使用单时钟输入或双时钟输入。

从图 15-2 中可以看出，TA8435 主要由一个解码器、两个桥式驱动电路、两个输出电流控制电路、两个最大电流限制电路及一个斩波器等功能模块组成。

15.2.3 TA8435 细分驱动原理

在图 15-3 中，第 1 个 CK 时钟周期时，解码器打开桥式驱动电路，电流从 V_{MA} 流经电动机的线圈后经 R_{NFA} 后与地构成回路，由于线圈电感的作用，电流是逐渐增大的，所以 R_{NFB} 上

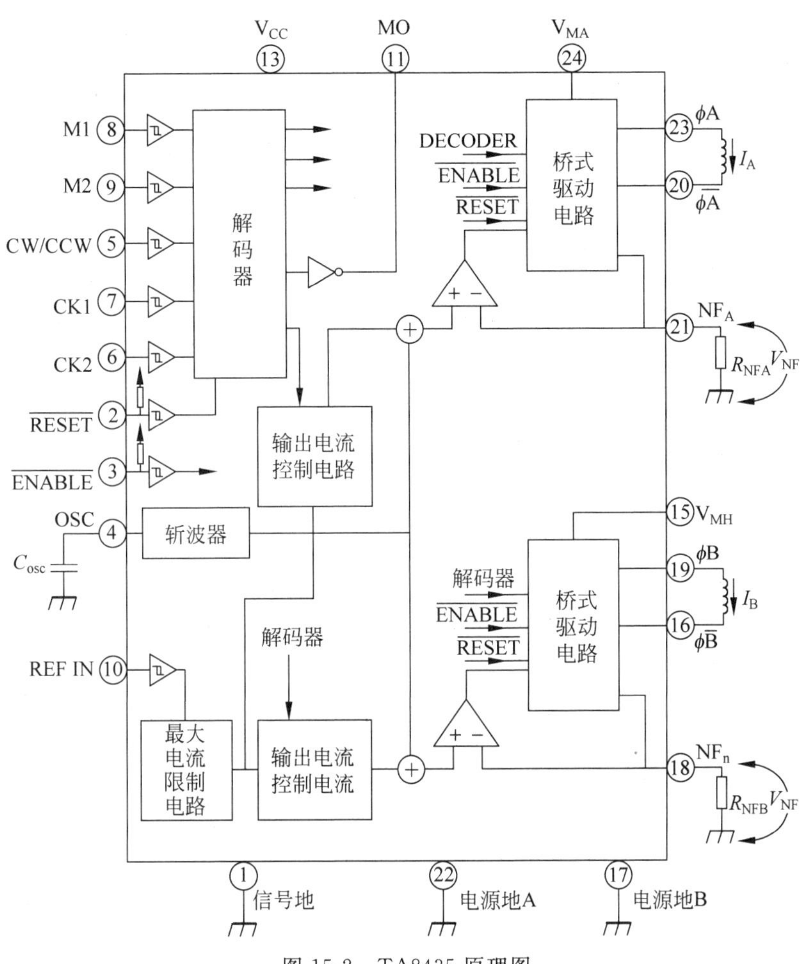

图 15-2　TA8435 原理图

的电压也随之上升。当 R_{NFB}上的电压大于比较器正端的电压时，比较器使桥式驱动电路关闭，电动机线圈上的电流开始衰减，R_{NFB}上的电压也相应减小；当电压值小于比较器正向电压时，桥式驱动电路又重新导通；如此循环，电流不断的上升和下降形成锯齿波，其波形见图 15-3 中 I_A 波形的第 1 段。另外由于斩波器频率很高，一般在几十千赫兹，其频率大小与所选用电容有关。在 OSC 作用下，电流锯齿波纹是非常小的，可以近似认为输出电流是直流。在第 2 个时钟周期开始时，输出电流控制电路输出电压 V_A 达到第 2 阶段，比较器正向电压也相应为第 2 阶段的电压，因此，流经步进电机线圈的电流从第 1 阶段也升至第 2 阶段。电流波形见图 15-3 中 I_A 波形的第 2 部分。第 3 时钟周期、第 4 时钟周期 TA8435 的工作原理与第 1、2 时钟周期是一样的，只是又升高比较器正向电压而已，输出电流波形见图 15-3 中I_A 波形的第 3、4 部分。如此最终形成阶梯电流，加在线圈 B 上的电流见图 15-3 中的 I_B。在 CK 一个时钟周期内，流经线圈 A 和线圈 B 的电流的共同作用下，步进电机运转一个细分步。

15.2.4　总体电路原理图

本实验系统电路原理如图 15-4 所示。

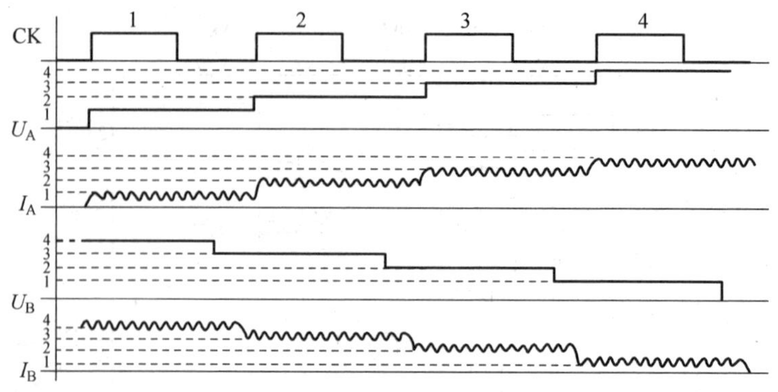

图 15-3　TA8435 细分驱动原理图

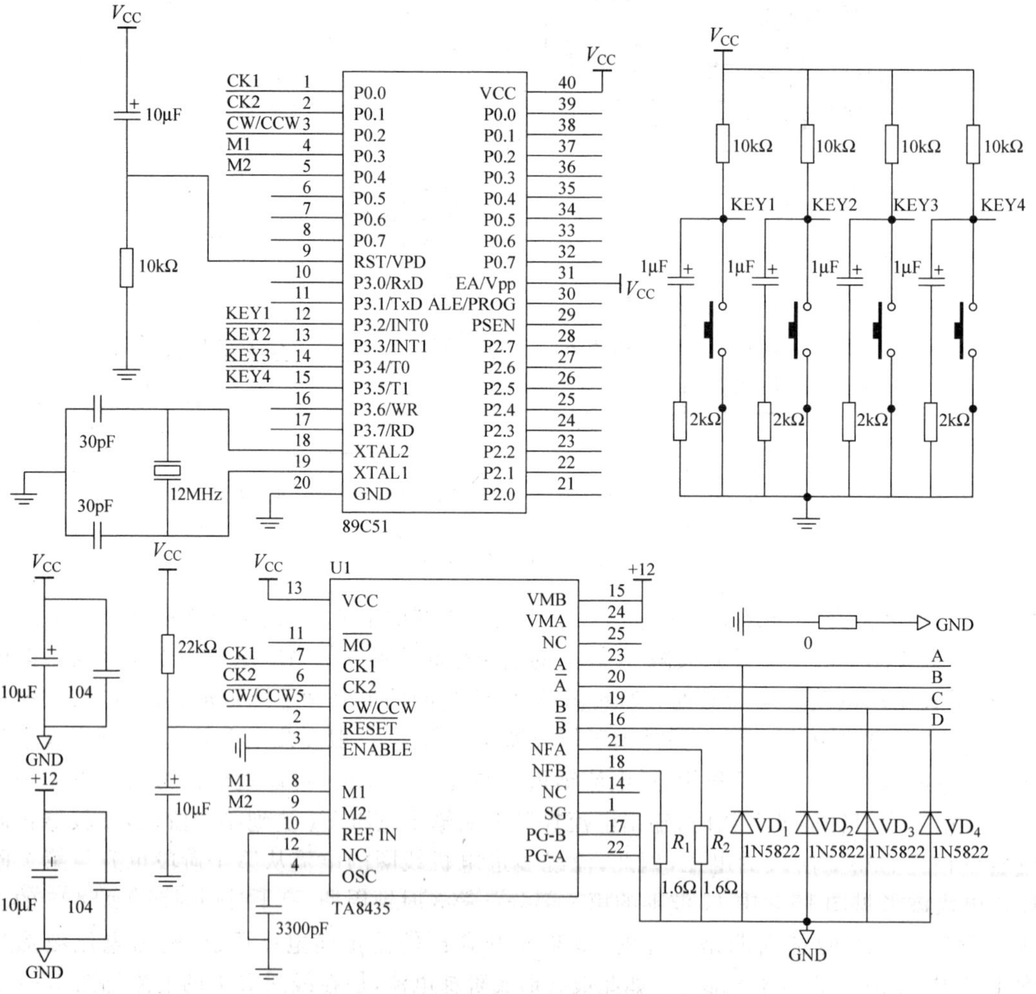

图 15-4　系统电路原理

引脚 M1 和 M2 决定电动机的转动方式：M1＝0、M2＝0，电动机按整步方式运转；M1＝1、M2＝0，电动机按半步方式运转；M1＝0、M2＝1，电动机按 1/4 细分方式运转；M1＝1、M2＝1，电动机按 1/8 步细分方式运转。CW/CWW 控制电动机转动方向，CK1、CK2 时钟输入的最大频率不能超过 5kHz，控制时钟的频率即可控制电动机转动速率。REF IN 为高电平时，NFA 和 NFB 的输出电压为 0.8V；REF IN 为低电平时，NFA 和 NFB

输出电压为 0.5V,这 2 个引脚控制步进电机输入电流,电流大小与 NFA 和 NFB 端外接电阻关系式为：$I_O = V_{ref}/R_{nf}$。设 REF IN＝1,选用步进电机额定电流为 0.4A,R_1、R_2 选用 1.6Ω/2W 的大功率电阻。步进电机按二相双极性使用,四相按二相使用时可以提高步进电机的输出转矩。VD_1～VD_4 快速恢复二极管,用来泄放绕组电流。采用 4 个按键控制电动机的转动：按键 KEY1 控制转动方向,每次按下后电机转动方向改变一次；按键 KEY2 控制电机转动模式,在整步和半步之间切换；按键 KEY3 为加速按键,按下之后电机转速增大；按键 KEY4 为减速按键,按下之后电机转速降低。

15.3 软件设计

15.3.1 程序流程图

系统程序流程图如图 15-5 所示。另外,在定时器中断内处理步进脉冲,只是翻转脉冲输出引脚。

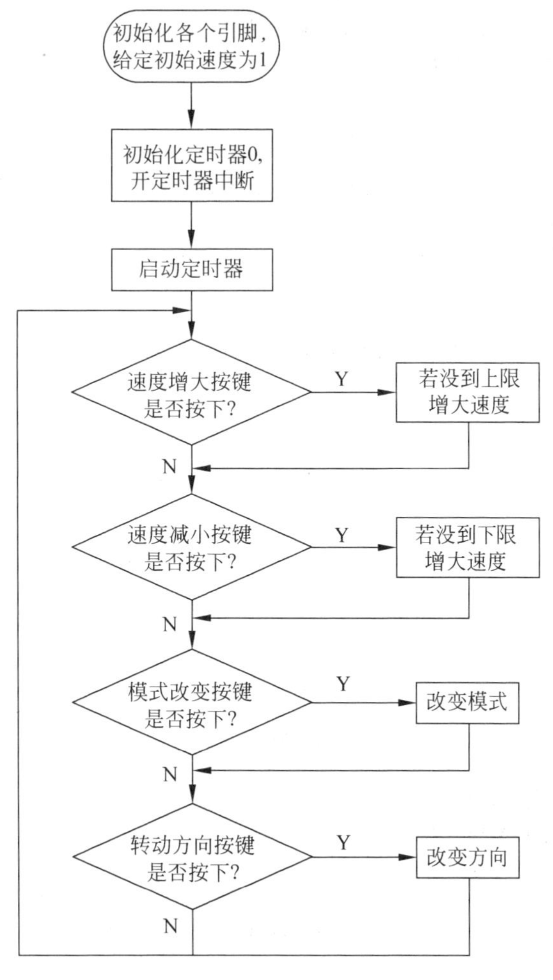

图 15-5 程序流程图

15.3.2 源程序代码

步进电机驱动的C语言源代码如下：

```
#include <reg52.h>
#include <intrins.h>

sbit PATH = P3^2;                    //方向选择按键
sbit MODE = P3^3;                    //模式选择按键
sbit UP   = P3^4;                    //加速按键
sbit DO   = P3^5;                    //减速按键

sbit CLK1   = P1^0;
sbit CLK2   = P1^1;
sbit CW_CCW = P1^2;
sbit M1   = P1^0;
sbit M2   = P1^1;

unsigned char speed = 0x01;          //设定初始速度
void delayms(unsigned char ms);

void main(void)
{
    M1 = 0;                          //模式设定初始化
    M2 = 0;
    CLK1 = 1;
    CW_CCW = 1;

TMOD = 0x21;                         //定时器设定
TH0 = speed;
TL0 = 0x00;

EA = 1;                              //开中断
ET0 = 1;
TR0 = 1;

    while(1)
{
    do
        {
if(speed!= 0xFF)                     //判断上限
{
                  speed++;           //速度增大
                  delayms(10);
              }
}
    while(UP == 0);                  //当增大按键被按下
    do
        {
```

```
if(speed!= 0x01)                    //判断下限
{
                speed -- ;          //速度减小
                delayms(10);
            }
}
    while(DO == 0);                 //当减小按键被按下

        if(MODE == 0)
        {
            while(MODE == 0);       //等待模式选择按键抬起
            M1 = !M1;               //模式改变
            speed = 0x01;           //速度复位
        }

    if(PATH == 0)
        {
            while(PATH == 0);       //等待转动方向按键抬起

            TR1 = 0;
            TH0 = 0x01;
        TL0 = 0x00;

            CW_CCW = !CW_CCW;

            TR1 = 1;
}
}
}

/ ************************************ /
//定时器 0 中断服务程序
/ ************************************ /
void timer0() interrupt 1
{
TR1 = 0;
TH0 = speed;
TL0 = 0x00;
CLK2 = !CLK2;                       //输出脉冲
TR1 = 1;
}

/ ************************************ /
// 延时子程序
/ ************************************ /
void delayms(unsigned char ms)
{
unsigned char i;
while(ms -- )
{
for(i = 0 ; i < 120 ; i++);
}
}
```

附录 A　ASCII 码字符表(常规字符集)

编码	字符	编码	字符	编码	字符	编码	字符
00H	NULL	20H	SPACE	40H	@	60H	`
01H	SOH	21H	!	41H	A	61H	a
02H	STX	22H	″	42H	B	62H	b
03H	ETX	23H	#	43H	C	63H	c
04H	EOT	24H	$	44H	D	64H	d
05H	ENQ	25H	%	45H	E	65H	e
06H	ACK	26H	&	46H	F	66H	f
07H	BEL	27H	’	47H	G	67H	g
08H	BS	28H	(	48H	H	68H	h
09H	TAB	29H	)	49H	I	69H	i
0AH	LF	2AH	*	4AH	J	6AH	j
0BH	VT	2BH	+	4BH	K	6BH	k
0CH	FF	2CH	,	4CH	L	6CH	l
0DH	CR	2DH	-	4DH	M	6DH	m
0EH	SO	2EH	.	4EH	N	6EH	n
0FH	SI	2FH	/	4FH	O	6FH	o
10H	DLE	30H	0	50H	P	70H	p
11H	DC1	31H	1	51H	Q	71H	q
12H	DC2	32H	2	52H	R	72H	r
13H	DC3	33H	3	53H	S	73H	s
14H	DC4	34H	4	54H	T	74H	t
15H	NAK	35H	5	55H	U	75H	u
16H	SYN	36H	6	56H	V	76H	v
17H	ETB	37H	7	57H	W	77H	w
18H	CAN	38H	8	58H	X	78H	x
19H	EM	39H	9	59H	Y	79H	y
1AH	SUB	3AH	:	5AH	Z	7AH	z
1BH	ESC	3BH	;	5BH	[	7BH	{
1CH	FS	3CH	<	5CH	\	7CH	|
1DH	GS	3DH	=	5DH	]	7DH	}
1EH	RS	3EH	>	5EH	^	7EH	~
1FH	US	3FH	?	5FH	_	7FH	DEL

注：SPACE=空格，LF=换行，FF=换页，CR=回车，DEL=删除，BEL=振铃。其他代号是一些特殊符号的代码，应用得比较少。

附录B　MCS-51系列单片机汇编指令表

表 B-1　数据传送指令

助记符	功能说明	字节数	机器周期
MOV A,Rn	A←(Rn)	1	1
MOV A,direct	A←(direct)	2	1
MOV A,@Ri	A←((Ri))	1	1
MOV A,#data	A←data	2	1
MOV Rn,A	Rn←(A)	1	1
MOV Rn,direct	Rn←(direct)	2	2
MOV Rn,#data	Rn←data	2	1
MOV direct,A	direct←(A)	2	1
MOV direct,Rn	direct←(Rn)	2	2
MOV direct2,direct1	direct2←(direct1)	3	2
MOV direct,@Ri	direct←((Ri))	2	2
MOV direct,#data	direct←data	3	2
MOV @Ri,A	(Ri)←(A)	1	1
MOV @Ri,direct	(Ri)←(direct)	2	2
MOV @Ri,#data	(Ri)←data	2	1
MOV DPTR,#data16	DPTR←data16	3	2
MOVC A,@A+DPTR	A←((A)+(DPTR))	1	2
MOVC A,@A+PC	PC←(PC)+1,A←((A)+(PC))	1	2
MOVX A,@Ri	A←((Ri))	1	2
MOVX A,@DPTR	A←((DPTR))	1	2
MOVX @Ri,A	(Ri)←(A)	1	2
MOVX @DPTR,A	(DPTR)←(A)	1	2
PUSH direct	SP←(SP)+1,(SP)←(direct)	2	2
POP direct	direct←(SP),SP←(SP)－1	2	2
XCH A,Rn	(A)与(Rn)交换	1	1
XCH A,direct	(A)与(direct)交换	2	1
XCH A,@Ri	(A)与((Ri))交换	1	1
XCHD A,@Ri	($A_{3\sim0}$)与(($Ri)_{3\sim0}$)交换	1	1
SWAP A	($A_{3\sim0}$)与($A_{7\sim4}$)交换	1	1

表 B-2　算术运算指令

助记符	功能说明	字节数	机器周期
ADD A,Rn	A←(A)+(Rn)	1	1
ADD A,direct	A←(A)+(direct)	2	1
ADD A,@Ri	A←(A)+((Ri))	1	1
ADD A,#data	A←(A)+data	2	1
ADDC A,Rn	A←(A)+(Rn)+(C)	1	1
ADDC A,direct	A←(A)+(direct)+(C)	2	1
ADDC A,@Ri	A←(A)+((Ri))+(C)	1	1
ADDC A,#data	A←(A)+data+(C)	2	1
SUBB A,Rn	A←(A)−(Rn)−(C)	1	1
SUBB A,direct	A←(A)−(direct)−(C)	2	1
SUBB A,@Ri	A←(A)−((Ri))−(C)	1	1
SUBB A,#data	A←(A)−data−(C)	2	1
INC A	A←(A)+1	1	1
INC Rn	Rn←(Rn)+1	1	1
INC direct	direct←(direct)+1	2	1
INC @Ri	(Ri)←((Ri))+1	1	1
DEC A	A←(A)−1	1	1
DEC Rn	Rn←(Rn)−1	1	1
DEC direct	direct←(direct)−1	2	1
DEC @Ri	(Ri)←((Ri))−1	1	1
INC DPTR	DPTR←(DPTR)+1	1	2
MUL AB	BA←A*B	1	4
DIV AB	A/B=A…B	1	4
DA A	对 A 进行 BCD 调整	1	1

表 B-3　逻辑运算指令

助记符	功能说明	字节数	机器周期
ANL A,Rn	A←(A)∧(Rn)	1	1
ANL A,direct	A←(A)∧(direct)	2	1
ANL A,@Ri	A←(A)∧((Ri))	1	1
ANL A,#data	A←(A)∧data	2	1
ANL direct,A	direct←(direct)∧(A)	2	1
ANL direct,#data	direct←(direct)∧data	3	2
ORL A,Rn	A←(A)∨(Rn)	1	1
ORL A,direct	A←(A)∨(direct)	2	1
ORL A,@Ri	A←(A)∨((Ri))	1	1
ORL A,#data	A←(A)∨data	2	1
ORL direct,A	direct←(direct)∨(A)	2	1
ORL direct,#data	direct←(direct)∨data	3	2
XRL A,Rn	A←(A)⊕(Rn)	1	1
XRLA,direct	A←(A)⊕(direct)	2	1
XRL A,@Ri	A←(A)⊕((Ri))	1	1

续表

助记符	功能说明	字节数	机器周期
XRL A,#data	A←(A)⊕data	2	1
XRL direct,A	direct←(direct)⊕(A)	2	1
XRL direct,#data	direct←(direct)⊕data	3	2
CLR A	A←0	1	1
CPL A	A←($\bar{A}$)	1	1
RL A	A_7 ← A_0	1	1
RLC A	CY　A_7 ← A_0	1	1
RR A	A_7 → A_0	1	1
RRC A	CY　A_7 → A_0	1	1

表 B-4　控制转移指令

助记符	功能说明	字节数	机器周期
ACALL addr11	PC←(PC)+2 SP←(SP)+1,(SP)←($PC_{7\sim0}$) SP←(SP)+1,(SP)←($PC_{15\sim8}$) $PC_{10\sim0}$←addr11	2	2
LCALL addr16	PC←(PC)+3 SP←(SP)+1,(SP)←($PC_{7\sim0}$) SP←(SP)+1,(SP)←($PC_{15\sim8}$) $PC_{10\sim0}$←addr16	3	2
RET	$PC_{15\sim8}$←((SP)),SP←(SP)−1 $PC_{7\sim0}$←((SP)),SP←(SP)−1	1	2
RETI	$PC_{15\sim8}$←((SP)),SP←(SP)−1 $PC_{7\sim0}$←((SP)),SP←(SP)−1	1	2
AJMP addr11	$PC_{10\sim0}$←addr11	2	2
LJMP addr16	PC←addr16	3	2
SJMP rel	PC←(PC)+2+rel	2	2
JMP @A+DPTR	PC←(A)+(DPTR)	1	2
JZ rel	若(A)=0,则 PC←(PC)+2+rel 若(A)≠0,则 PC←(PC)+2	2	2
JNZ rel	若(A)≠0,则 PC←(PC)+2+rel 若(A)=0,则 PC←(PC)+2	2	2
CJNE A,direct,rel	若(A)=(direct),则 PC←(PC)+3 若(A)>(direct),则 PC←(PC)+3+rel,C←0 若(A)<(direct),则 PC←(PC)+3+rel,C←1	3	2

续表

助记符	功能说明	字节数	机器周期
CJNE A,#data,rel	若(A)=data,则 PC←(PC)+3 若(A)＞data,则 PC←(PC)+3+rel,C←0 若(A)＜data,则 PC←(PC)+3+rel,C←1	3	2
CJNE Rn,#data,rel	若(Rn)=data,则 PC←(PC)+3 若(Rn)＞data,则 PC←(PC)+3+rel,C←0 若(Rn)＜data,则 PC←(PC)+3+rel,C←1	3	2
CJNE @Ri,#data,rel	若((Ri))=data,则 PC←(PC)+3 若((Ri))＞data,则 PC←(PC)+3+rel,C←0 若((Ri))＜data,则 PC←(PC)+3+rel,C←1	3	2
DJNZ Rn,rel	(R_n)←(R_n)−1 若(R_n)≠0,则,PC←(PC)+2+rel 若(R_n)=0,则 PC←(PC)+2	3	2
DJNZ direct,rel	(direct)←(direct)−1 若(direct)≠0,则 PC←(PC)+2+rel 若(direct)=0,则 PC←(PC)+2	3	2
NOP	PC←(PC)+1,空操作	1	1

表 B-5　布尔变量操作指令

助记符	功能说明	字节数	机器周期
CLR C	CY←0	1	1
CLR bit	bit←0	2	1
SETB C	CY←1	1	1
SETB bit	bit←1	2	1
CPL C	CY←($\overline{CY}$)	1	1
CPL bit	bit←($\overline{bit}$)	2	1
ANL C,bit	C←(C)∧(bit)	2	2
ANL C,/bit	C←(C)∧($\overline{bit}$)	2	2
ORL C,bit	C←(C)∨(bit)	2	2
ORL C,/bit	C←(C)∨($\overline{bit}$)	2	2
MOV C,bit	C←(bit)	2	1
MOV bit,C	bit←(C)	2	2
JC rel	若(C)=1,则 PC←(PC)+2+rel 若(C)=0,则 PC←(PC)+2	2	2
JNC rel	若(C)=0,则 PC←(PC)+2+rel 若(C)=1,则 PC←(PC)+2	2	2
JB bit,rel	若(bit)=1,则 PC←(PC)+3+rel 若(bit)=0,则 PC←(PC)+3	3	2
JNB bit,rel	若(bit)=0,则 PC←(PC)+3+rel 若(bit)=1,则 PC←(PC)+3	3	2
JBC bit,rel	若(bit)=1,则 PC←(PC)+3+rel 且(bit)=0 若(bit)=0,则 PC←(PC)+3	3	2

参 考 文 献

[1] 张元良,吕艳,王建军.智能仪表设计实用技术及实例[M].北京:机械工业出版社,2008.

[2] 张毅坤,陈善久,裘雪红.单片微型计算机原理及应用[M].西安:西安电子科技大学出版社,1998.

[3] 徐维祥,刘旭敏.单片微型机原理及应用[M].大连:大连理工大学出版社,1996.

[4] 万福君,潘松峰,刘芳,等.MCS-51单片机原理、系统设计与应用[M].北京:清华大学出版社,2008.

[5] 张虹.单片机原理及应用[M].北京:中国电力出版社,2009.

[6] 张元良,王建军.智能仪表开发技术及实例解析[M].北京:机械工业出版社,2009.

[7] 胡汉才.单片机原理及其接口技术[M].2版.北京:清华大学出版社,2005.

[8] 王喜斌,胡辉,孙东辉,等.MCS-51单片机应用教程[M].北京:清华大学出版社,2004.

[9] 张义和,王敏男,等.例说51单片机(C语言版)[M].北京:人民邮电出版社,2008.

[10] 吴英戌,沈庆阳,郭婷吉.8051单片机实践及应用[M].北京:清华大学出版社,2002.

[11] 窦庆中.单片机外围器件实用手册存储器分册[M].北京:北京航空航天大学出版社,1998.

[12] 周润景,张丽娜,刘映群.PROTEUS入门实用教程[M].北京:机械工业出版社,2007.

[13] 陈锦玲.Protel 99SE电路设计与制版快速入门[M].北京:人民邮电出版社,2008.

[14] 楼然苗,李光飞.51系列单片机设计实例[M].北京:北京航空航天大学出版社,2003.

[15] 谢维成,杨加国.单片机原理与应用及C51程序设计[M].北京:清华大学出版社,2006.

[16] 张义和,陈敌北.例说8051[M].3版.北京:人民邮电出版社,2010.

[17] 武庆生,仇梅.单片机原理与应用[M].成都:电子科技大学出版社,1998.

[18] 李叶紫,王喜斌,胡辉,等.MCS-51单片机应用教程[M].北京:清华大学出版社,2004.

[19] 王幸之,钟爱琴,王雷,等.AT89系列单片机原理与接口技术[M].北京:北京航空航天大学出版社,2004.

[20] 李雅轩.单片机实训教程[M].北京:北京航空航天大学出版社,2006.

[21] 吴飞青,丁晓,李林功,等.单片机原理与应用实践指导[M].北京:机械工业出版社,2009.

[22] 陈忠平,等.单片机原理及接口[M].北京:清华大学出版社,2007.

[23] Freescale. K60 Sub-Family Reference Manual. http://www. nxp. com/files/32bit/doc/ref manual/K60P100M1005F2V2RM. pdf? fasp = 1&WT TYPE = Reference% 20Manuals&WT VENDOR = FREESCALE&WT FILE FORMAT=pdf&WT ASSET=Docum entation&fileExt=. pdf,2012.

[24] 杨东轩,王嵩.ARM Cortex-M4自学笔记[M].北京:北京航空航天大学出版社,2013.

[25] 郭速学,朱承彦.图解单片机功能与应用[M].北京:中国电力出版社,2008.

[26] Texas Instruments Incorporated. MSP430超低功耗微控制器[DB/OL]. http://www. ti. cvom. cn/cn/lit/sg/zhcb003g/zhcb003g. pdf,2012.

[27] 沈建华,杨艳琴.MSP430系列16位超低功耗单片机原理与实践[M].北京:北京航空航天大学出版社,2008.

[28] 唐继贤,杨扬.MSP430超低功耗16位单片机开发实践[M].北京:北京航空航天大学出版社,2014.

[29] 郑煊.微处理器技术:MSP430单片机应用技术[M].北京:清华大学出版社,2014.

[30] 徐爱钧.Keil C51单片机高级语言应用编程应用[M].北京:电子工业出版社,2015.

[31] 谢维成,杨加国.单片机原理与应用及C51程序设计[M].北京:清华大学出版社,2014.

[32] 张元良,王建军.单片机开发技术实例教程[M].北京:机械工业出版社,2010.

质检5